普通高等教育电子信息、电气工程、
自动化专业规划教材

自动控制原理
（第 2 版）

主编 李红星 张益农
参编 李 平 李 媛 钱琳琳

电子工业出版社
Publishing House of Electronics Industry
北京·BEIJING

内 容 简 介

本书系统地介绍了经典控制理论的基本概念、基本原理和基本方法,从控制理论的基础知识入手,结合生产和生活中的实例,较深入地介绍了建立自动控制系统在时域和频域中的数学模型、方块图、信号流图及简化方法;围绕自动控制系统的稳定性、稳态特性和动态特性,详细介绍了用于分析和设计系统的时域法、根轨迹法和频域法,离散系统的稳定性、稳态特性和动态特性的分析方法和数字控制器的设计方法;并对非线性控制系统的描述函数法和相平面法做了介绍。书中引入了MATLAB的应用,详细介绍了采用MATLAB进行控制系统的分析与设计的仿真方法,通过大量的仿真实例,可以帮助读者更好地理解系统分析与设计的基本思路和方法。

本书基本概念清晰,理论联系实际,注重内容的实用性和物理背景,增加工程应用背景的典型例题分析,可读性强,便于自主学习,可作为高等学校自动化专业的必修课教材、电子信息类和电气工程类专业的平台课程教材,也可供相关领域专业技术人员参考。

未经许可,不得以任何方式复制或抄袭本书之部分或全部内容。
版权所有,侵权必究。

图书在版编目(CIP)数据

自动控制原理/李红星,张益农主编. —2版. —北京:电子工业出版社,2014.7
电气工程、自动化专业规划教材
ISBN 978-7-121-23763-8

Ⅰ.①自… Ⅱ.①李… ②张… Ⅲ.①自动控制理论—高等学校—教材 Ⅳ.①TP13

中国版本图书馆 CIP 数据核字(2014)第 149248 号

责任编辑:王志宇
印　　刷:河北虎彩印刷有限公司
装　　订:河北虎彩印刷有限公司
出版发行:电子工业出版社
　　　　　北京市海淀区万寿路 173 信箱　邮编　100036
开　　本:787×1 092　1/16　印张:20.25　字数:517 千字
版　　次:2011 年 7 月第 1 版
　　　　　2014 年 7 月第 2 版
印　　次:2025 年 7 月第 20 次印刷
定　　价:39.00 元

凡所购买电子工业出版社图书有缺损问题,请向购买书店调换。若书店售缺,请与本社发行部联系,联系及邮购电话:(010)88254888,88258888。
质量投诉请发邮件至 zlts@phei.com.cn,盗版侵权举报请发邮件至 dbqq@phei.com.cn。
本书咨询联系方式:(010)88254523,wangzy@phei.com.cn。

序

自动控制原理是 20 世纪 40 年代发展起来的一门学科理论，在国民经济和国防领域中有着广泛的应用。特别是近些年来，随着计算机技术和网络技术的发展，给这门经典的学科理论注入了新的活力，使其应用进程又有了长足的发展。

自动控制原理是自动化科学与技术的理论基础，是自动化专业一门必修的基础理论课程，也是一门重要的先导课程。李红星教授在 20 多年教学实践的基础上，针对应用型工科院校的特点，以学以致用为目的，编写了这本教材。旨在为应用型自动化专业及其他相近专业的学生提供学习自动控制原理的教材，促进应用型自动化技术人才的培养。作者在编写这本教材的过程中，特别强调理论与实际的结合，尽量淡化繁冗的理论推导，将枯燥的理论与生动的实例结合起来，注重基本概念和基本方法的论述，力求深入浅出。在保证知识结构系统性和完整性的前提下，突出实用性、基础性，强调核心知识，注意培养学生的知识运用能力。

利用反馈原理，以偏差消除误差是自动控制原理的核心思想。作者以这个思想为纲，构建了本教材的大框架，将核心知识分成若干知识单元，包括控制系统的基本概念、控制系统的数学描述、线性控制系统的时域分析、线性控制系统的频域分析、线性控制系统的根轨迹分析、线性控制系统的校正设计、线性离散系统分析和非线性系统分析等。全书涵盖的知识点有：控制系统的定义，反馈原理，控制系统组成，控制系统的分类，开环与闭环控制方式，控制系统的主要性能指标（稳定性、稳态性、动态性），控制系统典型的输入信号；典型控制系统的微分方程模型及建模与求解，系统线性化方法，传递函数的概念与性质，典型环节的传递函数，开环与闭环传递函数，传递函数的极点和零点，控制系统方块图模型表示与信号流图；控制系统的响应与时域性能指标，一阶和二阶及高阶控制系统的性能分析，控制系统稳定性分析及稳定性判据，稳态误差概念与求取，减小或消除稳态误差的方法，频率特性概念与几何描述，典型环节的奈奎斯特图及其绘制，典型环节的伯德图及其绘制，基于奈奎斯特图和伯德图的稳定性分析与判据，稳定性裕量的概念与计算，控制系统的闭环频率特性及性能分析，频域性能指标与时域指标的关系，根轨迹概念及其绘制，幅值条件和幅角条件，基于根轨迹的系统性能分析，控制系统的校正概念与方式，超前校正、滞后校正、滞后-超前校正、反馈校正及其对控制系统性能的影响，PID 控制概念及作用机理；离散控制系统概念及典型结构，采样器、保持器与采样定理，z 变换及性质，脉冲传递函数，离散控制系统的稳定性分析与判据，离散控制系统的动态与稳态性能分析，非线性系统概念及特点，典型非线性环节，描述函数与相平面法，非线性系统校正等。相关知识点还辅以 MATLAB 例题解释，以加深对知识点的理解。

在教材的编写方法上，作者潜心做到将"抽象问题具体化，数学问题工程化"，以减少数学对应用型专业学生可能造成的困扰。因此，在引出控制系统的基本概念、论述控制系统的基本知识和基本方法时，多以生产或生活的实例为基点，结合物理概念和应用背景，使深奥的控制理论知识显得不那么难。比如，第 1 章就以常见的水箱系统、冰箱制冷过程和饮水机温度控制等为例，论述自动控制系统的组成和工作原理，非常有利于对控制概念的接受，而且形象易懂。有意思的是，在本书的其他章节，你还会发现生活中的许多常见例子被作者用来解释控制的基本原理、控制系统的结构和控制方法等，使读者能更好地掌握控制理论的内涵，更容易理解控制理论与工程应用之间的关系，更有利于培养学生的思考能力与解决问题的能力。

  本教材内容的组织由浅入深、循序渐进、重点突出、强调工程应用，通过大量的实例将各章节的内容有机地联系在一起。教材可读性强，便于自主学习；各章节又相对独立，利于教学的取舍。本教材定位明确，在已出版的众多自动控制原理教材中拥有自己应有的价值，对应用型自动化专业的控制理论教学具有积极的作用。希望应用型自动化专业的学生能静下心来走进这本教材，从中挖掘自己想要的控制理论知识；也希望作者在教学实践中进一步完善教材的知识体系，更加丰富工程应用实例，以适应应用型自动化专业的教学需要。

萧德云
清华大学自动化系教授

第 2 版前言

随着我国经济建设和高新技术的快速发展，市场对自动化技术应用型人才的需求量很大，为自动化学科的高速、可持续发展提供了广阔的空间，同时对高校的人才培养提出了更高的要求。

自动控制原理是高等工科院校自动化类专业和电子信息类专业的一门重要技术基础课程，它将抽象的数学、力学、电学等理论知识用于实际系统，如工业生产自动化、军事装备自动化、楼宇控制自动化等各个领域。这些自动控制的应用，对人员而言，可以改善劳动者的劳动条件；对企业而言，可以提高企业的经济效益；对国家而言，可以提高国家的综合国力。在许多人们无法接近的场合，自动控制将是唯一的技术手段。

本书的第 1 版是为了培养自动化专业高素质应用型人才，满足社会的大量需求，按照"理论联系实际，学以致用"的原则，总结了作者多年培养应用型本科生教学经验和教学改革的成果、关注国内外自动控制理论的发展、参考了控制理论的工程实践应用，经教学团队反复研讨编写而成的。经过几轮的教学使用，根据读者的反馈意见，结合教学中的实际问题，为了更好地服务于高素质应用型人才培养，对本书进行了全面修订。

本书全面地介绍了经典控制理论，主要内容包括控制系统的基本概念；控制系统的传递函数、方块图、信号流图；线性定常系统的时域分析法、根轨迹法、频域法；线性定常系统的校正方法；离散系统的稳定性、动态和稳态性能分析，数字控制器设计方法；非线性控制系统的相平面法和描述函数法；考虑到工程实际应用，介绍了工程中常用的 PID 控制器，通过实例阐述了 PID 控制器的设计方法，利用 MATLAB 进行控制系统的分析与设计的仿真方法。

这次修订中，保留了原书的特色，在加强基本概念、基本理论和基本方法的基础上，注重控制系统的分析和设计方法的工程实用性，强调控制对象的物理背景及物理概念，使读者充分理解系统参数与性能指标之间的内在联系，理论计算与工程求解之间的内在联系，更好地将理论知识应用于工程系统，由浅入深地引导读者理解和掌握经典控制理论的精髓。新编写和增补的内容有：控制系统分类中的定常系统和时变系统；二阶系统动态性能改善方法的部分内容；利用模型降价（主导极点、偶极子）方法分析高级系统的时域响应；减小稳态误差的措施和方法，并增加了实例分析；延时系统的根轨迹，并增加了根轨迹的实例分析；开环频率特性和系统性能的关系；M 圆、N 圆及求取闭环频率特性；尼柯尔斯图；利用 MATLAB 进行控制系统设计，增加了有工程应用背景的典型例题分析；离散系统的数字控制器设计，增加了非线性系统的实例分析，部分结构优化调整；精选了各章习题，并分为基本部分（前半部分）和提高部分（后半部分）。

本书力求由浅入深、循序渐进、突出重点、增强可读性、便于自主学习，各部分内容具有相对独立性，可根据教学需求进行组合。适合作为高等学校自动化专业的必修课教材、电子信息类和电气工程类专业的平台课程教材，也可供相关领域专业技术人员参考。读者可登录华信教育资源网（ht：//www.hxedu.com.cn）免费注册下载本书配套教学资源。

本书由李红星和张益农主编。全书共分 8 章，第 1、5、6 章由李红星编写，第 3 章和第

7章的部分内容由张益农编写,第4、8章由李平编写,第2章由李媛编写,第7章的其他部分内容由钱琳琳编写。全书由李红星统稿审定。

在编写过程中,牛瑞燕、李秀丽和任俊杰做了许多工作,同时参考了一些专家、学者的著作,在此谨向他们表示衷心的感谢。

由于编者水平有限,书中难免存在不妥之处和错误,恳请读者批评指正。

编 者

目 录

第1章 自动控制的基本概念 ... 1

- 1.1 引言 ... 1
- 1.2 开环控制系统与闭环控制系统 ... 2
  - 1.2.1 开环控制系统 ... 2
  - 1.2.2 闭环控制系统 ... 3
  - 1.2.3 闭环控制系统的组成 ... 4
- 1.3 自动控制系统的分类 ... 5
  - 1.3.1 按输入信号形式分类 ... 5
  - 1.3.2 按系统中信号传递的性质分类 ... 5
  - 1.3.3 按系统的输入/输出特性分类 ... 6
  - 1.3.4 按系统中参数的时间特性分类 ... 6
- 1.4 控制系统举例 ... 7
  - 1.4.1 蒸汽机转速控制系统 ... 7
  - 1.4.2 温度控制系统 ... 8
  - 1.4.3 位置随动系统 ... 8
  - 1.4.4 电冰箱制冷系统 ... 9
- 1.5 对自动控制系统的基本要求 ... 9
- 小结 ... 10
- 习题 ... 11

第2章 控制系统的数学模型 ... 14

- 2.1 引言 ... 14
  - 2.1.1 系统数学模型的定义及特点 ... 14
  - 2.1.2 系统数学模型的类型和建模方法 ... 14
- 2.2 建立系统的时域数学模型 ... 15
  - 2.2.1 电路系统举例 ... 15
  - 2.2.2 机械力学系统举例 ... 16
  - 2.2.3 机电系统举例 ... 17
  - 2.2.4 流体系统的建模 ... 19
  - 2.2.5 复杂系统举例 ... 19
  - 2.2.6 微分方程建立步骤 ... 21
- 2.3 非线性系统的线性化 ... 21
  - 2.3.1 小偏差线性化概念 ... 22
  - 2.3.2 线性化方法 ... 22
- 2.4 微分方程求解 ... 24

2.5 建立系统的复域数学模型 ... 25
2.5.1 传递函数的定义 ... 25
2.5.2 传递函数的性质 ... 27
2.5.3 零点、极点和传递系数 ... 27
2.6 系统的典型环节及传递函数 ... 28
2.6.1 比例环节 ... 28
2.6.2 惯性环节 ... 29
2.6.3 积分环节 ... 30
2.6.4 微分环节 ... 31
2.6.5 振荡环节 ... 31
2.6.6 延时环节 ... 31
2.7 系统方块图 ... 32
2.7.1 方块图的定义 ... 32
2.7.2 方块图的组成和绘制 ... 33
2.7.3 方块图等效变换和简化 ... 36
2.7.4 方块图化简举例 ... 39
2.8 系统信号流图 ... 41
2.8.1 信号流图的基本概念 ... 42
2.8.2 信号流图的画法及简化规则 ... 43
2.8.3 梅逊增益公式 ... 45
2.9 利用 MATLAB 求解系统的传递函数 ... 46
2.9.1 num 和 den 函数 ... 47
2.9.2 典型化简函数 ... 47
小结 ... 49
习题 ... 49

第 3 章 线性系统的时域分析法 ... 54
3.1 引言 ... 54
3.1.1 典型输入信号 ... 54
3.1.2 典型时间响应 ... 56
3.1.3 控制系统的性能指标 ... 56
3.2 一阶系统的时域分析 ... 58
3.2.1 一阶系统的数学模型 ... 58
3.2.2 一阶系统的单位阶跃响应 ... 58
3.2.3 一阶系统的单位斜坡响应 ... 59
3.2.4 一阶系统的单位脉冲响应 ... 60
3.2.5 一阶系统的单位加速度响应 ... 61
3.2.6 线性定常系统的重要特性 ... 61
3.3 二阶系统的时域分析 ... 63
3.3.1 二阶系统的数学模型 ... 63

  3.3.2 二阶系统的单位阶跃响应 ································ 64
  3.3.3 欠阻尼二阶系统的动态性能指标 ························ 67
  3.3.4 二阶系统动态性能的改善 ····························· 71
 3.4 高阶系统的时域分析 ····································· 74
  3.4.1 高阶系统的单位阶跃响应 ····························· 74
  3.4.2 高阶系统的降阶 ···································· 76
 3.5 线性系统的稳定性分析 ···································· 77
  3.5.1 线性系统稳定性的概念和稳定的充分必要条件 ············· 77
  3.5.2 代数稳定判据 ······································ 78
 3.6 线性系统的稳态误差分析 ·································· 82
  3.6.1 误差与稳态误差的定义 ······························· 82
  3.6.2 稳态误差的分析与计算 ······························· 83
  3.6.3 减小稳态误差的方法 ································ 88
 3.7 用 MATLAB 进行系统时域分析 ····························· 89
  3.7.1 用 MATLAB 求系统的输出响应 ························ 89
  3.7.2 用 MATLAB 求系统的动态性能指标 ····················· 91
  3.7.3 用 MATLAB 研究系统的稳定性 ························ 92
  3.7.4 用 MATLAB 求静态误差系数及系统的稳态误差 ············ 93
 小结 ··· 93
 习题 ··· 94

第 4 章 根轨迹法 ··· 99

 4.1 根轨迹的基本概念 ······································· 99
 4.2 根轨迹的幅值条件和幅角条件 ····························· 102
 4.3 绘制根轨迹的基本法则 ·································· 103
 4.4 零度根轨迹 ··· 108
 4.5 根轨迹绘制举例 ······································· 109
 4.6 参数根轨迹 ··· 112
 4.7 延时系统的根轨迹 ····································· 113
 4.8 控制系统的根轨迹法分析 ································ 116
  4.8.1 开环零、极点对根轨迹的影响 ························ 116
  4.8.2 由根轨迹分析控制系统 ····························· 118
 4.9 利用 MATLAB 绘制根轨迹及分析系统 ····················· 119
 小结 ·· 125
 习题 ·· 125

第 5 章 线性系统的频域分析法 ····································· 130

 5.1 引言 ·· 130
 5.2 频率特性 ·· 130
  5.2.1 频率特性的基本概念 ······························· 130

IX

  5.2.2 频率特性的图形表示法 132
 5.3 对数频率特性图（伯德图） 132
  5.3.1 对数频率特性图及其特点 132
  5.3.2 典型环节的对数频率特性图 133
  5.3.3 系统开环对数频率特性的绘制 139
  5.3.4 最小相位系统和非最小相位系统 142
  5.3.5 确定传递函数的频域实验方法 143
  5.3.6 开环频率特性和系统性能的关系 149
 5.4 极坐标图（奈奎斯特图） 150
  5.4.1 典型环节的极坐标图 150
  5.4.2 系统开环极坐标图的绘制 153
 5.5 奈奎斯特稳定判据 156
  5.5.1 幅角原理 156
  5.5.2 奈奎斯特稳定判据 158
 5.6 控制系统的相对稳定性 166
 5.7 闭环系统频域性能指标 169
  5.7.1 系统闭环频率特性 169
  5.7.2 利用等 M 圆图和等 N 圆图求闭环频域特性 170
  5.7.3 频域性能指标与时域指标的关系 172
 5.8 用 MATLAB 进行系统频域分析 175
  5.8.1 用 MATLAB 绘制伯德图 175
  5.8.2 用 MATLAB 绘制极坐标图 177
  5.8.3 用 MATLAB 求系统的稳定裕度 179
  5.8.4 用 MATLAB 绘制尼柯尔斯图 180
小结 181
习题 182

第 6 章 线性系统的设计方法 187

 6.1 引言 187
  6.1.1 性能指标 187
  6.1.2 校正方式 188
 6.2 校正装置 189
  6.2.1 超前校正网络及其特性 189
  6.2.2 滞后校正网络及其特性 191
  6.2.3 滞后-超前校正网络及其特性 192
 6.3 串联校正 193
  6.3.1 基于频率响应法的串联校正 194
  6.3.2 基于根轨迹法的串联校正 200
 6.4 反馈校正 207
  6.4.1 比例负反馈 207

        6.4.2 微分负反馈 ……………………………………………………………………………… 208
        6.4.3 负反馈 ………………………………………………………………………………… 208
　　6.5 复合校正 ……………………………………………………………………………………… 211
        6.5.1 按扰动补偿的复合控制系统 …………………………………………………………… 211
        6.5.2 按输入补偿的复合控制系统 …………………………………………………………… 212
　　6.6 PID 控制器 …………………………………………………………………………………… 214
        6.6.1 比例微分（PD）控制 …………………………………………………………………… 214
        6.6.2 比例积分（PI）控制 …………………………………………………………………… 215
        6.6.3 比例积分微分（PID）控制 ……………………………………………………………… 215
　　6.7 用 MATLAB 进行系统校正 ………………………………………………………………… 218
　　小结 ………………………………………………………………………………………………… 223
　　习题 ………………………………………………………………………………………………… 223

第7章 线性离散控制系统 ………………………………………………………………………… 229

　　7.1 离散系统基本概念及其应用 ………………………………………………………………… 229
        7.1.1 由连续控制系统到离散控制系统 ……………………………………………………… 229
        7.1.2 离散控制系统的典型结构 ……………………………………………………………… 230
　　7.2 采样器和保持器 ……………………………………………………………………………… 231
        7.2.1 采样器 …………………………………………………………………………………… 231
        7.2.2 采样定理 ………………………………………………………………………………… 232
        7.2.3 保持器 …………………………………………………………………………………… 233
　　7.3 z 变换 ………………………………………………………………………………………… 234
        7.3.1 z 变换定义 ……………………………………………………………………………… 235
        7.3.2 求 z 变换的方法 ………………………………………………………………………… 235
        7.3.3 z 变换的基本性质 ……………………………………………………………………… 237
        7.3.4 z 反变换 ………………………………………………………………………………… 239
　　7.4 脉冲传递函数 ………………………………………………………………………………… 240
        7.4.1 脉冲传递函数的定义及求法 …………………………………………………………… 240
        7.4.2 开环离散系统的脉冲传递函数 ………………………………………………………… 241
        7.4.3 闭环离散系统的脉冲传递函数 ………………………………………………………… 244
　　7.5 离散系统的稳定性分析 ……………………………………………………………………… 248
        7.5.1 时域中的离散系统稳定的充分必要条件 ……………………………………………… 248
        7.5.2 s 平面与 z 平面的映射关系 …………………………………………………………… 249
        7.5.3 z 域中离散系统稳定的充分必要条件 ………………………………………………… 250
        7.5.4 离散系统的劳斯稳定判据 ……………………………………………………………… 251
        7.5.5 采样周期与开环增益对离散系统稳定性的影响 ……………………………………… 253
　　7.6 离散系统的稳态误差 ………………………………………………………………………… 254
　　7.7 离散系统的动态性能分析 …………………………………………………………………… 257
　　7.8 离散控制系统设计——最少拍控制系统 …………………………………………………… 260
        7.8.1 稳定、不含纯滞后环节的广义对象的最少拍控制器设计 …………………………… 260

XI

- 7.8.2 任意广义对象的最少拍控制器设计 ······ 264
- 7.8.3 最少拍无纹波控制器设计 ······ 266
- 7.9 MATLAB 在离散控制系统中的应用 ······ 268
  - 7.9.1 MATLAB 用于连续系统的离散化 ······ 268
  - 7.9.2 MATLAB 用于求离散系统的响应 ······ 269
  - 7.9.3 MATLAB 用于离散系统的稳定性分析 ······ 270
- 小结 ······ 270
- 习题 ······ 271

第 8 章 非线性系统分析 ······ 275

- 8.1 非线性系统的一般概念 ······ 275
  - 8.1.1 非线性系统的特点 ······ 275
  - 8.1.2 典型非线性及对系统性能的影响 ······ 278
- 8.2 描述函数法 ······ 281
  - 8.2.1 非线性特性的描述函数 ······ 281
  - 8.2.2 非线性控制系统的描述函数分析 ······ 285
  - 8.2.3 用 MATLAB 的 Simulink 仿真分析非线性控制系统 ······ 288
- 8.3 相平面法 ······ 289
  - 8.3.1 相轨迹特征及性质 ······ 289
  - 8.3.2 相轨迹的绘制 ······ 296
  - 8.3.3 利用 MATLAB 绘制相轨迹图 ······ 297
- 8.4 非线性系统的相平面分析 ······ 299
  - 8.4.1 用相平面法分析非线性系统 ······ 299
  - 8.4.2 用非线性特性改善系统性能 ······ 304
- 小结 ······ 306
- 习题 ······ 306

参考文献 ······ 310

第 1 章　自动控制的基本概念

1.1　引言

在工程和科学技术发展过程中，自动控制技术起着越来越重要的作用。目前自动控制技术已广泛地应用于工业、农业、军事、航天技术及人们的日常生活等各方面，不仅使人们摆脱了繁重的体力劳动和大量复杂的工作，极大地提高了劳动生产率和产品质量，而且能够完成超出人们力所能及的任务。因此，自动控制技术已成为国家现代化建设中不可缺少的重要组成部分。

所谓自动控制，就是在没有人的直接参与下，利用外加的装置（控制装置）使机器、生产设备或生产过程（被控对象）的某个或某些工作状态或物理量（被控量）自动地按照预定的规律变化。例如，在日常生活中，对电热水器的温度、水箱的水位、楼宇的电梯、交通灯、洗衣机、清洁机器人的控制等；工业生产过程中，对电网电压、锅炉的温度和压力、供水塔的液位和流量、电机转速、机器人的控制等；军事工业中，导弹的发射、火炮-雷达、军用机器人的控制等；航空航天工业中，飞船的发射、飞行器的姿态、飞船与宇宙工作站的对接的控制等。需要解决以上这些控制问题，自动控制理论是基础。

自动控制系统是指能够对被控对象的工作状态进行自动控制的系统。图 1-1 描述的是水箱水位自动控制系统。水位自动控制的目的是维持水箱内的水位恒定。当水的流入量与流出量平衡时，水箱水位维持在期望的高度上，期望高度由自动控制器刻盘上的指针标定。当用水量（流出量）增大时，平衡被破坏，水箱水位必然下降，使得水箱的实际水位与期望水位出现误差。由于浮子也随之降低，将实际的水位检测出来送给控制器，控制器将实际水位与期望水位进行比较得到误差值，然后根据误差调节气动阀门的开度，增大水的流入量，使水位回到期望值的附近，从而保持水位不变。反之，当用水量减小时，水位和浮子上升，通过反向误差则使气动阀门开度减小，减少水的流入量，使水位自动下降到期望值的附近，从而达到自动控制水箱水位恒定的目的。

图 1-2 描述的是水箱水位自动控制系统的方块图。期望水位是由控制器刻盘指针标定的，作为系统的输入量；水的流出量和流入量变化影响水箱的水位保持在一定位置，称为扰动输入量；而水箱实际水位称为系统的输出量。

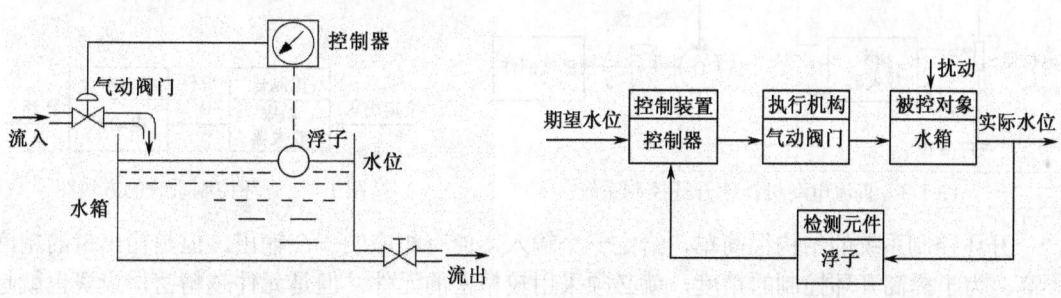

图 1-1　水位自动控制系统　　　　　图 1-2　水位自动控制系统方块图

以雷达实时控制为例。敌机在飞行时,雷达天线必须时刻旋转,随时自动保持指向敌机。雷达天线的方位和仰角数据经过处理计入提前量后,又用来控制高射炮的转动,使高射炮时刻保持瞄准敌机,准备随时开火。瞄准的角度误差只有几分。如果不用自动控制,这当然是达不到的。尤其在现代战争条件下,飞机的速度很快,炮台又很沉重,如果用人力直接转动炮台,这样的精度就更不可想象了。

再以宇宙飞船登月为例。飞船在落到月球上时,需要软着陆,否则,飞船就会被摔坏,这就需要一套自动装置,在飞船着陆前产生一个相反的力,保证飞船在着陆的一瞬间合力接近零。这样,飞船就可以安全着陆。

1.2 开环控制系统与闭环控制系统

自动控制系统有各种各样的具体形式,但是按控制基本方式可分为开环控制系统和闭环控制系统。

1.2.1 开环控制系统

开环控制系统是指系统的输出量对控制作用不产生影响的系统。例如,洗衣机就是开环控制系统,因为洗衣过程是按时间顺序进行的,时间的长短,完全是由操作人员的判断和估计来决定的,而并不通过检测衣物清洁度来影响洗衣过程。

为了说明开环控制系统的结构特点和工作原理,举一个简单的例子。图 1-3 是一台直流电动机的转速开环控制系统。电动机通过变速器以一定转速带动其他设备。该系统的控制目标是,通过调节电位器滑动端的位置,来改变电动机的转速,使其保持在期望的转速恒定不变。转速控制系统的被控对象是电动机,被控量是转速,也称为系统的输出量,系统的输入量是电位器的输出电压。电动机的转速由电位器滑动端的位置(按生产工艺要求设置)来改变,改变电位器滑动端的位置,电压 U_g 就改变,经过功率放大器后,加在电动机两端的电枢电压就改变,从而电动机转速就改变。不同的电位器位置,会有相应的电动机转速。

如图 1-4 所示的方块图表示了该系统输入量和输出量的作用关系。这种结构就是典型的开环控制结构。从图 1-4 可见,作用信号是单方向传递的,也就是说,只有输入量对输出量产生控制作用,而输出量不反馈到输入端来影响控制;当系统有外界扰动时,如功率放大器供电电源电压变化,电动机负载转矩变化,如果没有人工干预,转速也将跟着变化,偏离期望值。由此可见,如图 1-3 所示系统实现不了保持转速恒定的控制目标,这是由于开环控制的结构特点决定了它不具备抗干扰的能力。

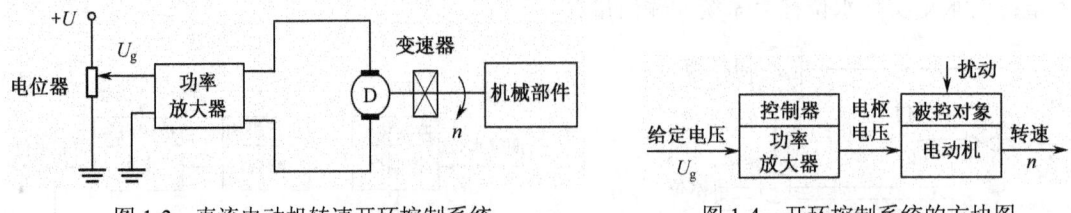

图 1-3 直流电动机转速开环控制系统　　　　图 1-4 开环控制系统的方块图

开环控制系统的结构很简单,给定一个输入,便有相应的一个输出,但是输出量的精度不高。为了提高开环控制的精度,就必须采用较精密的元件。但是元件越精密,投资也就越大。因此,开环控制系统只能用于控制精度要求不高的场合。

1.2.2 闭环控制系统

上一节已经讲过,开环控制系统的精度不高,如何提高控制系统的精度呢？仍然以图 1-3 直流电动机转速开环控制为例,我们在电动机上安一个转速表,派一个人监视转速表,当看到电动机的转速高于期望值时,马上操纵电位器使电枢电压减小,降低转速;当看到电动机转速低于期望值时,则使电枢电压增大,提高电动机转速。这样就形成了人工闭环控制系统,如图 1-5 所示。

在这种控制方式中,根据人的眼睛检测到电动机的实际转速与期望的转速进行比较,利用产生的偏差进行控制,从而使电动机转速的精度提高。系统的输出信号通过人反过来影响控制信号,构成了反馈,也称为人工反馈控制系统。该系统的方块图如图 1-6 所示。

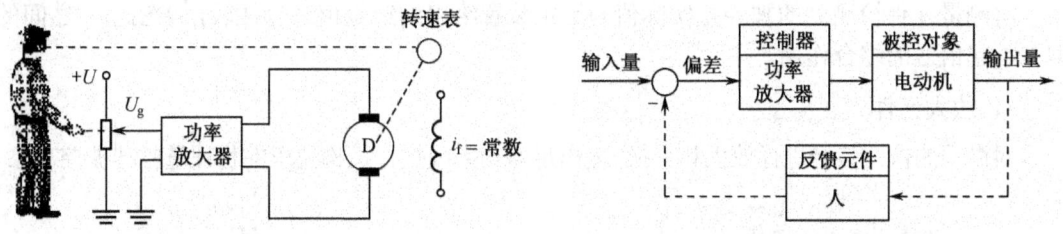

图 1-5　直流电动机转速人工闭环控制　　图 1-6　人工闭环控制方块图

人工控制在复杂、快速、精确的系统中是不能满足要求的。因为控制作用是由人来完成的,所以控制效果的好坏与操作人员的经验和技巧有很大关系,它不是一个自动控制系统。若采用一个自动控制器来代替人工操作,在图 1-5 中,用测速发电机代替转速表作为检测元件,再将测速发电机的输出电压送至输入端与电位器电压进行比较,利用其偏差值控制电动机转速,就形成了电动机转速自动闭环控制系统,如图 1-7 所示。

在转速闭环控制系统中,根据生产工艺要求设定电位器的位置,电动机就输出相应转速。如果电源变化、负载变化等扰动引起的转速偏离设定值,闭环控制就会产生控制作用来减小这一偏差,自动保证转速不受或少受扰动的影响,提高控制精度。如负载加大,转速会立刻下降,由测速发电机检测出转速的变化,反馈到输入端的电压也降低,偏差就会增大,将使功率放大器输出电压升高,从而使电动机转速上升,减小或消除偏差,这就是闭环控制的特征,其方块图如图 1-8 所示。

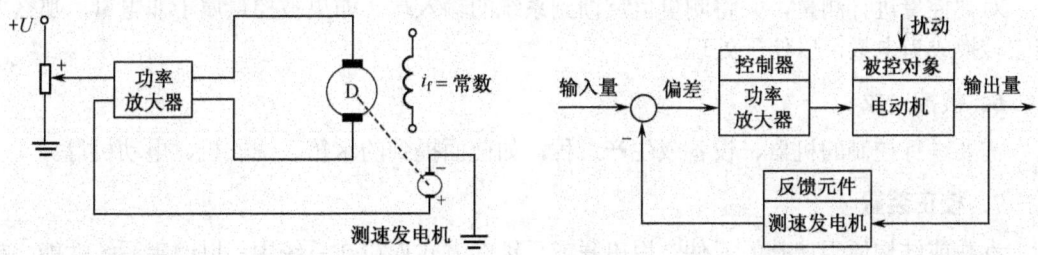

图 1-7　直流电动机转速自动闭环控制系统　　图 1-8　直流电动机转速闭环控制系统方块图

反馈是自动控制系统中一个很重要的概念,控制系统中常采用负反馈。负反馈除了能降低系统误差外,还能够使系统对内部参数的变化不灵敏,这样系统元件参数变化或者非线性的影响将大大降低,对于一定的控制要求,就有可能采用不是很精密的、成本较低的元件来构成控制系统,这在开环系统中是不能做到的。

但是,实际系统一般都具有质量、惯性或延滞,因此系统的输出往往是振荡的,采用反馈，就有可能使系统振荡加剧，甚至不能工作。反馈改变了控制系统的动态性能，增加了问题的复杂性。

1.2.3 闭环控制系统的组成

闭环控制系统由不同的元件组成，系统可以表现出不同的功用，但具有类似的结构。一个典型闭环控制系统由各种基本环节组成，如图 1-9 所示。

1．给定装置

给出与期望的被控量相对应的系统输入量（即给定值），如调速系统的电位器。

2．比较元件

将测量元件检测到的被控量实际值与给定装置给出的给定值进行比较，求出它们之间的偏差，起信号的综合作用。

3．放大元件

对微弱的偏差信号进行放大和变换，输出足够功率或执行机构要求的物理量驱动被控对象。

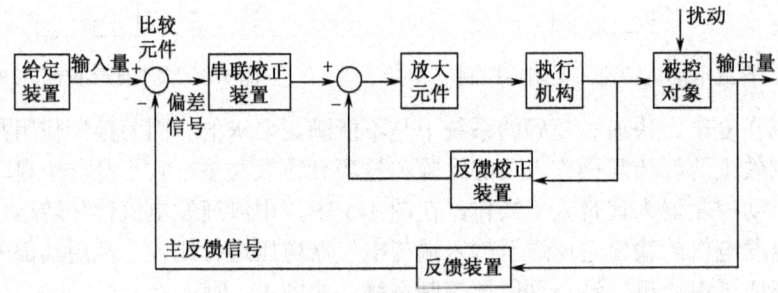

图 1-9 闭环控制系统典型方块图

4．执行机构

根据放大器的输出信号，直接驱动被控对象，执行控制任务，使被控制量与期望值趋于一致。

5．反馈装置

对被控量进行测量，并将测量值反馈到系统的输入端。如果被控量属于非电量，那么要把它转换成为电量，以便于处理。

6．被控对象

需要进行控制的机器、设备或生产过程，如前面提到的水箱、洗衣机、电动机等。

7．校正装置

参数或结构便于调整的元件，用串联或反馈的方式连接在系统中，以改善系统性能。校正装置的作用就是实现某种控制规律。

下面给出图 1-9 中各信号定义。

输入量：用于控制系统被控量变化规律的指令信号，又称给定值或输入信号。

输出量：反映被控对象变化的物理量，又称被控量或输出信号。

反馈量：将系统或元件的输出量反送到系统或元件的输入端信号称为反馈量，又称反馈信号。反馈有主反馈和局部反馈、负反馈和正反馈之分，自动控制系统通常采用负反馈。

偏差量：输入量与反馈量之差，即比较元件的输出，又称为偏差信号或误差信号。

扰动量：是一种对系统的输出量产生不利影响的信号，又称为扰动信号或干扰信号。

信号从输入端沿箭头方向到达输出端的传输通路称为前向通路；系统输出量经测量装置反馈到输入端的传输通路称为主反馈通路；前向通路与主反馈通路一起构成主回路。此外，还有局部反馈通路以及由它组成的内回路。只有一个通路的系统称单回路系统，有两个以上反馈通路的系统，称为多回路系统。

1.3 自动控制系统的分类

自动控制系统有很多分类法，根据研究和分析问题的出发点不同，可以有不同的分类方法。以下介绍几种常用的分类方法。

1.3.1 按输入信号形式分类

1. 恒值控制系统

这类系统的任务是维持被控量为某个恒值。它面临的主要问题是如何克服使被控量偏离给定值的各种扰动，控制器的任务是在发生任何扰动时，尽快使被控量以一定精度恢复或接近给定值。前面讲述的如图 1-1 所示的水箱液位控制系统和如图 1-7 所示的电动机调速系统都是恒值控制系统。工业生产过程中的恒温、恒压、恒速、恒定液位等自动控制系统都属于这类系统。

恒值控制系统又称为自动调节系统。根据生产过程需求，只要改变给定值就可以改变系统的输出值。

2. 随动系统

这类系统的输入信号是时间的未知函数，即给定值的变化规律事先无法确定，要求输出量能够准确、快速地跟随给定值的变化。系统面临的主要问题是如何克服被控对象和执行机构的惰性。控制器的任务是提高系统的跟踪能力，使输出量尽快紧跟给定值。随动系统又称为伺服系统，如雷达高射炮系统、位置伺服系统等。

随动系统当然也受到各种扰动的影响，但扰动的影响一般属于次要问题。可见，恒值控制系统与随动系统的基本差别就在于：跟随给定值的变化与克服扰动的影响这两者中，哪一个是主要的矛盾。

3. 程序控制系统

这类系统的输入信号是按已知的时间函数变化，要求被控量快速准确地复现给定值。系统的控制过程按预先设定的程序进行，如数控机床就是典型的程序控制系统。

1.3.2 按系统中信号传递的性质分类

1. 连续系统

连续系统的特点是系统各部分的信号都是时间 t 的连续函数。连续系统的运动规律可用微分方程来描述，如图 1-1 所示的水箱液位控制系统和如图 1-7 所示的电动机调速系统都是连续系统。

2. 离散系统

离散系统的特点是系统中有一处或几处的信号是脉冲序列或数码的形式。离散系统的运动规律可用差分方程来描述。

采用计算机作为控制器或数字控制器的控制系统都属于离散系统。随着计算机技术和网络技术的飞速发展，计算机控制器、数字控制器、数字仪表、数字通信都广泛应用于自动控制系统，这样就把连续系统变为离散系统。由此可见，离散系统将有更好的发展前景。

1.3.3 按系统的输入/输出特性分类

1. 线性系统

线性系统是由线性元件组成的，系统的运动规律可以用线性微分（或差分）方程来描述。线性系统的主要特点就是满足叠加性和齐次性，即

（1）有几个输入时，系统的输出等于各个输入单独作用时系统输出之和；

（2）当系统输入增大或缩小多少倍时，系统输出也增大或缩小多少倍。

例如，系统的输入量分别为 $r_1(t)$ 和 $r_2(t)$，相应的输出量为 $y_1(t)$ 和 $y_2(t)$，若当输入量为 $r(t) = r_1(t) + r_2(t)$ 时，输出量为 $y(t) = y_1(t) + y_2(t)$，则系统满足叠加性。如果系统的输入量为 $r_1(t)$，相应的输出量为 $y_1(t)$，若当输入量为 $r(t) = kr_1(t)$，输出量为 $y(t) = ky_1(t)$，则系统满足齐次性。

叠加性和齐次性是鉴别系统是否为线性系统的依据。另外，它们应用于系统分析非常有用。对于多输入单输出系统，应用叠加性可以分别求得每个输入量单独作用时系统的输出量，然后将它们叠加就可以得到系统总的输出量。对于系统的输入量幅值为任意值时，应用齐次性可以将输入量幅值取为 1，作用于系统来求取系统的输出量，然后乘以实际输入量的幅值即可，大大简化了系统分析。

2. 非线性系统

当系统中存在一个或几个非线性特性的元件时，系统就不能用线性方程来描述了，只能用非线性方程来描述。这种系统称为非线性系统。非线性系统不满足叠加性和齐次性。

严格地讲，线性系统实际上是不存在的，因为所有的物理系统在某种程度上都是非线性的。例如系统中应用的放大器和铁磁元件有饱和特性，运动部件有间隙、摩擦或死区等。但是，为了研究问题方便，在一定的条件下，许多的非线性系统可以在工作点附近线性化，近似为线性系统。这样就可以用线性系统理论进行分析。非线性系统理论的研究远不如线性系统那样完善，并且尚无一个解决广泛的非线性系统的通用方法。

1.3.4 按系统中参数的时间特性分类

1. 定常系统

如果描述系统运动的微分方程（连续系统）或差分方程（离散系统）的系数均为常数，则这类系统称为定常系统，又称为时不变系统。这类系统的特点是系统的响应特性只取决于输入信号的形状和系统的特性，而与输入信号的初始时刻无关。

2. 时变系统

如果系统中的参数随时间而变化，则这类系统称为时变系统。这类系统的特点是系统的响应特性不仅取决于输入信号的形状和系统的特性，而且还与输入信号的初始时刻有关。

1.4 控制系统举例

本节将介绍几个自动控制系统的实例。

1.4.1 蒸汽机转速控制系统

采用瓦特式离心转速调节器构成的蒸汽机转速控制系统如图 1-10 所示。它是利用飞锤的离心力来调节控制阀门实现控制蒸汽机汽缸中的蒸汽量,从而达到调节蒸汽机转速的效果。

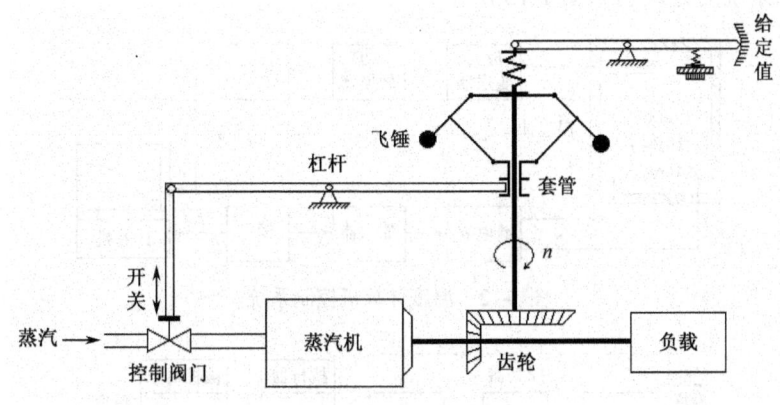

图 1-10 蒸汽机转速控制系统

系统的工作原理如下。

根据期望的转速,设置给定值。当实际转速达到期望转速时,飞锤产生的离心力与弹簧的反弹力达到平衡,套管保持在某个位置,并通过杠杆使阀门达到一个平衡的开度。如果负载增大使蒸汽机转速下降,则飞锤的离心力减小,从而使套管下滑,通过杠杆增大供汽阀门的开度,进入的蒸汽量增加,使蒸汽机转速上升,直到达到期望转速。反之,如果负载减小使蒸汽机转速上升,则飞锤的离心力增大,从而使套管上移,通过杠杆减小供汽阀门的开度,进入的蒸汽量减小,使蒸汽机转速下降回到期望值。这样,根据期望转速与实际转速的偏差,离心转速调节器能够自动调整蒸汽机转速,使其保持在期望转速附近。

蒸汽机转速控制系统的方块图如图 1-11 所示。

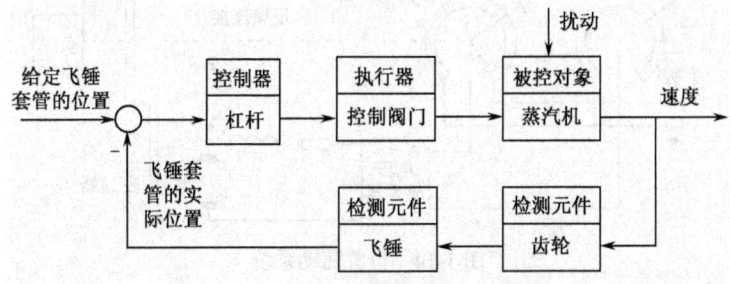

图 1-11 蒸汽机转速控制系统方块图

1.4.2 温度控制系统

图 1-12 所示为一个温度计算机控制系统。通过计算机编程输入电炉的温度给定值，由温度计检测出电炉内的温度值，经放大变送器把温度信号变换为工业使用的标准电压或电流值，再通过 A/D 转换器转变为数字量，通过接口元件送到计算机（控制器）。在计算机中将温度值的数字量与给定值进行比较，如果存在偏差，计算机就会发出控制指令，经接口元件送到放大器，将放大的信号驱动继电器使加热器加热或停止加热。如果电炉内的实际温度值低于给定值，就会产生偏差，计算机就会发出加热器加热的控制指令，使电炉内的温度上升达到给定值；如果电炉内的实际温度值高于给定值，也会产生偏差，计算机就会发出加热器停止加热的控制指令，使电炉内的温度下降到给定值。

温度控制系统的方块图如图 1-13 所示。

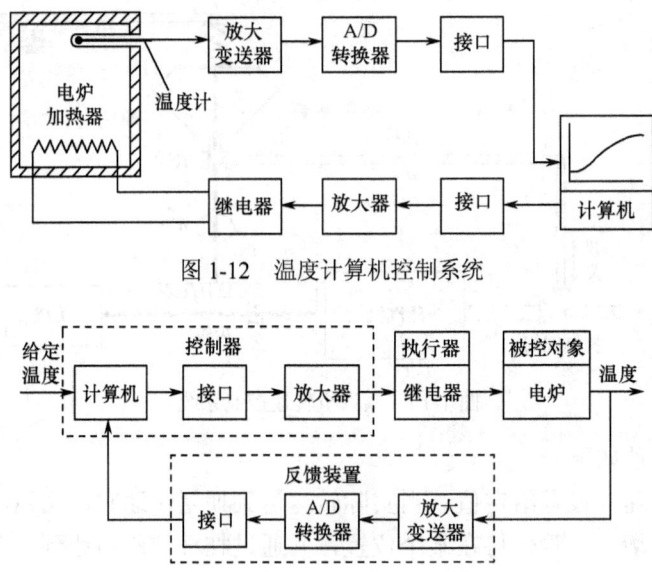

图 1-12 温度计算机控制系统

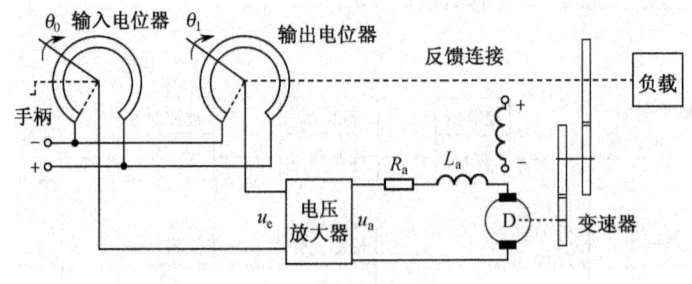

图 1-13 温度控制系统方块图

1.4.3 位置随动系统

图 1-14 所示为一个位置随动系统，也称为位置伺服系统。系统的控制任务是使负载的角位置 θ_1 跟踪给定角位置 θ_0 的变化。系统的工作原理如下。

图 1-14 位置随动系统

用一对电位器作为系统的偏差测量装置，它们可以将输入和输出角位置转变为与角位置成比例的电信号。当电位器组的两个角位置满足 $\theta_1 = \theta_0$ 时，输出电压 $u_e = 0$，电动机的电枢电压 $u_a = 0$，电动机不转动，负载保持在角位置 θ_1，系统处于某个平衡状态。如果用手柄改变了输入电位器的角位置 θ_0，由于角位置 θ_1 没有变，电位器组的输出端上产生了偏差信号 $u_e \neq 0$，经电压放大器放大后驱动电动机转动，并通过变速器带动负载和输出电位器一起跟随输入电位器的变化。当 θ_1 达到 θ_0 时，输出电压 $u_e = 0$，电动机停止转动，系统达到了新的平衡状态，实现了角位置跟踪的目的。

位置随动系统的方块图如图 1-15 所示。

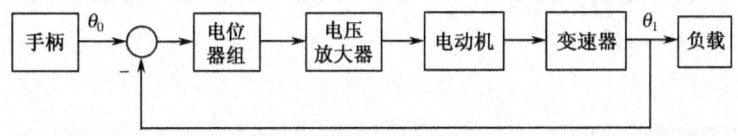

图 1-15 位置随动系统方块图

1.4.4 电冰箱制冷系统

电冰箱单一箱体的制冷系统由压缩机、冷凝器、干燥过滤器、毛细管及蒸发器组成，其制冷系统工作原理和组成如图 1-16 所示。

当电冰箱通电启动后，压缩机运转，制冷剂经冷凝器—干燥过滤器—毛细管—蒸发器，被压缩机吸回，即为一个单系统循环。被吸回的低温低压制冷剂为气态，经压缩变为高温高压气态，排入冷凝器放热变为高压液态，通过干燥过滤器滤除杂质水分后，再经唯一毛细管节流降压进入蒸发器内蒸发，吸收箱内空气和食物的热量，并将吸收的热量转移到冷凝器，再将热量排到环境中。如此周而复始地循环，从而达到制冷的目的。若电冰箱内温度升高，由温控器的温度传感器检测到后，使继电器闭合，压缩机启动，开始制冷，电冰箱内温度降低到规定的温度时，压缩机停止运转。电冰箱制冷控制系统的方块图如图 1-17 所示。

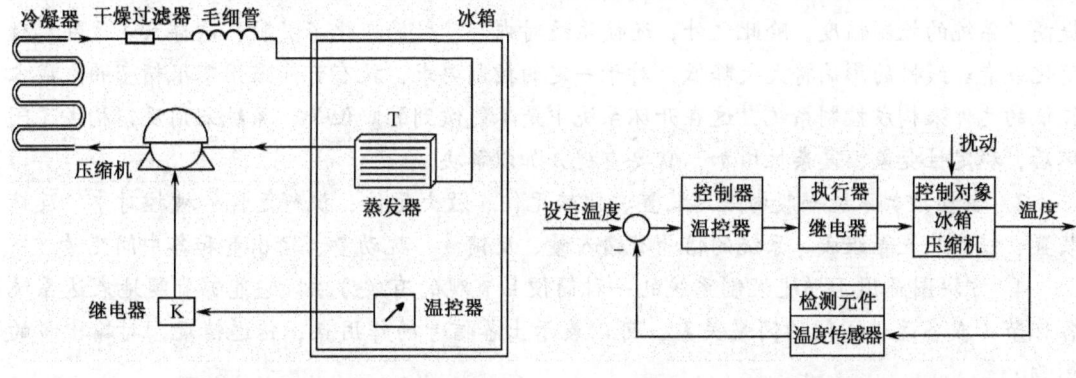

图 1-16 电冰箱制冷系统工作原理和组成　　图 1-17 电冰箱制冷控制系统方块图

1.5 对自动控制系统的基本要求

自动控制系统用于不同的领域和目的，对系统的控制性能要求不一样，如对于恒值控制，要求系统尽快使被控量以一定精度恒定在给定值；对于随动控制，要求系统使输出能够准确、快速地跟随给定值的变化。但是，从系统的运动过程来讲，却有相同的基本要求，可以归结为稳定性、准确性和快速性，即稳、准、快的要求。

1. 稳定性

稳定性是保证控制系统正常工作的前提，也是一个基本要求。对于一个稳定的控制系统，当受到扰动的作用（或给定值发生变化）时，被控量将偏离原来的稳定值，通过系统的自动调节，能够使被控量逐渐回到或接近原稳定值（或新的稳定值）。对于不稳定的控制系统，其被控量偏离原来的稳定值的初始偏差将随时间的增长而发散，因此，不稳定的控制系统是无法正常工作的。

2. 快速性

在保证控制系统稳定的前提下，为了很好地完成控制任务，还对其过渡过程的形式和快慢提出要求，一般称为动态响应性能。通常要求系统对输入信号的反应速度快，并且平稳。

3. 准确性

对于一个稳定的系统，当过渡过程结束后，系统被控量的实际值与期望值之间的偏差称为稳态误差，它是表征系统控制精度的重要性能指标。稳态误差越小，控制精度越高。

◇ 小 结 ◇

1. 开环控制系统的特点就是结构简单、稳定性好、成本较低，但它不具备抗干扰的能力，只能用于控制精度要求不高的场合。

2. 闭环控制系统的特点是在系统中引入了反馈环节，将输出量反馈到输入端，使输出量对控制作用有直接影响。由于依靠反馈环节的自动调节能够克服扰动对系统的影响，大大提高了系统的控制精度。除此之外，还使系统对内部参数的变化不灵敏，这样系统元件参数变化或者非线性的影响将大大降低，对于一定的控制要求，就有可能采用不很精密的、成本较低的元件来构成控制系统，这在开环系统中是不能做到的。但是，系统采用反馈构成了闭环后，稳定性变差，复杂性增加，需要重视并加以解决。

3. 自动控制系统一般由给定装置、比较元件、放大元件、执行元件、被控对象、反馈装置、校正装置等组成。系统的信号有输入量、反馈量、扰动量、输出量和各中间变量。

4. 方块图是用于描述控制系统的一种简便且直观的有效方法。它能够直观地表达系统各环节（或各元件）间的因果关系，可以表示出各信号的作用点、传递情况、对输出量的影响。

5. 对自动控制系统的基本要求一般可以归结为稳定性、快速性和准确性。稳定性是保证系统正常工作的前提，即必要条件；快速性是系统的动态响应指标，反映响应速度和被控量的波动程度；准确性是系统的稳态指标，反映系统的控制精度。

对于同一个系统的稳、准、快是相互制约的，如提高系统的快速性，就会引起振荡加剧，对稳定性不利；提高系统的稳定性，就会使动态响应减缓，控制精度也可能变差。分析和解决这些矛盾，是控制理论研究的核心问题。

习 题

1-1 日常生活中存在许多控制系统，其中洗衣机的控制是开环控制还是闭环控制？卫生间抽水马桶水箱蓄水量的控制是开环控制还是闭环控制？

1-2 用方块图表示驾驶员沿给定路线行驶时观察道路正确驾驶的反馈过程。

1-3 自动热水器系统的工作原理如图 T1-1 所示。水箱中的水位由冷水入口调节阀保证，温度由加热器维持。试分析水位和温度控制系统的工作原理，并以热水出口流量的变化为扰动，画出温度控制系统的原理方块图。

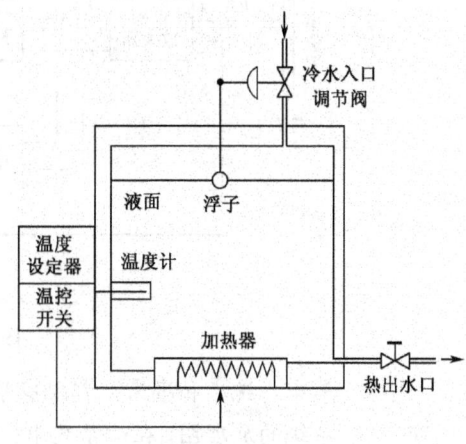

图 T1-1 习题 1-3 图

1-4 仓库大门自动开闭系统原理示意图如图 T1-2 所示。试说明自动控制大门开闭的工作原理并画出原理方块图。

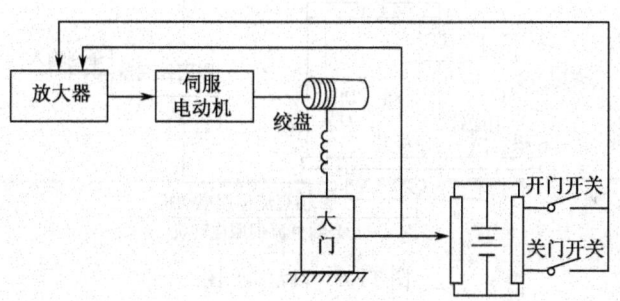

图 T1-2 习题 1-4 图

1-5 根据图 T1-3 所示的电动机速度控制系统工作原理图，完成：
（1）将 a、b 与 c、d 用线连接成负反馈状态；
（2）画出系统方块图。

1-6 液位自动控制系统示意图如图 T1-4 所示。在任何情况下，希望液面高度 h 维持不变，试说明系统的工作原理，并画出系统原理方块图。

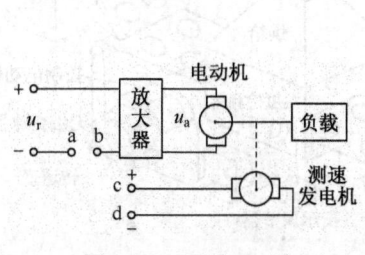

图 T1-3 习题 1-5 图

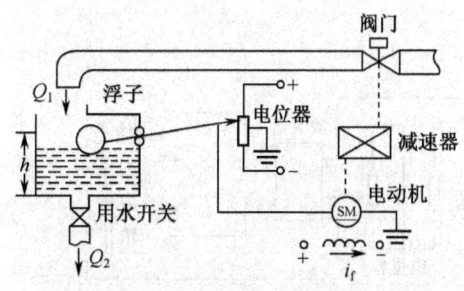

图 T1-4 习题 1-6 图

1-7 一种控制直流电动机速度的控制系统原理图如图 T1-5 所示,试说明其工作原理并绘制方块图。

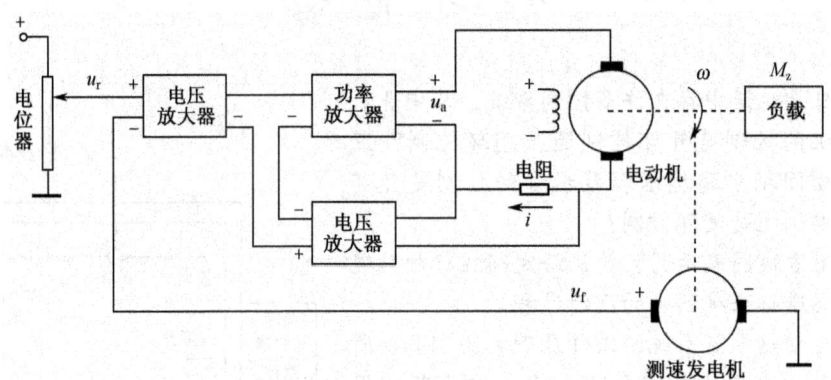

图 T1-5 习题 1-7 图

1-8 车床、铣床和磨床,都配有跟随器,用来复现模板的外形。图 T1-6 就是一种跟随系统的原理图。在此系统中,刀具能在原料上复制模板的外形。试说明其工作原理,并画出系统方块图。

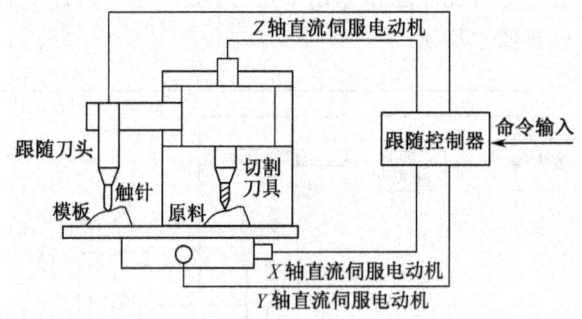

图 T1-6 习题 1-8 图

1-9 火炮跟踪系统的工作原理如图 T1-7 所示,电动机通过齿轮传动装置使火炮旋转。试说明跟踪控制系统的工作原理,并画出系统的原理方块图。

1-10 图 T1-8 是烤面包机的原理图。面包的烘烤质量由烤箱内的温度及烘烤时间决定。

(1) 试说明传动带速度自动控制的工作原理,并绘制相应的原理方块图;

(2) 绘制烤面包机控制系统的方块图。

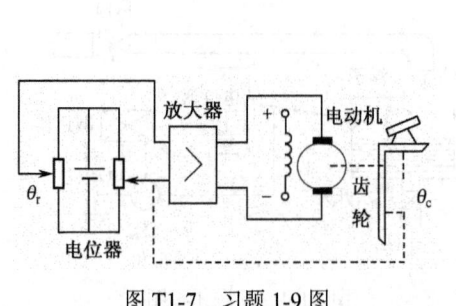

图 T1-7 习题 1-9 图

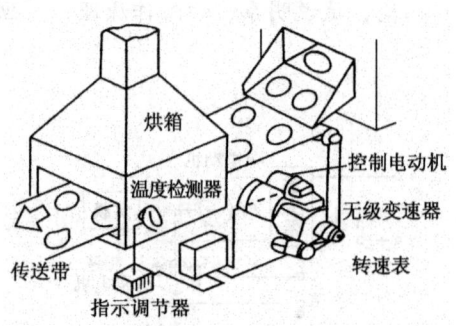

图 T1-8 习题 1-10 图

1-11 试判断下列微分方程所描述的系统属于何种类型，线性系统还是非线性系统，定常系统还是时变系统？

（1）$\dfrac{d^2 y(t)}{dt^2} + 6\dfrac{dy(t)}{dt} + 4y(t) = 9\dfrac{dr(t)}{dt} + r(t)$

（2）$t\dfrac{dy(t)}{dt} + 7y(t) = 3\dfrac{dr(t)}{dt} + 4r(t)$

（3）$\dfrac{d^2 y(t)}{dt^2} + 5\dfrac{dy(t)}{dt} + 4y^2(t) = 3r(t)$

（4）$8\dfrac{dy(t)}{dt} + 2y(t) = 7\dfrac{dr(t)}{dt} + 2r(t) + 4\int r(t)dt$

第 2 章 控制系统的数学模型

2.1 引言

第 1 章介绍了有关控制系统的基本概念和结构。如何分析一个控制系统，怎样按照控制要求设计一个最适合的控制系统，是自动控制理论研究的基本内容和核心内容。要将系统设计得好，达到预期的设计目的，就要深刻地了解被控对象以及与系统有关的所有元件和装置的特性，就好像你越了解一个人，你就越会掌握在不同环境条件下他的反应一样，可以从容应对。对系统的了解是通过数学模型完成的。

2.1.1 系统数学模型的定义及特点

自动控制理论主要研究自动控制系统稳、准、快三方面的性能。当控制系统的输入发生变化时，其输出通常需要经过一个瞬态过程才能跟上输入的变化。对系统性能的分析就是通过对瞬态过程的分析实现的。因此，必须将系统的瞬态过程用一个能反映其运动状态的数学表达式表示出来，这种描述系统中各元件的特性以及系统瞬态过程中内部物理量之间相互关系的数学表达式，称为系统的数学模型。在静态条件下（即变量各阶导数为零），描述变量之间关系的代数方程称为静态数学模型，静态数学模型描述各变量之间的关系不随时间变化；而描述变量各阶导数之间关系的微分方程称为动态数学模型。对系统的分析，通常以动态数学模型为主，详细研究各变量的运动特性。

2.1.2 系统数学模型的类型和建模方法

在自动控制理论中，系统的数学模型有多种形式，采用的数学工具不同，适用的场合也各不相同，但各种形式的数学模型之间有紧密的联系并可以相互转换，如图 2-1 所示。时域中常用的数学模型有微分方程、差分方程和状态方程；复域中的数学模型有传递函数、方块图和信号流图等；频域中的数学模型有频率特性等。

如果系统数学模型着重描述系统输入量和输出量之间的关系，则称之为系统的输入/输出模型；如果系统数学模型描述的是系统输入量与内部状态之间以及内部状态和输出量之间的关系，则称为状态方程。

建立控制系统数学模型的方法有分析法和实验法。分析法是指当控制系统结构和参数已知时，对系统的各部分运动机理进行分析，根据它们所依据的物理规律、化学规律以及其他自然规律来建立相应的运动方程的方法。例如，在电学系统中利用分析法建立系统的数学模型，是根据基尔

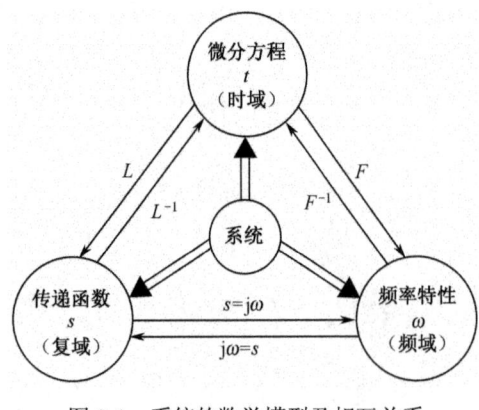

图 2-1 系统的数学模型及相互关系

霍夫定律进行的；在力学系统中，根据牛顿定律用分析法建立系统的数学模型；而在热力学系统中，则是根据热力学定律建立系统的数学模型。实验法是人为地给系统施加某种测试信号，记录其输出响应数据，并用适当的数学模型去逼近的建模方法，也称为系统辨识。近年来，系统辨识已发展成为一门独立的学科分支，在本章不做介绍。本章主要内容是利用微分方程、传递函数和方块图建立系统的数学模型及其应用。

无论采用哪种建模方法，都需要遵循以下原则。

1. 全面了解系统的结构和运动机理，明确研究目的和要求，选择合适的分析方法。
2. 根据分析方法，确定数学模型的形式。
3. 在满足系统的特性要求和误差允许的条件下，建立尽量简化及合理的数学模型。

2.2 建立系统的时域数学模型

微分方程是描述控制系统最基本的数学工具。由于它是对物理系统输入/输出的描述，有时也称为外部描述，它是其他各种数学模型的基础。系统的输入量和输出量都是时间 t 的函数，如果微分方程是线性的，且其各项系数都为常数，则称为线性定常系统的数学模型。

下面分类举例说明如何建立系统的微分方程。

2.2.1 电路系统举例

【例2-1】RLC电路如图2-2所示，列写电路中输入电压 $u_i(t)$ 与输出电压 $u_o(t)$ 关系的微分方程。

解（1）该系统是电学系统，应遵循电路相关定律。

（2）确定系统的输入量、输出量和中间变量分别为：输入电压 $u_i(t)$，输出电压 $u_o(t)$，中间变量是电流 $i(t)$。

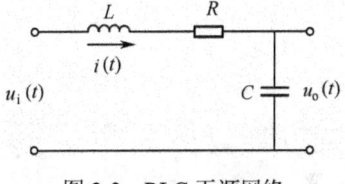

图 2-2 RLC 无源网络

（3）根据基尔霍夫定律，列出系统的原始微分方程

$$u_i(t) = u_L(t) + u_R(t) + u_o(t) \quad (2\text{-}1)$$

$$u_L(t) = L \frac{\mathrm{d}i(t)}{\mathrm{d}t} \quad (2\text{-}2)$$

$$u_R(t) = Ri(t) \quad (2\text{-}3)$$

$$i(t) = C \frac{\mathrm{d}u_o(t)}{\mathrm{d}t} \quad (2\text{-}4)$$

由式（2-4）得

$$u_o(t) = \frac{1}{C} \int i(t)\mathrm{d}t \quad (2\text{-}5)$$

将式（2-2）、式（2-3）和式（2-5）代入式（2-1），消去中间变量 $i(t)$ 并将方程整理为标准形式，得

$$LC \frac{\mathrm{d}^2 u_o(t)}{\mathrm{d}t^2} + RC \frac{\mathrm{d}u_o(t)}{\mathrm{d}t} + u_o(t) = u_i(t) \quad (2\text{-}6)$$

$$T_1 T_2 \frac{\mathrm{d}^2 u_o(t)}{\mathrm{d}t^2} + T_2 \frac{\mathrm{d}u_o(t)}{\mathrm{d}t} + u_o(t) = u_i(t) \quad (2\text{-}7)$$

式中：$T_1 = L/R$，$T_2 = RC$，分析 T_1 和 T_2 的量纲，有

$$[T_1]=\left[\frac{L}{R}\right]=\frac{伏/（安/秒）}{伏/安}=秒$$

$$[T_2]=[RC]=\frac{伏}{安}\times\frac{安\cdot秒}{伏}=秒$$

可见，T_1 和 T_2 是电路的时间常数。由式（2-7）可知，电路系统的静态放大系数是 1，说明稳态时，输出电压等于输入电压，与电容的充电特性完全吻合。电路中存在两个储能元件电感 L 和电容 C，故方程式左侧的最高阶次是 2，RLC 电路是一个二阶常系数线性微分方程。

【例 2-2】 试求如图 2-3 所示有源电路的输入电压 $u_i(t)$ 与输出电压 $u_o(t)$ 之间的关系。

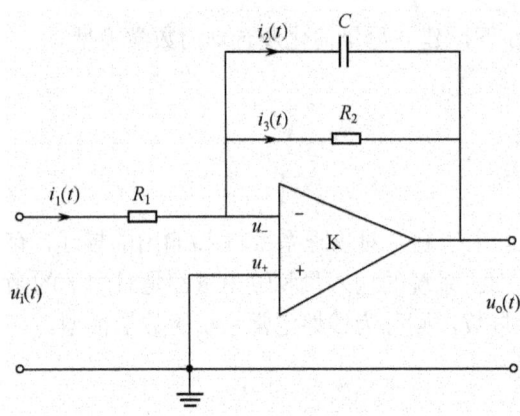

图 2-3 采用运算放大器的电路

解（1）这是一个带运算放大器的有源电路。首先假设此运算放大器是理想放大器，则流入放大器的电流可以忽略不计并且放大器的正负输入电压相等，即 $u_-\approx u_+$。

（2）确定系统的输入量是输入电压 $u_i(t)$，系统的输出量是输出电压 $u_o(t)$，系统的中间变量是电流 i_1、i_2 和 i_3。

（3）根据理想放大器的特性，列出系统的微分方程

$$i_1(t)=i_2(t)+i_3(t) \quad (2\text{-}8)$$

$$u_-=u_+=0 \quad (2\text{-}9)$$

$$i_1(t)=\frac{u_i(t)-u_-}{R_1} \quad (2\text{-}10)$$

$$i_2(t)=C\frac{d(u_--u_o(t))}{dt} \quad (2\text{-}11)$$

$$i_3(t)=\frac{u_--u_o(t)}{R_2} \quad (2\text{-}12)$$

（4）将式（2-9）~式（2-12）代入式（2-8），并整理微分方程为标准形式，有

$$-C\frac{du_o(t)}{dt}-\frac{u_o(t)}{R_2}=\frac{u_i(t)}{R_1} \quad (2\text{-}13)$$

由式（2-13）可见，此系统是一阶常系数线性微分方程，方程左侧的负号表明运算放大器具有反相作用。

2.2.2 机械力学系统举例

【例 2-3】 弹簧—质量—阻尼器串联系统如图 2-4 所示。试列出以外力 $F(t)$ 为输入量，以质量的位移 $y(t)$ 为输出量的微分方程。

分析 本系统由 3 个基本无源元件组成：质量 m、弹簧 k 和阻尼器 f。首先要掌握 3 种元件的力学性质和作用，并列出三种元件在系统中存在的阻碍运动的力。

（1）惯性力。惯性力是一种与质量有关的力，具有阻止启动和阻止停止运动的性质。按照牛顿第二定律可知，惯性力的大小等于质量乘以加速度，即

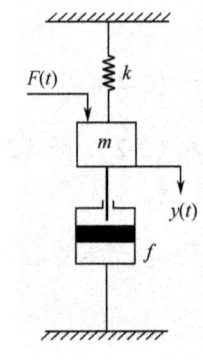

图 2-4 质量—弹簧—阻尼串联系统

$$F_m = ma = m\frac{du(t)}{dt} = m\frac{dy^2(t)}{dt^2}$$

式中：a 代表加速度，y 表示位移。

（2）弹性力。弹性力是一种弹簧的弹性恢复力，大小与其形变成正比，即

$$F_k = ky(t) = k\int v(t)dt$$

式中：k 是弹簧刚度，其物理意义表示单位形变的恢复力。

（3）阻尼力。阻尼力是阻尼器中产生的黏性摩擦力，其大小与阻尼器中活塞与刚体的相对运动速度成正比，即

$$F_f = fv(t) = f\frac{dy(t)}{dt}$$

式中：v 表示速度；f 是阻尼系数，其物理含义是单位速度的阻尼。

分析与掌握了以上几种力的作用和表示形式后，就可以轻松求解本题。

解（1）确定系统的输入量是 $F(t)$，系统的输出量是 $y(t)$，作用于质量 m 的力有弹簧产生的弹性力 F_k、阻尼器产生的阻尼力 F_f，均为中间变量。质量 m 的受力情况如图 2-5 所示。

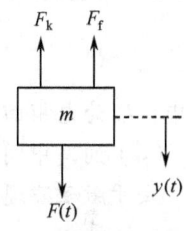

图 2-5　质量的受力情况

（2）系统处于平衡状态，按牛顿第二定律列写原始微分方程

$$\sum F = ma \tag{2-14}$$

$$\sum F = F(t) + F_k(t) + F_f(t) \tag{2-15}$$

$$F_k(t) = -ky(t) \tag{2-16}$$

$$F_f(t) = -f\frac{dy(t)}{dt} \tag{2-17}$$

$$ma = m\frac{dy^2(t)}{dt^2} \tag{2-18}$$

（3）将式（2-15）~式（2-18）代入式（2-14），得

$$F(t) - ky(t) - f\frac{dy(t)}{dt} = m\frac{d^2y(t)}{dt^2} \tag{2-19}$$

（4）整理式（2-19）得微分方程标准形式

$$m\frac{d^2y(t)}{dt^2} + f\frac{dy(t)}{dt} + ky(t) = F(t)$$

$$T_M^2\frac{d^2y(t)}{dt^2} + T_f\frac{dy(t)}{dt} + y(t) = \frac{1}{k}F(t)$$

式中：$T_M^2 = m/k$；$T_f = f/k$ 为时间常数；$1/k$ 为该系统的传递系数；T_M 和 T_f 的单位均为秒。因此，该系统是二阶常系数线性微分方程。

2.2.3　机电系统举例

直流电动机是将电能转化为机械能的典型的机电转换装置。电动机作为控制系统的执行机构，是一个重要元件。

参考图 2-6，这里简要介绍电枢控制的直流电机工作原理：U_a 为输入的电枢电压，在电

枢回路中会产生电枢电流 i_a，电枢电流 i_a 与激磁磁通相互作用产生电磁转矩 M_D，使电枢转动，拖动负载运动。这样电能就转换为机械能。在此过程中，电枢的绕组在磁场中切割磁力线产生感应反电势 E_a，其大小与激磁磁通及转速成正比，方向与外加电枢电压 U_a 相反。

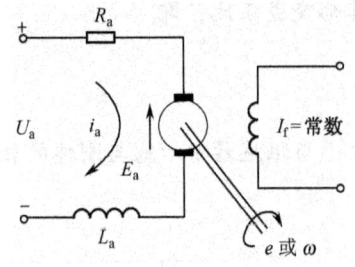

图 2-6 电枢控制的直流电动机系统

【例 2-4】 试列写如图 2-6 所示的电枢控制的直流电动机的微分方程。

解（1）确定输入量是电枢电压 U_a，输出量是电动机角速度 ω，负载转矩 M_L 是扰动输入。

（2）忽略电枢反应、磁滞等影响，激磁电流 I_f 为常数，则激磁磁通视为不变，变量关系为线性关系。

（3）根据基尔霍夫定律写出电枢回路方程式为

$$L_a \frac{di_a}{dt} + R_a i_a + E_a = U_a \tag{2-20}$$

式中：L_a 为电枢回路总电感；R_a 为电枢回路总电阻。

（4）列写中间变量辅助方程

由于激磁磁通不变，电枢反电势 E_a 与转速成正比，即

$$E_a = k_e \omega \tag{2-21}$$

式中：k_e 为电势系数（伏/弧度/秒），由电动机结构参数确定。

电机轴上机械运动方程为

$$M_D - M_L = J \frac{d\omega}{dt} \tag{2-22}$$

式中：$J = \frac{GD^2}{4g}$ 为转动惯量（计算到电动机轴上，单位为千克·米·秒^2），GD^2 为飞轮转矩（千克·米^2），M_L 为负载转矩（千克·米），M_D 为电动机转矩（千克·米）。

电磁转矩方程可写为

$$M_D = k_m i_a \tag{2-23}$$

式中：k_m 是转矩系数，由电动机结构参数确定。

（5）将式（2-20）～式（2-23）联立求解，得

$$\frac{L_a J}{k_m k_e} \frac{d^2 \omega}{dt^2} + \frac{R_a J}{k_e k_m} \frac{d\omega}{dt} + \omega = \frac{1}{k_e} U_a - \frac{R_a}{k_e k_m} M_L - \frac{L_a}{k_e k_m} \frac{dM_L}{dt} \tag{2-24}$$

若不考虑电动机的负载转矩，即设 $M_L = 0$，则式（2-24）可简化为

$$\frac{L_a J}{k_e k_m} \cdot \frac{d^2 \omega}{dt^2} + \frac{R_a J}{k_e k_m} \cdot \frac{d\omega}{dt} + \omega = \frac{1}{k_e} U_a \tag{2-25}$$

令 $T_a = \frac{L_a}{R_a}$（单位为秒）为电磁时间常数，$T_m = \frac{JR_a}{k_e k_m}$（单位为秒）为电动机的机电时间常数，则式（2-25）可写为

$$T_a T_m \frac{d^2 \omega}{dt^2} + T_m \frac{d\omega}{dt} + \omega = \frac{1}{k_e} U_a$$

（6）若系统的输入量不变，输出量是电动机转速 n（单位为转/分），则系统的微分方程为

$$T_aT_m\frac{d^2n}{dt^2}+T_m\frac{dn}{dt}+n=\frac{1}{k_e'}U_a-\frac{T_m}{GD^2/375}M_L-\frac{T_aT_m}{GD^2/375}\frac{dM_L}{dt}$$

当电动机负载转矩 $M_L=0$ 时，有

$$T_aT_m\frac{d^2n}{dt^2}+T_m\frac{dn}{dt}+n=\frac{1}{k_e'}U_a$$

式中：k_e' 为电势系数（单位为伏/转/分），

$$T_m=\frac{R_aJ}{k_ek_m}=\frac{R_aGD^2}{375k_e'k_m}$$

2.2.4 流体系统的建模

【例 2-5】 如第 1 章图 1-1 所示水位自动控制系统，若蓄水槽的体积为 V，流入气动阀门和流出气动阀门的流量分别用 $Q_1(t)$ 和 $Q_2(t)$ 表示，改变气动阀门的开度可以改变相应流量值。如果以气动阀门的流量 $Q_1(t)$ 为输入，以蓄水槽的液面高度 $h(t)$ 为输出，试建立该对象的数学模型。

解 数学模型是 $Q_1(t)$ 与 $h(t)$ 之间的数学表达式。根据动态能量平衡关系，如果液位 h 处于平衡状态，则输入流量与输出流量相等，即 $Q_{10}=Q_{20}$，如果偏离了某个平衡状态，则

$$Q_1(t)-Q_2(t)=A\frac{dh(t)}{dt}$$

式中：A 为蓄水槽的截面积，是一个常量。

设 Q_2 与 h 近似呈线性关系，则

$$Q_2(t)=\frac{h(t)}{R}$$

式中：R 是流出阀门的阻力系数，称为液阻，则

$$Q_1(t)-\frac{h(t)}{R}=A\frac{dh(t)}{dt}$$

整理得此系统的微分方程为

$$A\frac{dh(t)}{dt}+\frac{1}{R}h(t)=Q_1(t)$$

2.2.5 复杂系统举例

【例 2-6】 随动系统如图 2-7 所示。图中 ψ 为输入量，φ 为输出量，M_L 为扰动输入量，试建立系统的数学模型。

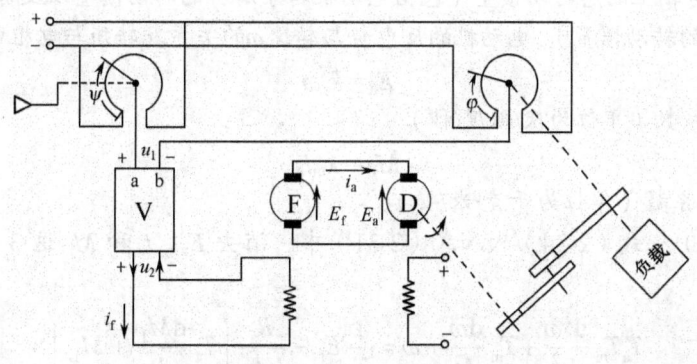

图 2-7 随动系统原理图

解 (1) 电位器组

ψ 和 φ 是输入量，u_1 是输出量。我们规定 u_1 的极性是：当 a 端电位高于 b 端电位时，认为 u_1 是正的，

$$u_1 = k_1(\psi - \varphi) \tag{2-26}$$

式中：k_1 为电位器角度上的电压系数（单位为伏/弧度）。

(2) 放大器

$$u_2 = k_2 u_1 \tag{2-27}$$

式中：k_2 为电压放大系数（运算放大倍数）。

(3) 发电机

输入量是 u_2，输出量是电动势 E_f，它的磁通量与励磁电流成正比。设 L_f 是发电机励磁绕组的电感量，R_f 是发电机励磁绕组的电阻，则励磁绕组电路的方程为

$$T_f \frac{di_f}{dt} + i_f = \frac{1}{R_f} u_2 \tag{2-28}$$

式中：$T_f = \dfrac{L_f}{R_f}$ 为励磁电路的电磁时间常数。

发电机的电动势 E_f 正比于 i_f，则

$$E_f = k_f i_f \tag{2-29}$$

将式 (2-29) 代入式 (2-28) 得

$$T_f \frac{dE_f}{dt} + E_f = k_3 u_2 \tag{2-30}$$

式中：$k_3 = k_f / R_f$，没有量纲。

(4) 电动机

它的输入量有两个，即发电机的电势 E_f 与电动机轴上的负载力矩 M_L，输出量则是它的转速 ω。微分方程为

$$E_f = E_a + L_a \frac{di_a}{dt} + R_a i_a \tag{2-31}$$

式中：L_a 为电枢回路总电感（主要是发电机电枢电感和电动机电枢电感）；R_a 为电枢回路总电阻（主要是发电机电枢电阻和电动机电枢电阻）。

动力学方程为

$$M_D = M_L + J \frac{d\omega}{dt} \tag{2-32}$$

式中：J 为电动势轴上的总转动惯量（包括电动机转子本身的转动惯量以及负载和传动机构折算到电动机轴上的转动惯量）。电动机的反电势与转速 ω 的关系及转矩与电枢电流的关系为

$$E_a = k_e \omega \tag{2-33}$$

式中：k_e 为电势系数（单位为伏/弧度/秒）。

$$M_D = k_m i_a \tag{2-34}$$

k_m 为电动机转矩系数（单位为千克·米/安）。

将式 (2-32) ~ 式 (2-34) 代入式 (2-31) 中，消去 E_a、i_a 和 M_D 这 3 个变量，经过整理得

$$T_a T_m \frac{d^2\omega}{dt^2} + T_m \frac{d\omega}{dt} + \omega = \frac{1}{k_e} E_f - \frac{R_a}{k_e k_m}\left(T_a \frac{dM_L}{dt} + M_L\right) \tag{2-35}$$

（5）传动机构

ω为输入量，φ为输出量，则它们之间的关系显然可以写为

$$\frac{\mathrm{d}\varphi}{\mathrm{d}t}=k_4\omega \tag{2-36}$$

以上我们一共得到 5 个方程，即式（2-26）、式（2-27）、式（2-30）、式（2-35）和式（2-36）。从这 5 个方程中，消去 4 个系统内部变量 u_1、u_2、E_f 和 ω 就可得到以 ψ 为输入量、以 M_L 为扰动输入量、以 φ 为输出量的微分方程式

$$T_aT_mT_f\frac{\mathrm{d}^4\varphi}{\mathrm{d}t^4}+(T_aT_m+T_fT_m)\frac{\mathrm{d}^3\varphi}{\mathrm{d}t^3}+(T_m+T_f)\frac{\mathrm{d}^2\varphi}{\mathrm{d}t^2}+\frac{\mathrm{d}\varphi}{\mathrm{d}t}+\frac{k_1k_2k_3k_4}{k_e}\varphi$$

$$=\frac{k_1k_2k_3k_4}{k_e}\psi-\frac{R_ak_4}{k_ek_m}\left[T_aT_f\frac{\mathrm{d}^2M_L}{\mathrm{d}t^2}+(T_a+T_f)\frac{\mathrm{d}M_L}{\mathrm{d}t}+M_L\right]$$

由以上例子可以得出数学模型一个非常重要的特性：相似性。虽然实际物理系统不同，可能有机械的、电路的、复杂的生物学和经济学系统等，但它们的数学模型可能是相同的。例 2-1、例 2-3 与例 2-4 均为二阶系统，例 2-2 与例 2-5 均为一阶系统，如果选择合适的系数，以上 5 个例子就可以归纳为一阶和二阶两个数学模型。由此得到一个结论，即相似系统可以相互替代，用数学模型进行模拟研究。虽然物理意义不同，它们却具有相同的运动规律。对这种抽象的数学模型进行分析研究，其结论具有一般性，普遍适用于各类相似的物理系统。

2.2.6 微分方程建立步骤

总结以上范例中系统微分方程的建立过程，可以得出控制系统是由一系列环节连接组成的，建立系统的微分方程需要全面了解系统的工作原理、结构和运动规律，一般步骤如下。

1. 根据系统运动的因果关系，确定系统的输入量、输出量及内部中间变量，理顺各变量之间的关系。

2. 从系统的输入端开始，根据信号的传递顺序和各元件或环节所遵循的物理规律，依次列写它们的微分方程。

3. 将所得的各元件或环节的微分方程联立起来，消除中间变量，求取一个仅含有系统的输入量和输出量的微分方程，这就是系统的微分方程。

4. 将微分方程整理成标准形式，即将与输入量有关的各项放在方程的右边，与输出量有关的各项放在方程的左边，各导数项按降幂排列，各项系数化成有物理意义的形式。

2.3 非线性系统的线性化

2.2 节讨论了系统微分方程的建立，所得的微分方程都是线性的。可是从工程的角度来说，所有系统都有不同程度的非线性。例如，阻尼器产生的摩擦阻力 F_f 与速度 v 成正比，假设阻尼系数 f 是常数，才会得到如图 2-8 所示中的 OB 线；但实际上，阻尼系数 f 是一个变量，因此阻尼力 F_f 与速度 v 的关系是非线性的，如图 2-8 中的 AC 所示。还有许多实际例子，例如当弹簧的弹性疲乏时，弹簧力也不是线性的。由此看来，2.2

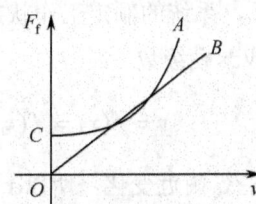

图 2-8 阻尼器的摩擦阻力 F_f 与速度 v 的关系

节建立的系统微分方程忽略了一些次要的非线性因素，做了简化考虑而得到了线性微分方程。

由于系统中非线性因素的存在，我们可以得到数学模型的另一个重要特性：精确性和简化性，即同一个系统的数学模型也可能不唯一。具体的物理系统，其各个变量之间的关系是非常复杂的，一般都存在非线性，因此要建立精确的数学模型应该是非线性偏微分方程，但是其求解过程相当困难或者根本不可能，不利于我们对系统的分析。所以在实际应用中，常在误差允许的条件下，忽略一些对系统影响较小的因素，用简化的数学模型表示实际系统。这就出现了一个系统可以有两种表示方法。精确性和简化性是相对的，既不能只求精确而使模型复杂难解，也不能只图简化而丢失了系统的特性，要具体系统具体分析，掌握好"度"。

如果有些系统需要建立精确的数学模型，或者系统的某些非线性因素必须考虑时，那么得到的系统数学模型就是非线性的。非线性方程的求解很困难，会给理论研究工作带来很大障碍，那么如何处理这类问题呢？本节将给出一个普遍的近似处理方法：应用小偏差线性化概念处理非线性方程。

2.3.1 小偏差线性化概念

自动控制系统一般工作在正常的工作状态，这个工作状态称为工作点。由于控制过程连续进行，通常系统变量的变化范围不是很大，即偏离工作点的差值很小。在这种情况下，如果我们研究的是系统在某一个工作点附近的性能，就可以将此工作点附近的区域特性用该点处的切线来代替。那么在这个区域上的系统特性就可以表示为线性的了。这就是常说的"小偏差"理论。

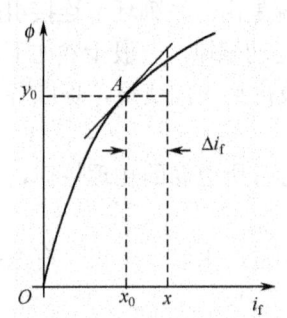

图 2-9 电动机激磁回路工作特性

如图 2-9 所示是电动机激磁回路的工作特性。系统的工作点是 A 点，在控制过程中，i_f 在 A 点附近的 Δi_f 内小范围变化，此时就可以把 A 点邻域内的特性用该点处的切线来代替。这样，在 A 点的 Δi_f 范围内，系统的特性就可以表示为线性了。

所谓线性化，是指应用线性化数学模型来代替原来的非线性模型的过程。需要注意的是，非线性系统可以进行线性化处理必须满足以下 3 个条件：

(1) 系统工作在一个正常的工作状态，有稳定的工作点；

(2) 运行过程中产生的偏差量必须是小偏差；

(3) 非线性函数在工作点处各阶导数或偏导数存在。

2.3.2 线性化方法

设非线性系统

$$y = f(x) \tag{2-37}$$

为了获得非线性系统的线性数学模型，我们假定变量对于某一工作状态的偏离很小。如图 2-9 所示，系统的额定工作状态相应于 (x_0, y_0)，如果 Δi_f 很小，那么式（2-37）可以在该点附近展开成泰勒级数

$$y = f(x) = f(x_0) + \frac{df(x_0)}{dx}(x - x_0) + \frac{1}{2!}\frac{d^2 f(x_0)}{dx^2}(x - x_0)^2 + \cdots \tag{2-38}$$

因为在 x_0 附近变化，所以 $x - x_0$ 很小，我们忽略 $x - x_0$ 的高阶项，式（2-38）可写成

$$f(x) = f(x_0) + \frac{df(x_0)}{dx}(x - x_0)$$

即
$$f(x) - f(x_0) = f'(x_0)(x - x_0)$$

等同于 $\Delta f(x) = f'(x_0)\Delta x$ 或 $\Delta y = f'(x_0)\Delta x$。习惯写成

$$y = f'(x_0)x \tag{2-39}$$

式（2-39）中因为 $f'(x_0)$ 是个常数，所以 y 和 x 之间是线性关系。

【例 2-7】 磁场控制直流电动机如图 2-10 所示。考虑磁场的非线性特性，列写小偏差激磁回路的微分方程。激磁回路中磁链 ψ 与电流 i_f 的非线性关系如图 2-11 所示。

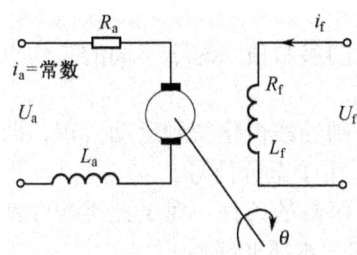
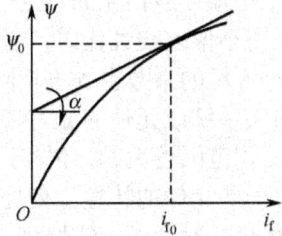

图 2-10　直流电动机原理图　　　图 2-11　磁链 ψ 与电流 i_f 的非线性关系

解 在不考虑非线性的情况下，激磁回路微分方程为

$$R_f i_f + L_f \frac{di_f}{dt} = u_f$$

式中：L_f 设为常数。

若考虑激磁回路中磁链 ψ 与电流 i_f 的非线性关系，则原始方程为

$$R_f i_f + \frac{d\psi}{dt} = u_f \tag{2-40}$$

式中：ψ 和 i_f 是非线性关系。除非在磁路不饱和的情况下，才接近线性。用泰勒级数展开为

$$\psi = \psi_0 + \left(\frac{d\psi}{di_f}\right)\bigg|_{i_{f_0}} \Delta i_f + \frac{1}{2!}\left(\frac{d^2\psi}{di_f^2}\right)\bigg|_{i_{f_0}} (\Delta i_f)^2 + \cdots$$

由于研究电动机平衡工作点附近的小偏差过程，Δu_f 很小，所以 Δi_f 也很小。略去高次项得

$$\psi = \psi_0 + \frac{d\psi}{di_f}\bigg|_{i_{f_0}} \Delta i_f \tag{2-41}$$

式中：$\dfrac{d\psi}{di_f}\bigg|_{i_{f_0}} = \tan\alpha = L'_f$（$L'_f$ 为平衡点动态电感，该点它为常值，但在不同工作点它有不同的值）。

从式（2-41）得

$$\Delta\psi = \psi - \psi_0 = L'_f \Delta i_f \tag{2-42}$$

令

$$u_f = u_{f_0} + \Delta u_f \tag{2-43}$$

$$\Delta i_f = i_f - i_{f_0} \tag{2-44}$$

将式（2-42）～式（2-44）代入式（2-40）得

$$R_f(i_{f_0} + \Delta i_f) + \frac{d}{dt}(\psi_0 + L'_f \Delta i_f) = u_{f_0} + \Delta u_f$$

在平衡点处

$$R_f i_{f_0} + \frac{d\psi_0}{dt} = u_{f_0}$$

从而得激磁回路偏差量微分方程为

$$L'_f \frac{d\Delta i_f}{dt} + R_f \Delta i_f = \Delta u_f$$

从以上小偏差线性化的讨论可以得出如下结论。

1. 应用小偏差线性化时，必须明确预定工作点的参数值。对于不同的工作点，得出的线性化微分方程的系数也各不相同。

2. 如果系统或元件的原有特性很接近线性时，则经线性化得到运动方程，即使对于偏差信号的变化范围较大时，仍能适用。反之，只能适用于微分信号。

3. 有一些元件的特性，处处不满足展开成泰勒级数的条件，对于此类非线性不能应用小偏移线性化的概念进行线性化。这类非线性特性称为本质非线性。

2.4 微分方程求解

建立微分方程的目的是为了从理论上了解和分析系统，如果要掌握系统的瞬态响应过程，还必须求解微分方程。求解线性常系数微分方程的方法通常有两种：一是经典法，另一种是拉普拉斯变换法。

经典法就是直接对系统的微分方程求解，可以得到系统的时域解，物理意义明显；它的缺点就是求解过程复杂，尤其是当方程阶次较高时，解联立方程组更是困难。

利用拉普拉斯变换求解线性常系数微分方程的方法在工程上广泛应用，它可以把复杂的微积分运算转化成简单的代数方程求解。如果所有的初始条件均为零，那么微分方程与拉普拉斯变换的对应关系为

$$s \leftrightarrow \frac{d}{dt}, \quad s^2 \leftrightarrow \frac{d^2}{dt^2}, \quad \cdots, \quad s^n \leftrightarrow \frac{d^n}{dt^n}$$

【例 2-8】 设系统的微分方程为

$$\frac{d^2 c(t)}{dt^2} + 2\frac{dc(t)}{dt} + 2c(t) = r(t)$$

已知 $r(t) = \delta(t)$，$c(0) = c'(0) = 0$，求系统的输出响应。

解

（1）系统输入 $r(t) = \delta(t)$，其拉普拉斯变换为

$$R(s) = L[r(t)] = L[\delta(t)] = 1$$

（2）系统的初始条件为零，按照微分方程与拉普拉斯变换的对应关系，将微分方程左右两边求拉普拉斯变换，得

$$s^2 C(s) + 2sC(s) + 2C(s) = 1$$

整理后得

$$C(s) = \frac{1}{s^2 + 2s + 2}$$

（3）求上式拉普拉斯反变换

$$c(t) = L^{-1}[C(s)] = L^{-1}\left(\frac{1}{s^2+2s+2}\right) = L^{-1}\left[\frac{1}{(s+1)^2+1}\right]$$

查拉普拉斯变换表，可得

$$c(t) = e^{-t}\sin t$$

2.5 建立系统的复域数学模型

利用拉普拉斯变换不但可以简化微分方程的求解，还可以将用线性定常微分方程描述的数学模型转换为复数 s 域内的数学模型——传递函数。

2.5.1 传递函数的定义

传递函数的定义为：在零初始条件下，线性定常系统输出量的拉普拉斯（Laplace）变换与系统输入量的拉普拉斯变换之比。系统的传递函数通常用 $G(s)$ 表示。

系统一般方程式为

$$a_n\frac{d^n c(t)}{dt^n} + a_{n-1}\frac{d^{n-1} c(t)}{dt^{n-1}} + \cdots + a_1\frac{dc(t)}{dt} + a_0 c(t) = b_m\frac{d^m r(t)}{dt^m} + b_{m-1}\frac{d^{m-1} r(t)}{dt^{m-1}} + \cdots + b_1\frac{dr(t)}{dt} + b_0 r(t) \tag{2-45}$$

等式两端逐项取拉普拉斯变换，并设初始条件为零，有

$$(a_n s^n + a_{n-1}s^{n-1} + \cdots + a_1 s + a_0)C(s) = (b_m s^m + b_{m-1}s^{m-1} + \cdots + b_1 s + b_0)R(s)$$

可得系统输出量为 $C(s)$、输入量为 $R(s)$ 的传递函数为

$$G(s) = \frac{C(s)}{R(s)} = \frac{b_m s^m + b_{m-1}s^{m-1} + \cdots + b_1 s + b_0}{a_n s^n + a_{n-1}s^{n-1} + \cdots + a_1 s + a_0} \tag{2-46}$$

式（2-46）的分母就是系统的特性多项式。从以上可知，对线性定常系统，当系统的微分方程知道后，只要把方程式中各阶导数用相应的 s 变量代替，就可以直接求得系统的传递函数。

【例 2-9】 2.2 节中的例 2-1 的 RLC 网络的微分方程为

$$T_1 T_2\frac{d^2 u_o(t)}{dt^2} + T_2\frac{du_o(t)}{dt} + u_o(t) = u_i(t)$$

求其传递函数。

解 两端取拉普拉斯变换，并设初始条件为零，可得

$$(T_1 T_2 s^2 + T_2 s + 1)U_o(s) = U_i(s)$$

传递函数为

$$G(s) = \frac{U_o(s)}{U_i(s)} = \frac{1}{T_1 T_2 s^2 + T_2 s + 1}$$

【例 2-10】 2.2 节的例 2-3 中的弹簧—质量—阻尼器系统的微分方程为

$$T_M^2\frac{d^2 y(t)}{dt^2} + T_f\frac{dy(t)}{dt} + y(t) = \frac{1}{k}F(t)$$

求其传递函数。

解 两端取拉普拉斯变换，并设初始条件为零，可得

$$(T_M^2 s^2 + T_f s + 1)Y(s) = \frac{1}{k}F(s)$$

传递函数为

$$G(s) = \frac{Y(s)}{F(s)} = \frac{1/k}{T_M^2 s^2 + T_f s + 1}$$

【例 2-11】 2.2 节的例 2-5 中，水箱入水流量 $Q_1(t)$ 与蓄水槽的液面高度 $h(t)$ 之间的微分方程为

$$A\frac{dh(t)}{dt} + \frac{1}{R}h(t) = Q_1(t)$$

试求该系统的传递函数。

解 两端取拉普拉斯变换，并设初始条件为零，可得

$$\left(As + \frac{1}{R}\right)H(s) = Q_1(s)$$

传递函数为

$$G(s) = \frac{H(s)}{Q_1(s)} = \frac{R}{ARs + 1}$$

【例 2-12】 2.2 节中的例 2-4 的电枢控制的直流电动机的微分方程为

$$T_a T_m \frac{d^2\omega(t)}{dt^2} + T_m \frac{d\omega(t)}{dt} + \omega(t) = \frac{1}{k_e}U_a(t)$$

求其传递函数。

解 两端取拉普拉斯变换，并设初始条件为零，可得

$$(T_a T_m s^2 + T_m s + 1)\omega(s) = \frac{1}{k_e}U_a(s)$$

传递函数为

$$G(s) = \frac{\omega(s)}{U_a(s)} = \frac{1/k_e}{T_a T_m s^2 + T_m s + 1}$$

如果输入不是一项，并含有导数项，则可用线性叠加原理。如例 2-4 中 $M_L \neq 0$，则微分方程中多了两项，即

$$T_a T_m \frac{d^2\omega(t)}{dt^2} + T_m \frac{d\omega(t)}{dt} + \omega(t) = \frac{1}{k_e}U_a(t) + AM_L(t) + B\frac{dM_L(t)}{dt}$$

可以得到 $M_L - \omega$ 的传递函数为

$$G'(s) = \frac{\omega(s)}{M_L(s)} = \frac{A + Bs}{T_a T_m s^2 + T_m s + 1}$$

系统的方块图如图 2-12 所示。

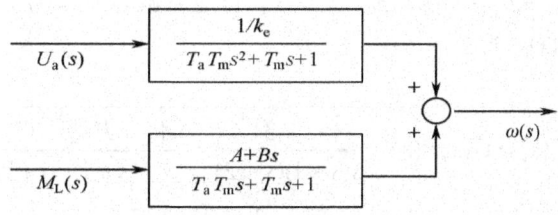

图 2-12 考虑负载力矩 M_L

2.5.2 传递函数的性质

1. 传递函数表征系统本质的特性，而与输入量无关。但是它不能表明系统的物理结构，如许多物理性质不同的系统，可以有相同的传递函数。
2. 传递函数复变量 s 的有理分式，其分子多项式和分母多项式的各项系数均为实数。
3. 传递函数的分母多项式的最高阶次 n 高于或等于分子多项式的最高阶次 m，即 $n \geq m$。这是因为实际系统总是具有惯性，以及能源又是有限的缘故。
4. 传递函数具有复数零、极点，则必然共轭。

2.5.3 零点、极点和传递系数

系统的传递函数 $G(s)$ 是复变量 s 的函数，经因子分解后得

$$G(s) = \frac{K_1(s+z_1)(s+z_2)\cdots(s+z_m)}{(s+p_1)(s+p_2)\cdots(s+p_n)} \tag{2-47}$$

式中：$-z_1, -z_2, \cdots, -z_m$ 是 $G(s)$ 分子多项式等于零时的根，称为系统的零点；而 $-p_1, -p_2, \cdots, -p_n$ 为分母多项式（即特征多项式）等于零时的根，称为系统的极点（它就是特征根）。如果分子、分母有公因子，尚未抵消，抵消后留下的零点、极点，则称为传递函数的零点和极点。

在式（2-47）中，当 $s=0$ 时，有

$$G(0) = \frac{b_0}{a_0} = \frac{K_1(z_1)(z_2)\cdots(z_m)}{(p_1)(p_2)\cdots(p_n)} \tag{2-48}$$

若系统输入为单位阶跃函数，$R(s)=1/s$，根据拉普拉斯变换终值定理，系统的输出稳态值为

$$\lim_{t \to \infty} C(t) = C(\infty) = \lim_{s \to 0} sC(s) = \lim_{s \to 0} sG(s)R(s) = \lim_{s \to 0} G(s) = G(0)$$

所以 $G(0)$ 决定着系统的稳态性能，$G(0)$ 就是系统的传递系数，它由系统传递函数的常数项决定。

现在我们举例说明零、极点及传递系数对系统的影响。

【例 2-13】 系统微分方程为

$$\frac{d^2c(t)}{dt^2} + 3\frac{dc(t)}{dt} + 2c(t) = \frac{dr(t)}{dt} + 3r(t)$$

求在零初始条件下的系统单位阶跃响应，并说明零、极点和传递系数对系统的影响。

解 系统的传递函数为

$$G(s) = \frac{s+3}{s^2+3s+2} = \frac{s+3}{(s+1)(s+2)}$$

它有两个极点：$s=-1, -2$；一个零点：$s=-3$。传递系数 $G(0)=3/2$。初始条件为零，$r(t)$ 为单位阶跃函数，即 $R(s)=1/s$。

系统的输出

$$C(s) = G(s)R(s) = \frac{s+3}{s(s+1)(s+2)} = \frac{A}{s} + \frac{B}{s+1} + \frac{C}{s+2}$$

$$A = SC(s)|_{s=0} = \left.\frac{s+3}{(s+1)(s+2)}\right|_{s=0} = \frac{3}{2} = G(0)$$

$$B = (s+1)C(s)|_{s=-1} = \left.\frac{s+3}{s(s+2)}\right|_{s=-1} = -2$$

$$C = (s+2)C(s)|_{s=-2} = \left.\frac{s+3}{s(s+1)}\right|_{s=-2} = \frac{1}{2}$$

得

$$C(s) = \frac{\frac{3}{2}}{s} - \frac{2}{s+1} + \frac{\frac{1}{2}}{s+2}$$

对上式两端取拉普拉斯反变换，得到系统单位阶跃响应

$$c(t) = L^{-1}(C(s)) = \frac{3}{2} - 2\mathrm{e}^{-t} + \frac{1}{2}\mathrm{e}^{-2t} \tag{2-49}$$

若零点改为 $s=-10$，经计算得 $A=5$，$B=-9$，$C=4$，得到系统单位阶跃响应为

$$c(t) = 5 - 9\mathrm{e}^{-t} + 4\mathrm{e}^{-2t} \tag{2-50}$$

从式（2-49）和式（2-50）中可知：

（1） $c(\infty) = \frac{3}{2}$ 或 $c(\infty) = 5$，传递系数决定着系统的稳态响应；

（2） $c(t)$ 是指数衰减过程，指数的系数就是系统的极点，所以说，系统的极点决定着系统的瞬间响应（极点是复变数的情况，指数的系数是复极点的实部，所以极点仍决定系统的瞬间响应）；

（3）零点只影响部分分式的分子，所以，系统的零点不影响系统的稳定性，但对瞬间响应的曲线形状有影响。

2.6 系统的典型环节及传递函数

自动控制系统是由各种元部件相互连接组成的，虽然从物理结构及作用原理上来看，各个部件是不相同的，但从动态性能或数学模型来看，这些不同的元部件可以分类成为几个基本环节，即称为典型环节。因此分析或设计一个控制系统，就可以将系统的传递函数分解为若干相对应的典型环节，为研究系统带来很大方便。

2.6.1 比例环节

比例环节的输入量与输出量的微分方程为

$$c(t) = Kr(t) \tag{2-51}$$

式中：K 为放大倍数。其响应曲线如图 2-13 所示。

比例环节的传递函数为

$$G(s) = K \tag{2-52}$$

比例环节的特点：输出不失真、不延滞、成比例地复现输入信号的变化。

比例环节的实例有线性电位器、运算放大器和主从齿轮传动比等，分别如图 2-14(a)、(b)和(c)所示；相应的传递函数如图 2-15(a)、(b)和(c)所示。

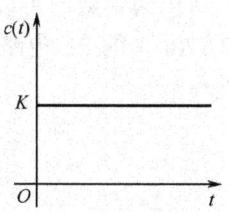

图 2-13 比例环节阶跃响应曲线

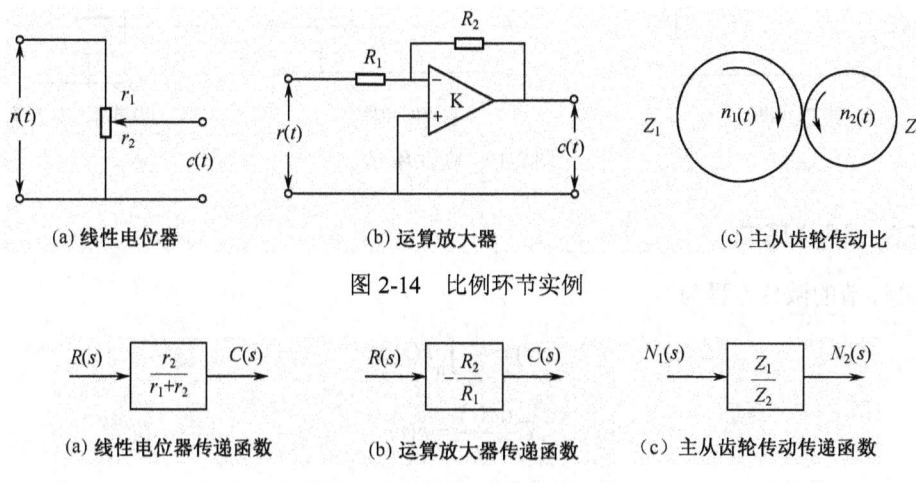

(a) 线性电位器　　(b) 运算放大器　　(c) 主从齿轮传动比

图 2-14 比例环节实例

(a) 线性电位器传递函数　　(b) 运算放大器传递函数　　(c) 主从齿轮传动传递函数

图 2-15 比例环节的传递函数

2.6.2 惯性环节

惯性环节的微分方程为

$$T\frac{dc(t)}{dt} + c(t) = Kr(t) \tag{2-53}$$

式中：T 是系统时间常数，K 是比例系数。

惯性环节的传递函数为

$$G(s) = \frac{K}{Ts+1} \tag{2-54}$$

它有一个负极点。当输入为单位阶跃函数时，环节的输出将按指数曲线上升，具有惯性。惯性环节有时也称为非周期环节，其阶跃响应曲线如图 2-16 所示。

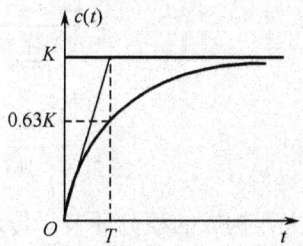

图 2-16 惯性环节阶跃响应曲线

从传递函数中可以看出只包含一个 s，所以它的物理系统中只包含一个储能元件。如图 2-17(a)中的 RL 电路、图 2-17(b)中的 RC 电路和图 2-17(c)中的机械位移系统等，都属于惯性环节。

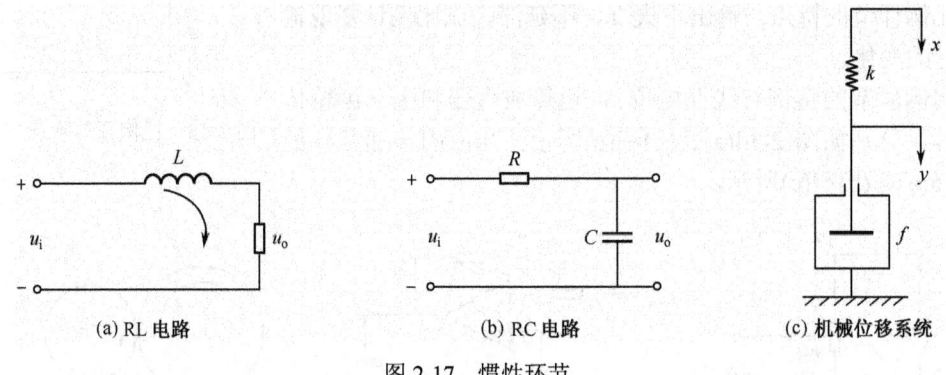

图 2-17 惯性环节

2.6.3 积分环节

积分环节的微分方程为

$$c(t) = \frac{1}{T}\int_0^t r(t)\mathrm{d}t$$

$$T\frac{\mathrm{d}c(t)}{\mathrm{d}t} = r(t) \qquad (2\text{-}55)$$

式中：T 是积分时间常数。

积分环节的传递函数为

$$G(s) = \frac{1}{Ts} \qquad (2\text{-}56)$$

它有一个极点，即 $s = 0$，当积分环节的输入为阶跃函数时，其输出为输入对时间的积分，它随着时间直线增加，如图 2-18 所示，直线的增长速度由 $1/T$ 决定，即 T 越小，上升越快。当输入突然去除时，积分停止，输出维持不变，故有记忆功能。所以它被用来改善控制系统的稳态性能。

积分环节的实例如图 2-19(a)和(b)所示，其中图(a)为电路系统，图(b)为阻尼系统。

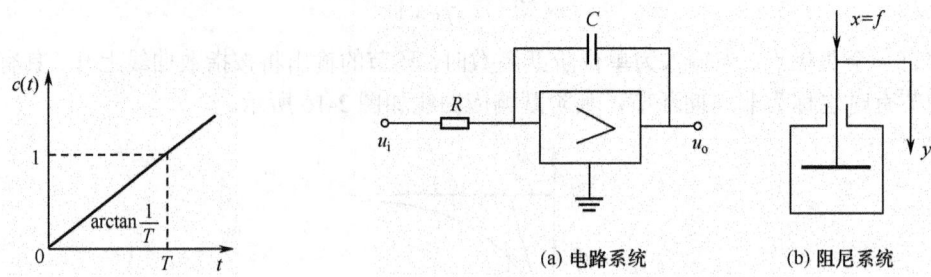

图 2-18 积分环节阶跃响应曲线　　　　图 2-19 具有积分环节特性的实例

如图 2-19(a)所示是由运算放大器构成的积分环节，传递函数为

$$G(s) = \frac{1}{RCs} = \frac{1}{Ts}$$

式中：设 $T = RC$。

如图2-19(b)所示是由阻尼器构成的积分环节，传递函数为

$$G(s) = \frac{1}{fs} = \frac{1}{Ts}$$

式中：f 是阻尼系数，设 $T = f$。

2.6.4 微分环节

微分环节的微分方程是

$$c(t) = T\frac{\mathrm{d}r(t)}{\mathrm{d}t} \tag{2-57}$$

式中：T 是微分时间常数。它有一个零点在 s 平面的原点，微分环节的输出与输入量的一阶导数成正比。

理想微分环节的传递函数为

$$G(s) = Ts \tag{2-58}$$

由于微分环节能预示输入信号的变化趋势，所以常用来改善系统的动态性能，如图2-20所示，是近似理想的微分环节。但是，在实际系统中，用微分环节来改善系统性能时，也有缺点，因为微分环节容易引进高频噪声（对高频干扰有放大作用）。所以，在实际系统中，应用微分环节常常带一个小惯性环节。

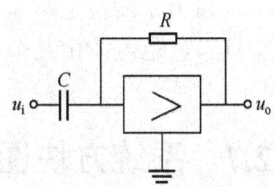

图 2-20　实际的微分环节

2.6.5 振荡环节

振荡环节是二阶微分方程

$$T^2\frac{\mathrm{d}c^2(t)}{\mathrm{d}t^2} + 2\zeta T\frac{\mathrm{d}c(t)}{\mathrm{d}t} + c(t) = r(t) \tag{2-59}$$

式中：T 是时间常数，ζ 是阻尼比，$0 < \zeta < 1$。振荡环节的传递函数为

$$G(s) = \frac{1}{T^2s^2 + 2T\zeta s + 1} = \frac{\omega_n^2}{s^2 + 2\omega_n\zeta s + \omega_n^2} \tag{2-60}$$

式中：$\omega_n = 1/T$，称为无阻尼自然振荡频率。当输入为单位阶跃函数时，输出则为衰减的振荡过程（见图2-21）。具体形状由 ζ 和 ω_n 两个参数决定。振荡环节实际是一个二阶系统，后面对它还要进行详细分析。

振荡环节的实例很多，如2.2.1节中的电路方程、2.2.2节中的机械力学方程等。

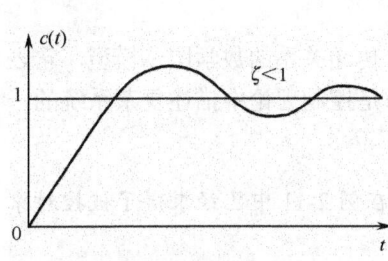

图 2-21　振荡环节的阶跃响应

2.6.6 延时环节

延时环节也称为时滞环节，其数学表达式为

$$c(t) = r(t - \tau) \tag{2-61}$$

式中：τ 是延时时间。延时环节的传递函数为

$$G(s) = \mathrm{e}^{-\tau s} \tag{2-62}$$

时滞环节的特点是当输入信号后，其输出端要隔一定时间后才能够复现输入信号，延时环节的输入曲线与输出响应曲线分别如图 2-22(a)和(b)所示。延滞环节对系统的稳定是不利的，延滞越厉害，影响越大。

延时环节的实例如带钢厚度检测环节和带式运输机环节等。如图 2-23 所示为带钢厚度检测环节。图中 A 点处钢板的厚度已经发生了变化，但直到 $\tau = l/v$ 时间后，才能被 B 点处的测厚仪所检测，滞后时间为 τ。其中，l 是测厚仪与机架的距离，v 是钢板运动的速度。

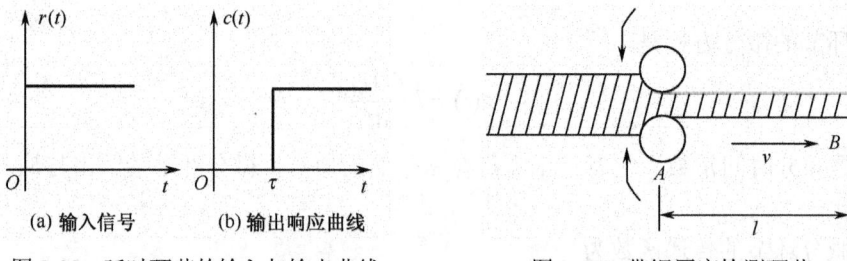

图 2-22　延时环节的输入与输出曲线　　　图 2-23　带钢厚度检测环节

以上是线性定常系统中，按数学模型区分的几个最基本的环节。一个元件可能是一个典型环节，也可能由几个典型环节组成。把元件表示成环节，就可着重表达出它的动态性能。

2.7　系统方块图

2.6 节讨论了 6 种典型环节，在实际应用中，无论多么复杂的系统，都是由这些典型环节按一定的方式组合而成的。如果每一个典型环节或系统用一个方块表示，按照系统的结构或信号的传递顺序依次连接，就可以形象地描述自动控制系统各环节之间和各变量之间的相互关系，非常简单、直观，我们称之为"方块图"。方块图在系统分析中获得了广泛应用。

2.7.1　方块图的定义

系统方块图，是描述系统中每个元件之间的功能和信号传递关系的数学图示模型，它表示系统各变量之间的因果关系以及对各变量所进行的运算，是控制理论中描述复杂系统的一种简便方法，适用于线性和非线性系统。

【例 2-14】　第 1 章如图 1-1 所示的水位自动控制系统，在例 2-11 中已经求得了被控对象水箱的传递函数

$$G(s) = \frac{H(s)}{Q_1(s)} = \frac{R}{ARs+1}$$

式中：设 $T = AR$，$K = R$，则上式可以表示为

$$G(s) = \frac{H(s)}{Q_1(s)} = \frac{K}{Ts+1}$$

气动阀门和浮球检测装置被近似为比例环节，

$$G_1(s) = K_1, \quad G_2(s) = K_2$$

设控制器的传递函数为 $G_c(s)$，则系统方块图如图 2-24 所示。

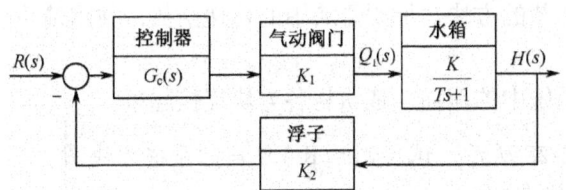

图 2-24 水箱控制系统方块图

图中指向方块的箭头，表示输入，而从方块出来的箭头，则表示输出。元件的传递函数通常写进相应的方块中。

方块图的优点：只要依据信号的流向，将各元件的方块连接起来，就能够容易地组成整个系统的方块图，还可以评价每一个元件对系统性能的影响。

注意

① 方块图包含了与系统动态特性有关的信息，但是它不包括与系统物理结构有关的信息。因此，许多完全不同和根本无关的系统，可以用一个方块图来表示。对于一定的系统来说，方块图也不是唯一的。

② 在方块图中，也不能明显地表示出系统的主能源。

2.7.2 方块图的组成和绘制

1. 方块图的组成

方块图由方块、信号线、分支点（引出点）和相加点（比较点）4种基本元素组成。

（1）方块

方块表示对输入信号进行的数学运算。方块中是元件的传递函数 $G(s)$，是单向运算子。方块的输入量和输出量具有确定的因果关系，如图 2-25 所示，$C(s) = G(s)R(s)$。

（2）信号线

信号线是带有箭头的直线，箭头表示信号的传递方向，传递线上标明被传递的信号；指向方块的带箭头的直线表示输入，如图 2-25 中的 $R(s)$ 线所示；从方块出来的带箭头的直线表示输出，如图 2-25 中的 $C(s)$ 线所示。

（3）分支点

将某一信号同时传向所需要的各处，是从同一位置引出的信号，在数值和性质方面完全相同。分支点可以表示信号引出或被测量的位置，如图 2-26 所示。

（4）相加点

对两个以上的信号进行代数运算，如图 2-27 所示，○表示进行加减法运算的符号。每个箭头上的加号或减号，表示信号是进行相加或相减。

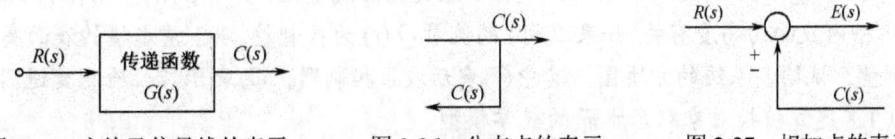

图 2-25 方块及信号线的表示　　图 2-26 分支点的表示　　图 2-27 相加点的表示

2. 方块图的绘制

绘制系统方块图一般有以下 3 个步骤：

（1）确定系统中各元部件或环节的传递函数；
（2）首先绘出各环节的方块，标明方块中的传递函数，并用箭头表示输入量、输出量及传递的信号；
（3）根据信号在系统中的流向，依次将各方块连接起来。

【例 2-15】 如图 2-28 所示，试绘制此 RC 电路的系统方块图。

解（1）由电路定律有

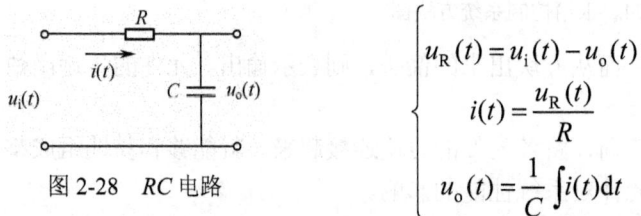

图 2-28 RC 电路

$$\begin{cases} u_R(t) = u_i(t) - u_o(t) \\ i(t) = \dfrac{u_R(t)}{R} \\ u_o(t) = \dfrac{1}{C}\int i(t)\mathrm{d}t \end{cases}$$

（2）在零初始条件下，对上式两端取拉普拉斯变换，得

$$\begin{cases} U_R(s) = U_I(s) - U_O(s) \\ I(s) = \dfrac{U_R(s)}{R} \\ U_O(s) = \dfrac{1}{Cs}I(s) \end{cases} \quad (2\text{-}63)$$

（3）将式（2-63）中每个式子表示成方块的形式，如图 2-29(a)、(b)和(c)所示，并将相同变量依次连接，如图 2-29(d)所示，就完成了系统方块图绘制。其中，$U_I(s)$ 为系统的输入量，$U_O(s)$ 为系统的输出量。

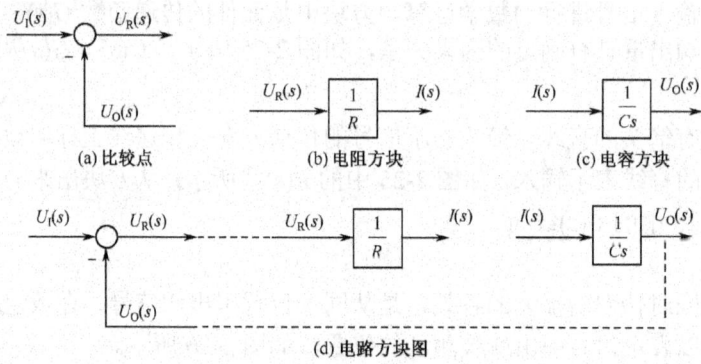

图 2-29 RC 电路各部分方块及方块图

【例 2-16】 如图 2-30 所示，两个蓄水槽的体积相同为 V，阀 1、阀 2 和阀 3 的流量分别为 $Q_1(t)$、$Q_2(t)$ 和 $Q_3(t)$，改变调节阀的开度可以改变相应流量值，其中 $Q_2(t)$ 和 $Q_3(t)$ 的值还与 $1^\#$ 和 $2^\#$ 蓄水槽内液面的高度有关。如果以阀 1 的流量 $Q_1(t)$ 为控制量，以 $2^\#$ 蓄水槽的液面高度 $h_2(t)$ 为被控制量，试绘制系统的方块图。其中 ⓛⒸ 表示液位控制器，ⓛⓉ 表示液位检测变送器。

解（1）建立被控对象双容水箱的数学模型。

对象数学模型是 $Q_1(t)$ 与 $h_2(t)$ 之间的数学表达式。根据动态能量平衡关系，如果液位 $h_1(t)$ 和 $h_2(t)$ 处于平衡状态，则水箱的流入量与流出量相等，即阀 1、阀 2 和阀 3 的流量相同，即 $Q_{10} = Q_{20}$，$Q_{20} = Q_{30}$。如果偏离了某个平衡状态，则

$$Q_1(t) - Q_2(t) = A\frac{dh_1(t)}{dt}$$

$$Q_2(t) - Q_3(t) = A\frac{dh_2(t)}{dt}$$

式中：A 为蓄水槽的截面积，是一个常量，设 $Q_1(t) = Q_{10} + \Delta Q_1(t)$，$Q_2(t) = Q_{20} + \Delta Q_2(t)$，$Q_3(t) = Q_{30} + \Delta Q_3(t)$，代入上式，则有

$$\Delta Q_1(t) - \Delta Q_2(t) = A\frac{d\Delta h_1(t)}{dt}$$

$$\Delta Q_2(t) - \Delta Q_3(t) = A\frac{d\Delta h_2(t)}{dt}$$

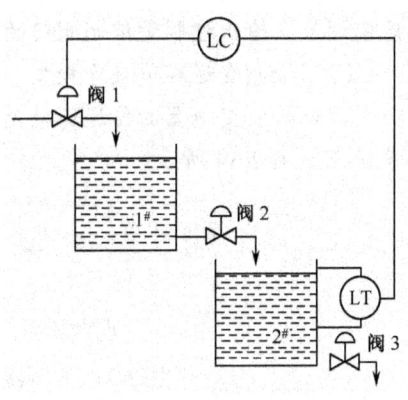

图 2-30 双容水箱原理示意图

设 Q_2 与 h_1 近似呈线性关系，则 $\Delta Q_2(t) = \dfrac{\Delta h_1(t)}{R_2}$，$R$ 是阀门 2 的阻力系数，称为液阻。同理，$\Delta Q_3(t) = \dfrac{\Delta h_2(t)}{R_3}$。则

$$\Delta Q_1(t) - \frac{\Delta h_1(t)}{R_2} = A\frac{d\Delta h_1(t)}{dt}$$

$$\frac{\Delta h_1(t)}{R_2} - \frac{\Delta h_2(t)}{R_3} = A\frac{d\Delta h_2(t)}{dt}$$

在零初始条件下，求拉普拉斯变换有

$$\Delta Q_1(t) - \frac{\Delta h_1(t)}{R_2} = As\Delta h_1(t)$$

$$\frac{\Delta h_1(t)}{R_2} - \frac{\Delta h_2(t)}{R_3} = As\Delta h_2(t)$$

整理得

$$\Delta h_1 = \frac{\Delta Q_1}{\left(\dfrac{1}{R_2} + As\right)} \tag{2-64}$$

$$\Delta h_2 = \frac{1}{\left(\dfrac{R_2}{R_3} + AR_2 s\right)} \Delta h_1 \tag{2-65}$$

由式（2-64）和式（2-65）可以得到两个方块，分别如图 2-31 和图 2-32 所示。

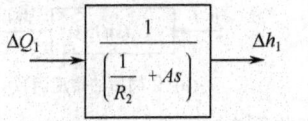 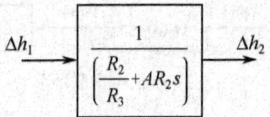

图 2-31 式（2-64）的方块　　　　图 2-32 式（2-65）的方块

（2）控制器数学模型

假设控制器选择最简单的比例控制，用 K 表示。当系统产生偏差 $E = \mathrm{SP} - \mathrm{PV}$，其中 SP 表示 $2^{\#}$ 水箱中液位高度的设定值，PV 表示 $2^{\#}$ 水箱中的实际液位值，通过对系统的偏差进行

比例调节，输出控制量控制阀门的开度，从而调节进水量，如图 2-33 所示。

（3）检测变送环节数学模型

假设检测变送器的传递函数是 1，即为单位反馈环节，检测实际的液位值并传送给控制装置，如图 2-34 所示。

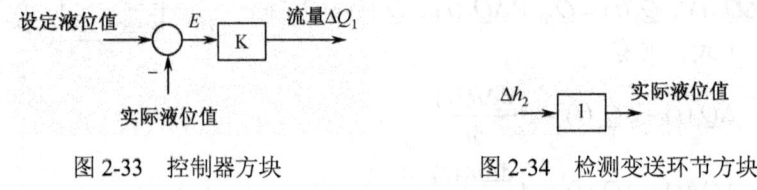

图 2-33 控制器方块　　　　　图 2-34 检测变送环节方块

将以上三个环节的方块按变量顺次连接，得到如图 2-35 所示的系统方块图。

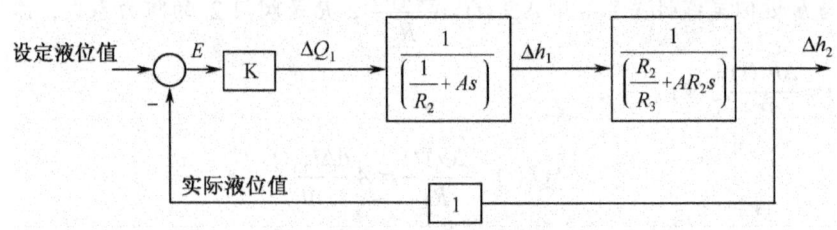

图 2-35 双容液位控制系统方块图

2.7.3 方块图等效变换和简化

自动控制系统的传递函数通常是用方块图的化简方法求取的，尤其是对于比较复杂的系统，此方法更加简便和有效。

1．方块图的等效变换规则

方块图的等效变换是利用方块图进行数学运算和简化的过程，要求变换后与变换前系统的输入量和输出量都保持不变。对于复杂的系统结构，方块图之间的连接是错综复杂的，但都是从三种基本的连接方式演变而来的，下面我们介绍这 3 种基本的连接方式。

（1）串联环节

串联环节即前一个环节的输出是后一个环节的输入，各环节依次连接。串联后的总传递函数等于各环节传递函数的乘积。如图 2-36(a)所示是两个串联环节，串联后的总传递函数可以表示成如图 2-36(b)所示的形式；同理，如果 n 个环节相串联，如图 2-37(a)所示，串联后的总传递函数可以化简为图 2-37(b)所示的形式。

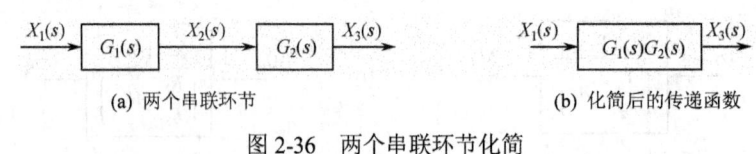

图 2-36 两个串联环节化简

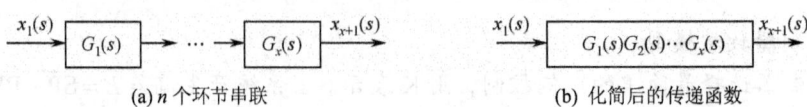

图 2-37 n 个串联环节化简

（2）并联环节

并联环节有相同的输入量，输出量等于各环节输出量的代数和，即并联环节总传递函数等于各环节传递函数之和。如图 2-38(a)所示是两个并联环节，并联后的总传递函数可以表示成如图 2-38(b)所示的形式；同理，如果 n 个环节相并联，如图 2-39(a)所示，并联后的总传递函数可以化简为如图 2-39(b)所示的形式。

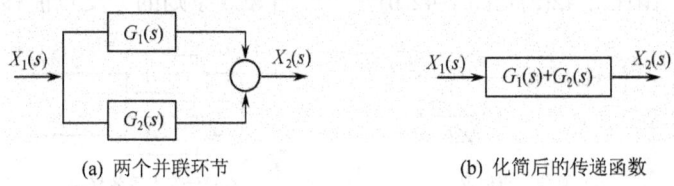

图 2-38　两个并联环节化简

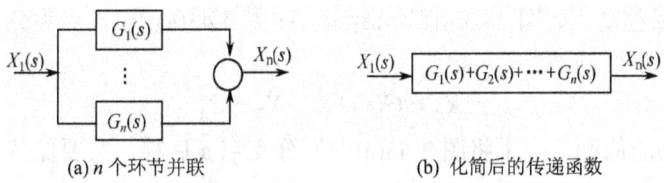

图 2-39　n 个并联环节化简

（3）反馈环节

反馈连接形式是两个方块反向并联，如图 2-40 所示，相加点处做加法时为正反馈，相加点处做减法时为负反馈。从图 2-40 所示的反馈环节可得

$$C(s) = G(s)E(s) = G(s)[R(s) \pm H(s)C(s)]$$

$$\frac{C(s)}{R(s)} = \frac{G(s)}{1 \mp G(s)H(s)} \tag{2-66}$$

因此，反馈环节的传递函数可以表示为如图 2-41 所示。其中，正反馈时分母取 $1 - G(s)H(s)$，负反馈时分母取 $1 + G(s)H(s)$。

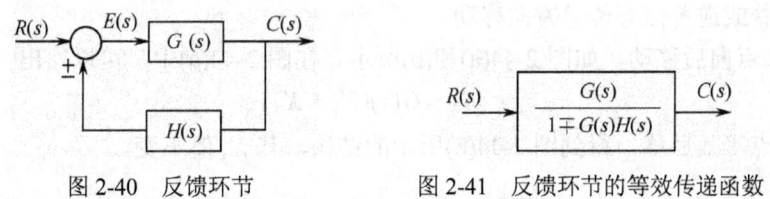

图 2-40　反馈环节　　　　　图 2-41　反馈环节的等效传递函数

2. 方块图化简

用一个方块图代替与之等价的另一个方块图，称为方块图的变换，其目的通常是为了把方块图简化。方块图变换包括分支点等效移动规则和相加点等效移动规则。在方块图简化过程中，应记住以下两条原则：

① 前向通路中传递函数的乘积必须保持不变；

② 回路中传递函数的乘积必须保持不变。

方块图化简规则如下。

（1）分支点移动规则，根据分支点移动前后所得的分支信号保持不变的"等效"原则。

① 分支点向前移动，如图 2-42(a)和(b)所示。在图 2-42(a)中，a 点为分支点，根据图示可以得到

$$X_2 = X_3 = G(s)X_1$$

如果将图 2-42(a)中的 a 点移动至图 2-42(b)中的 b 点，则 X_2、X_3 可以得到与图 2-42(a)中相同的结果。因此，由图 2-42(a)到图 2-42(b)就是遵循等效原则的分支点前移。

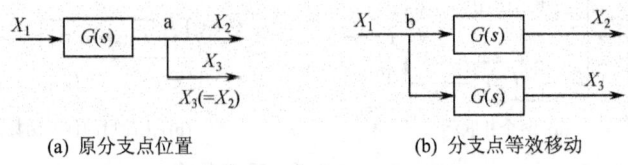

(a) 原分支点位置　　　　　　(b) 分支点等效移动

图 2-42　分支点前移

② 分支点向后移动，如图 2-43(a)和(b)所示。在图 2-43(a)中，a 点为分支点，根据图示可以得到

$$X_2 = G(s)X_1, \quad X_3 = X_1$$

根据等效移动的原则，如果将图 2-43(a)中的分支点 a 后移，又要保持 X_2、X_3 的值不变，则可以表示为如图 2-43(b)所示。此时，

$$X_2 = G(s)X_1, \quad X_3 = \frac{1}{G(s)}G(s)X_1 = X_1$$

实现了由图 2-43(a)中 a 点到图 2-43(b)中 b 点的等效变换。

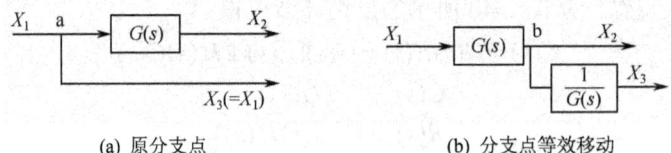

(a) 原分支点　　　　　　(b) 分支点等效移动

图 2-43　分支点后移

（2）相加点移动原则，即根据保持相加点移动前后的函数方块输出不变等效原则，可以将相加点顺着或逆着信号传递方向移动。

① 相加点向后移动，如图 2-44(a)和(b)所示。在图 2-44(a)中，可以得出

$$X_3 = G(s)(X_1 \pm X_2)$$

将相加点等效后移，得到图 2-44(b)所示的结构，其 X_3 值不变。

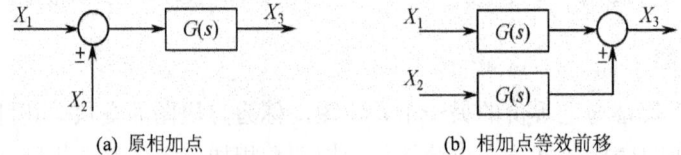

(a) 原相加点　　　　　　(b) 相加点等效前移

图 2-44　相加点后移

② 相加点向前移动，如图 2-45(a)和(b)所示。在图 2-45(a)中，可以得出

$$X_3 = G(s)X_1 \pm X_2$$

将相加点等效前移，得到图 2-45(b)所示的结构，其 X_3 值不变，即

$$X_3 = \left[X_1 \pm \frac{1}{G(s)}X_2\right]G(s) = G(s)X_1 \pm X_2$$

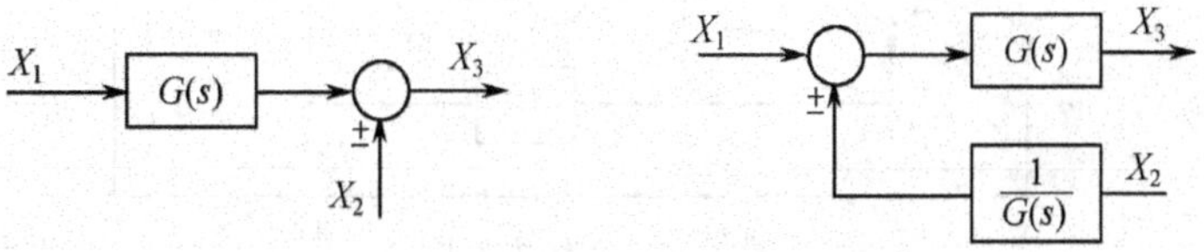

(a) 原相加点　　　　　　(b) 相加点等效后移

图 2-45　相加点前移

2.7.4　方块图化简举例

【例 2-17】 用方块图法化简如图 2-46 所示的系统。

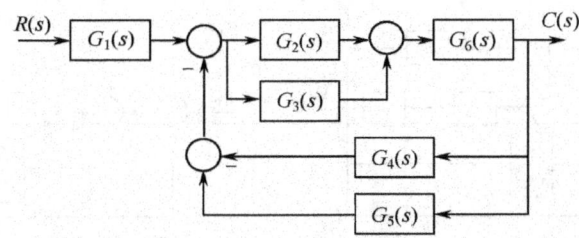

图 2-46　系统方块图

解　$G_2(s)$ 与 $G_3(s)$ 所在支路为并联，所以 $G_{23}(s) = G_2(s) + G_3(s)$，与 $G_6(s)$ 串联，$G_{236}(s) = [G_2(s) + G_3(s)]G_6(s)$，局部方框图化简如图 2-47 所示。

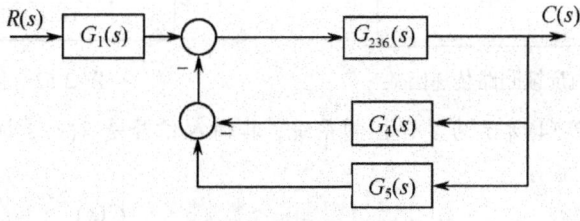

图 2-47　局部方框图化简

$G_4(s)$ 和 $G_5(s)$ 也是并联支路，有 $G_{45}(s) = G_5(s) - G_4(s)$。化简后如图 2-48 所示。

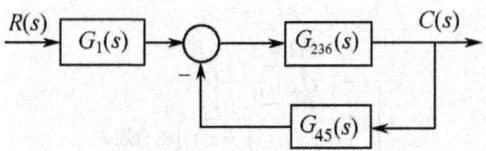

图 2-48　化简后方框图

$G_{236}(s)$ 与 $G_{45}(s)$ 构成了反馈回路，再与 $G_1(s)$ 串联，所以有

$$\frac{C(s)}{R(s)} = \frac{G_1(s)G_{236}(s)}{1 + G_{236}(s)G_{45}(s)}$$

【例 2-18】 化简如图 2-49 所示的系统方块图。

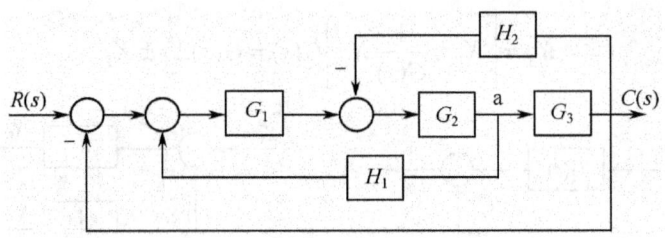

图 2-49 系统方块图

解 ① 引出点移动：将 a 点移至输出端，如图 2-50 所示。

② 求出由 G_2、G_3 和 H_2 这 3 个环节组成的负反馈回路传递函数。

③ 求出由 G_1、$\dfrac{H_1}{G_3}$ 和②步得到的传递函数组成的正反馈回路传递函数。

④ 求出最终化简后的系统传递函数。化简过程如图 2-51～图 2-53 所示。

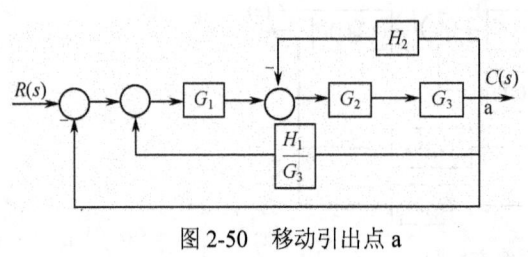

图 2-50 移动引出点 a　　　　图 2-51 化简 G_2、G_3 和 H_2 反馈回路

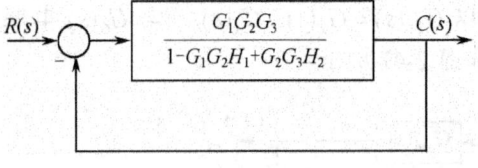

图 2-52 求内反馈回路传递函数

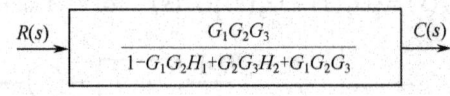

图 2-53 化简结果

【**例 2-19**】 如图 2-54 所示为复合控制系统，其输入信号是 $R(s)$，扰动输入信号是 $F(s)$，试求：

（1）给定输入信号作用下，系统的闭环传递函数 $G(s) = \dfrac{C(s)}{R(s)}$；

（2）扰动作用下，系统的闭环传递函数 $G_f(s) = \dfrac{C(s)}{F(s)}$。

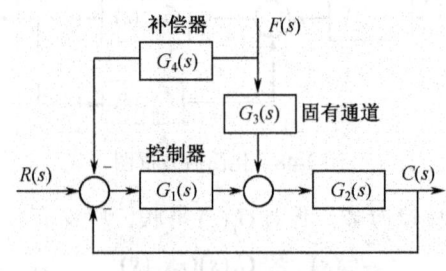

图 2-54 复合系统方块图

解 该系统是线性系统，所以我们可以对两个输入应用叠加原理。可以分别求出每个输入与输出之间的传递函数。

当 $F(s)=0$ 时,得到给定输入作用下的系统方块图,如图 2-55 所示。

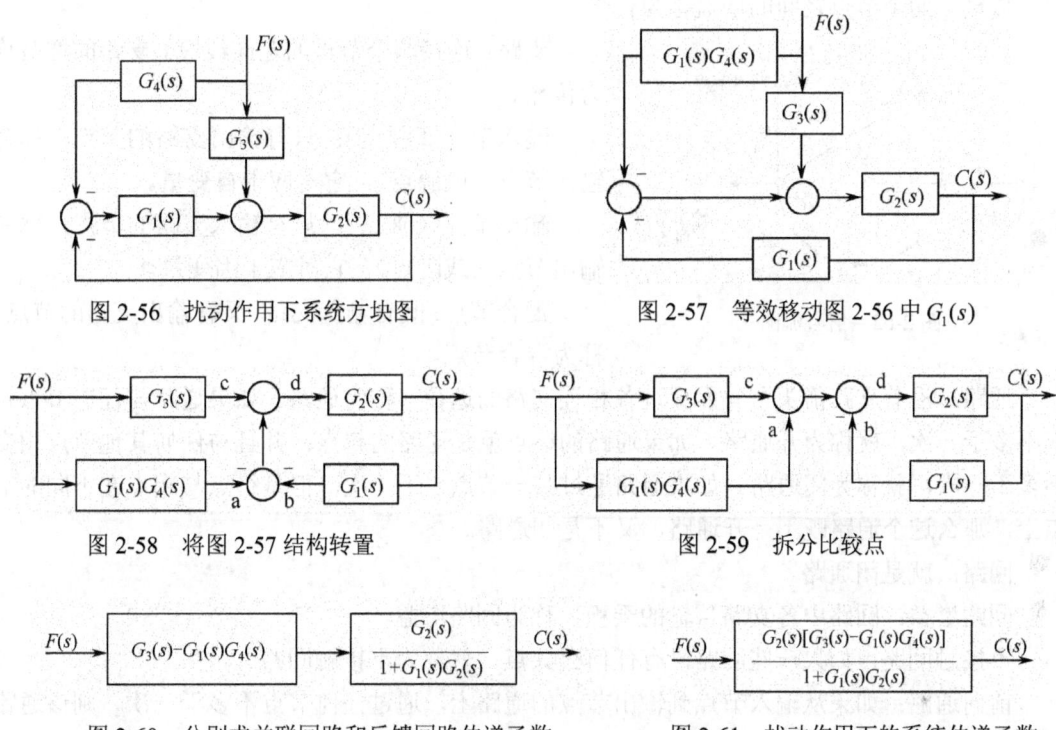

图 2-55 给定输入作用下的系统方块图

按反馈规则求得

$$\frac{C(s)}{R(s)} = \frac{G_1(s)G_2(s)}{1+G_1(s)G_2(s)}$$

当 $R(s)=0$ 时,得到扰动作用下的系统方块图,如图 2-56 所示。

对扰动作用下系统方块图的化简,可以表示为图 2-57~图 2-61 所示的过程。

图 2-56 扰动作用下系统方块图

图 2-57 等效移动图 2-56 中 $G_1(s)$

图 2-58 将图 2-57 结构转置

图 2-59 拆分比较点

图 2-60 分别求并联回路和反馈回路传递函数

图 2-61 扰动作用下的系统传递函数

从而得

$$\frac{C(s)}{F(s)} = \frac{G_2(s)\left[G_3(s)-G_1(s)G_4(s)\right]}{1+G_1(s)G_2(s)}$$

2.8 系统信号流图

2.7 节介绍了方块图,它对控制系统的化简是很有用的。但是,当系统很复杂时,应用方块图化简就显得非常麻烦,信号流图的出现弥补了方块图在复杂系统中应用的缺点。信号流图是表示复杂控制系统中变量相互关系的一种图解法,如图 2-62 所示。这种方法是 S. J. Mason(梅逊)首先提出的。

信号流图，是一种表示一组联立线性代数方程的图。当我们将信号流图法应用于控制系统时，首先必须将线性微分方程变换为以 s 为变量的代数方程。

使用信号流图的优点：对复杂控制系统的信号流图，不用化简，用梅逊公式可以直接得到系统中各个变量之间的关系。

2.8.1 信号流图的基本概念

1. 信号流图中使用的术语

如图 2-62 所示信号流图，其中的术语解释如下。

节点：用来表示变量或信号的点。

传输：两个节点之间的增益称为传输。

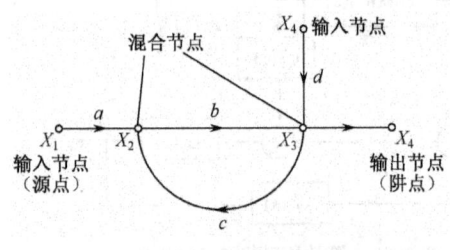

图 2-62 信号流图

支路：连接两个节点的定向线段。支路的增益称为传输。

输入节点（源点）：只有输出支路的节点，称为输入节点（或源点），它对应于自变量。

输出节点（阱点）：只有输入支路的节点，称为输出节点（或阱点），它对应于因变量。

混合节点：既有输入支路、又有输出支路的节点，称为混合节点。

通路：沿着支路箭头方向而穿过各相连支路的途径，称为通路。如果通路与任一节点相交不多于一次，就称为开通路。如果通路的终点就是通路的起点；并且与任何其他节点相交不多于一次，就称为闭通路。如果通路通过某一节点多于一次，但是终点与起点在不同的节点上，那么这个通路既不是开通路，又不是闭通路。

回路：就是闭通路。

回路增益：回路中各支路传输的乘积，称为回路增益。

不接触回路：如果一些回路没有任何公共点，就称为不接触回路。

前向通路：如果从输入节点到输出节点的通路上，通过任何节点不多于一次，则该通路称为前向通路。

前向通路增益：前向通路中，各支路传输的乘积，称为前向通路增益。

自回路：只与一个节点相交的回路，称为自回路。

2. 信号流图的性质

（1）支路表示了一个信号对另一个信号的函数关系。信号只能沿支路上的箭头方向通过，如图 2-63(a)所示。

（2）节点可以把所有输入支路的信号叠加，并把总和信号传送到所有输出支路，如图 2-63(b)所示。

（3）具有输入和输出支路的混合节点，通过增加一个具有单位传输的支路，可以把它变成输出节点来处理。当然，用这种方法不能将混合节点改变为源点，如图 2-63(c)所示。

（4）对于给定系统，信号流图不是唯一的。

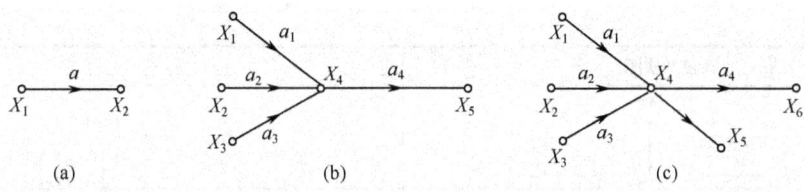

图 2-63 信号流图的支路和节点

2.8.2 信号流图的画法及简化规则

1. 线性系统的信号流图

设有一个线性系统,其方程组为

$$X_2 = a_{12}X_1 + a_{32}X_3 \quad (1)$$
$$X_3 = a_{23}X_2 + a_{43}X_4 \quad (2)$$
$$X_4 = a_{24}X_2 + a_{34}X_3 + a_{44}X_4 \quad (3)$$
$$X_5 = a_{25}X_2 + a_{45}X_4 \quad (4)$$

方程(1)对应的信号流图如图 2-64 所示。
方程(2)对应的信号流图如图 2-65 所示。
方程(3)对应的信号流图如图 2-66 所示。

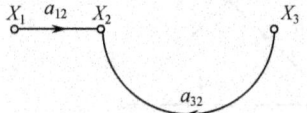 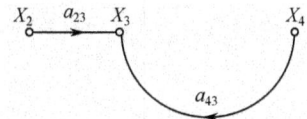 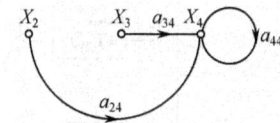

图 2-64 方程(1)信号流图　　图 2-65 方程(2)信号流图　　图 2-66 方程(3)信号流图

方程(4)对应的信号流图如图 2-67 所示。

将上述 4 个方程的信号流图叠加,得到如图 2-68 所示的系统信号流图。

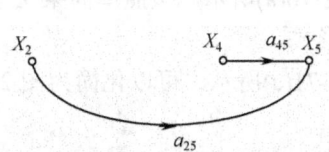 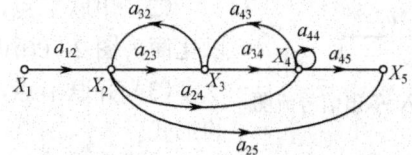

图 2-67 方程(4)信号流图　　图 2-68 线性系统的信号流图

2. 控制系统的信号流图

系统方块图与信号流图之间的对应关系如表 2-1 所示。

表 2-1 系统方块图与信号流图之间的对应关系

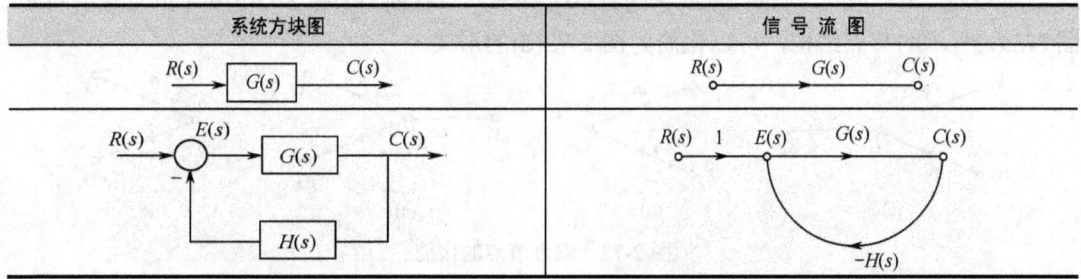

(续表)

系统方块图	信号流图
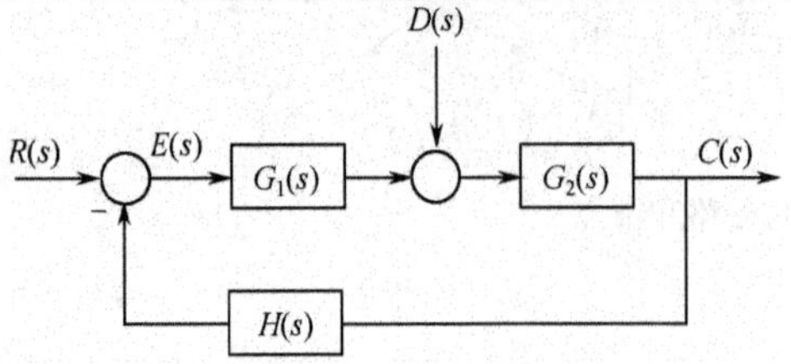	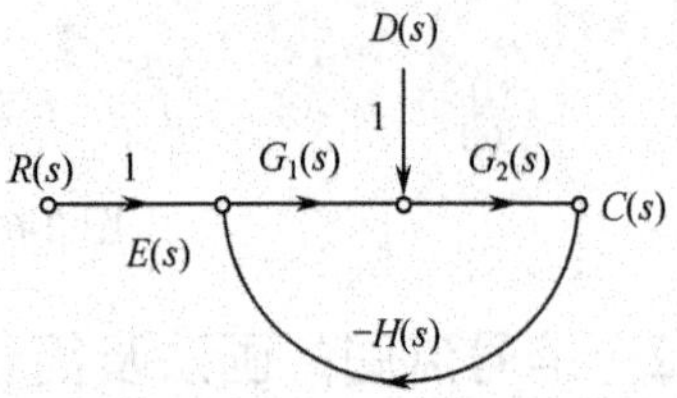
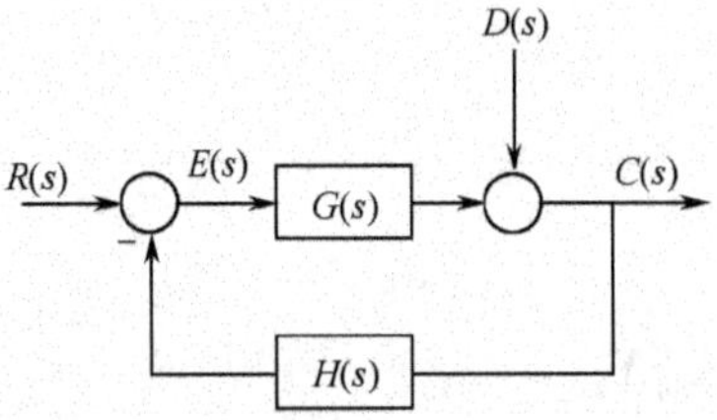	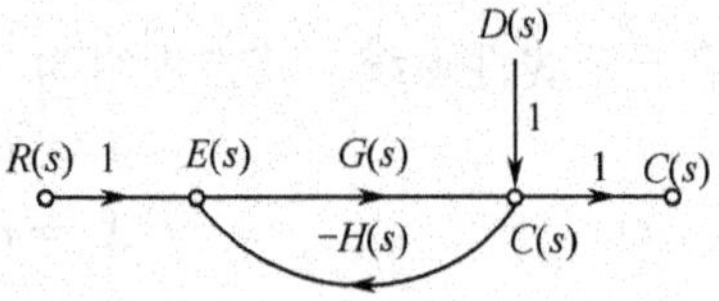
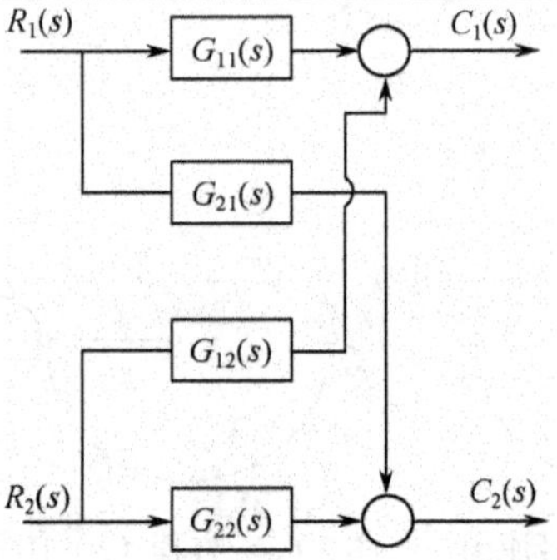	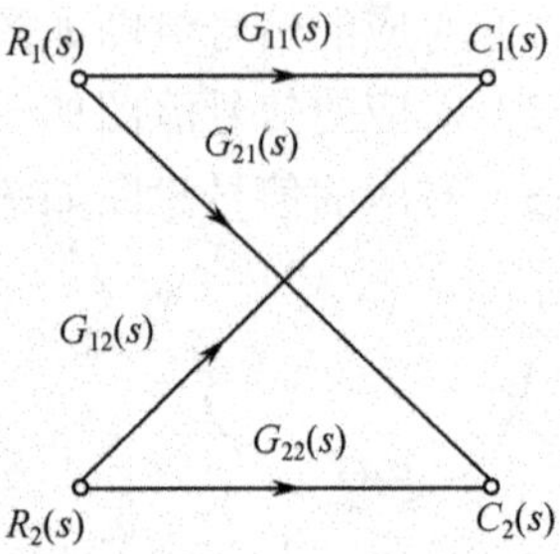

3. 信号流图的简化

（1）只有一个输入节点、一个输出节点，如图 2-69 所示。可以化简为 $X_2 = aX_1$。

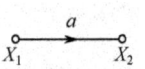

（2）串联节点，如图 2-70(a)所示。按照单向乘法运算子，可以化简为图 2-70(b)所示的形式。

图 2-69 单入-单出信号流图

（3）并联节点，如图 2-71(a)所示，可以化简为图 2-71(b)所示的形式。

(a)串联节点　　(b)串联节点化简　　　　(a)并联节点　　(b)并联节点化简

图 2-70 节点串联的化简　　　　图 2-71 节点并联的化简

（4）混合节点消除，如图 2-72(a)所示的节点形式可以化简为如图 2-72(b)所示的形式；同理，图 2-72(c)所示的节点结构，可以化简为图 2-72(d)的形式。

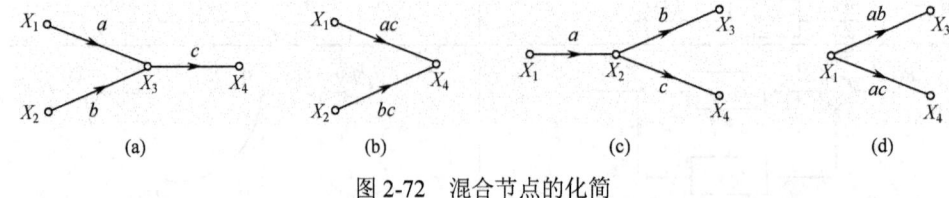

(a)　　　　(b)　　　　(c)　　　　(d)

图 2-72 混合节点的化简

(5) 回路，如图 2-73(a)所示。按照反馈回路求取传递函数的规则，可以得到如图 2-73(b)所示的传递函数。

对于一些简单控制系统的信号流图，利用直观的方法，可以容易求得闭环传递函数。对于比较复杂的信号流图，梅逊增益公式是很有用的。

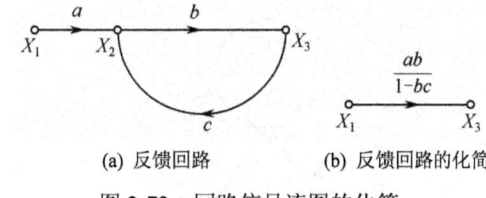

(a) 反馈回路　　(b) 反馈回路的化简

图 2-73　回路信号流图的化简

2.8.3　梅逊增益公式

计算总增益的梅逊公式为

$$p = \frac{1}{\Delta} \sum_k p_k \Delta_k \qquad (2\text{-}67)$$

式中：p_k 是第 k 条前向通路的通路增益；Δ 是流图的特征式，表示为

$\Delta = 1 -$（所有不同回路的增益之和）+（每两个互不接触回路增益乘积之和）-（每三个互不接触回路增益乘积之和）+ $\cdots$

$$\Delta = 1 - \sum_a L_a + \sum_{b,c} L_b L_c - \sum_{d,e,f} L_d L_e L_f + \cdots \qquad (2\text{-}68)$$

式中：$\sum_a L_a$ 是所有不同回路的增益之和；$\sum_{b,c} L_b L_c$ 是每两个互不接触回路增益乘积之和；$\sum_{d,e,f} L_d L_e L_f$ 是每 3 个互不接触回路增益乘积之和；Δ_k 是从 Δ 中除去与第 k 条前向通路接触的回路。

【**例 2-20**】已知系统信号流图如图 2-74 所示，求传递函数。

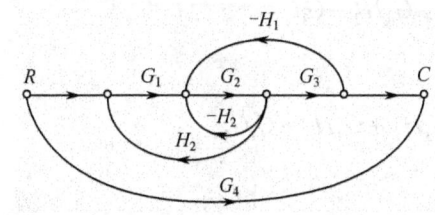

图 2-74　系统信号流图

解　信号流图有 3 个回路为

$$L_1 = -G_2 H_2$$
$$L_2 = G_1 G_2 H_2$$
$$L_3 = -G_2 G_3 H_1$$

每个回路都有接触，所以

$$\Delta = 1 - \sum L_a = 1 + G_2 H_2 + G_2 G_3 H_1 - G_1 G_2 H_2$$

两条前向通道为

$P_1 = G_1 G_2 G_3$，与 3 条回路都有接触，$\Delta_1 = 1$

$P_2 = G_4$，与所有回路都不接触，$\Delta_2 = \Delta$

将特征式和前向通道表达式代入梅逊公式，可得

$$G(s) = \frac{1}{\Delta} \sum_{k=1}^n P_k \Delta_k = \frac{G_1 G_2 G_3}{1 + G_2 H_2 + G_2 G_3 H_1 - G_1 G_2 H_2} + G_4$$

【**例 2-21**】已知系统信号流图如图 2-75 所示，求传递函数。

解　系统有 3 个回路为

$$L_1 = -ge$$
$$L_2 = -bcg$$
$$L_3 = -d$$

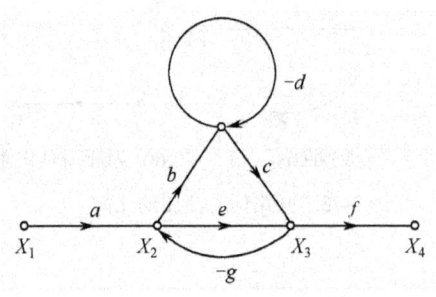

图 2-75 系统信号流图

$$\sum L_a = -ge - d - bcg$$

系统有两个互不接触回路，为

$$\sum L_b L_c = ged$$

则

$$\Delta = 1 - \sum L_a + \sum L_b L_c = 1 + ge + d + bcg + ged$$

系统的两条前向通道为

$P_1 = aef$，与两条回路有接触，$\Delta_1 = 1 + d$。

$P_2 = abcf$，与三条回路都有接触，$\Delta_2 = 1$。

将特征式和前向通道表达式代入梅逊公式，可得

$$G(s) = \frac{1}{\Delta} \sum_{k=1}^n P_k \Delta_k = \frac{aef(1+d) + abcf}{1 + ge + d + bcg + ged}$$

【例 2-22】 求图 2-76 所示系统的传递函数 $C(s)/R(s)$。

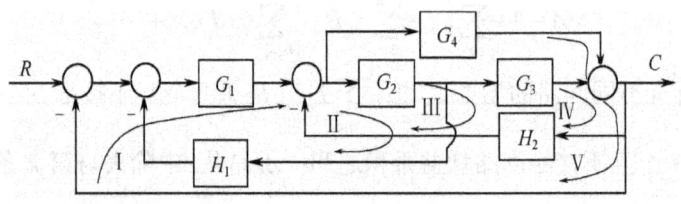

图 2-76 系统方块图

解 系统的五个回路为

$$\sum L_a = -G_1G_2G_3 - G_1G_2H_1 - G_2G_3H_2 - G_4H_2 - G_1G_4$$

$$\sum L_b L_c = 0$$

$$\Delta = 1 - \sum L_a = 1 + G_1G_2G_3 + G_1G_2H_1 + G_2G_3H_2 + G_4H_2 + G_1G_4$$

系统的两条前向通路为

$$p_1 = G_1G_2G_3; \quad \Delta_1 = 1$$
$$p_2 = G_1G_4; \quad \Delta_2 = 1$$

将特征式和前向通道表达式代入梅逊公式，可得

$$G(s) = \frac{p_1\Delta_1 + p_2\Delta_2}{\Delta} = \frac{G_1G_2G_3 + G_1G_4}{1 + G_1G_2G_3 + G_1G_2H_1 + G_2G_3H_2 + G_4H_2 + G_1G_4}$$

2.9 利用 MATLAB 求解系统的传递函数

利用简单、有效的数学模型可以对控制系统进行分析和设计。如果描述系统各部分的数学模型是传递函数，而且系统的方块图比较复杂，除了可以采用以上所讲的方块图或信号流图等效化简外，还可以采用 MATLAB 来进行化简。

2.9.1 num 和 den 函数

num 和 den 函数是表示传递函数的分子和分母系数的函数,格式如下

$$G(s)=\frac{b_m s^m + b_{m-1} s^{m-1} + \cdots + b_1 s + b_0}{a_n s^n + a_{n-1} s^{n-1} + \cdots + a_1 s + a_0}$$

则 $G(s)$ 可写成

$$G(s)=\frac{\text{num}(s)}{\text{den}(s)}$$

式中:

$$\text{num} = [b_m \quad b_{m-1} \quad \cdots \quad b_0]$$
$$\text{den} = [a_n \quad a_{n-1} \quad \cdots \quad a_0]$$

分别是传递函数分子和分母多项式系数的降幂排列,括号中系数之间用空格分隔。

2.9.2 典型化简函数

设 $G(s)=\dfrac{\text{num}(s)}{\text{den}(s)}$,$G_1(s)=\dfrac{\text{num1}(s)}{\text{den1}(s)}$,$G_2(s)=\dfrac{\text{num2}(s)}{\text{den2}(s)}$。

1. 系统串联化简函数 series

计算两个环节串联的传递函数如 $G(s)=G_1(s)G_2(s)$,采用 series 函数求解 $G(s)$,格式为

  [num, den] = series(num1,den1,num2,den2)

2. 系统并联化简函数 parallel

计算两个环节并联的传递函数如 $G(s)=G_1(s)+G_2(s)$,采用 parallel 函数求解 $G(s)$,格式为

  [num, den] = parallel(num1,den1,num2,den2)

3. 系统单位反馈化简函数 cloop

前向通道的传递函数为 $G_1(s)$,其单位反馈系统传递函数 $G(s)=\dfrac{G_1(s)}{1 \pm G_1(s)}$,采用 cloop 函数求解 $G(s)$,格式为

  [num, den] = cloop(num1,den1,sign)

4. 系统非单位反馈化简函数 feedback

前向通道的传递函数为 $G_1(s)$,反馈通道的传递函数是 $G_2(s)$,则闭环系统的传递函数 $G(s)=\dfrac{G_1(s)}{1 \pm G_1(s)G_2(s)}$,采用 feedback 函数求解 $G(s)$,格式为

  [num, den] = feedback(num1,den1,num2,den2,sign)

式中:sign 为可选参数,sign=-1 为负反馈,sign=1 为正反馈,缺省值为负反馈。

以上函数调用格式中,等式左侧方括号内为返回变量,等式右侧圆括号内为输入变量。

【例 2-23】 已知系统结构如图 2-77 所示。
(1) 求系统闭环传递函数。
(2) 求系统的零极点。

解 (1) 利用如下程序求系统的闭环传递函数
  num1 = [1]; den1 = [1 0 0];

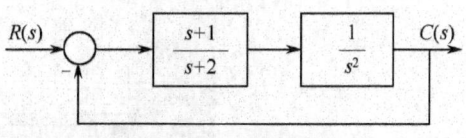

图 2-77 系统方块图

```
            num2 = [1 1]; den2 = [1 2];
            [numg, deng] = series(num1, den1, num2, den2);
            [num, den] = cloop(numg, deng);
            printsys(num, den);
        pzmap(num, den)
```
运行结果及系统的闭环传递函数为

```
num/den =

         s + 1
    ---------------------
    s^3 + 2 s^2 + s + 1
```

（2）求解系统传递函数的零极点

```
        num1 = [1]; den1 = [1 0 0];
        num2 = [1 1] ; den2 = [1 2];
        [numg, deng] = series(num1, den1, num2, den2);
        [num, den] = cloop(numg, deng);
        printsys(num, den);
        pzmap(num, den)
        Z=roots(num)
        P=roots(den)
```

闭环传递函数的零极点为

```
num/den =

         s + 1
    ---------------------
    s^3 + 2 s^2 + s + 1

Z =

    -1

P =

    -1.754 9
    -0.122 6 + 0.744 9i
    -0.122 6 - 0.744 9i
```

系统的零极点图如图 2-78 所示。

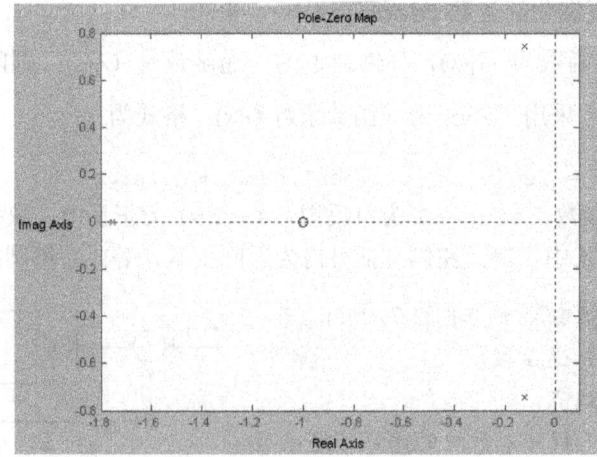

图 2-78 系统零极点分布图

【例 2-24】 设系统方块图如图 2-79 所示，求系统闭环传递函数。

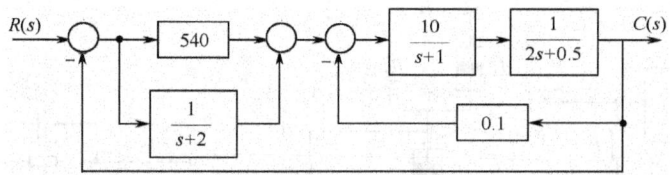

图 2-79　系统方块图

解　程序如下

```
num1 = [540]; den1 = [1];
num2 = [1]; den2 = [1  2];
num3 = [10]; den3 = [1  1];
num4 = [1]; den4 = [2  0.5];
num5 = [0.1]; den5 = [1];
[numa, dena] = parallel(num1, den1, num2, den2);
[numb, denb] = series(num3, den3, num4, den4);
[numc, denc] = feedback(numb, denb, num5, den5);
[numd, dend] = series(numa, dena, numc, denc);
[num, den] = cloop(numd, dend);
printsys(num, den)
```

运行结果如下

```
num/den =

          5 400 s + 10 810
    ----------------------------------
    2 s^3 + 6.5 s^2 + 5 406.5 s + 10 813
```

小　结

1. 可以在时域、复域或频域中建立系统的数学模型，建立系统数学模型的方法有分析法和实验法。

2. 在时域中，利用分析法建立系统的数学模型，即应用电学、力学、电机学等原理建立系统的微分方程模型，并在初始条件为零的情况下，时域中的微分方程可以与复域中的传递函数互相转换。

3. 复杂系统的数学模型是由各个典型环节组成的，将各环节的传递函数按照一定的顺序连接，就构成了系统数学模型的另一种表现形式——方块图。

4. 方块图化简是本章的重点内容之一。方块图化简的原则：一是前向通路中传递函数的乘积必须保持不变，二是回路中传递函数的乘积必须保持不变。遵循这两条原则，利用方块图中串、并联以及反馈关系，分支点、相加点移动的规则，保证方块图化简前后的传递函数不变。

5. 信号流图也是方块图化简的一种方法，梅逊公式主要用于相对复杂系统的方块图化简。

习　题

2-1　试证明如图 T2-1 所示电路系统与机械系统是相似系统。

2-2　试列写如图 T2-2 所示无源网络的微分方程式。

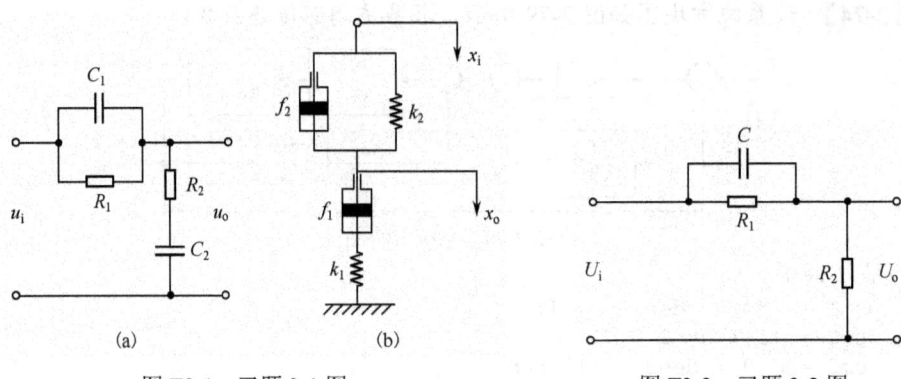

图 T2-1 习题 2-1 图   图 T2-2 习题 2-2 图

2-3 已知在零初始条件下，系统的单位阶跃响应为 $c(t)=1-2e^{-2t}+e^{-t}$。试求系统的传递函数和脉冲响应。

2-4 已知系统传递函数 $\dfrac{C(s)}{R(s)}=\dfrac{2}{s^2+3s+2}$，且初始条件为 $c(0)=-1$，$\dot{c}(0)=0$。试求系统在单位阶跃输入 $r(t)$ 作用下的输出 $c(t)$。

2-5 由运算放大器组成的控制系统模拟电路如图 T2-3 所示，试求闭环传递函数 $U_o(s)/U_i(s)$。

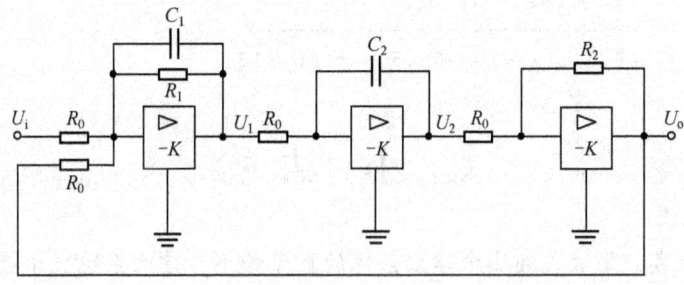

图 T2-3 习题 2-5 图

2-6 某位置随动系统原理框图如图 T2-4 所示，已知电位器最大工作角度 $Q_m=330°$，功率放大器放大系数为 k_3。
（1）分别求出电位器的传递函数 k_0，第一级和第二级放大器的放大系数 k_1、k_2；
（2）画出系统的方块图；
（3）求系统的闭环传递函数 $Q_c(s)/Q_r(s)$。

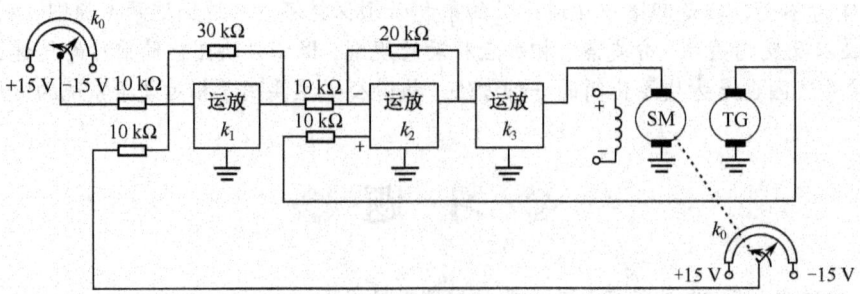

图 T2-4 习题 2-6 图

2-7 求如图 T2-5 所示各有源网络的传递函数 $\dfrac{U_c(s)}{U_r(s)}$。

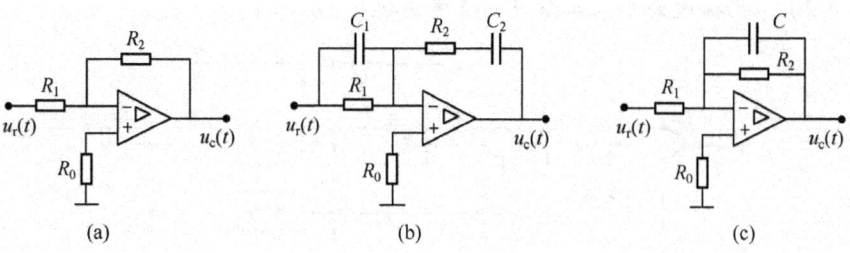

图 T2-5　习题 2-7 图

2-8 假设某容器的液位高度 h 与液体流入量 Q_r 满足方程 $\dfrac{dh}{dt}+\dfrac{\alpha}{S}\sqrt{h}=\dfrac{1}{S}Q_r$，式中：$S$ 为液位容器的横截面积，α 为常数。若 h 与 Q_r 在其工作点 (Q_{r_0}, h_0) 附近做微量变化，试导出 Δh 关于 ΔQ_r 的线性化方程。

2-9 试用方块图等效化简求如图 T2-6 所示各系统的传递函数 $\dfrac{C(s)}{R(s)}$。

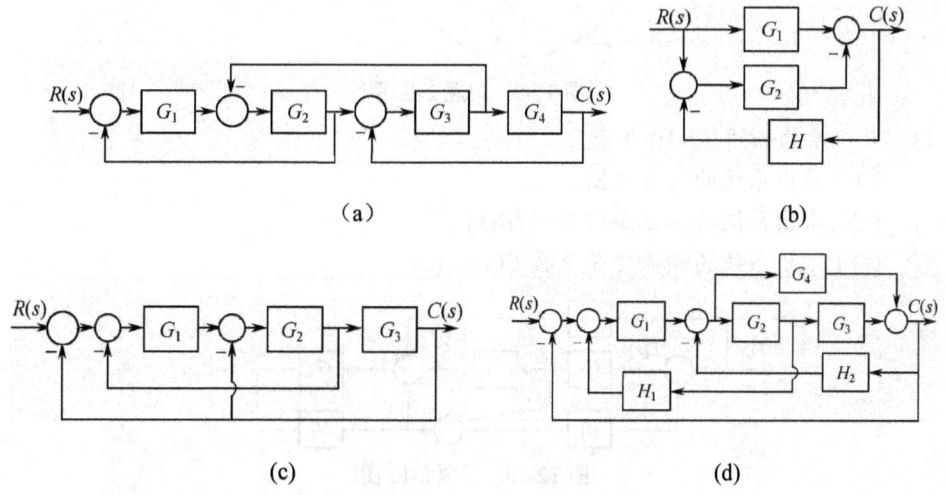

图 T2-6　习题 2-9 图

2-10 已知系统结构如图 T2-7 所示。
（1）求传递函数 $C(s)/R(s)$ 和 $C(s)/N(s)$；
（2）若要消除干扰对输出的影响（即 $C(s)/N(s)=0$），问 $G_0(s)=?$

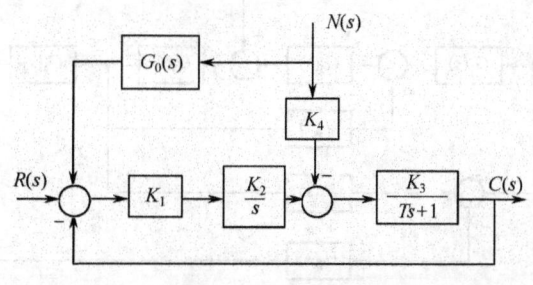

图 T2-7　习题 2-10 图

2-11 对于如图 T2-8 所示系统，
(1) 画出相应的信号流图；
(2) 根据梅逊公式求出系统的传递函数 $C(s)/R(s)$。

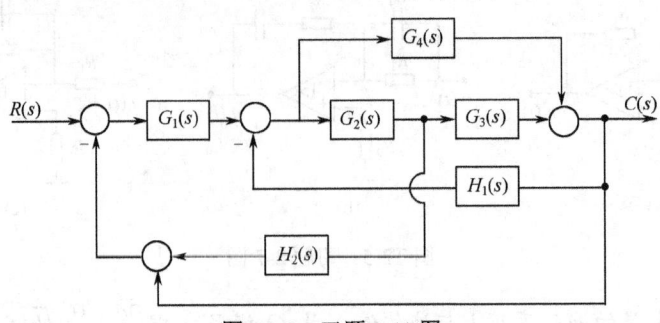

图 T2-8 习题 2-11 图

2-12 已知系统的信号流图如图 T2-9 所示，试求传递函数 $C(s)/R(s)$。

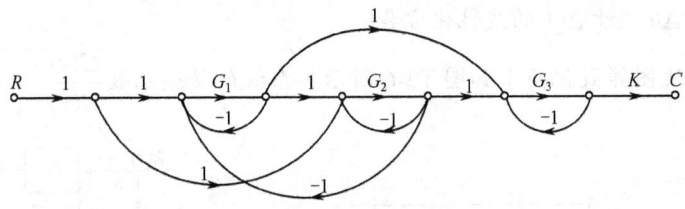

图 T2-9 习题 2-12 图

2-13 系统结构如图 T2-10 所示。
(1) 画出系统的信号流图；
(2) 求出系统的传递函数 $C(s)/R(s)$；
(3) 求出系统的误差传递函数 $E(s)/R(s)$。

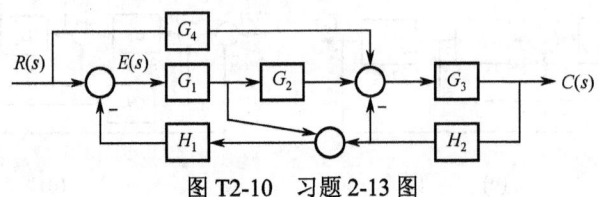

图 T2-10 习题 2-13 图

2-14 系统结构如图 T2-11 所示。
(1) 画出系统的信号流图；
(2) 求出系统的传递函数 $C(s)/R(s)$。

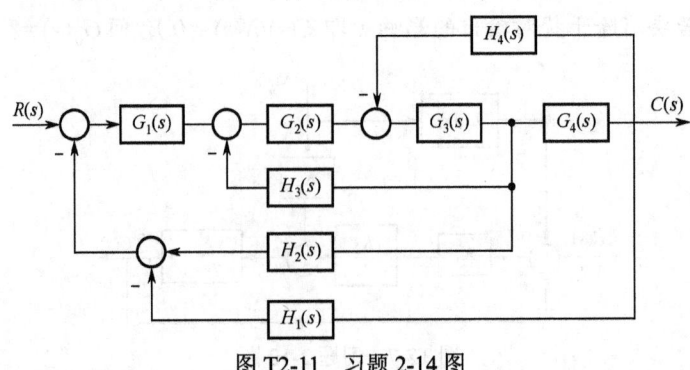

图 T2-11 习题 2-14 图

2-15 如图 T2-12 所示为齿轮传动系统。设此系统无间隙、无变形。
（1）求折算到传动轴上的等效转动惯量和等效黏性摩擦系数；
（2）求系统的传动函数 $\theta_2(s)/M(s)$。

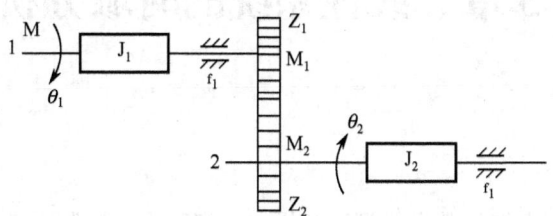

图 T2-12　习题 2-15 图

2-16 如图 T2-13 所示为机械系统，若小车与地面无摩擦，$u(t)$ 是输入作用力，x 是输出量。
（1）建立系统的微分方程；
（2）如果系统初始条件为零，写出系统的传递函数。

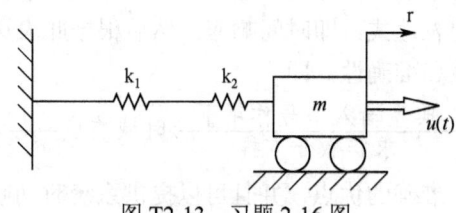

图 T2-13　习题 2-16 图

MATLAB 习题

2-17 考虑如图 T2-14 所示的反馈系统。

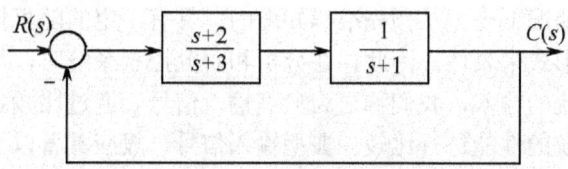

图 T2-14　习题 2-17 图

（1）利用函数 series 与 cloop，计算闭环传递函数，并用函数 printsys 显示结果；
（2）用函数 step 求取闭环系统的单位阶跃响应，并验证输出终值为 2/5。

2-18 考虑如图 T2-15 所示的方块图。
（1）用 MATLAB 化简方块图，并计算系统的闭环传递函数；
（2）利用函数 pzmap 绘制闭环传递函数的零极点图；
（3）用函数 roots 计算闭环传递函数的零点和极点，并与（2）的结果比较。

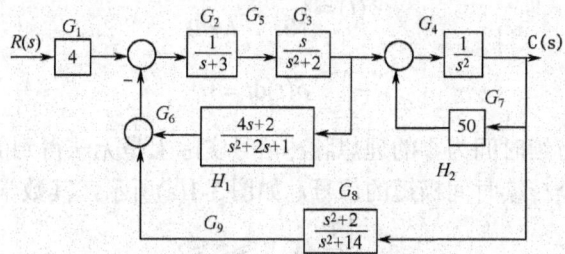

图 T2-15　习题 2-18 图

第 3 章 线性系统的时域分析法

3.1 引言

第 2 章研究了控制系统的数学模型。分析、研究和设计控制系统的首要工作是确定系统的数学模型,一旦获得系统的数学模型,便可以用不同的方法分析控制系统的性能。在经典控制理论中,常用时域法、根轨迹法和频域法来分析线性系统的性能。本章讨论的是时域分析法。

时域分析法是根据描述系统的微分方程或传递函数,直接求解出在某种典型输入作用下系统输出量随时间 t 变化的表达式,即时间响应;然后根据此表达式或其相应的描述曲线来分析系统的稳定性、快速性和准确性,即

$$\text{数学模型} \xrightarrow[\text{求解微分方程}]{\text{典型输入信号作用下}} \text{时域响应} \longrightarrow \text{性能指标}$$

时域分析法具有直观、准确的优点,并且可以提供系统时间响应的全部信息。

3.1.1 典型输入信号

为了求解系统的时间响应,必须已知输入信号的解析表达式。但是,由于控制系统的外加输入信号在大多数情况下是无法预先准确知道的,具有一定的随机性,而且其瞬时函数关系往往又不能以解析形式来表达。因此,在分析和研究控制系统时,需要选取一些具有代表性的试验信号作为系统的输入,我们称之为典型输入信号。通过比较各种系统对这些输入信号的响应,对各种系统的性能进行比较。典型输入信号一般应具备以下条件:

(1)这些信号应反映系统工作的大部分实际情况;
(2)这些信号的形式应尽可能简单,以便于数学分析处理;
(3)这些信号易于在实验室获得。

控制工程中,常用的典型输入信号有以下几种。

1. 单位脉冲信号

理想单位脉冲信号的数学表达式为

$$\delta(t) = \begin{cases} \infty, & t = 0 \\ 0, & t \neq 0 \end{cases} \tag{3-1}$$

$$\int_{-\infty}^{+\infty} \delta(t) \mathrm{d}t = 1 \tag{3-2}$$

幅值为无穷大、持续时间为零的理想脉冲信号实际上是无法得到的。在工程上,实际单位脉冲信号可视为一个持续时间极短的信号,如图 3-1(a)所示,其数学表达式为

$$r(t) = \begin{cases} \dfrac{1}{\varepsilon}, & 0 \leqslant t \leqslant \varepsilon \\ 0, & t < 0, \ t > \varepsilon \end{cases} \tag{3-3}$$

式中：ε 为脉冲持续时间或脉冲宽度，$1/\varepsilon$ 为脉冲高度。当 $\varepsilon \to 0$ 时，实际单位脉冲信号即为理想单位脉冲信号。

单位脉冲信号的拉普拉斯变换为 $L[\delta(t)] = 1$。

脉冲宽度很窄的电压信号、瞬间作用的冲击力等都可近似为脉冲信号。单位脉冲信号可以用于考查系统在脉冲扰动后的恢复运动。

2．单位阶跃信号

单位阶跃信号如图 3-1(b)所示，其数学表达式为

$$r(t) = 1(t) = \begin{cases} 1, & t \geq 0 \\ 0, & t < 0 \end{cases} \tag{3-4}$$

相应的拉普拉斯变换为

$$L[1(t)] = 1/s \tag{3-5}$$

单位阶跃信号表示在 $t = 0$ 处，输入量的幅值瞬间由 0 突变为 1 的过程。若信号突变的幅值不为 1，如 $r(t) = R1(t)$，则表示信号为幅值等于 R 的阶跃函数，其中 R 为常量。时域分析中，单位阶跃信号用得最为广泛，实际电路中，开关的转换、电源的突然接通、负荷的突变等，均可视为阶跃信号。单位阶跃信号可用做考查系统对恒值信号的跟踪能力时的输入信号。

3．单位斜坡信号

单位斜坡信号如图 3-1(c)所示，其数学表达式为

$$r(t) = t \tag{3-6}$$

相应的拉普拉斯变换为

$$L[t] = 1/s^2 \tag{3-7}$$

单位斜坡信号表示由零值开始随时间 t 线性增长的信号，其斜率为 1。若斜率不为 1，如 $r(t) = Rt$，则表示信号为斜率等于 R 的斜坡信号。在闸门匀速升降、工件匀速运动时，其位置信号均可视为斜坡信号。单位斜坡信号是用于考查系统对匀速信号跟踪能力时的实验信号。

4．单位抛物线信号

单位抛物线信号如图 3-1(d)所示，其数学表达式为

$$r(t) = \frac{1}{2}t^2 \tag{3-8}$$

相应的拉普拉斯变换为

$$L\left[\frac{1}{2}t^2\right] = 1/s^3 \tag{3-9}$$

单位抛物线信号也称为单位等加速信号，它表示信号的大小随时间 t 以加速度为 1 的等加速度增加。若加速度不为 1，如 $r(t) = \frac{1}{2}Rt^2$，则表示信号为加速度等于 R 的等加速信号。以恒转矩启动的电动机位置信号，可视为等加速度信号。单位抛物线信号是用于考查系统对于等加速信号的跟踪能力时的实验信号。

5. 正弦信号

正弦信号如图 3-1(e)所示，其数学表达式为

$$r(t) = A\sin\omega t \qquad (3\text{-}10)$$

A 是正弦信号的幅值，ω 为正弦信号的角频率。正弦信号的拉普拉斯变换为

$$L[A\sin\omega t] = \frac{A\omega}{s^2+\omega^2} \qquad (3\text{-}11)$$

正弦信号主要用于频域分析，有时也用于时域分析。

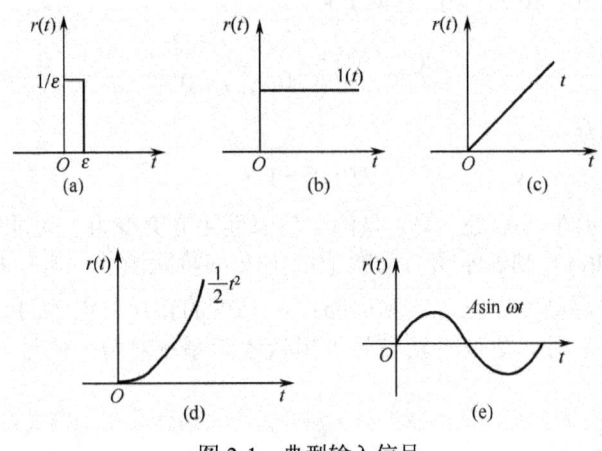

图 3-1　典型输入信号

3.1.2 典型时间响应

初始状态为零的控制系统，在典型输入信号作用下的输出，称为典型时间响应。通常，把控制系统的时间响应按时间的顺序划分为动态过程和稳态过程两部分。

1. 动态过程

动态过程，也称为暂态过程或过渡过程，指系统在典型输入信号作用下，系统输出量从初始状态到最终状态的过程。根据系统结构和参数选择的情况，动态过程表现为衰减、发散和等幅振荡几种形态。显然，一个可以正常运行的控制系统，其动态过程必须是衰减的，即系统必须是稳定的。动态过程除提供系统的稳定性信息外，还可以提供其响应速度和阻尼情况等信息，这些信息用系统的动态性能来描述。

2. 稳态过程

稳态过程，也称为系统的稳态响应，指系统在典型输入信号作用下，当时间 t 趋于无穷大时，系统输出量的表现形式。稳态过程表征系统输出量最终复现输入量的程度，提供系统稳态误差的信息，用系统的稳态性能描述。实际应用中认为，当系统的输出对其输入的复现进入到允许的误差范围后，系统即进入稳态。

由此可见，控制系统在典型输入信号作用下的性能指标，由动态性能指标和稳态性能指标两部分组成，它是评价一个控制系统性能好坏的标准。

3.1.3 控制系统的性能指标

对控制系统的性能指标要求有：

（1）系统应该是稳定的，稳定是控制系统能够运行的首要条件，只有当动态过程收敛时，

研究系统的各项性能才有意义；

（2）系统在动态过程中应有好的快速性，即动态性能指标的要求；

（3）系统达到稳态时，应满足给定的稳态误差的要求，即稳态性能指标的要求。

1. 动态性能指标

描述稳定的系统在单位阶跃信号作用下，动态过程随时间 t 变化的指标，称为动态性能指标。之所以采用单位阶跃信号作为典型输入信号是因为，一般认为，阶跃输入对系统来说是最严峻的工作状态。如果系统在阶跃信号作用下的动态性能能满足要求，那么系统在其他形式的信号作用下，其动态性能也是令人满意的。

稳定系统的单位阶跃响应有衰减振荡和单调变化两种类型，如图 3-2 和图 3-3 所示。为了评价系统的动态性能，特规定如下指标。

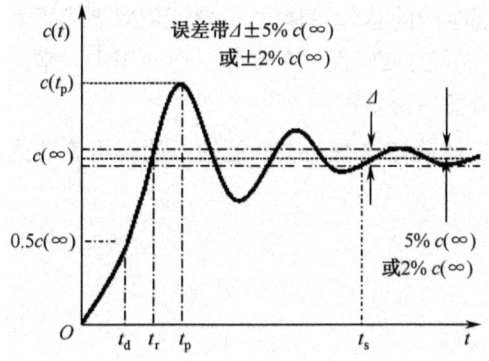
图 3-2 具有衰减振荡的单位阶跃响应曲线

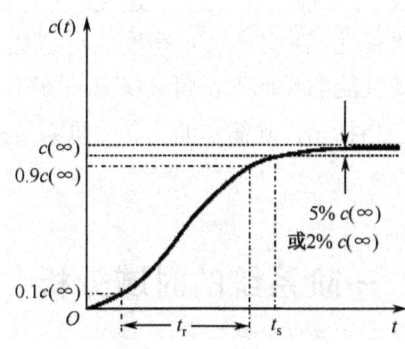
图 3-3 单调变化的单位阶跃响应曲线

（1）延迟时间（t_d）

延迟时间指响应曲线第一次达到稳态值 $c(\infty)$ 的一半所需的时间。

（2）上升时间（t_r）

上升时间指响应曲线第一次达到稳态值 $c(\infty)$ 所需的时间。对于单调变化的单位阶跃响应，上升时间可定义为响应曲线由稳态值的 10%上升到稳态值的 90%所需的时间。上升时间越短，响应速度越快。

（3）峰值时间（t_p）

峰值时间指响应超过其稳态值到达第一个峰值所需的时间。

（4）调节时间（t_s）

调节时间也称过渡过程时间，指响应到达并保持在稳态值±5%（或±2%）误差带 Δ 内所需的最小时间，即 $t \geq t_s$ 以后有

$$|c(t) - c(\infty)| \leq c(\infty) \times 5\% \text{或} 2\% \tag{3-12}$$

（5）最大超调量（$\sigma\%$）

最大超调量简称超调量，指响应的最大值 $c(t_p)$ 超过稳态值 $c(\infty)$ 的百分数，即

$$\sigma\% = \frac{c(t_p) - c(\infty)}{c(\infty)} \times 100\% \tag{3-13}$$

（6）振荡次数（N）

在 $0 \leq t \leq t_s$ 时间内，系统阶跃响应曲线穿越其稳态值 $c(\infty)$ 次数的一半（穿越 2 次相当

于振荡 1 次)。换句话说，振荡次数为调节时间内响应偏离稳态的次数。次数少，表明系统稳定性好。

2. 稳态性能指标

实际上，当响应时间 $t > t_s$ 时，系统的输出响应就进入了稳态过程。稳态误差 e_{ss} 是描述系统稳态性能的一种性能指标，它是指当时间 t 趋于无穷时，系统期望输出与实际输出之间的差值，即

$$e_{ss} = \lim_{t \to \infty} e(t) = \lim_{t \to \infty} [r(t) - c(t)] \tag{3-14}$$

稳态误差是系统控制精度或抗扰动能力的一种度量，稳态误差 e_{ss} 越小，系统的控制精度就越高。

上述各性能指标可用来评价系统单位阶跃响应的平稳性、快速性和准确性。其中 t_p、t_r、t_d 反映了系统响应的初始快速性；t_s 体现了系统响应的总体快速性，$\sigma\%$ 和 N 描述了系统响应的平稳性或系统的阻尼程度，e_{ss} 描述了系统响应的准确性。在实际工程应用中，常用来评价系统性能的指标为超调量 $\sigma\%$、调节时间 t_s 和稳态误差 e_{ss}。

应当指出，除简单的一、二阶系统外，要精确确定这些动态性能指标的解析表达式是很困难的。

3.2 一阶系统的时域分析

可以用一阶微分方程描述的系统，称为一阶系统。如 RC 网络、空气加热系统、液面控制系统等都可以用一阶或近似一阶系统来表示。

3.2.1 一阶系统的数学模型

一阶系统的微分方程为

$$T \frac{dc(t)}{dt} + c(t) = r(t), \quad t \geq 0$$

假设系统的初始条件为零，则一阶系统的闭环传递函数为

$$\Phi(s) = \frac{C(s)}{R(s)} = \frac{1}{Ts+1} \tag{3-15}$$

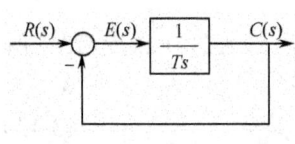

图 3-4 一阶系统方块图

式（3-15）为一阶系统数学模型的标准式。其中，T 为系统的时间常数，是一个特征参数，对于不同的控制系统，它具有不同的物理意义。一阶系统的典型方块图如图 3-4 所示。

获得了一阶系统的数学模型后，我们将分别就不同的典型输入信号，求解该系统的时域响应，并据此对系统的性能进行分析。

3.2.2 一阶系统的单位阶跃响应

当系统的输入信号为单位阶跃函数时，即 $r(t) = 1(t)$，其拉普拉斯变换为 $R(s) = 1/s$，则系统输出的拉普拉斯变换为

$$C(s) = \frac{1}{Ts+1} \cdot \frac{1}{s} = \frac{1}{s} - \frac{T}{Ts+1} \tag{3-16}$$

对上式进行拉普拉斯反变换得

$$c(t) = 1 - e^{-t/T}, \quad t \geq 0 \quad (3\text{-}17)$$

式（3-17）中，1 为稳态分量，$e^{-t/T}$ 为瞬态分量。

式（3-17）表明，一阶系统的单位阶跃响应是一条由零开始，按指数规律上升到最终值为 1 的曲线，如图 3-5 所示。

一阶单位阶跃响应具有如下特点。

（1）可以用时间常数 T 度量系统输出量的数值，T 与输出值的对应关系为

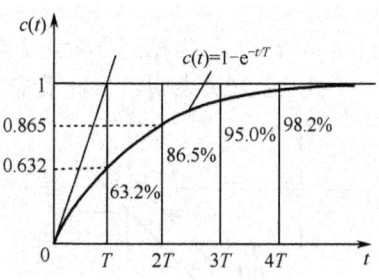

图 3-5 一阶系统单位阶跃响应曲线

$$t = T, \quad c(T) = 0.632$$
$$t = 2T, \quad c(2T) = 0.865$$
$$t = 3T, \quad c(3T) = 0.950$$
$$t = 4T, \quad c(4T) = 0.982$$
$$\vdots \qquad \vdots$$
$$t = \infty, \quad c(\infty) = 1$$

根据这一特点，可用实验方法测定一阶系统的时间常数及测定被测系统是否属于一阶系统或等效于一阶系统。

（2）响应曲线的初始斜率等于 $1/T$，并随时间的推移而下降，即

$$\frac{dc(t)}{dt} = \frac{1}{T}e^{-t/T}\bigg|_{t=0} = \frac{1}{T} \quad (3\text{-}18)$$

式（3-18）表明，一阶系统的单位阶跃响应若以初始速度等速上升至稳态值 1，所需时间恰好为 T。这也是常用的确定一阶系统时间常数的方法之一。

（3）$t \to \infty$ 时，$c(\infty) = 1$，即系统在单位阶跃作用下，其稳态误差 $e_{ss} = 0$。

根据各性能指标的定义，一阶系统的性能指标如下。

（1）延迟时间：$t_d = 0.69T$。

（2）上升时间：$t_r = 2.20T$。

（3）调节时间：$t_s = \begin{cases} 3T, & \Delta = \pm 5\% \\ 4T, & \Delta = \pm 2\% \end{cases}$。

（4）响应曲线呈单调上升，无超调，无振荡。因此峰值时间 t_p、超调量 $\sigma\%$ 和振荡次数 N 都不存在。

（5）稳态误差：$e_{ss} = 0$。

由于时间常数 T 反映系统的惯性，而时间常数 T 与响应速度成反比，所以一阶系统的 T 越小，即惯性越小，其响应过程越快；反之，惯性越大，响应越慢。

3.2.3 一阶系统的单位斜坡响应

当系统的输入信号为单位斜坡信号时，即 $r(t) = t$，其拉普拉斯变换为 $R(s) = 1/s^2$，则系统输出的拉普拉斯变换为

$$C(s) = \frac{1}{Ts+1} \cdot \frac{1}{s^2} = \frac{1}{s^2} - \frac{T}{s} + \frac{T^2}{Ts+1} \quad (3\text{-}19)$$

对上式进行拉普拉斯反变换得

$$c(t) = t - T + Te^{-t/T}, \quad t \geq 0 \quad (3\text{-}20)$$

式中：$(t-T)$ 为稳态分量，$Te^{-t/T}$ 为瞬态分量。

式（3-20）表明，一阶系统单位斜坡响应的稳态分量是一个与输入斜坡信号相同的斜坡信号，但在时间上滞后一个时间常数 T；瞬态分量为衰减非周期函数，其响应曲线如图 3-6 所示。

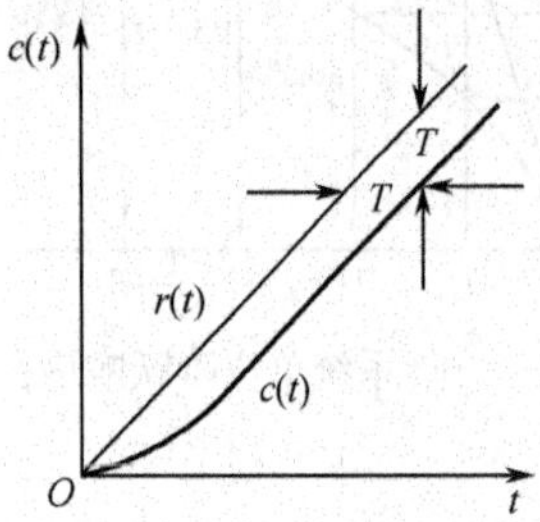

该响应具有的特点如下。

（1）输入与输出之间的误差为

$$e(t) = r(t) - c(t) = T(1 - e^{-t/T})$$

根据稳态误差的定义

$$e_{ss} = \lim_{t \to \infty} e(t) = T$$

图 3-6 一阶系统单位斜坡响应曲线

显然，一阶系统在单位斜坡输入作用下存在稳态跟踪误差，其值正好等于时间常数 T。减少时间常数 T，可减少系统跟踪斜坡信号的稳态误差，可加快动态响应的速度。

（2）响应曲线的初始斜率等于 0，并随时间的推移而增加，$t \to \infty$ 时，斜率最大且等于 1。即

$$\frac{dc(t)}{dt} = (1 - e^{-t/T})\big|_{t=0} = 0$$

3.2.4　一阶系统的单位脉冲响应

当系统的输入信号为单位脉冲信号时，即 $r(t) = \delta(t)$，其拉普拉斯变换为 $R(s) = 1$，则系统输出的拉普拉斯变换为

$$C(s) = \frac{1}{Ts+1}$$

对上式进行拉普拉斯反变换得

$$c(t) = \frac{1}{T}e^{-t/T}, \quad t \geq 0 \quad (3\text{-}21)$$

式（3-21）表明，一阶系统的单位脉冲响应中只包含瞬态分量 $\frac{1}{T}e^{-t/T}$。输出量的初始值为 $1/T$，$t \to \infty$ 时，输出量趋于零，所以不存在稳态分量。响应曲线如图 3-7 所示，它是一条呈指数衰减的曲线。

该响应具有的特点如下。

（1）可以用时间常数 T 去度量系统的输出量的数值。

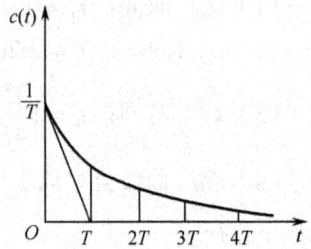

图 3-7　一阶系统单位脉冲响应曲线

$$t = T, \quad c(T) = \frac{0.368}{T}$$
$$t = 2T, \quad c(2T) = \frac{0.135}{T}$$
$$t = 3T, \quad c(3T) = \frac{0.050}{T}$$
$$t = 4T, \quad c(4T) = \frac{0.018}{T}$$
$$\vdots \qquad \vdots$$
$$t = \infty, \quad c(\infty) = 0$$

（2）一阶系统的单位脉冲响应曲线的初始斜率为 $-\dfrac{1}{T^2}$。若系统以初始速度等速下降，则当 $t=T$ 时，输出为零。

（3）$t \to \infty$ 时，$c(\infty)=0$。所以，一阶系统在单位脉冲作用下，其稳态误差 $e_{ss}=0$。

3.2.5 一阶系统的单位加速度响应

当系统的输入信号为单位加速度信号时，即 $r(t)=\dfrac{1}{2}t^2$，其拉普拉斯变换为 $R(s)=1/s^3$，则系统输出的拉普拉斯变换为

$$C(s)=\dfrac{1}{Ts+1}\cdot\dfrac{1}{s^3}=\dfrac{1}{s^3}-\dfrac{T}{s^2}+\dfrac{T^2}{s}-\dfrac{T^3}{Ts+1}$$

对上式进行拉普拉斯反变换得

$$c(t)=\dfrac{1}{2}t^2-Tt+T^2(1-\mathrm{e}^{-t/T})$$

响应曲线如图 3-8 所示，其特点是输入与输出之间的误差为 $e(t)=Tt-T^2(1-\mathrm{e}^{-t/T})$，根据稳态误差的定义，有

$$e_{ss}=\lim_{t\to\infty}e(t)=\infty$$

可见，跟踪误差随时间而增大，直至无穷大。因此，一阶系统不能跟踪加速度输入。

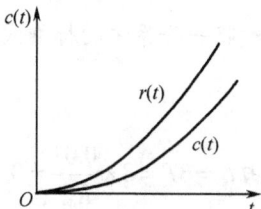

图 3-8　一阶系统单位加速度响应曲线

3.2.6 线性定常系统的重要特性

若将一阶系统对上述典型输入信号的响应归纳于表 3-1 中，则由表 3-1 可见，输入信号之间有如下关系：单位加速度信号的导数是单位斜坡信号，单位斜坡信号的导数是单位阶跃信号，单位阶跃信号的导数是单位脉冲信号。相应地，输出响应之间也存在这种关系。这个对应关系表明：系统对输入信号导数的响应，等于系统对该输入信号响应的导数；或者，系统对输入信号积分的响应，等于系统对该输入信号响应的积分，而积分常数由输出的初始条件决定。这是线性定常系统的一个重要特征，适用于任何阶次的线性定常系统。所以，对线性定常系统而言，只要讨论了一种典型信号的响应，便可通过上述关系推知其他信号的响应。因此，研究、分析线性定常系统的时间响应，往往只取其中一种典型输入进行研究即可。

表 3-1　一阶系统对典型输入信号的响应

$r(t)$	$c(t)$
$\delta(t)$	$\dfrac{1}{T}\mathrm{e}^{-t/T}$　　$t\geqslant 0$
$1(t)$	$1-\mathrm{e}^{-t/T}$　　$t\geqslant 0$
t	$t-T(1-\mathrm{e}^{-t/T})$　　$t\geqslant 0$
$\dfrac{1}{2}t^2$	$\dfrac{1}{2}t^2-Tt+T^2(1-\mathrm{e}^{-t/T})$　　$t\geqslant 0$

【例 3-1】　一阶系统的方块图如图 3-9 所示，图中反馈系数 $K_H=0.1$。求：

（1）该系统单位阶跃响应的调节时间 t_s（按 $\pm 5\%$ 误差）；

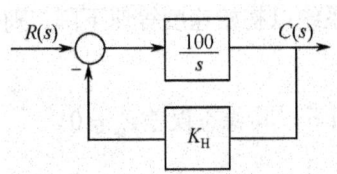

图 3-9 例 3-1 的方块图

（2）若要求 $t_s = 0.1$ s，求此时的反馈系数。

解 （1）由系统方块图得闭环传递函数为

$$\Phi(s) = \frac{C(s)}{R(s)} = \frac{\dfrac{100}{s}}{1 + \dfrac{100}{s} \times 0.1} = \frac{10}{0.1s + 1}$$

闭环传递函数分子上的数值 10，称为放大系数，相当于串接一个 $K = 10$ 的放大器，该值的大小对系统的调节时间 t_s 无影响。所以，$T = 0.1$，$t_s = 3T = 3 \times 0.1 = 0.3$ s。

（2）当反馈系数为 K_H 时，系统的闭环传递函数为

$$\Phi(s) = \frac{C(s)}{R(s)} = \frac{\dfrac{100}{s}}{1 + \dfrac{100}{s} \times K_H} = \frac{\dfrac{1}{K_H}}{\dfrac{0.01s}{K_H} + 1}$$

对照一阶系统的标准式，有

$$T = \frac{0.01}{K_H}$$

由 $t_s = 3T = 3 \times \dfrac{0.01}{K_H} = 0.1$ s 可得

$$K_H = 0.3$$

由此看出，对一阶系统而言，加大反馈系数，虽然降低了系统的放大系数，但可使调节时间减小，加快响应速度。

【例 3-2】 已知某元部件的传递函数为 $G(s) = \dfrac{10}{0.2s + 1}$。今欲采用图 3-10 所示方法引入负反馈和前置放大器，将调节时间 t_s 减小为原来的 0.1 倍，并保证总放大倍数不变，试确定参数 K_H 和 K_0 的数值。

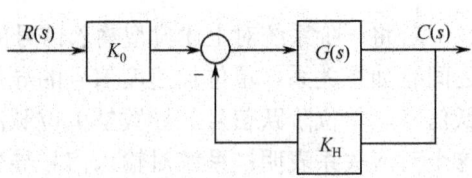

图 3-10 例 3-2 的系统方块图

解 由图 3-10 可求得系统传递函数为

$$\Phi(s) = \frac{C(s)}{R(s)} = \frac{K_0 G(s)}{1 + K_H G(s)} = \frac{\dfrac{10K_0}{1 + 10K_H}}{\left(\dfrac{0.2}{1 + 10K_H}s + 1\right)}$$

若要求调节时间 t_s 减小为原来的 0.1 倍，且保证总放大倍数不变，则

$$\begin{cases} \dfrac{10K_0}{1 + 10K_H} = 10 \\ \dfrac{0.2}{1 + 10K_H} = 0.2 \times 0.1 \end{cases}$$

解之得 $K_H = 0.9$，$K_0 = 10$。

由此看出，对一阶系统而言，采用负反馈加前置放大器的方法，可以在保持系统总放大倍数不变的情况下，减小调节时间，加快响应速度。

3.3 二阶系统的时域分析

凡可用二阶微分方程描述的系统称为二阶系统。二阶系统总包含两个储能元件，能量在两个元件之间相互转换，引起系统具有往复振荡的趋势。RLC 串联网络就是一个典型的二阶系统。此外，忽略了电枢电感 L 的电动机、具有质量的物体的运动等，均可视为二阶系统。由于许多高阶系统在一定的条件下，可以近似简化为二阶系统来研究，因此，二阶系统的性能分析，在自动控制理论中具有重大的实际意义。

3.3.1 二阶系统的数学模型

典型二阶系统的微分方程为

$$T^2 \frac{d^2 c(t)}{dt^2} + 2\zeta T \frac{dc(t)}{dt} + c(t) = r(t), \quad t \geq 0$$

式中：T 为二阶系统时间常数，ζ 称为二阶系统的阻尼比。假设系统的初始条件为零，则系统的闭环传递函数为

$$\Phi(s) = \frac{C(s)}{R(s)} = \frac{\omega_n^2}{s^2 + 2\zeta\omega_n s + \omega_n^2} \tag{3-22}$$

式（3-22）中 $\omega_n = 1/T$，称为自然频率或无阻尼振荡频率，ζ 和 ω_n 是二阶系统的特征参数，在不同的物理系统中，其所代表的物理意义是不同的。式（3-22）称为典型二阶系统数学模型的标准式。

由第 2 章的例题可知，RLC 电路的传递函数为

$$G_B(s) = \frac{U_0(s)}{U_r(s)} = \frac{1}{LCs^2 + RCs + 1} = \frac{\frac{1}{LC}}{s^2 + \frac{R}{L}s + \frac{1}{LC}}$$

即为二阶系统，对照二阶系统的标准式，有

$$\omega_n^2 = \frac{1}{LC} \quad 即 \quad \omega_n = \frac{1}{\sqrt{LC}}$$

$$2\zeta\omega_n = \frac{R}{L} \quad 即 \quad \zeta = \frac{R/L}{2\omega_n} = \frac{R}{2}\sqrt{\frac{C}{L}}$$

典型二阶系统的方块图如图 3-11 所示。

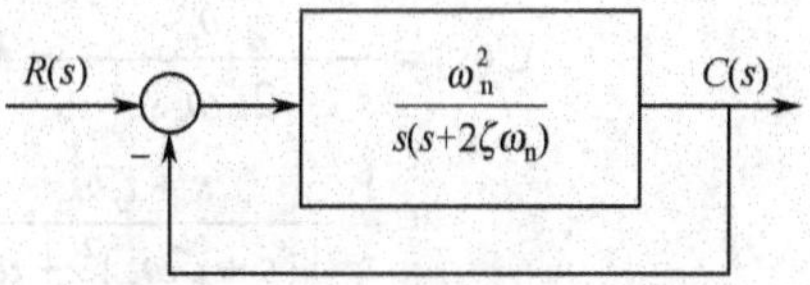

闭环传递函数的分母多项式等于零的代数方程称为系统的闭环特征方程，标准二阶系统的闭环特征方程为

$$s^2 + 2\zeta\omega_n s + \omega_n^2 = 0 \tag{3-23}$$

图 3-11 典型二阶系统方块图

闭环特征方程的根称为系统的闭环特征根或闭环极点。二阶系统的特征根为

$$s_{1,2} = -\zeta\omega_n \pm \omega_n\sqrt{\zeta^2 - 1} \tag{3-24}$$

随着阻尼比 ζ 的不同，特征根的性质是不同的，即 s_1、s_2 有可能为不等实根、相等实根或共轭复根，所对应的响应有不同的形式。

3.3.2 二阶系统的单位阶跃响应

在初始状态为零的情况下，单位阶跃信号作用下，二阶系统的响应称为单位阶跃响应。单位阶跃信号 $r(t)=1(t)$，其拉普拉斯变换为 $R(s)=1/s$，由式（3-22），二阶系统的输出为

$$C(s)=\varPhi(s)R(s)=\frac{\omega_n^2}{s^2+2\zeta\omega_n s+\omega_n^2}\cdot\frac{1}{s} \tag{3-25}$$

对式（3-25）取拉普拉斯反变换即可得典型二阶系统的单位阶跃响应。

1. 无阻尼（$\zeta=0$）二阶系统的单位阶跃响应

当阻尼比 $\zeta=0$ 时，系统的响应称为无阻尼响应。在无阻尼情况下，系统的特征根为一对纯虚根，即

$$s_{1,2}=\pm j\omega_n \tag{3-26}$$

对于单位阶跃输入，系统响应为

$$C(s)=\frac{\omega_n^2}{s^2+2\zeta\omega_n s+\omega_n^2}R(s)=\frac{\omega_n^2}{s^2+\omega_n^2}\cdot\frac{1}{s}=\frac{1}{s}-\frac{s}{s^2+\omega_n^2}$$

上式的拉普拉斯反变换为

$$c(t)=1-\cos\omega_n t,\quad t\geqslant 0 \tag{3-27}$$

式（3-27）表明，当 $\zeta=0$ 时，系统对阶跃输入不存在阻尼作用，响应为不衰减的振荡，即等幅振荡，其振荡角频率为 ω_n，无阻尼时特征根在 s 平面的分布图及系统的响应曲线分别如图 3-12(a)、(b)所示。

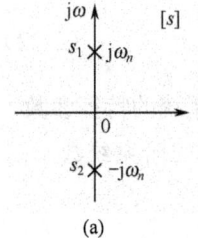
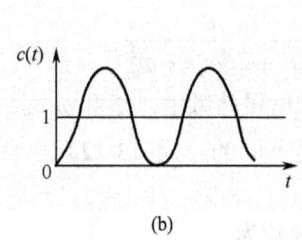

图 3-12　$\zeta=0$ 时特征根在 s 平面的分布及系统的响应

2. 欠阻尼（$0<\zeta<1$）二阶系统的单位阶跃响应

当阻尼比 $0<\zeta<1$ 时，系统的响应称为欠阻尼响应。在欠阻尼情况下，系统的特征根为一对共轭复根，即

$$s_{1,2}=-\zeta\omega_n\pm j\omega_n\sqrt{1-\zeta^2}=-\zeta\omega_n\pm j\omega_d \tag{3-28}$$

式（3-28）中，$\omega_d=\omega_n\sqrt{1-\zeta^2}$ 称为阻尼振荡角频率。

对于单位阶跃输入，系统响应为

$$C(s)=\frac{\omega_n^2}{s^2+2\zeta\omega_n s+\omega_n^2}R(s)=\frac{\omega_n^2}{s^2+2\zeta\omega_n s+\omega_n^2}\cdot\frac{1}{s}=\frac{1}{s}-\frac{s+2\zeta\omega_n}{s^2+2\zeta\omega_n s+\omega_n^2}$$

$$=\frac{1}{s}-\frac{s+\zeta\omega_n}{(s+\zeta\omega_n)^2+\omega_d^2}-\frac{\zeta\omega_n}{(s+\zeta\omega_n)^2+\omega_d^2}$$

上式的拉普拉斯反变换为

$$c(t)=L^{-1}[C(s)]=1-e^{-\zeta\omega_n t}(\cos\omega_d t+\frac{\zeta}{\sqrt{1-\zeta^2}}\sin\omega_d t)$$

$$=1-\frac{e^{-\zeta\omega_n t}}{\sqrt{1-\zeta^2}}\sin(\omega_d t+\beta),\quad t\geqslant 0 \tag{3-29}$$

式（3-29）中，$\beta = \arctan\sqrt{\dfrac{1-\zeta^2}{\zeta}} = \arccos\zeta$ 称为阻尼角。

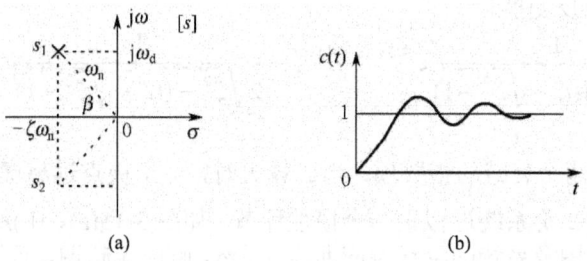

图 3-13　$0 < \zeta < 1$ 时特征根在 s 平面的分布及系统的响应

由式（3-29）可以看出，系统的响应是衰减的振荡过程，其振荡频率为阻尼振荡频率 ω_d，幅值则按指数曲线衰减，两者均由参数 ζ 和 ω_n 决定。当时间 t 趋于无穷大时，系统的输出趋于稳态值 1。图 3-13(a)、(b)所示分别为欠阻尼时特征根在 s 平面的分布图及系统的阶跃响应曲线。

3. 临界阻尼（$\zeta = 1$）二阶系统单位阶跃响应

当阻尼比 $\zeta = 1$ 时，系统的响应称为临界阻尼响应。在临界阻尼情况下，二阶系统具有两个相等的负实根，即

$$s_{1,2} = -\omega_n \tag{3-30}$$

对于单位阶跃输入，系统响应为

$$C(s) = \dfrac{\omega_n^2}{(s+\omega_n)^2} R(s) = \dfrac{\omega_n^2}{(s+\omega_n)^2 s} = \dfrac{1}{s} - \dfrac{\omega_n}{(s+\omega_n)^2} - \dfrac{1}{s+\omega_n}$$

上式的拉普拉斯反变换为

$$c(t) = 1 - e^{-\omega_n t}(1+\omega_n t), \quad t \geq 0 \tag{3-31}$$

可见，二阶系统的单位阶跃响应是稳态值为 1 的无振荡、无超调单调上升过程，临界阻尼时特征根在 s 平面的分布图及系统的阶跃响应曲线分别如图 3-14(a)、(b)所示。

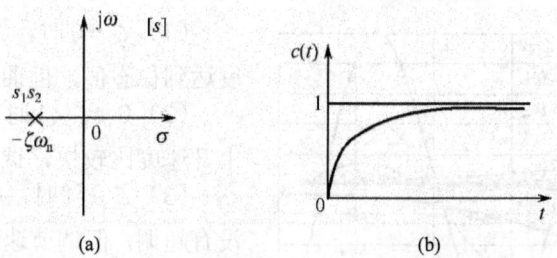

图 3-14　$\zeta = 1$ 时特征根在 s 平面的分布及系统的响应

4. 过阻尼（$\zeta > 1$）二阶系统单位阶跃响应

当阻尼比 $\zeta > 1$ 时，系统的响应称为过阻尼响应。此时系统有两个不相等的实数根，即

$$s_{1,2} = -\zeta\omega_n \pm \omega_n\sqrt{\zeta^2 - 1} \tag{3-32}$$

对于单位阶跃输入，系统响应为

$$C(s) = \frac{\omega_n^2}{(s + \zeta\omega_n + \omega_n\sqrt{\zeta^2-1})(s + \zeta\omega_n - \omega_n\sqrt{\zeta^2-1})s}$$

上式的拉普拉斯反变换为

$$c(t) = 1 + \frac{1}{2\sqrt{\zeta^2-1}(\zeta + \sqrt{\zeta^2-1})}e^{-(\zeta+\sqrt{\zeta^2-1})\omega_n t} - \frac{1}{2\sqrt{\zeta^2-1}(\zeta - \sqrt{\zeta^2-1})}e^{-(\zeta-\sqrt{\zeta^2-1})\omega_n t}, \quad t \geq 0$$

(3-33)

式（3-33）中有两个衰减的指数项，当 ζ 较大时，一个极点远离虚轴，它的影响就很小，可以忽略不计，这时二阶系统近似于一个惯性环节。如图 3-15(a)、(b)所示分别为过阻尼时特征根在 s 平面的分布图及系统的阶跃响应曲线。显然，响应无超调，而且过程比 $\zeta=1$ 拖得长。

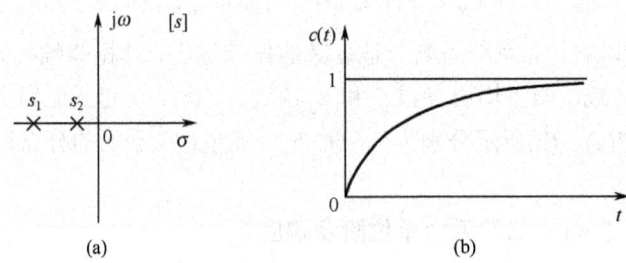

图 3-15 $\zeta > 1$ 时特征根在 s 平面的分布及系统的响应

表 3-2 给出了 ζ 不同时典型二阶系统的特征根与单位阶跃响应形式。图 3-16 画出了 ζ 在不同值下的二阶系统单位阶跃响应曲线族。

表 3-2 ζ 不同时典型二阶系统的特征根与单位阶跃响应形式

阻尼系数	特征根	特征根在 s 平面位置	单位阶跃响应形式
无阻尼 $\zeta=0$	$s_{1,2} = \pm j\omega_n$	虚轴上的一对共轭虚根	等幅周期振荡
欠阻尼 $0 < \zeta < 1$	$s_{1,2} = -\zeta\omega_n \pm j\omega_n\sqrt{1-\zeta^2}$	s 左半平面的一对共轭复根	衰减振荡
临界阻尼 $\zeta=1$	$s_{1,2} = -\omega_n$（重根）	负实轴上的一对重根	单调上升
过阻尼 $\zeta>1$	$s_{1,2} = -\zeta\omega_n \pm \omega_n\sqrt{\zeta^2-1}$	负实轴上的两个互异根	单调上升

由响应曲线可知：

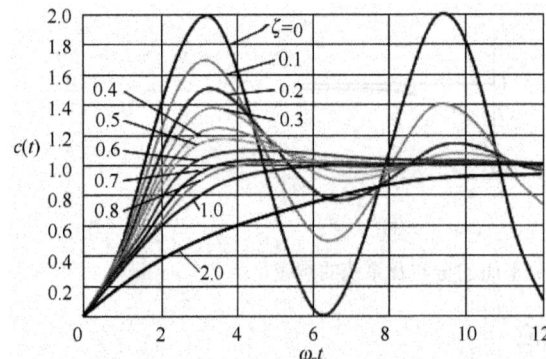

图 3-16 典型二阶系统的单位阶跃响应

（1）$\zeta=0$ 时，系统的响应以最快的速度达到稳态值，但曲线是等幅振荡的；

（2）$0 < \zeta < 1$ 时，虽然响应有超调，但上升速度比较快，调节时间也比较短；

（3）$\zeta \geq 1$ 时，响应与一阶系统相似，没有超调，但调节速度慢，进入稳态需要较长的时间。

一般来讲，在控制工程中，除了那些不容许产生振荡响应的系统外（如大惯性的温度控制系统需要采用过阻尼系统，而仪表指示和记录系统是不允许振荡而又要求响应较快的系统，则采用临界阻尼系统），通常希望二阶系统工作在 $\zeta = 0.5 \sim 0.8$ 的欠阻尼状态，因为在这种状态下，动态响应时间短，即系统具有较好的响应快速性，且系统振荡适度，系统具有较好的响应平稳性。

3.3.3 欠阻尼二阶系统的动态性能指标

欠阻尼二阶系统的单位阶跃响应曲线呈衰减振荡形式,如图3-16所示,表达式如式(3-29)所示。根据性能指标的定义,可求出动态性能指标的计算公式。

1. 快速性指标

(1) 上升时间 t_r

上升时间是响应曲线第一次达到稳态值所需的时间,根据定义,当 $t=t_r$ 时,$c(t)=1$,即

$$c(t_r) = 1 - \frac{e^{-\zeta\omega_n t}}{\sqrt{1-\zeta^2}}\sin(\omega_d t + \beta) = 1$$

整理得

$$\frac{e^{-\zeta\omega_n t_r}}{\sqrt{1-\zeta^2}}\sin(\omega_d t_r + \beta) = 0$$

由于 $e^{-\zeta\omega_n t_r} \neq 0$,所以必有 $\sin(\omega_d t_r + \beta) = 0$,即 $\omega_d t_r + \beta = \pi$,由此得

$$t_r = \frac{\pi - \beta}{\omega_d} = \frac{\pi - \beta}{\omega_n\sqrt{1-\zeta^2}} \tag{3-34}$$

由式(3-34)可见,当 ω_n 一定时,阻尼比 ζ 越大,则上升时间越长;当 ζ 一定时,ω_n 越大,t_r 越短。

(2) 峰值时间 t_p

峰值时间指响应超过其稳态值到达第一个峰值所需的时间。在该时刻有

$$\left.\frac{dc(t)}{dt}\right|_{t=t_p} = 0$$

即

$$\zeta\omega_n e^{-\zeta\omega_n t_p}\sin(\omega_d t_p + \beta) - \omega_d e^{-\zeta\omega_n t_p}\cos(\omega_d t_p + \beta) = 0$$

进一步化简得

$$\zeta\sin(\omega_d t_p + \beta) - \sqrt{1-\zeta^2}\cos(\omega_d t_p + \beta) = 0$$
$$\cos\beta\sin(\omega_d t_p + \beta) - \sin\beta\cos(\omega_d t_p + \beta) = 0$$
$$\sin\omega_d t_p = 0$$

所以 $\omega_d t_p = 0, \pi, 2\pi, 3\pi, \cdots$。

因为峰值时间是对应于第一次出现峰值的时间,所以取 $\omega_d t_p = \pi$,即峰值时间为

$$t_p = \frac{\pi}{\omega_d} = \frac{\pi}{\omega_n\sqrt{1-\zeta^2}} \tag{3-35}$$

可见,当增大自然振荡频率 ω_n 或减小阻尼比 ζ 时,会增大阻尼振荡角频率 ω_d,减小峰值时间 t_p。

(3) 调节时间 t_s

对欠阻尼二阶系统,其响应为

$$c(t) = 1 - \frac{e^{-\zeta\omega_n t}}{\sqrt{1-\zeta^2}}\sin\left(\omega_d t + \arctan\frac{\sqrt{1-\zeta^2}}{\zeta}\right)$$

由上式可以看出，此时系统动态响应 $c(t)$ 的包络线方程是 $1\pm\dfrac{\mathrm{e}^{-\zeta\omega_n t}}{\sqrt{1-\zeta^2}}$，即系统动态响应 $c(t)$ 总是包含在一对包络线内，如图 3-17 所示。仿照一阶系统分析，定义包络线的时间常数为 $T=\dfrac{1}{\zeta\omega_n}$。

由调节时间 t_s 的定义可知，调节时间指响应到达并保持在规定的允许误差带 Δ [$\Delta=\pm5\%$ $c(\infty)$ 或 $\pm2\%$ $c(\infty)$] 范围内所需的最短时间，可近似认为就是包络线衰减到 Δ 区域所需要的时间。依照一阶系统调节时间的计算公式可以近似估算欠阻尼二阶系统的调节时间为

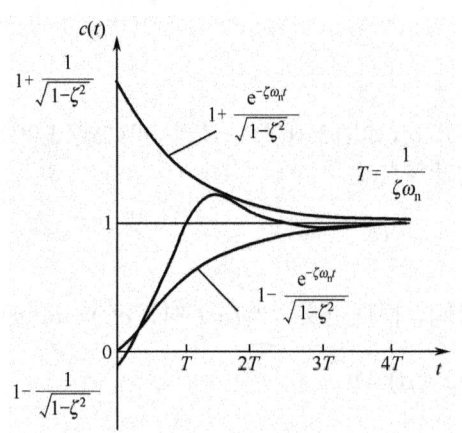

图 3-17 典型二阶系统单位阶跃响应的包络线

$$t_s = 3T = \frac{3}{\zeta\omega_n}，\text{误差允许为 } 5\% \tag{3-36}$$

$$t_s = 4T = \frac{4}{\zeta\omega_n}，\text{误差允许为 } 2\% \tag{3-37}$$

由此可见，调节时间 t_s 近似与系统特征根的实部数值成反比。系统特征根距虚轴越远，系统的调节时间越短。需要说明的是，式（3-36）、式（3-37）在 $0<\zeta<0.8$ 范围内的近似程度较好。

2．平稳性指标

（1）最大超调量 $\sigma\%$

最大超调量指响应的最大值超过稳态值的百分数。由于最大超调量发生在峰值时间 $t=t_p$ 时，所以

$$c(t_p) = 1 - \frac{\mathrm{e}^{-\zeta\omega_n t_p}}{\sqrt{1-\zeta^2}}(\sin\omega_d t_p + \beta)$$

$$= 1 - \frac{\mathrm{e}^{-\frac{\zeta\pi}{\sqrt{1-\zeta^2}}}}{\sqrt{1-\zeta^2}}(\sin\pi + \beta) = 1 + \frac{\mathrm{e}^{-\frac{\zeta\pi}{\sqrt{1-\zeta^2}}}}{\sqrt{1-\zeta^2}}\sin\beta$$

$$= 1 + \mathrm{e}^{-\frac{\zeta\pi}{\sqrt{1-\zeta^2}}}$$

根据定义 $\sigma\% = \dfrac{c(t_p)-c(\infty)}{c(\infty)}\times 100\%$，得

$$\sigma\% = \frac{c(t_p)-1}{1}\times 100\% = \mathrm{e}^{-\frac{\zeta\pi}{\sqrt{1-\zeta^2}}}\times 100\% \tag{3-38}$$

式（3-38）表明，超调量 $\sigma\%$ 完全由阻尼比 ζ 决定，与自然频率 ω_n 无关，ζ 越小，$\sigma\%$ 越大。

（2）振荡次数 N

振荡次数 N 是在 $0\leqslant t\leqslant t_s$ 时间内，系统阶跃响应曲线穿越其稳态值 $c(\infty)$ 直线次数的一

半，即

$$N = \frac{t_s}{T_d} \quad (3\text{-}39)$$

式中 $T_d = \dfrac{2\pi}{\omega_d}$ 为系统的有阻尼振荡周期。

误差允许为 2% 时，

$$N = \frac{\dfrac{4}{\zeta\omega_n}}{\dfrac{2\pi}{\omega_n\sqrt{1-\zeta^2}}} = \frac{2\sqrt{1-\zeta^2}}{\pi\zeta} \quad (3\text{-}40)$$

误差允许为 5% 时，

$$N = \frac{1.5\sqrt{1-\zeta^2}}{\pi\zeta} \quad (3\text{-}41)$$

3. 二阶系统的特征参数与动态性能指标之间的关系

由上述性能指标的计算公式可以看出，某些动态性能指标之间是有矛盾的。如超调量 $\sigma\%$ 与上升时间 t_r，若其中一个较小，则另一个较大，两者是不能同时获得比较小的数值的。为了既兼顾系统的快速性，又兼顾系统的平稳性，只有采取合理的折中方案，即选择合适的特征参数 ζ 和 ω_n，才能达到满意的综合动态性能。现就二阶系统的特征参数与动态性能指标之间的关系总结如下。

（1）平稳性

系统的平稳性主要由阻尼比 ζ 决定。由图 3-16 可知，ζ 越大，超调量 $\sigma\%$ 越小，平稳性越好。当 $\zeta = 0$ 时，响应曲线为振荡频率为 ω_n 的等幅振荡。由 $\omega_d = \omega_n\sqrt{1-\zeta^2}$ 可知，ζ 一定时，ω_n 越大，系统阻尼振荡频率 ω_d 越大，系统响应的平稳性变差。总之，要使系统的单位阶跃响应平稳性好，则要求阻尼比 ζ 大，自然频率 ω_n 小。

（2）快速性

由图 3-16 可知，ω_n 一定时，若 ζ 过大（如 $\zeta > 0.8$），则系统响应迟钝，调节时间较长。但若 ζ 过小，则系统响应振荡剧烈，衰减缓慢，调节时间也较长。即 ζ 太大或太小，快速性均不好。当 ζ 一定时，ω_n 越大，t_s 越短。所以，要获得较好的快速性，ζ 不能太大，而 ω_n 可尽量选大。

综合考虑系统的平稳性和快速性，可以证明，当 $\zeta = 0.707$ 时，系统不仅响应速度快，且其超调量 $\sigma\% < 5\%$，平稳性也是令人满意的，故称 $\zeta = 0.707$ 为最佳阻尼比，对应的二阶系统为最佳二阶系统。

【例 3-3】 已知二阶控制系统的单位阶跃响应曲线如图 3-18 所示，试确定系统的传递函数。

解 从响应曲线可明显看出，在单位阶跃信号作用下，系统响应的稳态值为 3，故此系统的增益不是 1，而是 3，因此系统的传递函数形式应为

$$\Phi(s) = \frac{3\omega_n^2}{s^2 + 2\zeta\omega_n s + \omega_n^2}$$

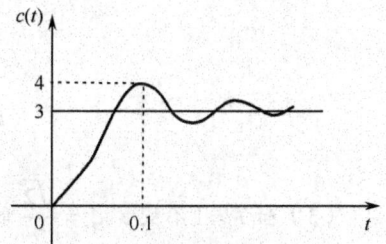

图 3-18 例 3-3 阶跃响应曲线

同时，由系统的单位阶跃响应曲线，可得

$$\begin{cases} \sigma\% = \dfrac{c(t_p) - c(\infty)}{c(\infty)} \times 100\% = \dfrac{4-3}{3} \times 100\% = 33\% \\ t_p = 0.1 \text{ (s)} \end{cases}$$

据超调量和峰值时间的计算公式，得

$$\sigma\% = e^{-\pi\zeta/\sqrt{1-\zeta^2}} = 33\%, \quad t_p = \dfrac{\pi}{\omega_n\sqrt{1-\zeta^2}} = 0.1$$

求解上述二式，得到

$$\zeta = 0.33, \quad \omega_n = 33.2 \text{ rad/s}$$

于是二阶系统的传递函数为

$$\Phi(s) = \dfrac{3\,306.72}{s^2 + 22s + 1\,102.4}$$

【例 3-4】 有一位置随动系统，其方块图如图 3-19 所示，其中 $K=4$，$T=1$。试求：

（1）该系统的无阻尼振荡频率 ω_n 及阻尼比 ζ；

（2）系统的超调量 $\sigma\%$、调节时间 t_s、上升时间 t_r 和峰值时间 t_p；

（3）如果要求 $\zeta = \sqrt{2}/2$，在不改变时间常数 T 的情况下，应怎样改变系统的开环放大系数 K？

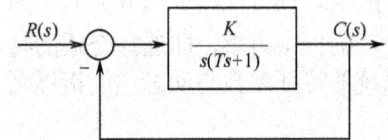

图 3-19 例 3-4 系统方块图

解 系统的闭环传递函数为

$$\Phi(s) = \dfrac{K}{Ts^2 + s + K} = \dfrac{K/T}{s^2 + \dfrac{s}{T} + \dfrac{K}{T}} = \dfrac{4}{s^2 + s + 4}$$

（1）与典型二阶系统闭环传递函数的标准式比较可得

$$\omega_n = \sqrt{\dfrac{K}{T}} = \sqrt{4} = 2 \text{ (rad/s)}, \quad \zeta = \dfrac{1}{2\omega_n} = \dfrac{1}{2\times 2} = 0.25$$

（2）

$$\sigma\% = e^{-\zeta\pi/\sqrt{1-\zeta^2}} \times 100\% = 44.4\%$$

$$t_s \approx \dfrac{4}{\zeta\omega_n} = 8\text{s} \cdots (2\%)$$

$$t_s \approx \dfrac{3}{\zeta\omega_n} = 6\text{s} \cdots (5\%)$$

$$t_r = (\pi - \beta)/\omega_n\sqrt{1-\zeta^2} = 0.94\text{s}$$

$$t_p = \dfrac{\pi}{\omega_d} = \dfrac{\pi}{\omega_n\sqrt{1-\zeta^2}} = 1.62\text{s}$$

（3）当 $T=1$ 不变、$\zeta = \dfrac{\sqrt{2}}{2}$ 时，$\omega_n = \dfrac{1}{2\zeta} = 0.707$，则 $K = \omega_n^2 = 0.5$。可见，要增大阻尼比 ζ，从而满足二阶系统最佳阻尼比的要求，必须降低开环放大倍数 K 的数值。

3.3.4 二阶系统动态性能的改善

控制系统设计的目的是稳、准、快。但通过对二阶系统的分析得知,系统的平稳性和快速性对系统结构和参数的要求往往是矛盾的。从例 3-4 可看出,若要求系统平稳性好,即要求 $\sigma\%$ 减小,则 ζ 需要增加,那么开环放大倍数 K 必须减小;同时若要求系统反应快,则要求 ω_n 增加,此时 K 需要增加;在这样的要求下,如果采取的折中方案仍不能使系统满足要求,就必须研究其他控制方式。工程上常通过在系统中增加一些合适的附加装置来改善系统的性能。

在改善二阶系统动态性能的方法中,比例-微分控制和测速反馈控制是两种常用方法。

1. 比例微分控制

在系统的前向通道上加入比例与微分相并联的控制环节称为比例微分控制,其方块图如图 3-20 所示。图中,T_d 称为微分时间常数。此时,二阶系统的开环传递函数为

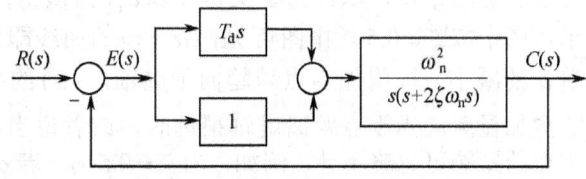

图 3-20 具有比例微分控制的二阶系统

$$G(s) = \frac{(T_d s + 1)\omega_n^2}{s(s + 2\zeta\omega_n)} = \frac{\omega_n/2\zeta(T_d s + 1)}{s(s/2\zeta\omega_n + 1)}$$

其闭环传递函数为

$$\Phi(s) = \frac{C(s)}{R(s)} = \frac{(T_d s + 1)\omega_n^2}{s^2 + (2\zeta\omega_n + \omega_n^2 T_d)s + \omega_n^2} \tag{3-42}$$

由式 (3-42) 可知,二阶系统附加了比例微分控制环节后,闭环传递函数的分子和分母均发生了变化。

式 (3-42) 可改写为

$$\Phi(s) = \frac{1}{z}\frac{\omega_n'^2(s+z)}{s^2 + 2\zeta'\omega_n' s + \omega_n'^2} \tag{3-43}$$

式 (3-43) 中,$z = \dfrac{1}{T_d}$,$\zeta' = \dfrac{2\zeta\omega_n + T_d\omega_n^2}{2\omega_n} = (\zeta + \dfrac{T_d\omega_n}{2})$。其中,$-z$ 为零点值,ζ' 称为等效阻尼比。显然,由于比例微分控制(PD 控制)相当于给系统增加了一个闭环零点,系统的阻尼比增加了。这是否表明系统的超调量和调节时间都将减小,系统的动态性能得到改善呢?现在还不能下结论。

当系统的输入为单位阶跃信号,即 $R(s) = 1/s$ 时,由式 (3-43) 可得系统的输出为

$$C(s) = \Phi(s)R(s) = \frac{1}{z}\frac{\omega_n'^2(s+z)}{s^2 + 2\zeta'\omega_n' s + \omega_n'^2} \times \frac{1}{s}$$

$$= \frac{\omega_n'^2}{s(s^2 + 2\zeta'\omega_n' s + \omega_n'^2)} + \frac{1}{z}\frac{s\omega_n'^2}{s(s^2 + 2\zeta'\omega_n' s + \omega_n'^2)}$$

$$= C_1(s) + C_2(s)$$

由于 $C_2(s) = \dfrac{1}{z}sC_1(s)$,所以时间响应为

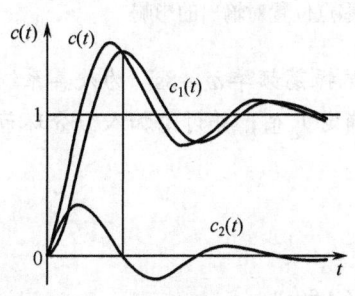

图 3-21 具有零点的二阶系统单位阶跃响应曲线

$$c(t) = c_1(t) + c_2(t) = c_1(t) + \frac{1}{z}\frac{dc_1(t)}{dt} \tag{3-44}$$

式 (3-44) 中,第二项是第一项的微分附加项,图 3-21

分别绘出了 $c(t)$、$c_1(t)$ 及 $c_2(t)$ 的相应曲线。由图可见，典型二阶系统引入比例微分控制后，由于附加了一个零点，使得响应的上升时间缩短，峰值提前，加快了系统的响应速度。从图中还可以看到，零点的出现，造成原超调量有所增加。

为了定量说明附加零点对二阶系统性能的影响，用参数 α 表示附加零点与典型二阶系统复数特征根的实部之比，如图 3-22 所示，即

$$\alpha = \frac{z}{\zeta \omega_n}$$

因此，系统阶跃响应既与阻尼比 ζ、无阻尼振荡频率 ω_n 有关，还与零点或比值 α 有关。对于一定的 ζ 值，以 α 为参变量和以 $\omega_n t$ 为横坐标做出的单位阶跃响应曲线，如图 3-23 所示，图中取 $\zeta = 0.5$。由图可见，$\alpha = \infty$ 的曲线即为典型二阶系统的单位阶跃响应曲线。随着 α 的减小，即附加零点越趋向于虚轴，$c(t)$ 的超调量将明显增大，附加零点对系统的影响愈加显著。当零点距离虚轴很远时，或者说当零点和极点至虚轴距离之比很大时，附加零点的影响可忽略不计。例如，当 $\zeta = 0.5$ 时，若 $\alpha > 4$，附加零点对系统超调量的影响就可以忽略。

综合上述讨论，对于比例微分控制可以得到如下结论。

（1）比例微分控制可以不改变无阻尼振荡频率 ω_n，但可增加系统的阻尼比，从这个角度来说，系统的超调量和调节时间可以减小。

（2）系统的表现形式同时变为附加了一个闭环实零点的二阶系统，附加一个零点的二阶系统相对于典型的二阶系统来说，当系统的阻尼比 ζ 和无阻尼振荡频率 ω_n 不变时，将使二阶系统的超调量增大，动态响应速度加快。但只要合理选择 T_d，既可以使系统的动态响应速度加快，又不会使超调量增大。

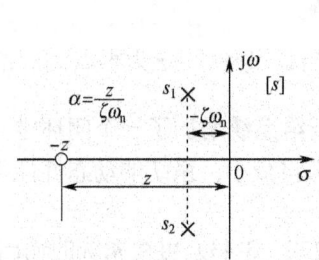

图 3-22 α 的几何意义

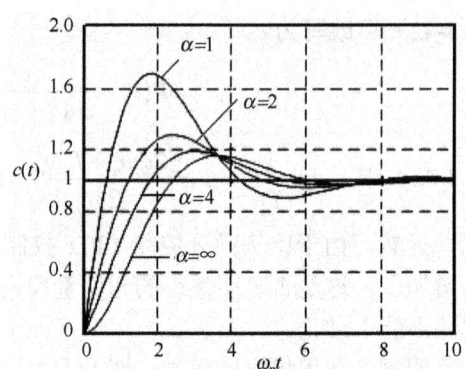

图 3-23 附加零点位置对输出的影响

【例 3-5】 若原典型二阶系统的阻尼比 $\zeta = 0.25$，无阻尼振荡频率 $\omega_n = 8s$。为改善系统性能，采用图 3-20 所示系统。为使等效阻尼比 $\zeta' = 0.5$，试确定 T_d 值，并讨论加入微分环节后，对系统超调量的影响。

解 由式 $\zeta' = \zeta + \dfrac{T_d \omega_n}{2}$ 得

$$T_d = \frac{(\zeta' - \zeta) \times 2}{\omega_n} = \frac{(0.5 - 0.25) \times 2}{8} = 0.0625(s)$$

附加零点为

$$-z = -\frac{1}{T_d} = -16$$

α 参数为

$$\alpha = \frac{z}{\zeta\omega_n} = \frac{16}{0.5 \times 8} = 4$$

由图 3-23 可知，当 $\zeta' = 0.5$，$\frac{z}{\zeta\omega_n} = 4$ 时，附件零点几乎不影响超调量。由于系统的阻尼比由原来的 $\zeta = 0.25$ 增加到 $\zeta' = 0.5$，使系统的超调量得到较大的改善，即由原来47%降低到16%。

2. 速度反馈控制

将输出量 $c(t)$ 的速度信号（微分）反馈到输入端并与误差信号 $e(t)$ 比较，构成一个内回路，称为速度反馈控制，其方块图如图 3-24 所示。图中，K_t 被称为速度反馈系数。此时，二阶系统的开环传递函数为

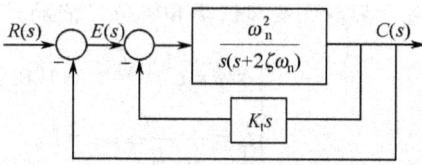

图 3-24 具有速度反馈控制的二阶系统

$$G(s) = \frac{\dfrac{\omega_n^2}{s(s+2\zeta\omega_n)}}{1+\dfrac{\omega_n^2}{s(s+2\zeta\omega_n)}K_t s} = \frac{\omega_n^2}{s^2+(2\zeta\omega_n+\omega_n^2 K_t)s}$$

闭环传递函数为

$$\Phi(s) = \frac{C(s)}{R(s)} = \frac{\omega_n^2}{s^2+(2\zeta\omega_n+K_t\omega_n^2)s+\omega_n^2} = \frac{\omega_n^2}{s^2+2\zeta'\omega_n s+\omega_n^2} \tag{3-45}$$

式中

$$2\zeta'\omega_n = 2\zeta\omega_n + K_t\omega_n^2$$

则等效阻尼比

$$\zeta' = \zeta + \frac{1}{2}K_t\omega_n \tag{3-46}$$

由以上分析可以得出如下结论。

（1）带速度反馈的二阶系统仍然是典型二阶系统，其无阻尼振荡频率 ω_n 没有改变。

（2）有效地提高了系统的阻尼比，系统的超调量可以明显减小，平稳性变好。

（3）由于 ω_n 保持不变，而阻尼比增大，从而系统的调节时间 t_s 变小，快速性提高。

如图 3-25 所示为未引入和引入速度反馈控制后的单位阶跃响应曲线。曲线 1 为 $\zeta = 0.2$、$\omega_n = 2$ 的典型二阶系统单位阶跃响应曲线。曲线 2 为引入速度反馈控制后的单位阶跃响应曲线，图中取 $K_t = 0.5$。由图可见，二阶系统引入速度反馈控制以后，可以减小系统的超调量和调整时间，改善了二阶系统的动态性能。

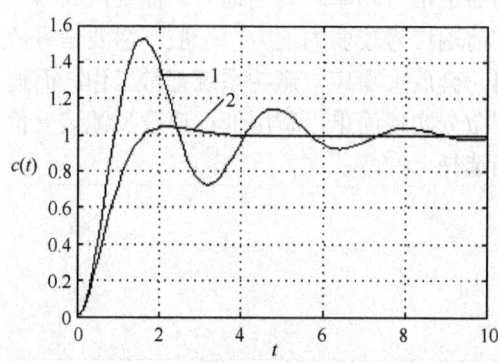

图 3-25 引入速度反馈控制前后二阶系统的单位阶跃响应曲线

【例 3-6】 已知速度反馈系统，其方块图如图 3-24 所示，图中前向通道的传递函数 $\dfrac{\omega_n^2}{s(s+2\zeta\omega_n)} = \dfrac{K}{s(s+1)}$。现要求系统的超调量 $\sigma\% = 20\%$，$t_p = 1\text{s}$，试求 K 和 K_t 的值。若保持

K 不变,而取消速度反馈($K_t = 0$),那么 $\sigma\%$ 将为多少。

解 根据图 3-24,得系统闭环传递函数为

$$\Phi(s) = \frac{K}{s^2 + (1+KK_t)s + K}$$

显然有

$$\begin{cases} 2\zeta\omega_n = 1 + KK_t \\ \omega_n^2 = K \end{cases}$$

由已知条件及超调量和峰值时间的计算公式有

$$\begin{cases} \sigma\% = e^{-\zeta\pi/\sqrt{1-\zeta^2}} \times 100\% = 20\% \\ t_p = \dfrac{\pi}{\omega_n\sqrt{1-\zeta^2}} = 1 \end{cases} \quad 求得 \begin{cases} \zeta = 0.456 \\ \omega_n = 3.53 \end{cases} (单位为 rad/s)$$

则调节时间 $t_s \approx \dfrac{3}{\zeta\omega_n} = 1.875\text{s}$(误差允许为 5%),且

$$\begin{cases} K = \omega_n^2 = 12.5 \\ K_t = (2\zeta\omega_n - 1)/K = 0.178 \end{cases}$$

若保持 $K = 12.5$ 不变,且令 $K_t = 0$,即无速度反馈时,有

$$\Phi(s) = \frac{12.5}{s^2 + s + 12.5} \quad 则 \begin{cases} \zeta = 0.14 \\ \omega_n = 3.53 \end{cases} (单位为 rad/s)$$

由超调量和调节时间的计算公式求得 $\begin{cases} \sigma\% = 64\% \\ t_s = 6.07\text{s} \end{cases}$。

比较可见,采用速度反馈后,由于阻尼比的增加,使得系统的超调量远远小于没有速度反馈的情况;同时调节时间也减少,从而使系统的响应速度加快。

在实际应用中,比例微分装置一般串联在前向通道信号功率较弱的地方,需要放大器进行信号放大;而反馈则是从大功率的输出端反馈到前端信号较弱的地方,一般不需要信号放大。从效果上看,由于比例微分环节是高通滤波器,会放大噪声,影响系统正常工作;而速度反馈不会有这样的问题。从经济角度考虑,比例微分实现简单,费用低;速度反馈装置价格高。实际采用哪一种方法,应根据具体情况适当选择。

3.4 高阶系统的时域分析

3.4.1 高阶系统的单位阶跃响应

用三阶或三阶以上的微分方程描述的控制系统,称为高阶系统。工程上,多数控制系统是高阶系统,但由于高阶微分方程求解的复杂性,高阶系统准确的时域分析是比较困难的。时域分析中,主要对高阶系统做定性分析,或者应用闭环主导极点的概念,把一些高阶系统简化为低阶系统,并按低阶系统进行性能分析。高阶系统的精确时间响应及其性能指标的定量计算,可借助 MATLAB 等计算机仿真工具实现。

高阶系统传递函数的一般形式为

$$\Phi(s) = \frac{b_m s^m + b_{m-1} s^{m-1} + \cdots + b_1 s + b_0}{a_n s^n + a_{n-1} s^{n-1} + \cdots + a_1 s + a_0}, \quad n \geqslant m \tag{3-47}$$

也可写成零、极点的形式

$$\Phi(s) = \frac{K \prod_{i=1}^{m}(s+z_i)}{\prod_{j=1}^{n}(s+s_j)} \tag{3-48}$$

式（3-48）中，$K = b_m/a_m$，$-z_i(i=1,2,\cdots,m)$ 称为闭环零点，$-s_j(j=1,2,\cdots,n)$ 称为闭环极点。

一般实际系统的零点是实数零点，极点包括实数极点和共轭复极点。设系统中不包含相同的零、极点，则式（3-48）可写成

$$\Phi(s) = \frac{K \prod_{i=1}^{m}(s+z_i)}{\prod_{j=1}^{n_1}(s+s_j)\prod_{k=1}^{n_2}(s^2 + 2\zeta_k \omega_{nk} s + \omega_{nk}^2)} \tag{3-49}$$

式（3-49）中，$n_1 + 2n_2 = n$，$0 < \zeta < 1$。

设输入为单位阶跃信号 $R(s) = 1/s$，则系统的输出为

$$C(s) = \Phi(s) \cdot R(s) = \Phi(s) \cdot \frac{1}{s}$$

把式（3-49）代入上式，并用部分分式展开得

$$C(s) = \frac{A_0}{s} + \sum_{j=1}^{n_1} \frac{A_j}{s+s_j} + \sum_{k=1}^{n_2} \frac{B_k s + C_k}{s^2 + 2\zeta_k \omega_{nk} s + \omega_{nk}^2}$$

对上式取拉普拉斯反变换，可得高阶系统的单位阶跃响应

$$c(t) = A_0 + \sum_{j=1}^{n_1} A_j e^{-s_j t} + [\sum_{k=1}^{n_2} B_k e^{-\zeta_k \omega_{nk} t} \cos\sqrt{1-\zeta_k^2}\,\omega_{nk} t +$$

$$\sum_{k=1}^{n_2} \frac{C_k - B_k \zeta_k \omega_{nk}}{\omega_{nk}\sqrt{1-\zeta_k^2}} e^{-\zeta_k \omega_{nk} t} \sin\sqrt{1-\zeta_k^2}\,\omega_{nk} t], \quad t \geqslant 0 \tag{3-50}$$

式（3-50）中，第一项是由输入引起的稳态分量，第二项是与系统的实极点对应的 n_1 个暂态分量之和，各分量均具有与一阶系统类似的非振荡动态过程，即按指数规律单调变化。第三项是与系统的共轭复数极点对应的 n_2 个暂态分量之和，各分量均具有与二阶系统类似的振荡动态过程，即幅值按指数规律变化的正弦函数振荡形式。所有各响应分量系数不仅与极点在 s 平面中的位置有关，而且与零点的位置有关，其大小可以由复变函数的留数定理计算得到。

由上述分析可以得出：

（1）高阶系统的单位阶跃响应可以视为一阶、二阶系统的响应的叠加；

（2）如果系统的所有闭环极点都具有负的实部而位于左半 s 平面，系统时间响应的各暂态分量都将随时间的增长而趋近于零，这时系统是稳定的；

（3）闭环极点负的实部越大，即在 s 左半平面上距虚轴越远，则相应的暂态分量衰减越快，对系统的暂态响应影响越小。反之，在 s 左半平面上距虚轴很近的极点，其对应的暂态

分量衰减缓慢，它在总的暂态分量中占据主导地位。

前面已提到，对于高阶系统，如果不借助于计算机对其传递函数的分子和分母进行因式分解，进而用拉普拉斯反变换，那么求其阶跃响应并不是一件容易的事，阶次越高，困难也越大。因而在实际中很少直接用上述方法求高阶系统的阶跃响应，而往往采用忽略掉一些次要因素的影响，把系统的阶次降低，近似地估计出系统的响应特性，然后再做适当的修正，使得分析过程简单化。

3.4.2 高阶系统的降阶

1．偶极子

如果有一个极点与某零点靠得很近，则该极点对应的系数 A_j 就很小，即对应的暂态分量幅值很小，故该分量对响应的影响可以忽略不计。这一对闭环零、极点被称为偶极子。工程上，当一对零、极点之间的距离比它们到虚轴的距离小一个数量级时，就认为这一对零、极点是偶极子。

偶极子的概念对控制系统的综合校正是很有用的。在闭环传递函数中，如果零、极点数值上相近，则可将该零点和极点一起消掉，称为偶极子相消或零、极点相消。因此，我们可以利用偶极子的概念，有意识地在系统中引入适当的闭环零点，以抵消对系统动态响应过程影响较大的不利极点，使系统的动态特性得以改善。

2．主导极点

如果系统中有一个极点或一对共轭复数极点距虚轴最近，并且周围没有零点，其他极点距虚轴的距离比这一个极点或一对共轭复数极点距虚轴的距离大 5 倍以上，则称这一个或一对共轭复数极点为闭环主导极点。主导极点对系统动态过程性能的影响最大，在整个响应过程中起着主要的决定性作用。高阶系统的主导极点常以共轭复数的形式出现。

在分析高阶系统性能时，如能找到一对共轭复数主导极点，则可将高阶系统近似地当做二阶系统来分析，并用二阶系统的性能指标公式来估算系统的性能。同样，在设计一个高阶系统时，人们常利用主导极点这个概念来选择系统参数，使系统具有预期的一对共轭复数主导极点，从而近似地用二阶系统的性能指标来设计系统。

【例 3-7】 已知系统的闭环传递函数为

$$\Phi(s) = \frac{12\,480(s+20.05)}{(s+20)(s+60)(s^2+20s+208)}$$

试求系统的单位阶跃响应。

解 由给定的传递函数可知，系统有 4 个极点，分别为 $s_1=-20$、$s_2=-60$、$s_3=-10+j10.39$ 和 $s_4=-10-j10.39$，有 1 个零点为 $z_1=-20.05$，其零、极点分布图如图 3-26 所示。

由于极点 $s_1=-20$ 与零点 $z_1=-20.05$ 靠得很近，故可以认为是一对偶极子，构成偶极子相消；而极点 $s_2=-60$ 又远离虚轴，对系统的动态响应影响较小，故可以忽略；剩下的一对共轭复数极点 $s_{3,4}=-10\pm j10.39$ 可以视为一对主导极点，此时，

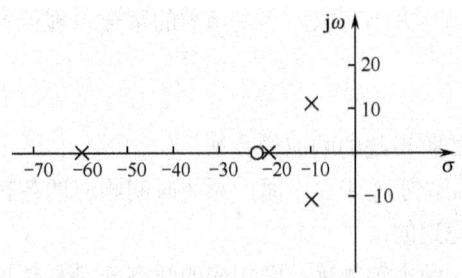

图 3-26 例 3-7 系统零、极点分布图

四阶系统可近似地当做二阶系统来分析，其传递函数简化为

$$\Phi(s) = \frac{208}{s^2 + 20s + 208}$$

对照典型二阶系统有

$$\begin{cases} \zeta = 0.69 \\ \omega_n = 14.42 \end{cases} \text{（单位为rad/s）}$$

则系统简化后的单位阶跃响应为

$$c(t) = 1 - 1.38e^{-10t}\sin(10.44t + 46.37°)$$

如图 3-27 所示为该四阶系统简化前后的单位阶跃响应曲线。曲线 1 为简化前精确的单位阶跃响应曲线，曲线 2 为简化后近似的单位阶跃响应曲线。由图可见，简化前后的系统具有基本一致的动态性能和相同的稳态性能。

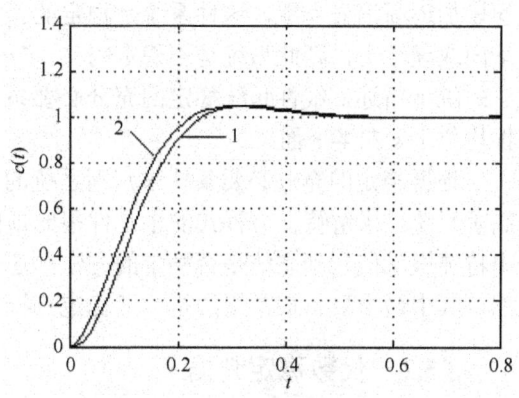

图 3-27 例 3-7 高阶系统简化前后的单位阶跃响应曲线

3.5 线性系统的稳定性分析

稳定是控制系统的重要性能，也是保证系统正常工作的基本条件。不稳定的系统不具备调节能力，实际上是不能正常工作的。因此，分析系统的稳定性，并提出保证系统稳定的条件，是控制理论的重要内容。本节研究线性定常连续控制系统的稳定性。

3.5.1 线性系统稳定性的概念和稳定的充分必要条件

稳定性的概念可以通过如图 3-28 所示的例子加以说明。图 3-28(a)所示为小球在一个光滑凹面里，原平衡位置为 A 点。若外力作用（扰动作用）使小球偏离 A 位置到达 A_1 点，当扰动消失后，在重力和空气阻尼力的作用下，小球经过几次来回振荡，最终回到平衡位置 A 点。称具有这种特性的平衡是稳定的。反之，如图 3-28(b)所示，就是不稳定的。

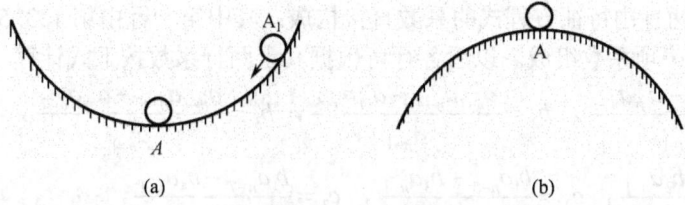

图 3-28 稳定平衡和不稳定平衡

可以将上述小球的稳定概念推广到控制系统。设系统处于某平衡状态，由于扰动的作用，系统偏离了原来的平衡状态；但当扰动消失后，经过足够长的时间，系统又能恢复到原来的起始平衡状态，则称这样的系统是稳定的，或具有稳定性。否则，系统是不稳定的。稳定性是系统去掉扰动以后，系统自身的一种恢复能力，是系统本身固有的特性；它仅仅取决于系统的结构参数，而与初始条件及输入信号无关。

由上述稳定性的概念可知，研究线性系统的稳定性，就是研究系统输出量中暂态分量的运动形式。根据上一节的讨论我们知道，暂态分量是否衰减只取决于系统特征方程根的正或

负。如果系统所有的闭环特征根（闭环极点）都分布在 s 左半平面，则系统的暂态分量随时间增加逐渐消失为零，这种系统是稳定的。如果有一个或一个以上的闭环特征根位于 s 右半平面或虚轴上，则此系统是不稳定的。

综上所述，线性系统稳定的充分必要条件是：系统闭环特征根的实部均小于零，或所有根均位于 s 左半平面。

根据稳定的充分必要条件来判别系统的稳定性，需要求出系统的全部特征根。但是对于高阶系统，求解特征方程式的根是件很麻烦的工作。实践中，人们希望能有一种不必直接解出特征根就能判别系统是否稳定的方法，这样就产生了一系列稳定性判据，称为代数稳定判据。其中最主要、最常用的是劳斯稳定判据和赫尔维茨稳定判据。

3.5.2 代数稳定判据

1. 劳斯（Routh）判据

劳斯判据是由英国人劳斯于 1877 年首先提出的。这种判据就是利用线性系统特征方程的系数进行代数运算来确定特征方程根的位置，从而判断系统的稳定性。

设线性系统的特征方程为

$$a_n s^n + a_{n-1} s^{n-1} + a_{n-2} s^{n-2} + \cdots + a_1 s + a_0 = 0$$

根据特征方程式的系数，可建立如下劳斯表

s^n	a_n	a_{n-2}	a_{n-4}	$\cdots$
s^{n-1}	a_{n-1}	a_{n-3}	a_{n-5}	$\cdots$
s^{n-2}	b_1	b_2	b_3	
s^{n-3}	c_1	c_2	c_3	$\cdots$
s^{n-4}	d_1	d_2	d_3	
$\vdots$	$\vdots$	$\vdots$	$\vdots$	
s^2	e_1	e_2		
s^1	f_1			
s^0	g_1			

劳斯表的前两行由特征方程式的系数直接构成：其中第一行由第 1, 3, 5, $\cdots$ 项系数组成；第二行由 2, 4, 6, $\cdots$ 项系数组成。以后各行可根据其上两行系数按下式计算

$$b_1 = \frac{a_{n-1} a_{n-2} - a_n a_{n-3}}{a_{n-1}}, \quad b_2 = \frac{a_{n-1} a_{n-4} - a_n a_{n-5}}{a_{n-1}}, \quad b_3 = \frac{a_{n-1} a_{n-6} - a_n a_{n-7}}{a_{n-1}}, \quad \cdots$$

$$c_1 = \frac{b_1 a_{n-3} - b_2 a_{n-1}}{b_1}, \quad c_2 = \frac{b_1 a_{n-5} - b_3 a_{n-1}}{b_1}, \quad c_3 = \frac{b_1 a_{n-7} - b_4 a_{n-1}}{b_1}, \quad \cdots$$

$$d_1 = \frac{c_1 b_2 - c_2 b_1}{c_1}, \quad d_2 = \frac{c_1 b_3 - c_3 b_1}{c_1}, \quad \cdots$$

在计算过程中出现的空位，均置为零，这种过程一直进行到第 $n+1$ 行，即注有 s^0 的行为止。为了简化运算，可以用一个正整数去除或乘某一行的各项，这时并不改变系统稳定性的结论。如果计算过程无误，第 $n+1$ 行仅第一列有值，且为特征方程最后一项系数 a_0。

劳斯判据 线性系统稳定的充要条件是劳斯表中第一列的所有元素全为正值。若劳斯表中第一列元素有正有负，则系统是不稳定的，且系统在右半 s 平面特征根的个数，就等于劳斯阵中第一列元素符号改变的次数。

【例3-8】 设系统特征方程为 $s^5+3s^4+2s^3+s^2+5s+6=0$，试用劳斯稳定判据判别该系统的稳定性。

解 根据特征方程的系数列劳斯表为

s^5	1	2	5
s^4	3	1	6
s^3	$\dfrac{(2\times 3)-(1\times 1)}{3}=\dfrac{5}{3}$	$\dfrac{(3\times 5)-(1\times 6)}{3}=3$	
s^2	$\dfrac{\left(\dfrac{5}{3}\times 1\right)-(3\times 3)}{\dfrac{5}{3}}=-\dfrac{22}{5}$	$\dfrac{\left(\dfrac{5}{3}\times 6\right)-(3\times 0)}{\dfrac{5}{3}}=6$	（改变符号一次）
s^1	$\dfrac{58}{11}$		（改变符号一次）
s^0	6		

因劳斯表的第一列系数出现负数，该系统不稳定，且第一列系数符号改变两次，故有两个根位于右半 s 平面。

【例3-9】 已知系统的方块图如图3-29所示，试确定使系统稳定的 K 的取值范围。

解 闭环系统的传递函数为

$$\Phi(s)=\dfrac{K}{s^3+5s^2+4s+K}$$

系统的特征方程式为

$$s^3+5s^2+4s+K=0$$

列出劳斯表

s^3	1	4
s^2	5	K
s^1	$\dfrac{20-K}{5}$	0
s^0	K	

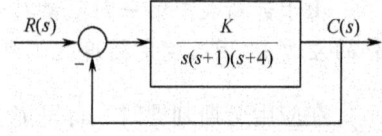

图 3-29 例 3-9 系统方块图

为使系统稳定，劳斯表第一列元素全部为正值，即

$$\begin{cases} K>0 \\ 20-K>0 \end{cases}$$

因此，使系统稳定的 K 的取值范围是 $0<K<20$。

劳斯判据可以判定系统是否稳定，即判定系统的绝对稳定性，但不能判定系统距离稳定边界有多少余量，即不能检验系统的相对稳定性。为了保证系统稳定，且具有良好的动态性能，应使系统所有特征根位于 s 左半平面且与虚轴有一定的距离。在时域分析中，以最靠近虚轴的特征根距虚轴的距离 σ 来表示系统的相对稳定性。通常在 s 左半平面上做一条 $s=-\sigma$ 的垂直线，并视为一新虚轴，若系统所有特征根位于新虚轴的左边，则称该系统具有 σ 的稳定裕度。

要检查一个系统是否具有 σ_1 的稳定裕度，具体的求解步骤为：

① 令 $s=z-\sigma_1(\sigma_1>0)$，代入特征方程，得到以 z 为变量的新特征方程；

② 对以 z 为变量的新方程，应用劳斯判据判别稳定性，若稳定，则系统具有 σ_1 的稳定裕度。

【例3-10】 系统特征方程为 $2s^3+10s^2+13s+4=0$，试检查该系统是否有 $\sigma_1=1$ 的稳定裕度。

解 根据特征方程的系数列劳斯表为

s^3	2	13
s^2	10	4
s^1	$\dfrac{122}{10}$	
s^0	4	

第一列元素均大于 0，系统是稳定的。令 $s=z-1$，并代入特征方程，得

$$2(z-1)^3+10(z-1)^2+13(z-1)+4=0$$
$$2z^3+4z^2-z-1=0$$

列出劳斯表

z^3	2	-1
z^2	4	-1
z^1	$-\dfrac{1}{2}$	
z^0	-1	

由于劳斯表中第一列元素符号改变一次，表明系统有一个特征根在新虚轴 $s=-1$ 右边（虚轴的左边），因此稳定裕度达不到 1。

在应用劳斯判据时，有可能会遇到以下两种特殊情况。对此，需做一些数学处理，处理原则是不影响劳斯判据的判断结果。

（1）劳斯表中某一行的第一列为零，而该行的其余各项不全为零。

例如，系统的特征方程为 $D(s)=s^4+2s^3+2s^2+4s+5=0$。系统的劳斯表为

s^4	1	2	5
s^3	2	4	0
s^2	0	5	
s^1			
s^0			

由于劳斯表第三行第一列元素为零，由劳斯判据知系统是不稳定的，若想进一步了解系统有几个不稳定极点，可以用无穷小的正数 ε 代替为零的那一项，继续计算劳斯表的其余项，最后令 $\varepsilon\to 0$，检验第一列的符号变化情况，符号变化次数为正实部特征根的个数。

s^4	1	2	5
s^3	2	4	0
s^2	ε	5	
s^1	$\dfrac{4\varepsilon-10}{\varepsilon}$		
s^0	5		

观察劳斯表中第一列的元素,当 $\varepsilon \to 0$ 时,$\dfrac{4\varepsilon-10}{\varepsilon}$ 为一负数,因此,劳斯表第一列元素符号变化了两次,系统不稳定,有两个正实部特征根。

(2)劳斯表中某一行的元素全为零。

【例 3-11】 设控制系统的特征方程为 $s^5+s^4+3s^3+3s^2+2s+2=0$,试判断系统的稳定性。

解 列写劳斯表

$$\begin{array}{llll} s^5 & 1 & 3 & 2 \\ s^4 & 1 & 3 & 2 \\ s^3 & 0 & 0 & 0 \end{array}$$

劳斯表中出现某一行的元素全为零,是因为系统存在对称于坐标原点的根,即系统存在大小相等、符号相反的实根或共轭虚根,或对称于坐标原点的偶数对共轭复根,因此,系统是不稳定的。对称于坐标原点的根,可由全零行的上一行构造一个辅助多项式 $F(s)$,求 $F(s)$ 关于 s 的一阶导数,并用所得导数多项式 $F'(s)$ 各项的系数来代替全零行的元素,则劳斯表可以继续计算下去。

$$\begin{array}{llll} s^5 & 1 & 3 & 2 \\ s^4 & 1 & 3 & 2 & \to \quad F(s)=s^4+3s^2+2 \\ & & & & \quad\quad 求导\downarrow \\ s^3 & 4 & 6 & & \leftarrow \quad F'(s)=4s^3+6s^1 \\ s^2 & 1.5 & 2 \\ s^1 & 2/3 \\ s^0 & 2 \end{array}$$

经过处理的劳斯表中第一列元素全部为正,所以,特征方程无正实部的特征根,由于系统是不稳定的,说明系统特征方程有位于 s 平面虚轴上的根,即共轭虚根。可通过解辅助方程求得

$$F(s)=s^4+3s^2+2=(s^2+1)(s^2+2)=0$$

$$s_{1,2}=\pm\mathrm{j} \quad\quad s_{3,4}=\pm\mathrm{j}\sqrt{2}$$

2. 赫尔维茨(Hurwitz)判据

赫尔维茨在 1895 年提出的赫尔维茨稳定判据,也是根据线性系统特征方程的系数来判别系统的稳定性的。

设线性系统的特征方程为

$$a_n s^n+a_{n-1}s^{n-1}+a_{n-2}s^{n-2}+\cdots+a_1 s+a_0=0$$

用线性系统特征方程的系数构造 n 阶赫尔维茨行列式

$$\Delta=\begin{vmatrix} a_{n-1} & a_n & 0 & 0 & 0 & \cdots \\ a_{n-3} & a_{n-2} & a_{n-1} & a_n & 0 & \cdots \\ a_{n-5} & a_{n-4} & a_{n-3} & a_{n-2} & a_{n-1} & \cdots \\ a_{n-7} & a_{n-6} & a_{n-5} & a_{n-4} & a_{n-3} & \cdots \\ \vdots & \vdots & \vdots & \vdots & \vdots & \ddots \\ 0 & 0 & 0 & 0 & \cdots & a_0 \end{vmatrix}$$

该行列式主对角线上各元素是特征方程第二项系数 a_{n-1} 至最后一项系数 a_0,主对角线左

边的元素是下标递减的各系数，而右边的元素是下标递增的各系数，其余用 0 补齐。

赫尔维茨判据 系统稳定的充分必要条件是在 $a_0 > 0$ 的情况下，上述行列式的各阶顺序主子式都大于 0，即

$$\Delta_1 = a_{n-1} > 0, \quad \Delta_2 = \begin{vmatrix} a_{n-1} & a_n \\ a_{n-3} & a_{n-2} \end{vmatrix}, \quad \Delta_3 = \begin{vmatrix} a_{n-1} & a_n & 0 \\ a_{n-3} & a_{n-2} & a_{n-1} \\ a_{n-5} & a_{n-4} & a_{n-3} \end{vmatrix}, \quad \cdots, \quad \Delta_n = \Delta > 0$$

例如， $s^4 + 2s^3 + s^2 + 4s + 2 = 0$，

$$\Delta = \begin{vmatrix} 2 & 1 & 0 & 0 \\ 4 & 1 & 2 & 1 \\ 0 & 2 & 4 & 1 \\ 0 & 0 & 0 & 2 \end{vmatrix} \quad \begin{aligned} \Delta_1 &= 2 > 0 \\ \Delta_2 &= \begin{vmatrix} 2 & 1 \\ 4 & 1 \end{vmatrix} = -2 < 0 \end{aligned}$$

所以系统不稳定。

应用上述代数稳定判据可得到两个简单实用的结论。其一，二阶系统稳定的充分必要条件是特征方程各项系数都大于 0；其二，三阶系统稳定的充分必要条件是特征方程各项系数都大于 0，且 $a_2 a_1 > a_3 a_0$。

3.6 线性系统的稳态误差分析

控制系统的稳态误差是系统控制准确度（精度）的一种度量，其大小是衡量系统稳态性能的重要指标。控制系统的稳态输出不可能在任何情况下都保持与输入量相一致，也不可能在任何形式的扰动作用下都准确地恢复到原来的平衡位置。此外，系统中存在的非线性因素也会造成系统的稳态误差。因此，控制系统的稳态误差是不可避免的。控制系统设计的任务之一是尽量减小系统的稳态误差，或者使稳态误差小于某一容许值。

3.6.1 误差与稳态误差的定义

1. 误差

系统误差 $e(t)$ 一般定义为输出量的期望值与实际值之差。对于如图 3-30 所示的反馈控制系统，常用的误差定义有两种。

从输入端定义

$$e_1(t) = r(t) - b_1(t) \quad (3\text{-}51)$$

对应的拉普拉斯变换为

$$E_1(s) = R(s) - B_1(s) = R(s) - H(s)C(s) \quad (3\text{-}52)$$

式（3-52）中，$R(s)$ 为输入信号，代表系统输出量的期望值，$B_1(s)$ 是反馈量，作为输出量的实际值。这种定义下的误差在实际系统中是可以测量的，且具有一定的物理意义。

从输出端定义

$$e_2(t) = b_2(t) - c(t) \quad (3\text{-}53)$$

对应的拉普拉斯变换为

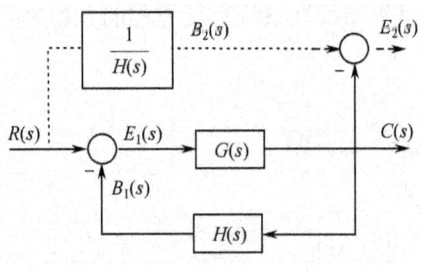

图 3-30 反馈控制系统

$$E_2(s) = B_2(s) - C(s) = \frac{R(s)}{H(s)} - C(s) \tag{3-54}$$

式（3-54）中，$B_2(s)$ 为输入信号的函数，代表系统输出量的期望值，$C(s)$ 是输出量的实际值。这种定义下的误差在系统性能指标的提法中经常使用，但在实际系统中有时无法测量，因而一般只有数学意义。

系统误差的这两种表达形式在本质上是相同的，两者之间的关系为 $E_1(s) = H(s)E_2(s)$，对于单位反馈控制系统，即 $H(s) = 1$，两种误差定义的结果是一致的。在系统的分析和设计中，常采用误差的输入端定义式，所以，在本书以下的叙述中，均采用从系统输入端定义的误差来进行计算和分析，即 $E(s) = E_1(s)$。

2. 稳态误差

稳态误差是指误差信号 $e(t)$ 的稳态值。而误差信号 $e(t)$ 也如同控制系统的输出信号 $c(t)$ 一样，包含瞬态分量 $e_{ts}(t)$ 和稳态分量 $e_{ss}(t)$ 两部分。对于稳定的系统，当时间 t 趋于无穷大时，必有 $e_{ts}(t)$ 趋于零。因此，控制系统的稳态误差就是误差信号 $e(t)$ 的稳态分量 $e_{ss}(\infty)$，即

$$e_{ss} = \lim_{t \to \infty} e(t) \tag{3-55}$$

3.6.2 稳态误差的分析与计算

系统的稳态误差包括由给定信号引起的误差和由外部扰动信号引起的误差两种。由给定信号引起的误差反映了系统跟踪输入信号的能力，是衡量随动系统稳态性能的指标；由外部扰动信号引起的误差反映了系统抗干扰的能力，常用来衡量定值系统的稳态品质。下面通过如图 3-31 所示的控制系统典型结构，对两种误差分别讨论。

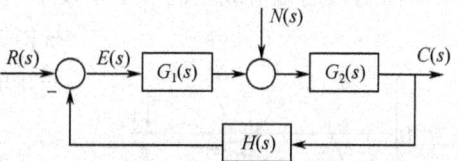

图 3-31　控制系统方块图

1. 给定信号作用下的稳态误差及误差系数

设给定信号 $R(s)$ 作用时，扰动信号 $N(s) = 0$。根据图 3-31，可得控制系统误差 $e(t)$ 的拉普拉斯变换为

$$E(s) = \frac{R(s)}{1 + G_1(s)G_2(s)H(s)} = \frac{R(s)}{1 + G(s)H(s)} \tag{3-56}$$

式（3-56）中，令 $G(s) = G_1(s)G_2(s)$。根据拉普拉斯变换的终值定理，计算稳态误差得

$$e_{ss} = \lim_{t \to \infty} e(t) = \lim_{s \to 0} sE(s) = \lim_{s \to 0} s \frac{R(s)}{1 + G(s)H(s)} \tag{3-57}$$

需要指出的是，式（3-57）的使用条件是 $sE(s)$ 的全部极点都必须分布在 s 左半平面。

由式（3-57）可知，稳态误差不仅与系统的输入有关，而且与系统的结构及参数有关。下面寻找不同输入作用时，稳态误差与系统结构及参数的关系，根据这些关系，将使稳态误差的计算更加简便。

设系统的开环传递函数的一般形式为

$$G(s)H(s) = \frac{K \prod_{i=1}^{m}(\tau_i s + 1)}{s^v \prod_{j=1}^{n-v}(T_j s + 1)}, \quad n \geq m \tag{3-58}$$

式中：K 为开环增益，τ_i 和 T_j 为时间常数，v 为开环传递函数具有积分环节的个数，由它表征系统的类型数，或称其为系统的无差度。对应于 $v = 0, 1, 2, \cdots$ 的系统，分别称为 0 型、Ⅰ型、Ⅱ型……系统。实际系统中，v 一般不超过 2，否则系统很难稳定。

(1) 阶跃信号输入（位置输入）

当 $r(t) = A \cdot 1(t)$，A 为输入阶跃信号的幅值，则 $R(s) = A/s$，代入式（3-57）得稳态误差

$$e_{ss} = \lim_{s \to 0} s \frac{A/s}{1+G(s)H(s)} = \frac{A}{1+\lim_{s \to 0} G(s)H(s)}$$

定义静态位置误差系数

$$K_p = \lim_{s \to 0} G(s)H(s) \tag{3-59}$$

则

$$e_{ss} = \frac{A}{1+K_p} \tag{3-60}$$

将式（3-58）代入式（3-59）得

$$K_p = \lim_{s \to 0} \frac{K}{s^v} \tag{3-61}$$

由式（3-61）和式（3-60）可得系统稳态误差与系统类型 v 之间的关系为

$$v = 0 \text{ 时}, \quad K_p = K, \quad e_{ss} = \frac{A}{1+K}; \quad v \geq 1 \text{ 时}, \quad K_p = \infty, \quad e_{ss} = 0$$

由此可见，在阶跃输入作用下，仅 0 型系统有稳态误差，其大小近似与开环增益成反比，与阶跃输入的幅值成正比。Ⅰ型及Ⅰ型以上系统，稳态误差都为零，表明Ⅰ型以上的随动系统能够无差地跟踪阶跃输入。如图 3-32 所示为不同型别时系统的阶跃响应曲线。

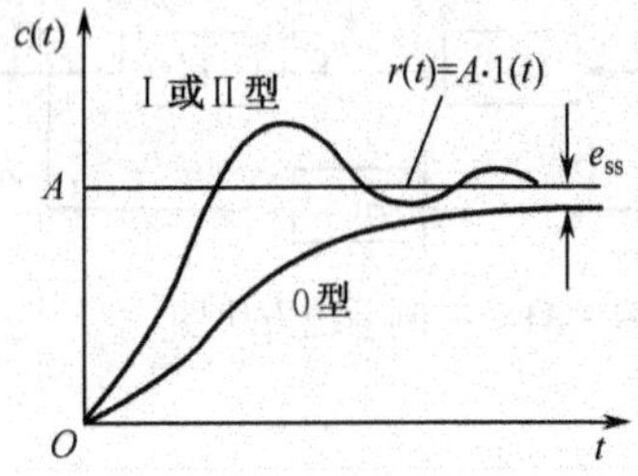

(2) 斜坡信号输入（速度输入）

当 $r(t) = Bt$，B 表示斜坡输入信号的斜率，则 $R(s) = \dfrac{B}{s^2}$，代入式（3-57）得稳态误差为

图 3-32 阶跃输入时系统的稳态误差

$$e_{ss} = \lim_{s \to 0} s \frac{B/s^2}{1+G(s)H(s)} = \frac{B}{\lim_{s \to 0} sG(s)H(s)} \tag{3-62}$$

定义静态速度误差系数

$$K_v = \lim_{s \to 0} sG(s)H(s) \tag{3-63}$$

则

$$e_{ss} = \frac{B}{K_v} \tag{3-64}$$

将式（3-58）代入式（3-63）得

$$K_v = \lim_{s \to 0} \frac{K}{s^{v-1}} \tag{3-65}$$

由式（3-65）和式（3-64）可得系统稳态误差与系统类型 v 之间的关系为

$$v = 0 \text{ 时}, \quad K_v = 0, \quad e_{ss} = \infty$$

$$v = 1 \text{ 时}, \quad K_v = K, \quad e_{ss} = B/K$$

$$v \geq 2 \text{ 时}, \quad K_v = \infty, \quad e_{ss} = 0$$

由此可知，在斜坡输入作用下，0 型系统的稳态误差为∞，说明 0 型系统无法跟踪斜坡信号，这是因为它的输出量的速度小于输入量的速度，致使两者的差距不断加大。而Ⅰ型系统能够跟踪，但输出在位置上要落后输入一个常量，这个常量就是稳态误差，且稳态误差的大小与开环增益成反比。Ⅱ型系统的稳态误差为零，表明能够准确地跟踪，即输出量与输入量不仅速度相等，而且位置相同。图 3-33 所示为不同型别时系统的斜坡响应曲线。

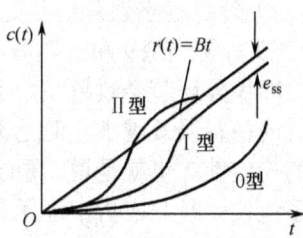

图 3-33 斜坡输入时系统的稳态误差

（3）抛物线信号输入（加速度输入）

当 $r(t)=\dfrac{1}{2}Ct^2$，C 为加速度输入信号的速度变化率，则 $R(s)=\dfrac{C}{s^3}$，代入式（3-57）得稳态误差

$$e_{ss}=\lim_{s\to 0}s\dfrac{\dfrac{C}{s^3}}{1+G(s)H(s)}=\dfrac{C}{\lim_{s\to 0}s^2G(s)H(s)} \tag{3-66}$$

定义静态加速度误差系数

$$K_a=\lim_{s\to 0}s^2G(s)H(s) \tag{3-67}$$

则

$$e_{ss}=\dfrac{C}{K_a} \tag{3-68}$$

将式（3-58）代入式（3-67）得

$$K_a=\lim_{s\to 0}\dfrac{K}{s^{\nu-2}} \tag{3-69}$$

由式（3-69）和式（3-68）可得系统稳态误差与系统类型 ν 之间的关系为

$\nu=0$ 时，$K_a=0$，$e_{ss}=\infty$

$\nu=1$ 时，$K_a=0$，$e_{ss}=\infty$

$\nu=2$ 时，$K_a=K$，$e_{ss}=C/K$

上述分析表明，在加速度输入情况下，0 型和Ⅰ型系统的稳态误差为∞，即 0 型和Ⅰ型系统不能跟踪抛物线信号，Ⅱ型系统能够跟踪，但存在稳态误差，其大小与开环增益成反比，说明系统输出和输入信号都以相同的速度和加速度变化，但输出在位置上要落后输入一个常量。图 3-34 所示为不同型别时系统的抛物线响应曲线。

表 3-3 给出了在典型输入作用下，稳态误差与系统结构及参数的关系。

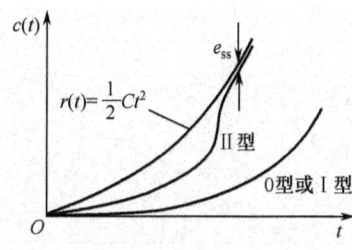

图 3-34 抛物线输入时系统的稳态误差

表 3-3 典型输入作用下各种型别系统的稳态误差

系统型别	静态误差系数			阶跃函数输入 $r(t)=A\cdot 1(t)$ $e_{ss}=A/(1+K_p)$	斜坡函数输入 $r(t)=Bt$ $e_{ss}=B/K_v$	抛物线函数输入 $r(t)=Ct^2/2$ $e_{ss}=C/K_a$
ν	K_p	K_v	K_a			
0 型	K	0	0	$A/(1+K)$	∞	∞
Ⅰ型	∞	K	0	0	B/K	∞
Ⅱ型	∞	∞	K	0	0	C/K
Ⅲ型	∞	∞	∞	0	0	0

（4）几点说明

1）计算稳态误差的前提是系统必须稳定，否则计算没有意义，结果也是错误的。

2）系统类型 v 和开环增益 K 决定了闭环系统跟踪典型输入信号的能力。系统的型别 v 越高，即积分环节个数越多，系统的跟踪能力越强。对有定值误差的系统，开环增益 K 越大，系统的稳态误差越小。但无论是系统型别 v 的提高，还是 K 值的增大，都会降低甚至破坏系统的稳定性。也就是说，系统稳态性能的要求往往与系统稳定性的要求是矛盾的。因此在进行系统设计时，应折中选择系统的参数，既要保证系统是稳定的，又要满足系统应有的动态性能和稳态性能。

3）只有当输入为阶跃、斜坡、抛物线三种典型信号或者是它们的线性组合时，才可以用静态误差系数 K_p、K_v、K_a 来计算稳态误差 e_{ss}。

如果系统承受的输入信号是典型信号的线性组合，如

$$r(t) = A \cdot 1(t) + Bt + \frac{1}{2}Ct^2$$

则根据叠加原理，系统的稳态误差为

$$e_{ss} = \frac{A}{1+K_p} + \frac{B}{K_v} + \frac{C}{K_a}$$

4）利用静态误差系数 K_p、K_v、K_a 求得的稳态误差是时间 $t \to \infty$ 时系统误差的终值，它不能反映误差随时间变化的过程。另外，K_p、K_v、K_a 是分别针对阶跃、斜坡、抛物线三种典型输入信号得出的，当输入信号为其他形式的函数时，如脉冲函数、正弦函数等，静态误差系数的方法便无法应用。若要研究输入信号为任意时间函数时系统的稳态误差随时间 t 变化的规律，可以采用"动态误差系数"方法，相关内容请参阅其他参考书。

【例3-12】 设系统的开环传递函数 $G(s)H(s) = \dfrac{4(0.5s+1)}{s(s+1)(2s+1)}$，试求：

（1）当 $r(t) = 2t$ 时的 e_{ss}；

（2）K_p、K_v 和 K_a，及当 $r(t) = 3 + 2t + t^2$ 时的 e_{ss}。

解 首先要判断系统的稳定性。系统的特征方程为

$$2s^3 + 3s^2 + 3s + 4 = 0$$

列写劳斯表

s^3	2	3
s^2	3	4
s^1	$\dfrac{1}{3}$	0
s^0	4	

根据劳斯判据，系统稳定。

（1）当 $r(t) = 2t$ 时，$R(s) = \dfrac{2}{s^2}$，可以由终值定理求稳态误差 e_{ss}，则

$$e_{ss} = \lim_{s \to 0} sE(s) = \lim_{s \to 0} s \frac{R(s)}{1+G(s)H(s)} = \lim_{s \to 0} s \cdot \frac{s(s+1)(2s+1)}{s(s+1)(2s+1) + 4(0.5s+1)} \cdot \frac{2}{s^2} = \frac{1}{2}$$

（2）根据式（3-59）、式（3-63）和式（3-67）分别得到

$$K_p = \lim_{s \to 0} G(s)H(s) = \lim_{s \to 0} \frac{4(0.5s+1)}{s(s+1)(2s+1)} = \infty$$

$$K_v = \lim_{s \to 0} sG(s)H(s) = \lim_{s \to 0} s \cdot \frac{4(0.5s+1)}{s(s+1)(2s+1)} = 4$$

$$K_a = \lim_{s \to 0} s^2 G(s)H(s) = \lim_{s \to 0} s^2 \cdot \frac{4(0.5s+1)}{s(s+1)(2s+1)} = 0$$

当输入 $r(t) = 3 + 2t + t^2$ 时，根据静态误差系数求稳态误差为

$$e_{ss} = \frac{3}{1+K_p} + \frac{2}{K_v} + \frac{2}{K_a} = \frac{3}{1+\infty} + \frac{2}{4} + \frac{2}{0} = \infty$$

此外，也可通过查表 3-3，直接求取 K_p、K_v 和 K_a。本例中，系统为 I 型系统，即 $v=1$，系统开环增益 $K=4$，故 $K_p = \infty$，$K_v = K = 4$，$K_a = 0$。

2. 扰动作用下的稳态误差

讨论扰动输入 $N(s)$ 作用时，设给定输入信号 $R(s) = 0$。对于图 3-31 所示的控制系统典型结构，扰动输入引起的误差可用 $e_n(t)$ 表示，其拉普拉斯变换为

$$E_n(s) = \frac{-G_2(s)H(s)}{1+G_1(s)G_2(s)H(s)} \cdot N(s) \tag{3-70}$$

若 $E_n(s)$ 满足终值定理条件，则根据终值定理有

$$e_{ssn} = \lim_{s \to 0} sE_n(s) = \lim_{s \to 0} s \cdot \frac{-G_2(s)H(s)}{1+G_1(s)G_2(s)H(s)} \cdot N(s) \tag{3-71}$$

当 $\lim_{s \to 0} G_1(s)G_2(s)H(s) \gg 1$ 时，上式可近似为

$$e_{ssn} = \lim_{s \to 0} s \cdot \frac{-1}{G_1(s)} \cdot N(s)$$

由此可见，扰动输入作用下产生的稳态误差 e_{ssn} 除了与扰动信号 $N(s)$ 的形式和大小有关外，还与扰动作用点之前的传递函数 $G_1(s)$ 的结构及参数有关，或者说与 $G_1(s)$ 中积分环节的个数 v_1 及放大系数 K_1 有关。

对于实际系统，当给定输入和扰动输入同时存在时，系统总的稳态误差可用叠加定理将两种作用分别引起的稳态误差相叠加。

【例 3-13】 设在如图 3-31 所示的控制系统中，$G_1(s) = K_1$，$G_2(s) = \frac{K_2}{s(Ts+1)}$，$H(s) = 1$，试求系统在阶跃给定信号 $R(s) = \frac{2}{s}$ 及阶跃扰动 $N(s) = \frac{2}{s}$ 共同作用下的稳态误差。

解 阶跃给定信号单独作用时，系统对给定信号为 I 型系统，查表 3-3 知，$e_{ssr} = 0$。
阶跃扰动信号单独作用时，系统误差的拉普拉斯变换为

$$E_n(s) = \frac{-G_2(s)H(s)}{1+G_1(s)G_2(s)H(s)} \cdot N(s) = \frac{-\frac{K_2}{s(Ts+1)}}{1+\frac{K_1 K_2}{s(Ts+1)}} N(s) = \frac{-K_2}{Ts^2 + s + K_1 K_2} \cdot \frac{2}{s}$$

系统结构稳定，且满足终值定理的使用条件，扰动单独作用时稳态误差为

$$e_{ssn} = \lim_{s \to 0} sE(s) = -\frac{2}{K_1}$$

根据线性系统的叠加原理，系统在阶跃给定信号和阶跃扰动共同作用下的稳态误差为

$$e_{ss} = e_{ssr} + e_{ssn} = -\frac{2}{K_1}$$

3.6.3 减小稳态误差的方法

系统的稳态误差包括给定输入信号作用下的稳态误差和扰动信号作用下的稳态误差。通过上面的分析，概括来说，减小系统给定或扰动作用下的稳态误差可以采用的方法如下。

1. 保证系统中各个环节(或元件)特别是反馈回路中元件的参数具有一定的精度和恒定性，必要时需采用误差补偿措施。

2. 增大系统开环总增益，可以提高系统对给定输入的跟踪能力；增大扰动作用点前系统前向通道的增益，可以降低扰动作用所引起的稳态误差。

增大系统开环增益是降低稳态误差的一种简单而有效的方法，但增加开环增益同时会使系统的稳定性降低。为了解决这个问题，在增加开环增益的同时附加校正装置，以确保系统的稳定性。

3. 增加系统前向通道中积分环节数目，使系统型号提高，可以减小给定输入信号时的稳态误差；增加误差点到扰动作用点之间的积分环节个数可以减小扰动作用所引起的稳态误差。

但是，积分环节数目的增加同样会降低系统的稳定性，并影响到其他动态性能指标。所以必须同时对系统进行校正，以防止系统失去稳定，并保证具有一定的动态响应速度。权衡系统稳定性、稳态误差与动态性能之间的关系，便成为系统校正设计的主要内容。

【例 3-14】系统如图 3-35 所示，$r(t) = \dfrac{At^2}{2}$，$n(t) = At$，讨论系统结构参数对减小 $r(t)$、$n(t)$ 作用下的 e_{ss} 的影响。

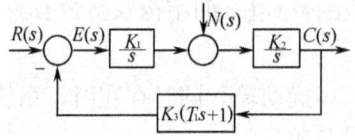

图 3-35 控制系统的结构图

解 系统的开环传递函数为

$$G(s) = \frac{K_1 K_2 K_3 (T_1 s + 1)}{s^2}, \quad \begin{cases} K = K_1 K_2 K_3 \\ v = 2 \end{cases}$$

判断稳定性，由

$$\Phi_e(s) = \frac{1}{1 + \dfrac{K_1 K_2 K_3 (T_1 s + 1)}{s^2}} = \frac{s^2}{s^2 + K_1 K_2 K_3 T_1 s + K_1 K_2 K_3}$$

得系统特征多项式

$$D(s) = s^2 + K_1 K_2 K_3 T_1 s + K_1 K_2 K_3$$

由于 K_1、K_2、K_3、T_1 均大于 0，则系统可稳定。

当 $r(t)$ 作用时，$e_{ssr} = \lim_{s \to 0} s \cdot \Phi_e(s) \cdot R(s) = \lim_{s \to 0} s \cdot \dfrac{s^2}{s^2 + K_1 K_2 K_3 T_1 s + K_1 K_2 K_3} \cdot \dfrac{A}{s^3} = \dfrac{A}{K_1 K_2 K_3}$

因此，开环增益分配在回路的任何地方，对减小 $r(t) = \dfrac{At^2}{2}$ 作用下的稳态误差均有作用。

当 $n(t)$ 作用时

$$\Phi_{en}(s) = \dfrac{-\dfrac{K_2 K_3 (T_1 s + 1)}{s}}{1 + \dfrac{K_1 K_2 K_3 (T_1 s + 1)}{s^2}} = -\dfrac{K_2 K_3 s(T_1 s + 1)}{s^2 + K_1 K_2 K_3 T_1 s + K_1 K_2 K_3}$$

$$e_{ssn} = \lim_{s \to 0} s \cdot \Phi_{en}(s) \cdot N(s) = \lim_{s \to 0} s \cdot \dfrac{-K_2 K_3 s(T_1 s + 1)}{s^2 + K_1 K_2 K_3 T_1 s + K_1 K_2 K_3} \cdot \dfrac{A}{s^2} = -\dfrac{A}{K_1}$$

很显然，当开环增益和积分环节分配在误差点到扰动作用点之间的前向通道上时，才对减小 e_{ssn} 有作用。

4．采用前馈控制(复合控制)。为了进一步减小给定和扰动稳态误差，可经常采用补偿方法。所谓补偿，是指作用于控制对象的控制信号中，除了偏差信号，还引入与给定信号和扰动信号有关的补偿信号，以提高系统的控制精度，减小误差。这种在控制系统中引入附加控制环节的控制又称为复合控制。关于这种方法将在第 6 章系统校正中具体介绍。

3.7 用 MATLAB 进行系统时域分析

在系统的时域分析中，可利用 MATLAB 完成系统的输出响应分析、稳定性分析及稳态误差分析等工作。

3.7.1 用 MATLAB 求系统的输出响应

设单输入单输出线性控制系统传递函数的一般形式为

$$\Phi(s) = \dfrac{b_m s^m + b_{m-1} s^{m-1} + \cdots + b_1 s + b_0}{a_n s^n + a_{n-1} s^{n-1} + \cdots + a_1 s + a_0} = \dfrac{\text{num}(s)}{\text{den}(s)}$$

其中 num 和 den 分别为传递函数分子和分母多项式系数的降幂排列，可表示为

$$\text{num} = [b_m, \quad b_{m-1}, \quad \cdots, \quad b_1, \quad b_0]$$
$$\text{den} = [a_n, \quad a_{n-1}, \quad \cdots, \quad a_1, \quad a_0]$$

则系统在不同输入信号作用下的时域响应可以由 MATLAB 工具箱提供的相应函数得到。

1．单位脉冲响应

在 MATLAB 中，可用 impulse() 函数求系统的单位脉冲响应，其调用格式为

```
[y, x, t]= impulse(num, den, t) 或 impulse(num, den)
```

式中：y 为输出响应，x 为状态响应，t 为仿真时间。

2．单位阶跃响应

在 MATLAB 中，可用 step() 函数求系统的单位阶跃响应，其调用格式为

```
[y, x, t]= step(num, den, t) 或 step(num, den)
```

【例 3-15】 求系统传递函数为 $\Phi(s) = \dfrac{1}{s^2 + 0.5s + 1}$ 的单位脉冲响应及单位阶跃响应。

解 MATLAB 程序如下：
```
num=[1];
den=[1, 0.5, 1];
t=[0:0.1:15];
[y, x, t]=impulse(num, den, t);
plot(t, y);grid;
xlabel('t');
ylabel('c(t) ');
```

运行结果如图 3-36 所示。若求取单位阶跃响应，则将上述语句中的[y, x, t]=impulse(num, den, t);改为[y, x, t]=step(num, den, t);即可，单位阶跃响应曲线如图 3-37 所示。

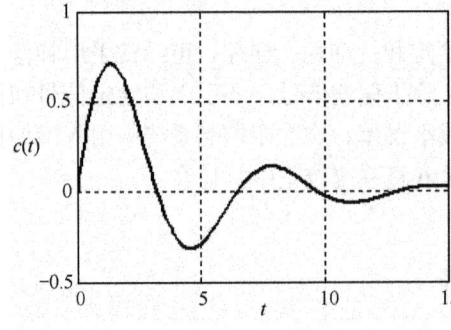

图 3-36 例 3-15 的单位脉冲响应

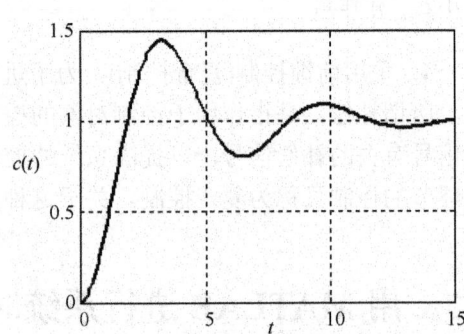

图 3-37 例 3-15 的单位阶跃响应

3．斜坡响应

在 MATLAB 中没有求解斜坡响应的专用命令，但可以利用阶跃响应命令求斜坡响应。因为线性系统中的单位斜坡响应可用其单位阶跃响应的积分来表示，所以当求传递函数为 $\Phi(s)$ 的斜坡响应时，可先用 s 除以 $\Phi(s)$，再利用阶跃响应命令即可求得斜坡响应。

【例 3-16】 求系统传递函数为 $\Phi(s) = \dfrac{1}{s^3+3s^2+2s+1}$ 的单位斜坡响应。

解 对单位斜坡输入 $r(t)=t$，有 $R(s)=\dfrac{1}{s^2}$，则

$$C(s)=\Phi(s)R(s)=\frac{1}{s^3+3s^2+2s+1}\cdot\frac{1}{s^2}=\frac{1}{s(s^3+3s^2+2s+1)}\cdot\frac{1}{s}$$

由上式可见，系统的输出等价于传递函数为 $\Phi'(s)=\dfrac{1}{s(s^3+3s^2+2s+1)}$ 的单位阶跃响应。

MATLAB 程序如下：
```
num=[1];
den=[1, 3, 2, 1, 0];
t=[0:0.1:8];
[y, x, t]=step(num, den, t);
plot(t, y);grid;
xlabel('t');
ylabel('c(t) ');
```

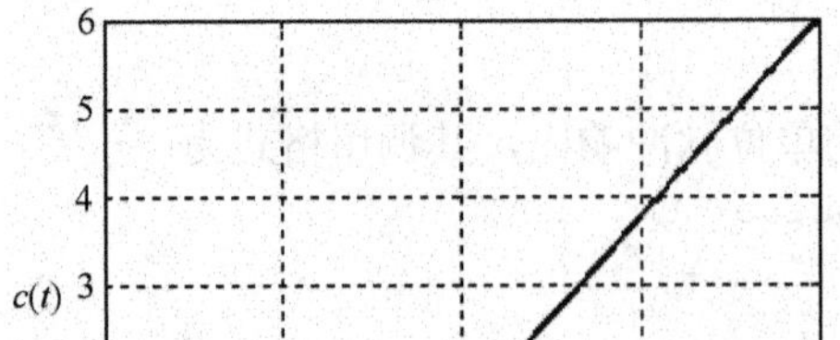

图 3-38 例 3-16 的斜坡响应

其输出响应曲线如图 3-38 所示。

4. 任意输入信号作用下的响应

在 MATLAB 中，可用 lsim( )函数求取在任意输入信号作用下系统的响应，其调用格式为

```
[y, x]= lsim(num, den,u, t)
```

式中，y 为输出响应，x 为状态响应，u 为输入信号，t 为仿真时间。

【例 3-17】 单位反馈系统如图 3-39(a)所示，系统输入信号为如图 3-39(b)所示的三角波，求系统的输出响应。

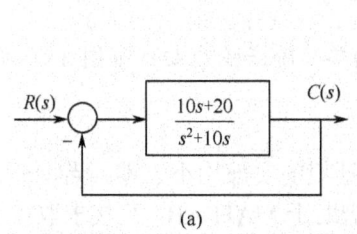
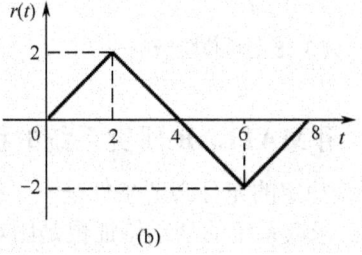

图 3-39 例 3-17 的反馈系统及输入信号

解 MATLAB 程序如下：

```
numg=[10, 20];
deng=[1, 10, 0];
[num,den]=cloop(numg, deng, -1);
v1=[0:0.1:2];
v2=[1.9:-0.1:-2];
v3=[-1.9:0.1:0];
t=[0:0.1:8];
u=[v1, v2, v3];
[y, x]=lsim(num, den, u, t);
plot(t, y, t, u);grid;
xlabel('t');
ylabel('c(t) ');
```

其输出响应曲线如图 3-40 所示。

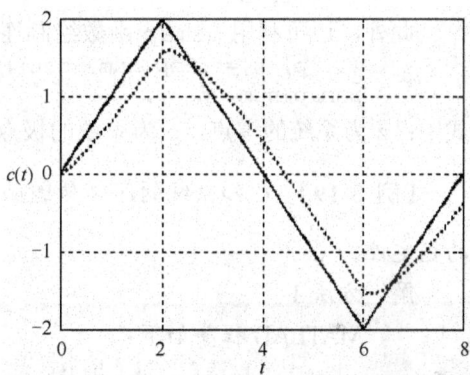

图 3-40 例 3-17 的系统响应曲线

3.7.2 用 MATLAB 求系统的动态性能指标

利用 MATLAB 可以很方便地求出系统的主要性能指标，如上升时间、峰值时间、最大超调量及调整时间等。为了求这些性能指标，可先利用[y, x, t]=step(num, den, t)函数，求出单位阶跃响应的具体数值，然后根据性能指标的定义编写程序进行计算。

【例 3-18】 已知 $\Phi(s) = \dfrac{5K}{s^2 + 34.5s + 5K}$，试求当 $K=200$ 时系统的峰值时间 t_p、超调量 $\sigma\%$ 和调节时间 t_s。

解 MATLAB 程序如下：

```
num=[1000];
den=[1, 34.5, 1000];
t=[0:0.01:1.5];
[y, x, t]=step(num,den,t);
plot(t, y);grid;
xlabel('t');
```

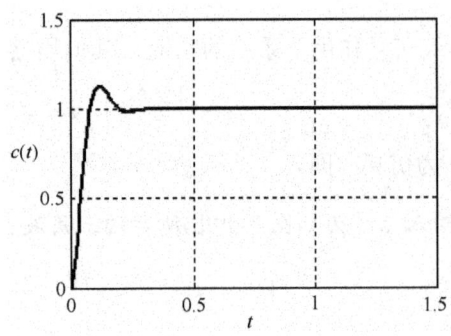

图 3-41 例 3-18 的单位阶跃响应

```
ylabel('c(t)');
[ymax, tp]=max(y);
peak_time=(tp-1)*0.01  %计算峰值时间
max_overshoot=ymax-1   %计算超调量
s=1.5/0.01; while y(s)>0.98 & y(s)<1.02; s=s-1;end;
settle_time=(s-1)*0.01  %计算调节时间
（误差带为2%）
```

计算结果为

```
peak_time = 0.120 0
max_overshoot = 0.129 3
settle_time = 0.180 0
```

系统的单位阶跃响应曲线如图 3-41 所示。

3.7.3 用 MATLAB 研究系统的稳定性

线性系统稳定的充分必要条件是，系统闭环特征根的实部均小于零。当特征方程的阶数较高时，手工求取系统的全部特征根是困难的，但借助于 MATLAB，直接求取特征根的工作变得十分简单。在 MATLAB 中，可使用函数 roots() 来求闭环特征根，其调用格式为

  r=roots(den)

此外，还可利用 pzmap 函数绘制连续系统的零极点图，其调用格式为

  [z, p, k]=tf2zp(num, den);
  pzmap(num, den);

式中：z 为系统的零点，p 为系统的极点，k 为系统的增益。

【例 3-19】 已知系统的闭环传递函数为 $\varPhi(s) = \dfrac{1}{s^4+2s^3+3s^2+4s+5}$，试判断闭环系统的稳定性。

解 方法 1

MATLAB 程序如下：

```
den = [1 2 3 4 5];
r=roots(den)
```

运行结果为   r =

  + 0.287 8 + 1.416 1i
  + 0.287 8 - 1.416 1i
  - 1.287 8 + 0.857 9i
  - 1.287 8 - 0.857 9i

计算结果表明，特征根中有 2 个根的实部为正，所以系统是不稳定的。

方法 2

MATLAB 程序如下：

```
num = [1];
den = [1 2 3 4 5];
[z, p, k] = tf2zp(num, den);
pzmap(num, den);
title('pole-zero map')
```

图 3-42 所示为系统的零、极点图。由图可知，有两个极点在右半 s 平面，可知闭环系统不稳定。

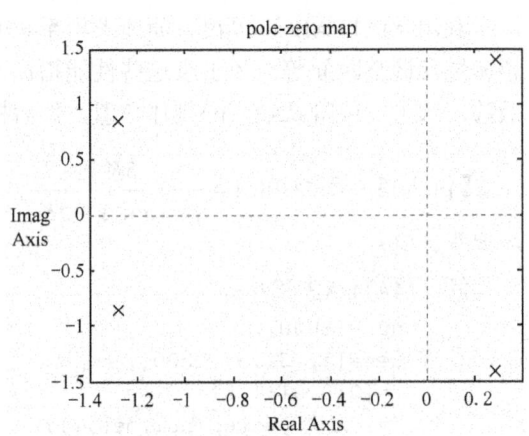

图 3-42 例 3-19 的系统零、极点图

3.7.4 用 MATLAB 求静态误差系数及系统的稳态误差

在 MATLAB 中，可用函数 dcgain() 来计算系统的静态位置误差系数 K_p、静态速度误差系数 K_a 和静态加速度误差系数 K_v。

【例 3-20】 已知一单位负反馈系统的开环传递函数为 $G(s) = \dfrac{3}{s^3 + 3s^2 + 2s}$。试求

（1）系统的静态误差系数 K_p、K_a、K_v；

（2）当输入为单位斜坡信号时，求系统的稳态误差。

解 （1）求系统的静态误差系数，MATLAB 程序如下：

```
G=tf([3],[1 3 2 0]);
sG=tf([3 0],[1 3 2 0]);
ssG=tf([3 0 0],[1 3 2 0]);
kp=dcgain(G);
kv=dcgain(sG);
ka=dcgain(ssG);
```

运行结果为

```
kp = Inf
ka = 0
kv = 1.500 0
```

（2）当输入为单位斜坡信号时，求系统的稳态误差，MATLAB 程序如下：

```
t=[0:0.1:30];
[num,den]=cloop([3],[1 3 2 0]);
y=step(num,[den 0],t);
ess=y(length(t))-t(length(t));
```

运行结果为

```
ess = -0.662 2
```

◇ 小 结 ◇

1. 时域分析法就是通过求解系统在典型输入信号作用下的时间响应来分析系统的稳定性、快速性和准确性。为了评价这三方面的性能，定义了几个反映系统动态性能和稳态性能的指标，如超调量、调节时间及稳态误差等。

2. 一阶系统和二阶系统是时域分析法重点分析的两类系统。通过求解一阶系统、二阶系统在典型输入信号作用下的时域响应，可以定量分析系统的各种性能。通过对二阶系统的分析得知，系统的平稳性、快速性和稳态精度对系统参数的要求往往是矛盾的，在系统参数的选择无法同时满足几方面的性能要求时，采用比例微分控制及测速负反馈控制可改善系统的动态性能，使系统同时满足几方面的要求。

3. 线性定常高阶系统的时域响应可以视为一阶、二阶系统响应的叠加。利用系统主导极点的概念，可把远离虚轴的极点产生的瞬态响应分量忽略，使高阶系统降阶，并按低阶系统进行性能分析。

4. 稳定性是系统能正常工作的首要条件，也是系统自身的一种固有特性。线性系统稳定的充分必要条件是：系统闭环特征根的实部均小于零，或所有特征根均位于 s 左半平面。

利用代数稳定判据，如劳斯判据和赫尔维茨判据可判断系统的稳定性。

5. 系统的稳态误差包括给定信号作用下的稳态误差和外部扰动信号作用下的稳态误差。稳态误差取决于系统的型别、系统开环增益及输入（或扰动）信号的形式。采用补偿的方法，可以减小系统的稳态误差。

6. 利用 MATLAB 软件，可以方便地求出控制系统的单位阶跃响应和单位脉冲响应、绘制系统的输出曲线、计算系统的性能指标、判断系统的稳定性、计算系统的稳态误差等。

◇ 习 题 ◇

3-1 设系统的微分方程式如下：

（1） $0.2\dot{c}(t) = 2r(t)$

（2） $0.04\ddot{c}(t) + 0.24\dot{c}(t) + c(t) = r(t)$

试求系统的闭环传递函数 $\Phi(s)$，以及系统的单位脉冲响应 $g(t)$ 和单位阶跃响应 $c(t)$。已知全部初始条件为零。

3-2 温度计的传递函数为 $\dfrac{1}{Ts+1}$，用其测量容器内的水温，1 分钟才能显示出该温度的 98% 的数值。若加热容器使水温按 10℃/min 的速度匀速上升，问温度计的稳态指示误差有多大？

3-3 已知二阶系统的单位阶跃响应为

$$c(t) = 10 - 12.5e^{-1.2t}\sin(1.6t + 53.1°)$$

试求系统的超调量 $\sigma\%$、峰值时间 t_p 和调节时间 t_s。

3-4 机器人控制系统方块图如图 T3-1 所示。试确定参数 K_1 和 K_2 的值，使系统阶跃响应的峰值时间 $t_p = 0.5\,\text{s}$，超调量 $\sigma\% = 2\%$。

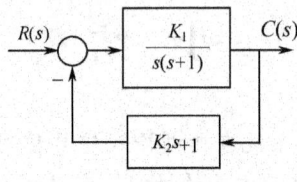

图 T3-1 习题 3-4 图

3-5 设如图 T3-2(a) 所示系统的单位阶跃响应如图 T3-2(b) 所示。试确定系统参数 K_1、K_2 和 a。

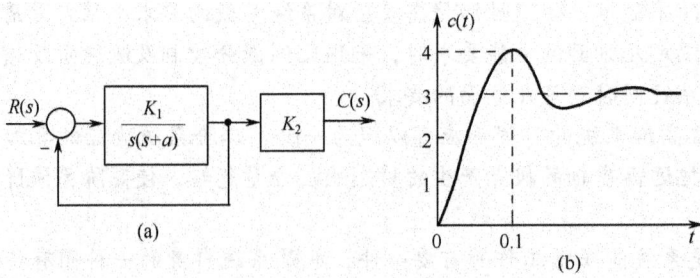

图 T3-2 习题 3-5 图

3-6 已知惯性环节的传递函数 $G(s)=\dfrac{5}{Ts+1}$，其中时间常数 T 为 1。现采用如图 T3-3 所示中的负反馈结构，使系统的时间常数减小为原来的 0.1 倍，并保证系统的放大倍数不变，求参数 K_h、K_r。

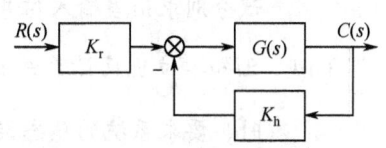

图 T3-3　习题 3-6 图

3-7 已知单位反馈随动系统如图 T3-4 所示，$K=16s^{-1}$，$T=0.25s$，试求：
（1）特征参数 ζ 和 ω_n；
（2）计算 $\sigma\%$ 和 t_s；
（3）若要求 $\sigma\%=16\%$，当 T 不变时 K 应当取何值？

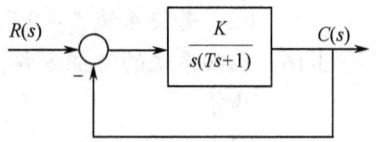

图 T3-4　习题 3-7 图

3-8 一单位反馈系统在输入信号 $r(t)=1+t$ 的作用下，输出响应为 $c(t)=t$，试求系统的开环传递函数和稳态误差。

3-9 系统方块图如图 T3-5 所示。已知系统单位阶跃响应的超调量 $\sigma\%=16.3\%$，峰值时间 $t_p=1s$。
（1）求系统的开环传递函数 $G(s)$；
（2）求系统的闭环传递函数 $\Phi(s)$；
（3）根据已知的性能指标 $\sigma\%$、t_p，确定系统参数 K 及 τ；
（4）计算输入 $r(t)=1.5t$ 时系统的稳态误差。

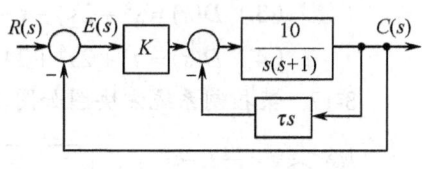

图 T3-5　习题 3-9 图

3-10 已知一双闭环系统如图 T3-6 所示。试求系统的最大超调量 $\sigma\%$、峰值时间 t_p 和调整时间 t_s。

3-11 已知单位反馈系统的单位阶跃响应为 $c(t)=1+0.2e^{-60t}-1.2e^{-10t}$，求：
（1）开环传递函数 $G(s)$；
（2）ζ、ω_n、$\sigma\%$、t_s；
（3）在 $r(t)=2+2t^2$ 作用下的稳态误差 e_{ssr}。

3-12 已知系统方块图如图 T3-7 所示，
$$G(s)=\dfrac{K}{s(0.1s+1)(0.25s+1)}$$
试确定系统稳定时的增益 K 的取值范围。

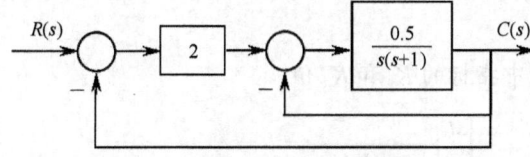

图 T3-6　习题 3-10 图

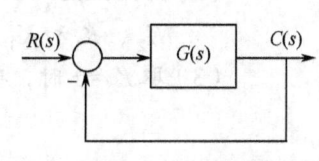

图 T3-7　习题 3-12 图

3-13 已知单位反馈系统的开环传递函数为
$$G(s)=\dfrac{7(s+1)}{s(s+4)(s^2+2s+2)}$$

试分别求出当输入信号 $r(t)=1(t)$, t 和 t^2 时系统的稳态误差。

3-14 已知单位负反馈系统的开环传递函数为 $G(S)=\dfrac{K}{s(0.1s+1)(0.2s+1)}$，若 $r(t)=2t+2$ 时，要求系统的稳态误差为 0.25，试求 K 应取何值。

3-15 设系统方块图如图 T3-8 所示，求：
（1）当 $K_0=25$，$K_f=0$ 时，求系统的动态性能指标 $\sigma\%$ 和 t_s；
（2）若使系统 $\zeta=0.5$，单位速度误差 $e_{ss}=0.1$ 时，试确定 K_0 和 K_f 值。

3-16 已知系统的特征方程，试判别系统的稳定性，并确定在右半 s 平面根的个数及纯虚根。
（1）$D(s)=s^5+2s^4+2s^3+4s^2+11s+10=0$
（2）$D(s)=s^5+3s^4+12s^3+24s^2+32s+48=0$
（3）$D(s)=s^5+2s^4-s-2=0$
（4）$D(s)=s^5+2s^4+24s^3+48s^2-25s-50=0$

3-17 某控制系统方块图如图 T3-9 所示，试确定使系统稳定的 K 值范围。

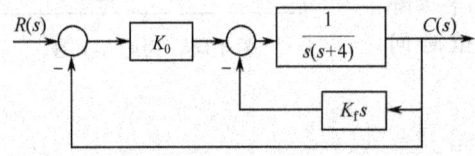
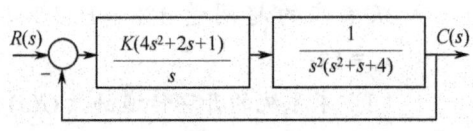

图 T3-8 习题 3-15 图　　　　图 T3-9 习题 3-17 图

3-18 单位反馈系统的开环传递函数为

$$G(s)=\dfrac{K}{s(s+3)(s+5)}$$

要求系统特征根的实部不大于 -1，试确定开环增益的取值范围。

3-19 单位反馈系统的开环传递函数为

$$G(s)=\dfrac{K(s+1)}{s(Ts+1)(2s+1)}$$

试确定使系统稳定的 T 和 K 的取值范围。

3-20 船舶横摇镇定系统方块图如图 T3-10 所示，引入内环速度反馈是为了增加船只的阻尼。

（1）求海浪扰动力矩对船只倾斜角的传递函数 $\dfrac{\Theta(s)}{M_N(s)}$；

（2）为保证 M_N 为单位阶跃时倾斜角 θ 的值不超过 0.1，且系统的阻尼比为 0.5，求 K_2、K_1 和 K_3 应满足的方程；

（3）取 $K_2=1$ 时，确定满足（2）中指标的 K_1 和 K_3 值。

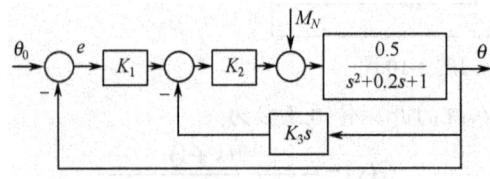

图 T3-10 习题 3-20 图

3-21 系统方块图如图 T3-11 所示。试求局部反馈加入前、后系统的静态位置误差系数、静态速度误差系数和静态加速度误差系数。

3-22 系统方块图如图 T3-12 所示。已知 $r(t) = n_1(t) = n_2(t) = 1(t)$，试分别计算 $r(t)$、$n_1(t)$ 和 $n_2(t)$ 作用时的稳态误差，并说明积分环节设置位置对减小输入和干扰作用下的稳态误差的影响。

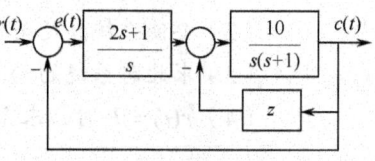

图 T3-11 习题 3-21 图

3-23 系统方块图如图 T3-13 所示。
（1）为确保系统稳定，如何取 K 值？
（2）为使系统特征根全部位于 s 平面 $s = -1$ 的左侧，K 应取何值？
（3）若 $r(t) = 2t + 2$ 时，要求系统稳态误差 $e_{ss} \leqslant 0.25$，K 应取何值？

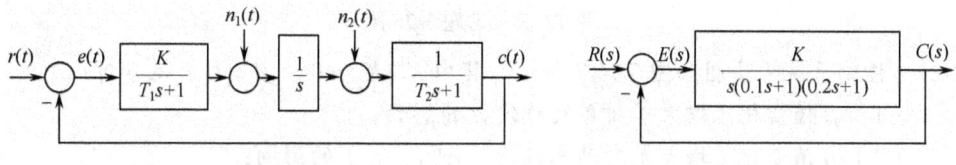

图 T3-12 习题 3-22 图　　　图 T3-13 习题 3-23 图

3-24 宇航员机动控制系统方块图如图 T3-14 所示。其中控制器可以用增益 K_2 表示；宇航员及其装备的总转动惯量 $I = 25 \text{ kg} \cdot \text{m}^2$。
（1）当输入为斜坡信号 $r(t) = t$ m 时，试确定 K_3 的取值，使系统稳态误差 $e_{ss} = 1 \text{cm}$；
（2）采用（1）中的 K_3 值，试确定 K_1、K_2 的取值，使系统超调量 $\sigma\%$ 限制在 10% 以内。

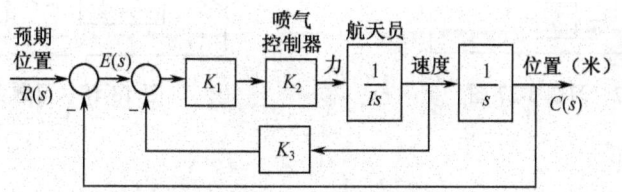

图 T3-14 习题 3-24 图

3-25 大型天线伺服系统方块图如图 T3-15 所示，其中 $\zeta = 0.707$，$\omega_n = 15$，$\tau = 0.15 \text{ s}$。
（1）当干扰 $n(t) = 10 \cdot 1(t)$，输入 $r(t) = 0$ 时，为保证系统的稳态误差小于 $0.01°$，试确定 K_a 的取值；
（2）当系统开环工作（$K_a = 0$），且输入 $r(t) = 0$ 时，确定由干扰 $n(t) = 10 \cdot 1(t)$ 引起的系统响应稳态值。

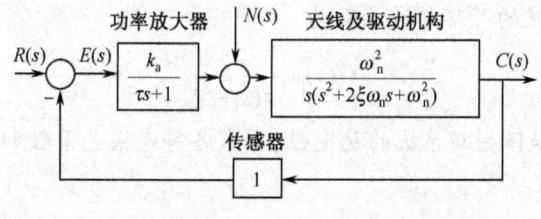

图 T3-15 习题 3-25 图

3-26 系统方块图如图 T3-16 所示。
(1) 写出闭环传递函数 $\Phi(s)$ 的表达式；
(2) 要使系统满足条件 $\zeta = 0.707$，$\omega_n = 2$，试确定相应的参数 K 和 β；
(3) 求此时系统的动态性能指标（$\sigma\%$，t_s）；
(4) $r(t) = 2t$ 时，求系统的稳态误差 e_{ss}。

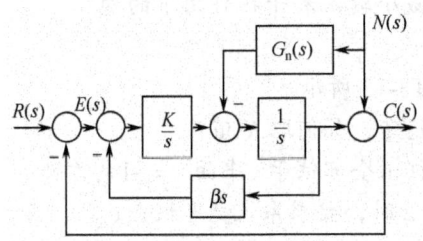

图 T3-16　习题 3-26 图

3-27 控制系统方块图如图 T3-17 所示。其中 K_1，$K_2 > 0$，$\beta \geq 0$。试分析：
(1) β 值变化（增大）对系统稳定性的影响；
(2) β 值变化（增大）对动态性能（$\sigma\%$，t_s）的影响；
(3) β 值变化（增大）对 $r(t) = at$ 作用下稳态误差的影响。

3-28 复合控制系统方块图如图 T3-18 所示，图中 K_1、K_2、T_1、T_2 均为大于零的常数。试确定当闭环系统稳定时，参数 K_1、K_2、T_1、T_2 应满足的条件。

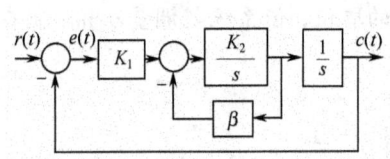

图 T3.17　习题 3-27 图

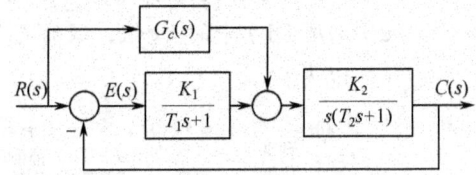

图 T3-18　习题 3-28 图

MATLAB 习题

3-29 设控制系统的方块图如图 T3-19 所示，当有单位阶跃信号作用于系统时，试求系统的暂态性能指标 t_p、t_s 和 $\sigma\%$。

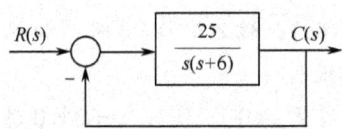

图 T3-19　习题 3-29 图

3-30 单位反馈系统的开环传递函数为

$$G(s) = \frac{25}{s(s+5)}$$

试用 MATLAB 判断系统的稳定性，并求各静态误差系数和 $r(t) = 1 + 2t + 0.5t^2$ 时的稳态误差 e_{ss}。

第4章 根轨迹法

由第3章的内容可知，闭环系统的稳定性由闭环极点来确定，闭环系统的动态性能由闭环极点和零点来确定，因此，在分析系统的性能指标时，往往要求确定系统闭环极点的位置。另外，在分析和设计系统时，也经常要研究一个或几个参数在一定范围内变化时对闭环极点位置及系统性能的影响。可见，确定闭环极点在 s 平面上的位置是很重要的。

闭环极点就是特征方程的根，二阶以下系统求解方程的根很容易，但三阶以上系统求解方程的根就很困难，特别是当某一参数变化时，更是需要进行反复的计算，这样，计算量就相当大。

1948年伊文思（W. R. Evans）提出了一种求解特征方程根的图解方法，并且在控制工程中得到了广泛应用。这种方法称为根轨迹法。根轨迹法是在已知控制系统开环传递函数的极点、零点分布的基础上，研究系统某一个或某些参数的变化对特征方程的根分布的影响的一种图解法。现在可以利用 MATLAB 绘制系统的根轨迹。

应用根轨迹法可以在已知系统开环零极点的条件下，绘制出系统特征方程的根在 s 平面上随参数变化而运动的轨迹。借助这种方法常常可以比较简便、直观地分析系统特征方程式的根与系统参数之间的关系，进而得到系统性能与参数的关系。这种定性的分析在研究控制系统性能和提出改善系统性能的合理途径等方面都具有重要意义。

学习本章的基本要求如下：
（1）正确理解根轨迹的概念；
（2）掌握根轨迹的绘制法则，能熟练绘制 180° 根轨迹及参数根轨迹；
（3）掌握具有延时环节控制系统根轨迹绘制规则；
（4）能分析增加开环零、极点对系统动态和稳态性能的影响；
（5）能用根轨迹分析系统的主要性能；
（6）掌握闭环主导极点与动态性能指标之间的关系。

4.1 根轨迹的基本概念

所谓根轨迹，是指当系统某个参数由零变化到无穷大时，闭环特征根在 s 平面上移动的轨迹。下面结合示例说明根轨迹的概念。

【例4-1】 考虑如图4-1所示的位置控制系统。加在电动机上的电枢电压 $U(s)$ 与误差信号 $E(s)$ 成正比，即 $U(s) = AE(s)$，$T(s)$ 为电动机产生的电磁转矩，J 为电动机和负载折合到电动机轴上的转动惯量，f 为电动机和负载折合到电动机轴上的黏性摩擦系数。讨论放大系数 A 从零变化到无穷大时，该位置控制系统闭环极点的变化情况，并分析系统的时间响应。

解 这是一个单位负反馈控制系统。位置控制系统的方块图如图4-2所示。

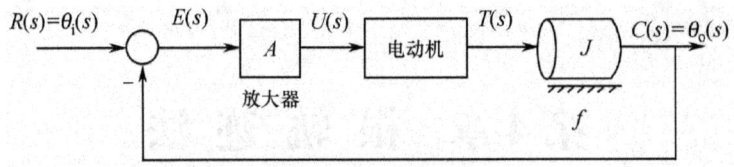

图 4-1 位置控制系统

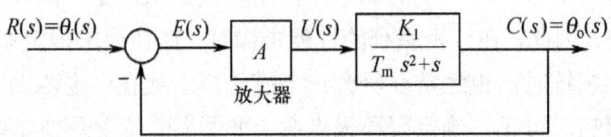

图 4-2 位置控制系统的方块图

系统的开环传递函数为

$$G(s)H(s) = \frac{AK_1}{s(T_m s + 1)} = \frac{AK_1/T_m}{s\left(s + \dfrac{1}{T_m}\right)}$$

式中　　　　　$K_1 = C_m/(R_a f + C_m C_e)$，$T_m = R_a J/(R_a f + C_m C_e)$

闭环传递函数为

$$\frac{C(s)}{R(s)} = \frac{AK_1/T_m}{s^2 + \dfrac{1}{T_m}s + AK_1/T_m} = \frac{K^*}{s^2 + \dfrac{1}{T_m}s + K^*}$$

式中　　　　　$K^* = AK_1/T_m$，设 $\dfrac{1}{T_m} = 2$，$K_1 = 1$

特征方程为

$$s^2 + 2s + K^* = 0$$

特征根为

$$s_{1,2} = -1 \pm \sqrt{1 - K^*}$$

可见控制系统的闭环特征根即闭环极点取决于 K^*（或 A）的取值。

当 $K^* = 0$（或 $A = 0$）时，两个闭环极点是 $s_1 = 0$ 和 $s_2 = -2$，也为系统的开环极点。

当 $K^* = 1$（或 $A = 0.5$）时，两个闭环极点是 $s_{1,2} = -1$。

当 $0 < K^* < 1$（或 $0 < A < 0.5$）时，两个闭环极点为负实数，位于 s 平面的负实轴上，其区间为 $(-2, -1)$ 和 $(-1, 0)$。

当 $K^* > 1$（或 $A > 0.5$）时，闭环极点为一对共轭复数。其实部为 -1，说明 $s_{1,2}$ 位于过 $(-1, j0)$ 点且平行于虚轴的直线上。

部分闭环极点的位置如表 4-1 所示。

表 4-1 部分闭环极点的位置

K^*	0	0.5	1.0	2.0	3.0	…	50.0	…
s_1	$-0 + j0$	$-0.293 + j0$	$-1.0 + j0$	$-1.0 + j1.0$	$-1.0 + j1.414$	…	$-1.0 + j7.0$	…
s_2	$-2.0 - j0$	$-1.707 - j0$	$-1.0 - j0$	$-1.0 - j1.0$	$-1.0 - j1.414$	…	$-1.0 - j7.0$	…

将上述数据标在 s 平面上，并将它们连成曲线，如图 4-3 所示。图中，曲线有两个分支，分别表示了当 K^* 从零到无穷大变化时，系统两个闭环极点（特征根）变化的轨迹，即根轨迹。随着 K^* 的增加，根的运动方向用箭头表示了出来。

从根轨迹图上，能确定位于某一点上的根（闭环极点）所对应的 K^* 值。根轨迹描述了参数 K^* 对闭环特征根分布的影响，以及参数 K^* 与系统性能的关系。例如图中画出了当 $K^* = 2$ 时的阻尼角 $\beta = 45°$，这时系统的阻尼系数 ζ 为 0.707，对应的闭环极点为 $s_{1,2} = -1 \pm j1$。从根轨迹图中，可对系统的时间响应进行如下分析。

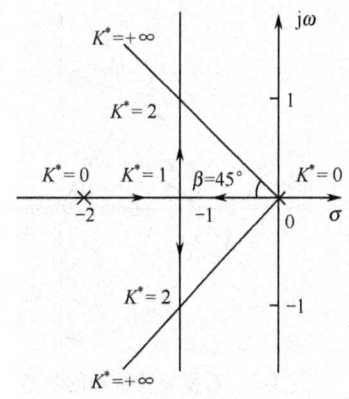

图 4-3 闭环特征根变化的轨迹

当 $0 < K^* \leq 1$ 时，系统闭环特征根是两个负实数，表明该系统是过阻尼二阶系统（$K^* = 1$ 时为临界阻尼二阶系统），其单位阶跃响应是单调上升曲线。

当 $K^* > 1$ 时，系统闭环特征根是共轭复数，假设为 $\sigma \pm j\omega_d$，表明该系统是欠阻尼二阶系统，其单位阶跃响应是衰减振荡曲线。

当 K^* 增加时，阻尼角增加，阻尼比减小，表明闭环系统动态响应的超调量增加，阻尼振荡频率 ω_d 增加。ω_d 值是复数特征根的虚部，描述了动态响应的振荡频率。当 ω_d 增加时，系统的振荡加剧；共轭复数特征根的实部 σ 不变，等于常数，说明系统的调整时间基本不变。

特征根的轨迹总位于 s 左半平面。这就意味着对于该二阶位置控制系统，不管增益 K^* 如何增加，系统总是稳定的。

因为开环传递函数有一个位于坐标原点的极点，所以系统为 I 型系统，具有 I 型稳态精度，在阶跃作用下的稳态误差为零，在斜坡作用下的稳态误差为常数。

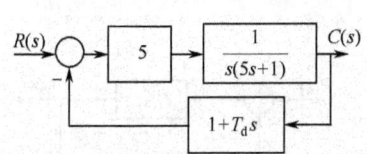

图 4-4 带测速反馈的位置控制系统

【例 4-2】 有测速反馈的位置控制系统如图 4-4 所示。讨论当测速反馈系数 T_d 从零变化到无穷大时，该位置控制系统闭环极点的变化情况。

解 系统的开环传递函数为

$$G(s)H(s) = \frac{5(1+T_d s)}{s(1+5s)}$$

闭环传递函数为

$$\Phi(s) = \frac{5}{s(1+5s) + 5(1+T_d s)}$$

特征方程为

$$5s^2 + (1+5T_d)s + 5 = 0$$

系统的闭环特征根即闭环极点取决于 T_d 的取值。

特征根为

$$s_{1,2} = [(-1+5T_d) \pm \sqrt{(1+5T_d)^2 - 100}]/10$$

当 $T_d = 0$ 时，闭环极点位置为

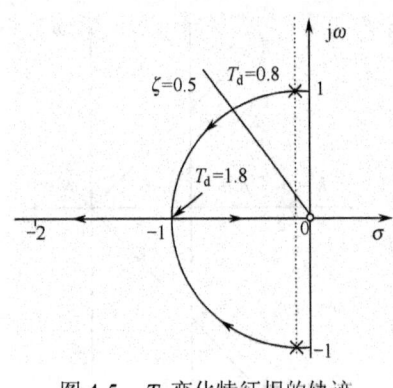

图 4-5 T_d 变化特征根的轨迹

当 $T_d = 0.8$ 时，闭环极点位置为

$$s_{1,2} = -0.1 \pm j0.995$$

当 $T_d = 0.8$ 时，闭环极点位置为

$$s_{1,2} = -0.5 \pm j0.87$$

此时 $\zeta = 0.5$，如图 4-5 所示画出了 $\zeta = 0.5$ 的阻尼角线。

当 $T_d = 1.8$ 时，闭环极点位置为 $s_{1,2} = -1$。

当 $0 < T_d < 1.8$ 时，系统闭环特征根是共轭复数，该系统是欠阻尼二阶系统，其单位阶跃响应是衰减振荡曲线。

当 $T_d > 1.8$ 时，系统闭环特征根是两个负实数，表明该系统是过阻尼二阶系统，其单位阶跃响应是单调上升曲线。

由上述两个例子可见，根轨迹是指系统特征方程的根（闭环极点）随系统某参量变化在 s 平面上运动而形成的轨迹。通过根轨迹图可以看出系统参量变化对系统闭环极点布局的影响。一旦系统参数数值确定后，在根轨迹图上便可以找到与该参数数值对应的闭环极点的位置，从而可进一步分析计算系统的性能。

一般而言，绘制根轨迹时选择的可变参数可以是系统的任意参量，在实际中最常用的可变参量是系统的开环根轨迹增益，例 4-1 中的 K^* 是开环根轨迹增益，所绘制的根轨迹称为常规根轨迹。在控制系统中，除了以开环根轨迹增益 K^* 为变化参数来绘制根轨迹外，以其他可变参数所绘制的根轨迹称为参数根轨迹。例 4-2 中，绘制的根轨迹是以 T_d 为可变参数的，因此为参数根轨迹。

上述二阶系统的特征根是通过直接对特征方程求解得到的，但对高阶系统的特征方程直接求解十分困难，因此在实际中通常采用图解的方法绘制根轨迹图。

4.2 根轨迹的幅值条件和幅角条件

闭环控制系统如图 4-6 所示。设系统的开环传递函数为

$$G(s)H(s) = \frac{K^*(s+z_1)(s+z_2)\cdots(s+z_m)}{(s+p_1)(s+p_2)\cdots(s+p_n)} \quad (4-1)$$

式中：K^* 为开环根轨迹增益。

系统的闭环传递函数为

$$\frac{C(s)}{R(s)} = \frac{G(s)}{1+G(s)H(s)}$$

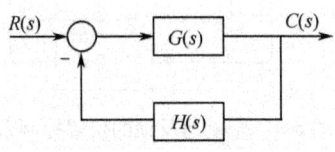

图 4-6 闭环控制系统

特征方程为

$$1+G(s)H(s) = 0$$
$$G(s)H(s) = -1$$

因为 $G(s)H(s)$ 为复数，所以把它的幅值和幅角分别对应的两个方程写出。

幅角条件

$$\angle G(s)H(s) = \pm 180°(2k+1), \quad (k=0,1,2,\cdots) \quad (4-2)$$

幅值条件

$$|G(s)H(s)| = 1 \quad (4-3)$$

满足幅角和幅值条件的 s 值，就是特征方程的根，也就是闭环极点。而复平面上，满足幅角条件的点构成的图形，就是根轨迹。幅值条件和增益有关，而幅角条件和增益无关。把

满足幅角条件的 s 值代入幅值方程中，总可以求得一个对应的增益值。绘制根轨迹只要依据幅角条件就够了，而幅值条件主要用来确定根轨迹上各点对应的增益值。

下面根据这两个绘制根轨迹的条件推出绘制根轨迹的基本法则。

4.3 绘制根轨迹的基本法则

绘制根轨迹就是在已知系统开环零、极点的条件下，绘制出系统特征方程根在 s 平面上随某参数变化而运动的轨迹。

下面讨论系统开环根轨迹增益变化时绘制根轨迹的基本法则。对于系统其他参数变化，经过适当变换，这些法则仍然适用，这部分内容将在后续章节里讨论。

根据绘制根轨迹的基本法则，只需通过简单的计算，即可画出根轨迹的大致图形，从而可以看出系统参数的变化对闭环极点的影响趋势。如果需要，可在此基础上再做定量的计算，便可获得根轨迹的准确图形。

1．对称性和连续性

根轨迹总是连续且对称于实轴。

根轨迹是闭环特征根的运动轨迹，当闭环特征根为实数时，它必位于实轴上；若为复数，则一定是以共轭的形式成对地出现，因此，所有的闭环特征根是对称于实轴的，它们的运动轨迹——根轨迹也一定对称于实轴。当系统开环根轨迹增益由零到无穷大连续变化时，闭环特征根的变化必然是连续的，故根轨迹是连续的。

因此，我们只需做出上面的一半根轨迹，然后应用镜像原理，就可以画出下一半根轨迹。

2．根轨迹的起点、终点、分支数

根轨迹起始于开环极点，终止于开环零点。分支数等于系统开环零点和极点数目中的大者。

将特征方程 $1 + G(s)H(s) = 0$ 改写为

$$(s+p_1)\cdots(s+p_n) + K^*(s+z_1)\cdots(s+z_m) = 0$$

当 $K^* = 0$ 时，上式变为

$$(s+p_1)\cdots(s+p_n) = 0$$

可见，根轨迹起始于开环极点 $-p_1, -p_2, \cdots, -p_n$。

特征方程 $1 + G(s)H(s) = 0$ 又可改写为

$$\frac{1}{K^*}(s+p_1)\cdots(s+p_n) + (s+z_1)\cdots(s+z_m) = 0$$

当 $K^* = \infty$ 时，上式变为

$$(s+z_1)\cdots(s+z_m) = 0$$

可见，根轨迹终止于开环零点 $-z_1, -z_2, \cdots, -z_m$。

如果开环极点数 n 与开环零点数 m 相等，则 n 条根轨迹终止于 m 个有限开环零点。如果开环极点数大于开环零点数，则有 $(n-m)$ 条根轨迹，将止于无穷远处，即意味着有 $n-m$ 个零点位于无穷远处。如果开环极点数小于开环零点数，则有 $(m-n)$ 条根轨迹起点在无穷远处，即意味着有 $(m-n)$ 个极点位于无穷远处。可见，根轨迹分支数等于系统开环零点和极点数目中的大者。

3. 根轨迹的渐近线

若 $n > m$，则有 $(n-m)$ 条根轨迹趋向于无穷远，其方位可由渐近线决定。渐近线与实轴交点的坐标为

$$\sigma = -\frac{\sum_{i=1}^{n} p_i - \sum_{j=1}^{m} z_j}{n-m} \tag{4-4}$$

渐近线与实轴正方向的夹角为

$$\theta = \frac{180°(2k+1)}{n-m}, \quad (k = 0, 1, 2, \cdots, n-m-1) \tag{4-5}$$

式（4-4）和式（4-5）中，n 为 $G(s)H(s)$ 的有限极点数，m 为 $G(s)H(s)$ 的有限零点数。

【例 4-3】 系统开环传递函数为

$$G(s)H(s) = \frac{K^*}{s(s+1)(s+2)}$$

确定根轨迹渐近线在 s 平面的位置。

解 $n - m = 3 - 0 = 3$，所以有三条渐近线。

$$\theta = \frac{180°(2k+1)}{n-m} = \frac{180°(2k+1)}{3} = 60°, 180°, 300°$$

$$\sigma = -\frac{0+1+2-0}{3} = -1$$

渐近线在 s 平面的位置如图 4-7 所示。

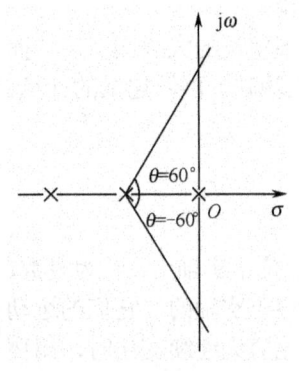

图 4-7 根轨迹渐近线

4. 根轨迹在实轴上的分布

实轴上的根轨迹只能是那些在其右侧的开环实极点、开环实零点数目的总和为奇数的线段。

开环传递函数的共轭复极点和零点，对实轴上的根轨迹的位置没有影响，因为一对共轭复极点或零点对实轴上点产生的幅角之和等于 360°。

实轴上的根轨迹，由位于实轴上的开环极点和零点来确定。

【例 4-4】 开环传递函数为

$$G(s)H(s) = \frac{K^*}{s(s+1)(s+2)(s+0.7+j0.9)(s+0.7-j0.9)}$$

确定实轴上的根轨迹。

解 实轴上的根轨迹如图 4-8 所示中的粗线所示。

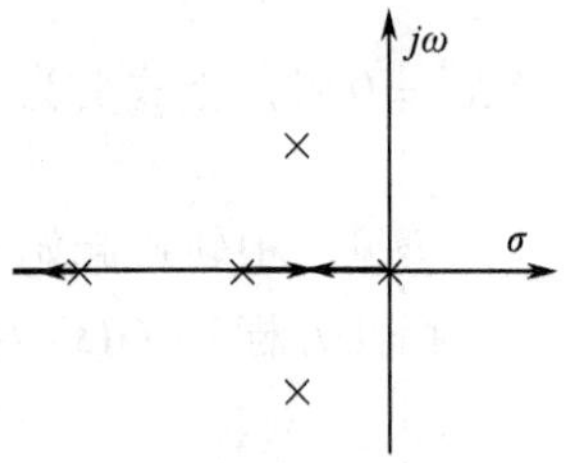

图 4-8 实轴上的根轨迹

5. 根轨迹的分离（会合）点

几条根轨迹在 s 平面上相遇后又立即分开的点，称为根轨迹的分离（会合）点。由于根轨迹的共轭对称性，所以分离（会合）点或位于实轴上，或位于复平面上且对称于实轴。如果根轨迹位于实轴上两个相邻的开环极点之间，则在这两个极点之间，至少存在一个分离点。同样，如果根轨迹位于实轴上两个相邻的零点之间，则在这两个相邻的零点之间，至少存在一个会合点。如果根轨迹位于实轴上一个开环极点与一个开环零点之间，则在这两个相邻的极零点之间，一般不存在分离（会合）点。

分离（会合）点求法一

特征方程为
$$A(s) + K^* B(s) = 0$$

导出
$$K^* = -\frac{A(s)}{B(s)}$$

如果实轴某段是根轨迹且有一个分离（会合）点，则在该段根轨迹上，K^* 在分离（会合）点为最大值或最小值，故可利用

$$\frac{\mathrm{d}K^*}{\mathrm{d}s} = -\frac{A'(s)B(s) - A(s)B'(s)}{B^2(s)} = 0$$

求得分离（会合）点。

分离（会合）点求法二

分离（会合）点的坐标是下列方程的解

$$\sum_{i=1}^{n} \frac{1}{s+p_i} = \sum_{j=1}^{m} \frac{1}{s+z_j} \tag{4-6}$$

若无开环零点，上式变为

$$\sum_{i=1}^{n} \frac{1}{s+p_i} = 0 \tag{4-7}$$

【例 4-5】 开环传递函数为

$$G(s)H(s) = \frac{K^*}{s(s+1)(s+2)}$$

求分离点。

解 方法一。由特征方程得

$$K^* = -s(s+1)(s+2)$$

等式两边对 s 求导得

$$\frac{\mathrm{d}K^*}{\mathrm{d}s} = 3s^2 + 6s + 2 = 0$$

解得
$$s_1 = -0.422, \quad s_2 = -1.578$$

方法二。由式（4-7）得

$$\sum_{i=1}^{3} \frac{1}{s+p_i} = \frac{1}{s} + \frac{1}{s+1} + \frac{1}{s+2} = 0$$

整理得
$$3s^2 + 6s + 2 = 0$$

解得

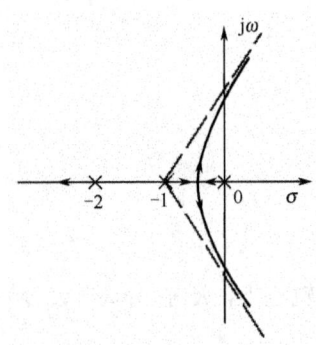

图 4-9 例 4-5 根轨迹

$s_1 = -0.422, \quad s_2 = -1.578$

$s_2 = -1.578$ 不在根轨迹上，不是分离点。$s_1 = -0.422$ 在根轨迹上，是分离点。根轨迹如图 4-9 所示。

l 条根轨迹在 s 平面上相遇后又立即离开分离（会合）点的分离角为

$$\theta_d = \frac{180(2k+1)}{l}, \quad k = 0, 1, 2, \cdots, l-1 \quad (4-8)$$

6. 根轨迹的出射角与入射角

在开环复数极点处，根轨迹的出射角为根轨迹起点处的切线与水平线正方向的夹角，复数极点 $-p_l$ 的出射角为

$$\theta_{-p_l} = 180°(2k+1) + \sum_{j=1}^{m} \angle(-p_l-(-z_j)) - \sum_{\substack{i=1 \\ i \neq l}}^{n} \angle(-p_l-(-p_i)) \quad (4-9)$$

在开环复数零点处，根轨迹的入射角为根轨迹终点处的切线与水平线正方向的夹角，复数零点 $-z_l$ 的入射角为

$$\theta_{-z_l} = 180°(2k+1) - \sum_{\substack{j=1 \\ j \neq l}}^{m} \angle(-z_l-(-z_j)) + \sum_{i=1}^{n} \angle(-z_l-(-p_i)) \quad (4-10)$$

【例 4-6】设已知开环零点、极点分别为：$-z_1 = -1.5, -p_a = -1+j, -p_2 = -1-j, -p_1 = 0$，求开环复数极点 $-p_a$ 的出射角。

解

$$\phi_1 = \angle(-p_a + z_1) = \angle(-1+j+1.5) = \angle(0.5+j) = \arctan\left(\frac{1}{0.5}\right) = 63.4°$$

$$\theta_1 = \angle(-p_a + p_1) = \angle(-1+j+0) = \angle(-1+j) = \arctan\left(-\frac{1}{1}\right) = 135°$$

$$\theta_2 = \angle(-p_a + p_2) = \angle(-1+j+1+j) = 90°$$

$$\theta_{-p_a} = 180° + 63.4° - 90° - 135° = 18.4°$$

开环复数极点 $-p_a$ 的出射角如图 4-10 所示。

7. 根轨迹与虚轴交点

根轨迹与虚轴的交点，可通过以下两种方法求得。

（1）采用劳斯稳定判据

因为根轨迹与虚轴相交，说明此时特征根正好在虚轴上，系统处于临界稳定状态，其劳斯表的某一行一定有全零值元素。利用这一特性，可以解出根轨迹与虚轴的交点坐标。利用劳斯稳定判据先求出临界稳定的 K^* 值，然后通过解劳斯表中与临界 K^* 对应全零行的上一行的辅助方程求出交点坐标。

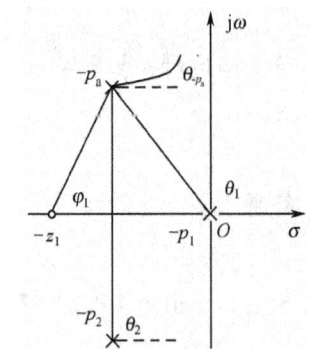

图 4-10 开环复数极点 $-p_a$ 的出射角

（2）计算法

若根轨迹与虚轴相交，说明此特征根一定是纯虚根。设其为 $s = j\omega$，代入特征方程，即可解出根轨迹与虚轴交点的坐标及临界根轨迹增益。

将 $s = j\omega$ 代入特征方程 $1 + G(s)H(s) = 0$ 得
$$1 + G(j\omega)H(j\omega) = 0$$
或
$$\text{Re}[1 + G(j\omega)H(j\omega)] + j\text{Im}[1 + G(j\omega)H(j\omega)] = 0$$
令实部、虚部分别等于零得
$$\begin{cases} \text{Re}[1 + G(j\omega)H(j\omega)] = 0 \\ \text{Im}[1 + G(j\omega)H(j\omega)] = 0 \end{cases} \tag{4-11}$$
解上面的方程组可得到根轨迹与虚轴交点 $j\omega$ 及临界根轨迹增益 K^*。

【例 4-7】 开环传递函数
$$G(s)H(s) = \frac{K^*}{s(s+1)(s+2)}$$
求根轨迹与虚轴交点及临界增益。

解 特征方程 $s^3 + 3s^2 + 2s + K^* = 0$。

方法一：列劳斯表

$$\begin{array}{c|cc}
s^3 & 1 & 2 \\
s^2 & 3 & K^* \\
s^1 & \dfrac{6-K^*}{3} & 0 \\
s^0 & K^* &
\end{array}$$

令 $\dfrac{6-K^*}{3} = 0$，求得 $K^* = 6$。

辅助方程及其解
$$3s^2 + K^* = 0, \quad s^2 = -\frac{K^*}{3} = -\frac{6}{3} = -2, \quad \text{所以 } s = \pm j\sqrt{2}$$

根轨迹与虚轴交点为 $s = \pm j\sqrt{2}$，临界增益 $K^* = 6$。

方法二：将 $s = j\omega$ 代入特征方程得
$$-j\omega^3 - 3\omega^2 + j2\omega + K^* = 0$$

从而得 $\begin{cases} -3\omega^2 + K^* = 0 \\ -\omega^3 + 2\omega = 0 \end{cases}$，有 $\omega = \pm\sqrt{2}$，$K^* = 6$。

8. 系统的闭环极点之和与闭环极点之积

设系统开环传递函数为
$$G(s)H(s) = K^* \frac{\prod_{i=1}^{m}(s+z_i)}{\prod_{j=1}^{n}(s+p_j)}$$

设控制系统的特征方程为
$$1 + G(s)H(s) = s^n + a_{n-1}s^{n-1} + \cdots + a_1 s + a_0 = 0$$

设系统闭环极点为 $s_1, s_2, \cdots, s_n$，则可得如下结论：

当 $n - m \geq 2$ 时,

$$\sum_{j=1}^{n} s_j = -\sum_{j=1}^{n} p_j = -a_{n-1} \tag{4-12}$$

$$\prod_{i=1}^{n}(-s_i) = a_0 \tag{4-13}$$

式（4-12）表明，在开环极点确定的情况下，闭环系统的根之和是一个与 K^* 无关（a_{n-1} 与 K^* 无关）的常数。这就说明如果一部分根轨迹随着 K^* 的增加向左移动时，另一部分根轨迹必将随着 K^* 的增加向右移动，反之亦然。该规则对于判断根轨迹的走向是有用的。注意 a_0 与 K^* 有关。根据式（4-12）和式（4-13），可以在已知控制系统的部分闭环极点情况下，求出其余的闭环极点。

【例 4-8】 系统开环传递函数为

$$G(s)H(s) = \frac{K^*}{s(s+1)(s+2)}$$

已知根轨迹与虚轴相交时的两个闭环极点分别为 $s_1 = +j\sqrt{2}, s_2 = -j\sqrt{2}$，求在此情况下的第三个闭环极点 s_3 及 K^*。

解 特征方程为

$$s^3 + 3s^2 + 2s + K^* = 0$$

由闭环极点的和导出 $\quad s_1 + s_2 + s_3 = -3, \quad s_3 = -3 - s_1 - s_2 = -3 - (j\sqrt{2}) - (-j\sqrt{2}) = -3$

由闭环极点积导出 $\quad K^* = (-s_1)(-s_2)(-s_3) = (-j\sqrt{2})(j\sqrt{2}) \times 3 = 6$

4.4 零度根轨迹

三种情况绘制的根轨迹称为零度根轨迹。

第一种情况是负反馈最小相位系统根轨迹增益 K^* 为负数（$-\infty < K^* < 0$）。第二种情况是正反馈最小相位系统 K^* 为正数（$0 < K^* < \infty$）。这时系统绘制的根轨迹称为零度根轨迹。根轨迹幅值条件不变，根轨迹满足如下幅角条件：

$$\sum_{j=1}^{m}\angle(s+z_j) - \sum_{i=1}^{n}\angle(s+p_i) = 180°(2k), \ k = 0, \pm 1, \pm 2, \cdots \tag{4-14}$$

与 $180°$ 等幅角根轨迹的幅值条件和相角条件相比较，两者的幅值条件相同，而相角条件不同。与相角条件有关的一些规则是不同的，需要调整。以下几点是变化了的规则。

根轨迹渐近线的倾角改为

$$\theta = \frac{2k(180°)}{n-m}, \ k = 0, 1, 2, \cdots, n-m-1 \tag{4-15}$$

渐近线与实轴的交点不变。

实轴上的根轨迹改为：实轴上的某一区域，若其右方开环零点和极点个数之和为偶数（偶数包括 0），则该区域必是根轨迹。

出射角和入射角规则有变化。根轨迹在开环极点 $-p_l$ 处的出射角为

$$\theta_{-p_l} = \sum_{j=1}^{m} \angle(-p_l-(-z_j)) - \sum_{\substack{i=1\\i\neq l}}^{n} \angle(-p_l-(-p_i)) \tag{4-16}$$

根轨迹在开环零点 $-z_l$ 处的入射角为

$$\theta_{-z_l} = -\sum_{\substack{j=1\\j\neq l}}^{m} \angle(-z_l-(-z_j)) + \sum_{i=1}^{n} \angle(-z_l-(-p_i)) \tag{4-17}$$

其他规则不变。

第三种情况是对某些非最小相位控制系统，如果系统开环传递函数的所有极点和零点均位于左半 s 平面，则系统称为最小相位系统。如果系统开环传递函数至少有一个极点或零点位于右半 s 平面，则系统称为非最小相位系统。

例如，非最小相位控制系统如图 4-11 所示。讨论开环增益 K 由 $0\to\infty$ 时的闭环根轨迹。

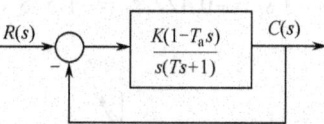

图 4-11 非最小相位系统

系统开环传递函数为

$$G(s)H(s) = \frac{K(1-T_a s)}{s(Ts+1)}, \quad T_a > 0, \quad T > 0$$

对于这个系统，相角条件

$$\angle G(s)H(s) = \angle\frac{K(1-T_a s)}{s(Ts+1)} = \angle-\frac{K(T_a s-1)}{s(Ts+1)}$$

$$= \angle\frac{K(T_a s-1)}{s(Ts+1)} + 180° = \pm 180°(2k+1), k=0,1,\cdots$$

由上式可得

$$\angle\frac{K(T_a s-1)}{s(Ts+1)} = 180°(2k), \quad k=0,1,\cdots$$

可见，绘制开环传递函数为 $\dfrac{K(1-T_a s)}{s(Ts+1)}$ 的负反馈系统根轨迹与绘制开环传递函数为 $\dfrac{K(T_a s-1)}{s(Ts+1)}$ 的正反馈系统根轨迹一样，所以可用零度根轨迹的规则来绘制开环传递函数为 $\dfrac{K(T_a s-1)}{s(Ts+1)}$ 的根轨迹。

4.5 根轨迹绘制举例

【例 4-9】 控制系统如图 4-12 所示，系统开环传递函数

$$G(s)H(s) = \frac{K^*}{s(s+1)(s+2)}$$

绘制该系统的根轨迹图。

解 （1）根轨迹曲线对称于实轴。

（2）本系统 $n=3$, $m=0$。因此根轨迹有三条分支，起点为系统的开环极点 0、-1、-2，终点都趋向无限零点。

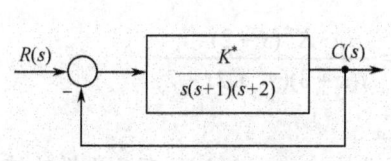

图 4-12 例 4-9 控制系统

（3）根轨迹渐近线共 $n-m=3$ 条，渐近线的倾角及渐近线与实轴的交点分别为

$$\theta = \frac{180°(2k+1)}{n-m} = 60°, 180°, 300°$$

$$\sigma = -\frac{0+1+2-0}{3} = -1$$

（4）实轴上根轨迹分布在 0，-1 之间及 -2 之左的实轴上。

（5）根轨迹的分离点为

$$\frac{dK^*}{ds} = 3s^2 + 6s + 2 = 0$$

解得 $s_1 = -0.422, s_2 = -1.578$，取分离点 $s_1 = -0.422$。

（6）没有开环复极点，不需要算出射角。

（7）根轨迹与虚轴的交点

特征方程为

$$s^3 + 3s^2 + 2s + K^* = 0$$

将 $s = j\omega$ 代入特征方程得

$$-j\omega^3 - 3\omega^2 + j2\omega + K^* = 0$$

$$\begin{cases} -3\omega^2 + K^* = 0 \\ -\omega^3 + 2\omega = 0 \end{cases}$$

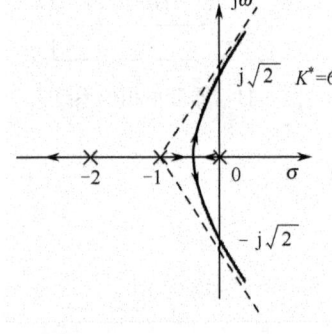

图 4-13 例 4-9 根轨迹

解得 $\omega = \pm\sqrt{2}, K^* = 6$，根轨迹如图 4-13 所示。

【例 4-10】 例 4-9 中根轨迹增益 K^* 取负数（$-\infty < K^* < 0$）时，或将负反馈改为正反馈（K^* 为正数）时，绘制该系统的根轨迹图。

解 绘制的根轨迹称为零度根轨迹。在实轴上的根轨迹只能是那些在其右侧的开环极点和零点的总数为偶数的线段。

渐近线的倾角 $\theta = \frac{k360°}{n-m} = 0°, 120°, 240°$，渐近线与实轴的交点不变。

根轨迹的分离点

$$\frac{dK^*}{ds} = 3s^2 + 6s + 2 = 0$$

解上式得 $s_1 = -0.422, s_2 = -1.578$。取分离点 $s_2 = -1.578$。根轨迹如图 4-14 所示。

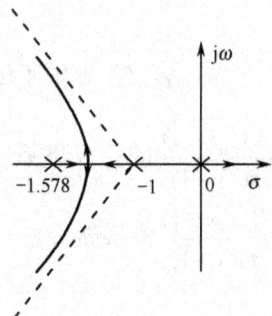

图 4-14 例 4-10 根轨迹图

【例 4-11】 控制系统如图 4-15 所示。

开环传递函数

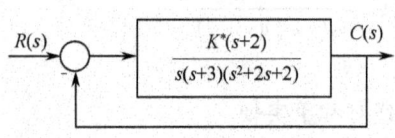

图 4-15 例 4-11 控制系统

$$G(s)H(s) = \frac{K^*(s+2)}{s(s+3)(s^2+2s+2)}$$

绘制该系统的根轨迹图。

解（1）共有四条根轨迹（$n=4$），有三条根轨迹（$n-m=3$）趋于无穷远零点。

（2）渐近线

$$\theta = \frac{180°(2k+1)}{n-m} = 60°,180°,300°$$

$$\sigma = -\frac{0+3+1+j+1-j-2}{3} = -1$$

（3）实轴上根轨迹分布在 0，-2 之间及 -3 之左的实轴上。

（4）出射角

开环复极点为 $P=-1\pm j$，其出射角为

$$\theta_p = \pm 180°(2k+1) + \sum_{i=1}^{m}\varphi_i - \sum_{\substack{j=1\\ \ne a}}^{n}\theta_j = 180°+45°-90°-135°-26.6° = -26.6°$$

其中，$\theta_1 = \arctan(-1) = 135°$，$\theta_2 = 90°$，$\theta_3 = \arctan\frac{1}{3-1} = 26.6°$，$\varphi_1 = \arctan 1 = 45°$。

（5）与虚轴交点

将 $s=j\omega$ 代入特征方程 $s^4+5s^3+8s^2+6s+K^*(s+2)=0$，整理后得

$$\begin{cases} -5\omega^3 + (6+K^*)\omega = 0 \\ \omega^4 - 8\omega^2 + 2K^* = 0 \end{cases}$$

解得 $\begin{cases} \omega = \pm 1.61 \\ K^* = 7 \end{cases}$，根轨迹如图 4-16 所示。

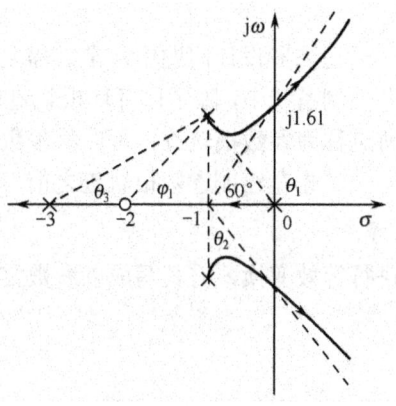

图 4-16 例 4-11 根轨迹图

【例 4-12】 控制系统如图 4-17 所示，系统开环传递函数为

$$G(s)H(s) = \frac{K(1-T_a s)}{s(Ts+1)}, \quad T_a > 0, T > 0$$

绘制开环增益 $K:0 \to \infty$ 时该系统的根轨迹图。

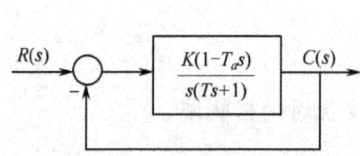

图 4-17 例 4-12 控制系统

解 这个系统是个非最小相位系统。对于这个系统，绘制的根轨迹为零度根轨迹。

（1）$n=2$，$m=1$，$n-m=1$ 有两条根轨迹，有一条趋于无穷。

（2）渐进线 $\theta = \frac{k360°}{n-m} = 0°$。

（3）实轴上根轨迹为 $-1/T \sim 0$ 和 $1/T_a \sim \infty$ 段。

（4）分离点：由 $\frac{dk}{ds} = \frac{d}{ds}\left[\frac{-s(Ts+1)}{1-T_a s}\right] = 0$ 解得分离点

$$s_1 = \frac{1}{T_a} - \sqrt{T^2+TT_a}\bigg/TT_a, \quad s_2 = \frac{1}{T_a} + \sqrt{T^2+TT_a}\bigg/TT_a$$

（5）与虚轴交点：将 $s = j\omega$ 代入特征方程得

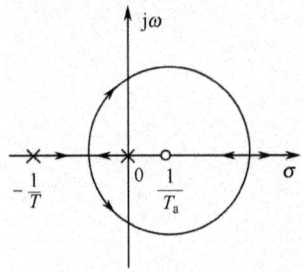

图 4-18 例 4-12 根轨迹图

$$Ts^2 + (1 - T_aK)s + K = 0$$
$$-T\omega^2 + (1 - T_aK)\omega j + K = 0$$
$$\begin{cases} -T\omega^2 + K = 0 \\ (1 - T_aK)\omega = 0 \end{cases}$$

解得 $K = \dfrac{1}{T_a}$，$\omega = \pm\sqrt{\dfrac{1}{TT_a}}$，根轨迹如图 4-18 所示。

4.6 参数根轨迹

在许多设计问题中，常常需要研究除增益 K^* 外，其他系统参数变化对闭环极点的影响。在控制系统中，除了以开环根轨迹增益 K^* 为变化参数的根轨迹外，以其他可变参数绘制的根轨迹称为参数根轨迹，可以将参数根轨迹转化为常规根轨迹绘制。

首先在绘制参数根轨迹之前，需将控制系统的特征方程
$$1 + G(s)H(s) = 0$$
进行等效变换，将其写成以参数 X 为可变参数时根轨迹方程的另一种形式，即
$$1 + X\frac{P(s)}{Q(s)} = 0 \tag{4-18}$$
其中 $P(s), Q(s)$ 都是复变量 s 的多项式，称 $X\dfrac{P(s)}{Q(s)}$ 为等效开环传递函数。

然后根据等效开环传递函数绘制常规根轨迹。

【例 4-13】 已知系统的开环传递函数为
$$G(s)H(s) = \frac{K}{s(s+1)(T_as+1)}$$
绘制当开环增益 K 分别为 0.5、1、2 时，时间常数 $T_a(0 \to \infty)$ 变化时的根轨迹。

解 系统特征方程为
$$s(s+1)(T_as+1) + K = 0$$
整理得
$$T_as^2(s+1) + s^2 + s + K = 0$$
上式除以 $s^2 + s + K$ 得
$$1 + \frac{T_as^2(s+1)}{s^2 + s + K} = 0$$
等效开环传递函数为
$$G_1(s)H_1(s) = \frac{T_as^2(s+1)}{s^2 + s + K}$$
等效开环传递函数有 3 个零点、2 个极点，取不同 K 值可计算出不同极点。按照常规根轨迹的绘制法则可绘制出参数根轨迹如图 4-19 所示。

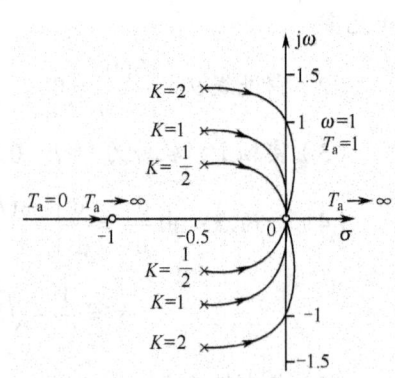

图 4-19 例 4-13 根轨迹图

4.7 延时系统的根轨迹

在控制系统中,若某些测量元件,控制器、执行机构、被控对象等在传递信号过程中发生延时现象,则称这种环节为延时环节。具有延时环节的控制系统称为延时系统。下面讨论延时系统的根轨迹。

设延时系统如图4-20所示,延时系统特征方程为

$$1 + G(s)H(s)e^{-\tau s} = 0$$

根轨迹方程为

$$G(s)H(s)e^{-\tau s} = -1$$

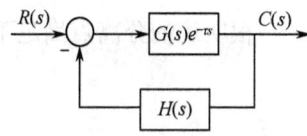

图 4-20 延时控制系统

对方程取角度得

$$\angle G(s)H(s) + \angle e^{-\tau s} = \pm 180°(2k+1),\ k=0,1,2,\cdots$$

由于

$$\angle e^{-\tau s} = \angle e^{-\tau(\sigma+j\omega)} = -\omega\tau$$

所以有根轨迹方程幅角条件为

$$\angle G(s)H(s) = \pm 180^0(2k+1) + 57.3\omega\tau,\ k=0,1,2,\cdots \tag{4-19}$$

设 $G(s)H(s)$ 为

$$G(s)H(s) = \frac{K^*(s+z_1)(s+z_2)\cdots(s+z_m)}{(s+p_1)(s+p_2)\cdots(s+p_n)} = K^* G_1(s)H_1(s)$$

根轨迹方程幅值条件为

$$e^{-\tau\sigma}\frac{|(s+z_1)(s+z_2)\cdots(s+z_m)|}{|(s+p_1)(s+p_2)\cdots(s+p_n)|} = \frac{1}{K^*} \tag{4-20}$$

下面讨论延时系统的根轨迹绘制规则。

1. 根轨迹的起点、终点

由式(4-20)可知,当 $K^*=0$ 时,除开环极点 $-p_i$ 是起点外,$\sigma=-\infty$ 也是起点。由式(4-20)可知,当 $K^*=\infty$ 时,除开环零点 $-z_i$ 是终点外,$\sigma=\infty$ 也是终点。

2. 根轨迹的分支数

由式(4-19)可知,当 $k=0,1,2,\cdots$ 无穷多值时,便有无穷多条根轨迹的分支。

3. 实轴上的根轨迹

实轴上的根轨迹只能是那些在其右侧的开环实极点、开环实零点数目的总和为奇数的线段。因在实轴上 $\omega=0$,延时环节在式(4-19)中不起作用。

4. 根轨迹的渐近线

由式(4-20)可知,当 $K^*=\infty$ 时,$\sigma=\infty$,所以渐近线为水平线,它与虚轴的交点为

$$\omega = \frac{\pm 180(2k+1)}{57.3\tau},\ k=0,1,2,\cdots \tag{4-21}$$

再讨论 $K^*=0$ 时的渐近线,当 $K^*=0$ 时,$\sigma=-\infty$,所以渐近线为水平线,它与虚轴的

交点为

$$\omega = \frac{\pm 2k180}{57.3\tau} \quad (\text{当 } n-m=\text{奇数}, \; k=0, \; 1, \; 2, \; \cdots) \quad (4\text{-}22)$$

$$\omega = \frac{\pm 180(2k+1)}{57.3\tau} \quad (\text{当 } n-m=\text{偶数}, \; k=0, \; 1, \; 2, \; \cdots) \quad (4\text{-}23)$$

5. 根轨迹的分离点

根轨迹的分离点满足下式

$$\frac{\mathrm{d}G_1(s)H_1(s)e^{-\tau s}}{\mathrm{d}s} = 0 \quad (4\text{-}24)$$

6. 根轨迹的出射角与入射角

复数极点 $-p_l = \sigma_l + j\omega_l$ 的出射角为

$$\theta_{-p_l} = 180°(2k+1) - 57.3\tau\omega_l + \sum_{j=1}^{m}\angle(-p_l-(-z_j)) - \sum_{\substack{i=1 \\ i\neq l}}^{n}\angle(-p_l-(-p_i)) \quad (4\text{-}25)$$

复数零点 $-z_l = \sigma_l + j\omega_l$ 的入射角为

$$\theta_{-z_l} = 180°(2k+1) + 57.3\tau\omega_l - \sum_{\substack{j=1 \\ j\neq l}}^{m}\angle(-z_l-(-z_j)) + \sum_{i=1}^{n}\angle(-z_l-(-p_i)) \quad (4\text{-}26)$$

7. 根轨迹与虚轴交点

令式（4-19）中 $s=j\omega$，可得根轨迹与虚轴交点 ω 满足的方程为

$$\angle G(j\omega)H(j\omega) = \pm 180°(2k+1) + 57.3\omega\tau, \quad k=0, \; 1, \; 2, \; \cdots \quad (4\text{-}27)$$

令式（4-20）中 $s=j\omega, \sigma=0$，可得根轨迹与虚轴交点对应的临界 K^* 满足的方程为

$$\frac{|(j\omega+z_1)(j\omega+z_2)\cdots(j\omega+z_m)|}{|(j\omega+p_1)(j\omega+p_2)\cdots(j\omega+p_n)|} = \frac{1}{K^*} \quad (4\text{-}28)$$

【例 4-14】 设系统开环传递函数为

$$G(s)H(s) = \frac{K^* e^{-\tau s}}{s(s+1)}$$

其中 $\tau = 0.5$，绘制根轨迹。

解 （1）当 $K^* = 0$ 时，开环极点 $-p_0 = 0$，$-p_1 = -1$ 是起点，$\sigma = -\infty$ 也是起点。当 $K^* = \infty$ 时，$\sigma = \infty$ 是终点。

（2）因 $n-m=2$，所以当 $K^* = 0$ 时，$\sigma = -\infty$ 起点渐近线为

$$\omega = \frac{\pm 180(2k+1)}{57.3\tau}, \quad k=0, \; 1, \; 2, \; \cdots$$

当 $K^* = \infty$ 时，$\sigma = \infty$ 是终点的渐近线为

$$\omega = \frac{\pm 180(2k+1)}{57.3\tau}, \quad k=0, \; 1, \; 2, \; \cdots$$

（3）实轴上的根轨迹为（-1,0）区间。
（4）根轨迹的分离点由下式

$$\frac{\mathrm{d}[\frac{1}{s(s+1)}e^{-\tau s}]}{\mathrm{d}s}=0$$

解得 $s=-0.438$。

（5）根轨迹与虚轴交点有无穷多个，式（4-27）中 $k=0$ 时，ω 满足的方程为

$$-\angle(j\omega)-\angle(j\omega+1)=\pm180°+57.3\omega\tau$$

整理得

$$90°+\arctan\omega=180°-57.3\frac{\omega}{2}$$

解得根轨迹与虚轴交点 $\omega=1.305$，将其代入式（4-28）得

$$\frac{1}{|j\omega||(j\omega+1)|}=\frac{1}{K^*}$$

解得根轨迹与虚轴交点对应的临界 $K^*=2.146$。

同理式(4-27)中 $k=1$ 时，解得 $\omega=12.80$，$K^*=164.33$。绘制出系统根轨迹如图 4-21 所示。

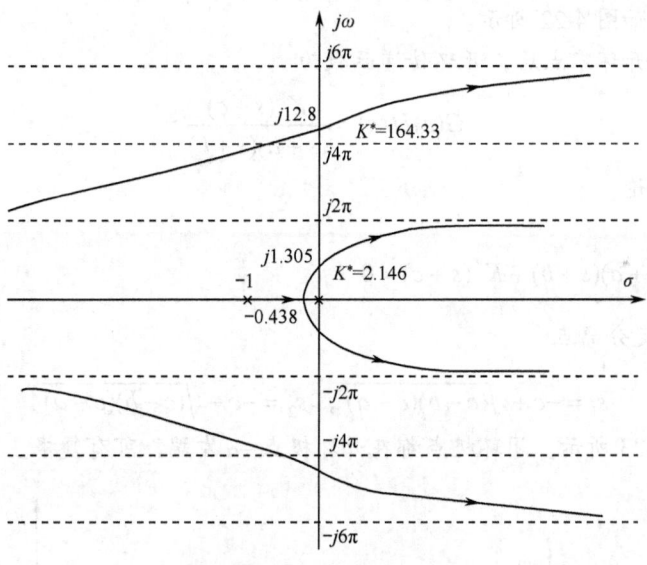

图 4-21　例 4-14 根轨迹图

从根轨迹图可看出根轨迹有无限多条，而影响系统特性的只是在 $-\pi/\tau\leqslant\omega\leqslant\pi/\tau$ 之间的根轨迹，称为主根轨迹，$k=0$ 时主根轨迹与虚轴交点对应的临界 $K^*=2.146$，而 $k=1$ 时根轨迹与虚轴交点对应的 $K^*=164.33$，可看出 $0<K^*<2.146$ 时，系统稳定。在系统稳定的范围内，$k\geqslant 1$ 时根轨迹都位于 s 平面左边较远处，即 σ 为很大负值，因此延时系统的动态特性主要取决于主根轨迹上的根。

若将上例改为 $\tau=1$，则 $0<K^*<1.153$ 时，系统稳定。可看出延时时间越长，系统越趋于不稳定。$\tau=0$ 时系统总是稳定的。可见延时环节对系统稳定性是不利的。

4.8 控制系统的根轨迹法分析

4.8.1 开环零、极点对根轨迹的影响

开环零、极点的位置，决定了根轨迹的形状，而根轨迹的形状又与系统的控制性能密切相关，因而在控制系统的设计中，一般就是用改变系统的开环零、极点配置的方法来改变根轨迹的形状，以达到改善系统控制性能的目的。

1. 增加开环零点的影响

选择不同零点，会出现不同结果，下面通过具体系统进行分析。

【例 4-15】 设原系统开环传递函数为

$$G(s)H(s) = \frac{K^*}{(s+a)(s+b)}, \quad b > a > 0$$

可确定分离点为

$$\frac{dK^*}{ds} = -(2s+a+b) = 0, \quad s = -0.5(a+b)$$

原系统根轨迹如图 4-22 所示。

系统增加一个开环零点后，开环传递函数为

$$G(s)H(s) = \frac{K^*(s+c)}{(s+a)(s+b)}$$

分三种情况讨论。

（1） $c > b > a$

特征方程：$(s+a)(s+b) + K^*(s+c) = 0$

由 $\dfrac{dK^*}{ds} = 0$ 确定分离点

$$s_1 = -c + \sqrt{(c-b)(c-a)}, \quad s_2 = -c - \sqrt{(c-b)(c-a)}$$

根轨迹如图 4-23 所示。闭环极点都在开环极点 $-a$ 左端，可有复根。

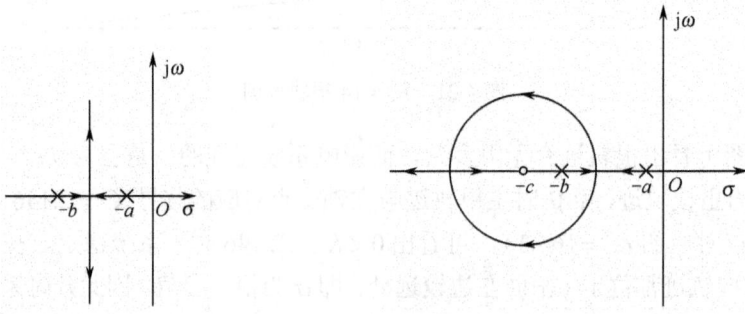

图 4-22 例 4-15 原系统根轨迹图　　图 4-23 $c > b > a$ 时根轨迹图

（2） $b > a > c$

根轨迹如图 4-24 所示。闭环系统的所有根都在实轴上，没有复根。所以，系统的阶跃响

应是无超调的。由于总有一个闭环极点在开环极点$-a$右端,因而调节时间比第一种情况长。

（3）$b>c>a$

根轨迹如图4-25所示。根轨迹全部位于负实轴上。此时系统的闭环极点都位于开环极点$-a$左端。因而调节时间要比第二种情况短,但在一般情况下要比第一种情况长。

从以上三种情况看,第一种情况较为合适,可使闭环系统具有一对共轭复数极点,动态指标也较好。由此可见,系统增加一个合适的开环零点,可使根轨迹向左偏移,这有利于改善系统的瞬态响应。但开环零点选择不合适,则达不到改善系统性能的目的。

一般,可根据性能指标的要求确定闭环极点的位置,再选择增加合适的开环零点。

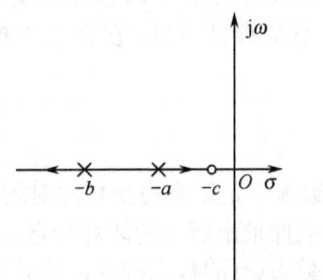

图4-24　$b>a>c$时根轨迹图

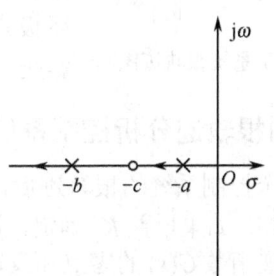

图4-25　$b>c>a$时根轨迹图

【例4-16】　设开环传递函数为

$$G(s)H(s)=\frac{K^*}{s^2(s+8)}$$

（1）绘制根轨迹图；

（2）加入一个实数开环零点$-c$,使系统总是稳定,求c的取值范围。

解　（1）绘制根轨迹如图4-26所示,从根轨迹图可看出系统总是不稳定。

（2）加入一个实数开环零点$-c$后,系统开环传递函数为

$$G(s)H(s)=\frac{K^*(s+c)}{s^2(s+8)}$$

渐近线与实轴的夹角为$\pm 90°$,所以只要渐近线与实轴交点是负数,系统根轨迹就在左半s平面,即系统总是稳定,由渐近线与实轴交点

$$\sigma=\frac{-8+c}{3-1}<0 \Rightarrow 0<c<8$$

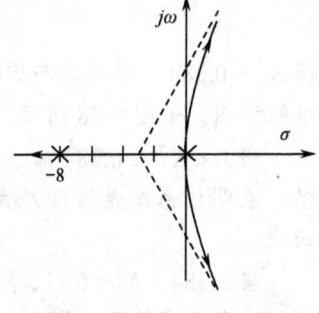

图4-26　例4-16根轨迹图

2. 增加开环极点的影响

下面通过具体系统进行分析。

【例4-17】　设开环传递函数为

$$G(s)H(s)=\frac{K^*}{s(s+a)},\quad a>0$$

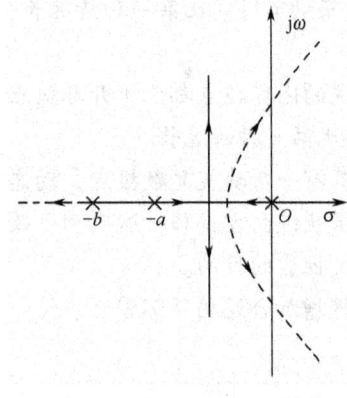

图 4-27 例 4-17 系统根轨迹图

根轨迹如图 4-27 实线所示。增加一个开环实数极点后开环传递函数为

$$G(s)H(s) = \frac{K^*}{s(s+a)(s+b)}, \quad b > a > 0$$

增加开环极点后的根轨迹如图 4-27 中的虚线所示。可见，渐近线的条数由 2 条变成 3 条，倾角由 ±90° 变为 ±60°，180°，分离点也变了。根轨迹曲线向右移了。增加的开环极点 $-b$ 距虚轴越近，根轨迹曲线向右移动越大，它使系统的稳定性降低，使系统瞬态性能变坏。但增加开环极点可用于限制系统频带宽度，它有利于抑制高频干扰影响。

4.8.2 由根轨迹分析控制系统

绘制出一个控制系统的根轨迹后，就可研究参数在一定范围内变化时对闭环极点位置及系统性能的影响。如果增益 K^* 确定，就可利用幅值条件求出所有的闭环极点。闭环零点由开环前向通道传递函数 $G(s)$ 的零点和反馈通路传递函数 $H(s)$ 的极点构成。对于单位反馈系统，闭环零点就是开环零点。闭环极点、零点确定后，就可估算系统的动态性能指标。

下面通过实例说明如何由根轨迹分析控制系统。

【例 4-18】 已知系统开环传递函数为

$$G(s)H(s) = \frac{K^*}{s(s+1)(s+2)}$$

绘制该系统的根轨迹图，分析 K^* 变化时对系统性能的影响。

解 由例 4-9 可知，分离点 $s_1 = -0.422$，由根轨迹幅值条件有

$$\left. \frac{|K^*|}{|s||s+1||s+2|} \right|_{s=-0.422} = 1$$

得 $K^* = 0.384$。根轨迹与虚轴的交点 $\omega = \pm\sqrt{2}$，$K^* = 6$。绘制根轨迹图，如图 4-28 所示。

当 $0 < K^* \leq 0.384$ 时，系统闭环特征根是三个负实数根，表明该系统是过阻尼系统，其单位阶跃响应是单调上升曲线。

当 $0.384 < K^* < 6$ 时，系统闭环特征根有两个负实部共轭复根，一个负实数根，其单位阶跃响应是衰减振荡曲线。

当 $K^* > 6$ 时，系统闭环特征根有两个正实部共轭复根，闭环系统不稳定。

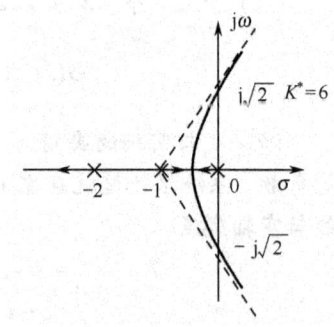

图 4-28 例 4-18 根轨迹图

【例 4-19】 闭环系统如例 4-18 所示。
（1）用根轨迹法求 $K^* = 1.05$ 时的闭环极点；
（2）根据系统的闭环极点分布，应用闭环主导极点的概念，估算系统的动态性能指标。

解 由 $K^* = 1.05$，根据根轨迹的连续性，可知系统有一对共轭复根 $s_{1,2}$，即 $-0.422 \leq \mathrm{Re}[s_1] < 0$，$0 < \mathrm{Im}[s_1] < \sqrt{2}$。取点 s_1，代入幅值方程，有

$$\frac{1}{|s_1||s_1+1||s_1+2|} = \frac{1}{K^*} = \frac{1}{1.05}$$

试探得到 $s_{1,2} = -0.33 \pm j0.58$。由于 $n-m=3>2$，所以 $\sum_{i=1}^{n} s_i = -\sum_{j=1}^{n} p_j = -3$，可得 $s_3 = -2.34$。

系统的三个闭环极点为

$$s_{1,2} = -0.33 \pm j0.58, \quad s_3 = -2.34$$

则系统的闭环传递函数为

$$\Phi(s) = \frac{1.05}{(s+2.34)(s+0.33+j0.58)(s+0.33-j0.58)}$$

由于 s_3 离虚轴的距离大于 s_1 和 s_2 离虚轴距离的 7 倍，且 $s_{1,2}$ 附近无闭环零点，所以 $s_{1,2}$ 是一对共轭复数主导极点。于是系统的闭环传递函数可近似为

$$\Phi(s) = \frac{1.05}{2.34(s+0.33+j0.58)(s+0.33-j0.58)}$$

即原三阶系统可以近似为如下的二阶系统

$$\Phi(s) = \frac{0.44}{s^2 + 0.66s + 0.44}$$

与典型二阶系统的闭环传递函数比较，有

$$\omega_n^2 = 0.44, \quad 2\zeta\omega_n = 0.66$$

解得等效二阶系统的特性参数

$$\omega_n = 0.67, \quad \zeta = 0.49$$

系统单位阶跃响应的超调量和调节时间为

$$\sigma\% = e^{\frac{\zeta}{\sqrt{1-\zeta^2}}\pi} \times 100\% = 16.4\%, \quad t_s = \frac{4}{\zeta\omega_n} = 12.1\text{s} \quad (\Delta = 2\%)$$

4.9 利用 MATLAB 绘制根轨迹及分析系统

绘制根轨迹常用到 MATLAB 工具箱中的 rlocus 函数和 rlocfind 函数。rlocus 函数是绘制系统根轨迹的函数，rlocfind 函数可找出根轨迹上任一点处的增益和闭环极点值。应在运行了 rlocus 函数并得到根轨迹以后，再调用 rlocfind 函数。运行函数 rlocfind 之后，MATLAB 将在根轨迹图上产生十字光标，将十字光标移到根轨迹上相应位置，然后按左键，所选闭环特征根及对应的增益 K 值就会在命令行中显示。rlocus 函数和 rlocfind 函数的格式为

```
rlocus()
[k, poles] = rlocfind()
```

利用 sgrid 命令可在平面上绘制等 ζ,ω_n 格线。sgrid(ζ,ω_n) 命令可在平面上绘制指定的等 ζ,ω_n 格线。

单位反馈闭环连接函数的格式为 cloop(num, den)，单位阶跃函数为 step(num, den)。

【例 4-20】 已知系统的开环传递函数为

$$G(s) = \frac{K}{s(0.5s+1)(0.25s+1)}$$

用 MATLAB 绘制系统的根轨迹。

解 将系统的开环传递函数整理为

$$G(s) = \frac{K}{s(0.5s+1)(0.25s+1)} = \frac{K}{0.125s^3 + 0.75s^2 + s + 0}$$

MATLAB 程序如下：
```
num = [1];
den = [0.125, 0.75, 1, 0];
rlocus(num, den)
```
运行结果如图 4-29 所示。

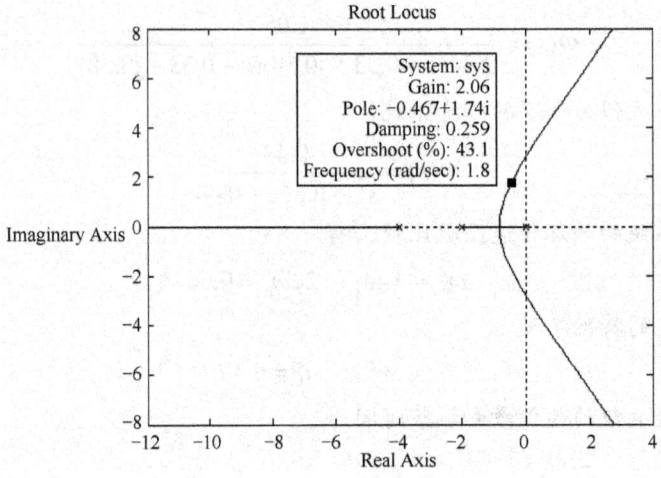

图 4-29 例 4-20 系统根轨迹图

单击根轨迹曲线上任意一点即可显示该点处的增益值（Gain）、极点（Pole）、阻尼比（Damping）、超调量（Overshoot）、频率（Frequency）等参数。

再调用 rlocfind 函数：
```
[k,poles] = rlocfind(num, den)
```
MATLAB 将在根轨迹图上产生十字光标，将十字光标移到根轨迹所选取的点上，然后按左键，所选闭环特征根及对应的增益值就会在命令行中显示：
```
selected_point =
    -0.720 4 + 0.919 3i
k =
    0.783 4
poles =
    -4.542 6
    -0.728 7 + 0.921 3i
    -0.728 7 - 0.921 3i
```
若将光标移动到根轨迹的分离点处，可得到
```
selected_point =
    -0.803 2
k =
    0.384 1
```

```
poles =
    -4.308 9
    -0.803 2
    -0.803 2
```

将十字光标移动到根轨迹与虚轴的交点处，可得到临界开环增益和相应的三个闭环极点，即

```
selected_point =
    0 + 2.708 1i
k =
    5.504 9
poles =
    -5.907 7
    0 + 2.708 1i
    0 - 2.708 1i
```

阻尼比 $\zeta = 0.622$ 相应的三个闭环极点如图 4-30 所示。

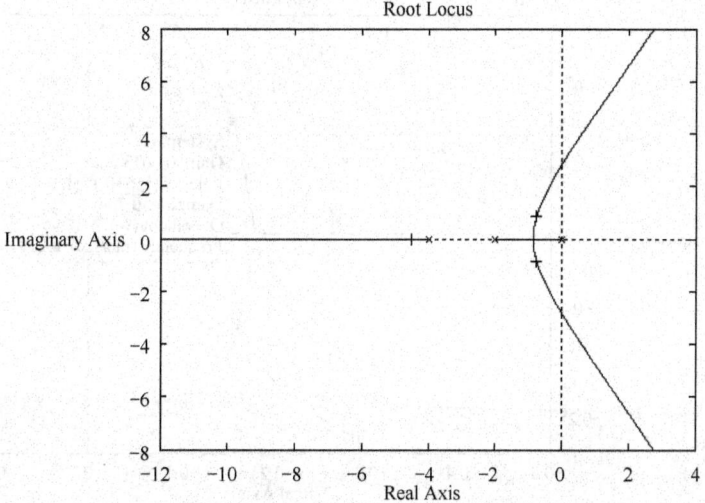

图 4-30 例 4-20 系统 $\zeta = 0.622$ 相应的三个闭环极点

【例 4-21】 轧钢机张力控制系统如图 4-31 所示，设滤波时间常数 T 可略去不计。

（1）用 MATLAB 绘制 $0 < K_a < \infty$ 时系统的根轨迹。确定最佳阻尼比对应的 K_a 值。

（2）标出 $K^* = 0.0612$ 对应的闭环极点，确定 K_a 取值使闭环主导极点的阻尼比 $0.707 \leqslant \zeta \leqslant 1$。

（3）确定 $\zeta = 0.707$，$\zeta = 1$，$\zeta < 0.707$ 时系统动态特性。

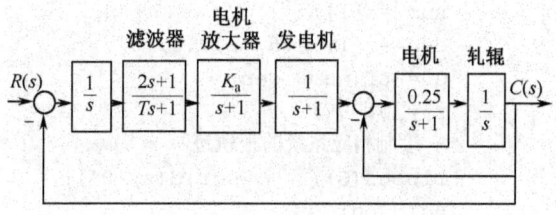

图 4-31 例 4-21 张力控制系统

解 电机与轧辊内回路传递函数为

$$G_1 = \frac{0.25}{(s+0.5)^2}$$

令 $T = 0$，系统开环传递函数为

$$G(s) = \frac{0.5K_a(s+0.5)}{s(s+0.5)^2(s+1)^2} = \frac{K^*}{s(s+0.5)(s+1)^2} = \frac{K^*}{s^4 + 2.5s^3 + 2s^2 + 0.5s}$$

（1）确定最佳阻尼比对应的根轨迹增益及 K_a 值

MATLAB 程序如下：

```
num = [1];
den = [1, 2.5, 2, 0.5, 0];
G = tf(num, den);
z = 0.707; % 取阻尼比为 0.707
% 绘制相应系统的根轨迹
rlocus(G);      sgrid(z,'0')
axis([-0.5 0.1 -0.3 0.3])
```

运行结果的根轨迹如图 4-32 所示。

从根轨迹图中阻尼比为 0.707 线与根轨迹交点可确定最佳阻尼比所对应的根轨迹增益 $K^* = 0.0612$，由 $K^* = 0.5K_a$，可确定最佳阻尼比对应的 $K_a = 0.1224$，主导极点 $s_{1,2} = -0.155 \pm j0.155$。

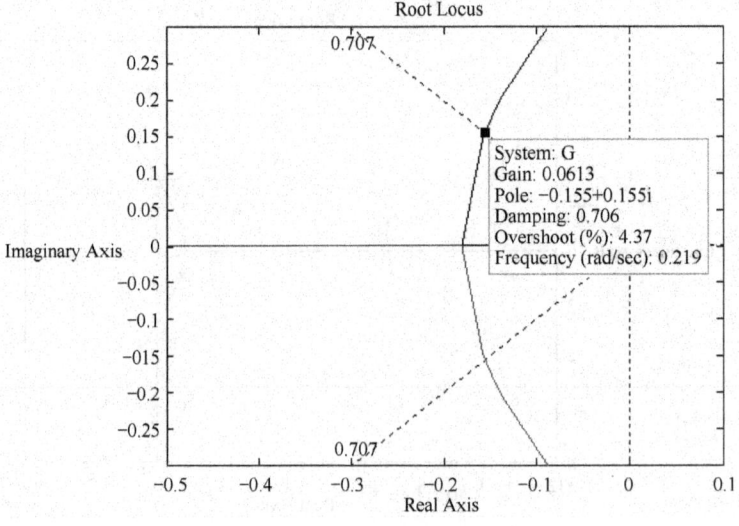

图 4-32 例 4-21 系统的根轨迹

（2）绘制系统的根轨迹并标出 $K^* = 0.0612$ 对应的闭环极点，确定 K_a 取值使闭环主导极点的阻尼比 $0.707 \leqslant \zeta \leqslant 1$。

MATLAB 程序如下：

```
num = [1];
den = [1, 2.5, 2, 0.5, 0];
G = tf(num, den)
z = 0.707;
% 绘制相应系统的根轨迹
rlocus(G);       sgrid(z,'0');
hold on;
K = 0.0612;      rlocus(G,K);
axis([-1.5 0.5 -1 1])
hold on;         rlocus(G,K);
```

运行结果的根轨迹如图 4-33 所示。从根轨迹图可确定分离点对应的根轨迹增益 $K^* = 0.0387$，所以取 $0.0774 \leqslant K_a \leqslant 0.1224$，可使 $0.707 \leqslant \zeta \leqslant 1$。

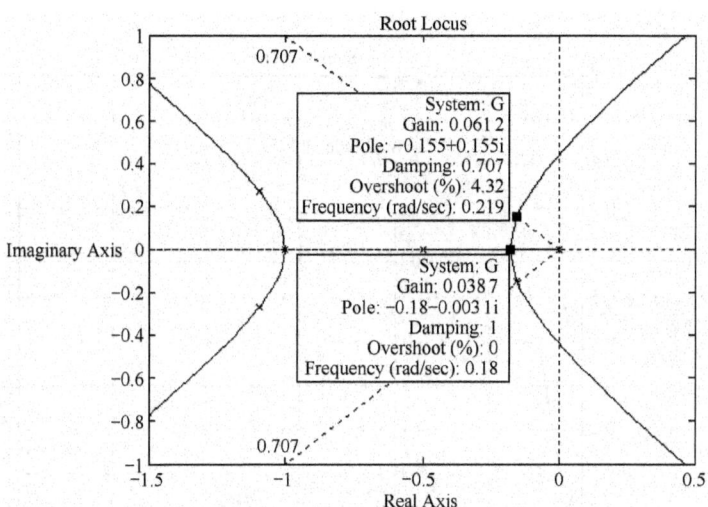

图 4-33 例 4-21 根轨迹及标出 $K^* = 0.0612$ 对应的闭环极点

（3）确定 $\zeta = 0.707, \zeta = 1, \zeta < 0.707$ 时系统动态特性。

最佳阻尼比对应的 $K_a = 0.1224$ 时的阶跃响应，MATLAB 程序如下：

```
Ka = 0.122 4;
numc = [0.5*Ka];     denc = [1 2.5 2 0.5 0];
[num, den] = cloop(numc, denc);      % 系统闭环传递函数
sys = tf(num, den);      t = 0:0.01:120;
step(sys, t);     grid on;
```

运行结果如图 4-34 所示。从阶跃响应图得到，当 $\zeta = 0.707, K_a = 0.1224$ 时，系统动态特性 $\sigma\% = 4\%, t_s = 27.9\mathrm{s}$。

$K_a = 0.0774$ 时的阶跃响应，MATLAB 程序如下：

```
Ka = 0.077 4;
numc = [0.5*Ka];     denc = [1 2.5 2 0.5 0];
[num, den] = cloop(numc, denc);      % 系统闭环传递函数
sys = tf(num, den);      t = 0:0.01:120;
step(sys, t);     grid on;
```

运行结果如图 4-35 所示。

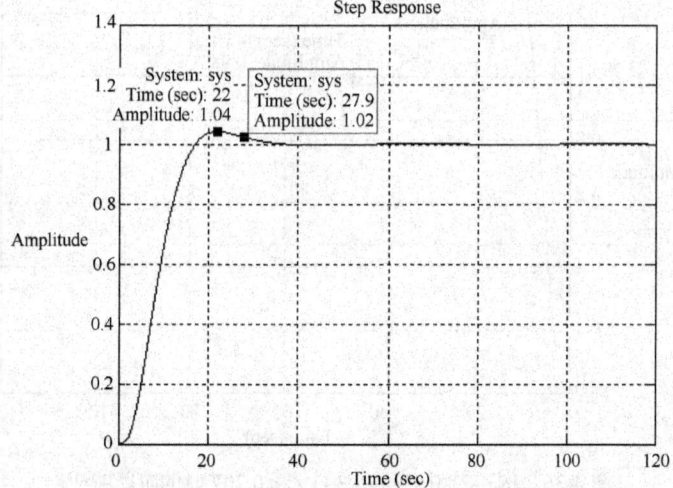

图 4-34 例 4-21 $\zeta = 0.707$，$K_a = 0.1224$ 时的阶跃响应

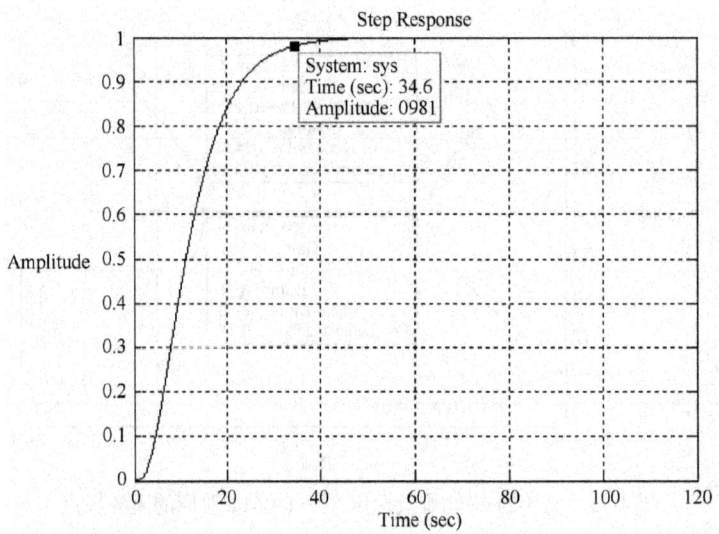

图 4-35　例 4-21 $\zeta=1$，$K_a = 0.0774$ 时的阶跃响应

从阶跃响应图得到，当 $\zeta=1$，$K_a = 0.0774$ 时，系统动态特性 $t_s = 34.6\,\text{s}$。

$K_a = 0.3$ 时的阶跃响应，MATLAB 程序如下：

```
Ka = 0.3;
numc = [0.5*Ka];     denc = [1 2.5 2 0.5 0];
[num, den] = cloop(numc, denc);      % 系统闭环传递函数
sys = tf(num, den);   t = 0:0.01:120;
step(sys, t);    grid on;
```

运行结果如图 4-36 所示。

从阶跃响应图得到，当 $K_a = 0.3$，$\zeta < 0.707$ 时，系统动态特性 $\sigma\% = 37\%$，$t_s = 45.4\,\text{s}$。三种系统动态特性比较后可看出，当 $\zeta = 0.707$ 时，系统动态特性最好。

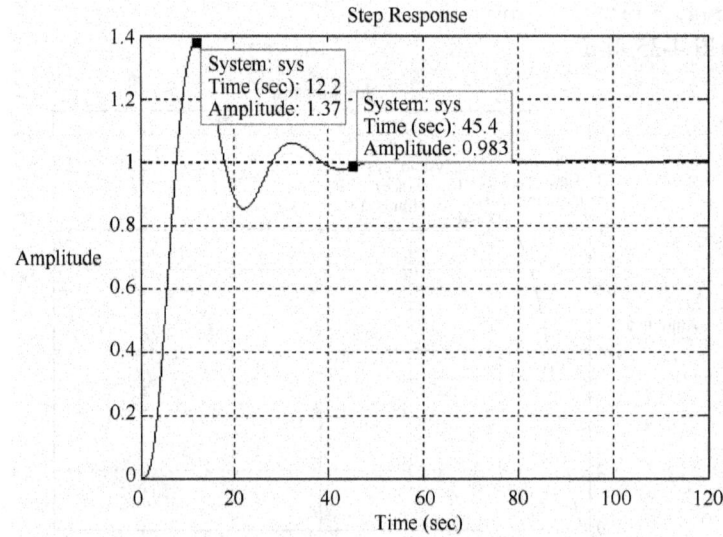

图 4-36　例 4-21 中 $K_a = 0.3$，$\zeta < 0.707$ 时的阶跃响应

◆ 小 结 ◆

根轨迹法的基本思路是在已知开环传递函数的基础上，确定闭环零、极点的分布。本章的主要内容有以下几点。

1. 当系统某个参数从 0 到 ∞ 变化时，闭环特征根在 s 平面上运动的轨迹称之为根轨迹。

2. 根据常规根轨迹绘制规则，可由开环传递函数画出以开环根轨迹增益 K^* 为参变量的常规根轨迹。这些规则的基础是根轨迹方程的幅值条件和相角条件。

3. 非常规根轨迹有零度根轨迹（包括正反馈回路的根轨迹和非最小相位系统的根轨迹）和参数根轨迹。零度根轨迹与常规根轨迹（180°等相角根轨迹）相比较，两者的幅值条件相同，而相角条件不同，因此与相角条件有关的一些规则是不同的，需要调整。通过求等效开环传递函数，可以将参数根轨迹转化为常规根轨迹绘制。

4. 具有延时环节的控制系统称为延时系统，延时系统有一套自己的根轨迹绘制规则。延时系统的动态特性主要取决于主根轨迹上的根，延时环节对系统稳定性是不利的。

5. 利用根轨迹图，能较方便地确定高阶系统中某个参数变化对闭环极点分布的影响规律，形象地确定参数变化、开环零、极点位置的变化对系统动态过程的影响。

6. 闭环极点距虚轴越近，对动态过程的影响就越大，这就是主导极点的概念。利用主导极点可将高阶系统近似成二阶或一阶系统对性能指标进行估算。

◆ 习 题 ◆

4-1 系统的开环传递函数为

$$G(s)H(s) = \frac{K^*}{(s+1)(s+2)(s+4)}$$

试证明点 $s_1 = -1 + j\sqrt{3}$ 在根轨迹上，并求出相应的根轨迹增益 K^* 和开环增益 K。

4-2 已知开环零、极点如图 T4-1 所示，试绘制相应的根轨迹。

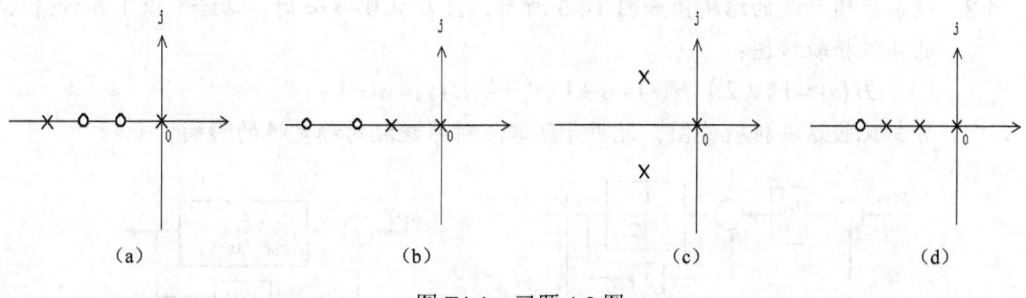

图 T4-1 习题 4-2 图

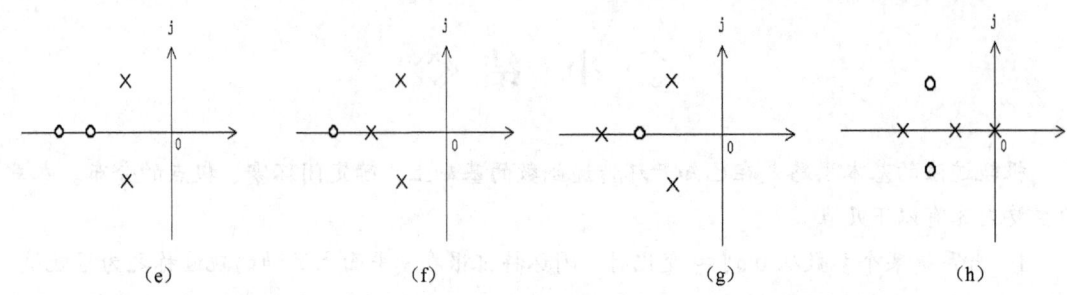

图 T4-1 习题 4-2 图（续）

4-3 已知单位反馈系统的开环传递函数，试概略绘出系统根轨迹。

（1） $G(s) = \dfrac{K}{s(0.2s+1)(0.5s+1)}$

（2） $G(s) = \dfrac{K^*(s+5)}{s(s+2)(s+3)}$

4-4 已知单位反馈系统的开环传递函数，试概略绘出相应的根轨迹。

（1） $G(s) = \dfrac{K^*(s+2)}{(s+1+j2)(s+1-j2)}$

（2） $G(s) = \dfrac{K^*(s+20)}{s(s+10+j10)(s+10-j10)}$

4-5 已知系统的开环传递函数，试概略绘出相应的根轨迹。

（1） $G(s)H(s) = \dfrac{K^*}{s(s^2+8s+20)}$

（2） $G(s)H(s) = \dfrac{K^*(s+2)}{s(s+3)(s^2+2s+2)}$

4-6 已知系统如图 T4-2 所示。当 K 从 $0 \to \infty$ 时，作根轨迹图，要求确定根轨迹的出射角和与虚轴的交点，并确定使系统稳定的 K 值的范围。

4-7 已知某系统的开环传递函数为

$$G(s) = \dfrac{K^*}{s^2(s+3)}$$

试用适当的方法使系统在任意 K^* 值时均处于稳定状态。

4-8 设某反馈系统的结构图如图 T4-3 所示，当 K 从 $0 \to \infty$ 时，试绘制以下各种情况下的系统根轨迹图：

（1） $H(s)=1$ ；（2） $H(s)=s+1$ ；（3） $H(s)=s+3$ 。

分析比较这些根轨迹图，说明开环零点对系统相对稳定性的影响。

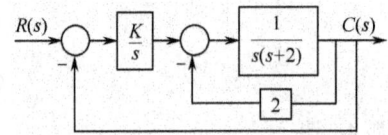

图 T4-2 习题 4-6 图

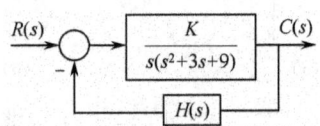

图 T4-3 习题 4-8 图

4-9 已知单位反馈系统的开环传递函数，试绘制参数 b 从零变化到无穷大时的根轨迹，并写出 $b=2$ 时系统的闭环传递函数。

（1） $G(s) = \dfrac{20}{(s+4)(s+b)}$

（2） $G(s) = \dfrac{30(s+b)}{s(s+10)}$

4-10 图 T4-4 为空间站示意图。为了有利于产生能量和进行通信，必须保持空间站对太阳和地球的合适指向。空间站的方位控制系统可由带有执行机构和控制器的单位反馈控制系统来表征，其开环传递函数为

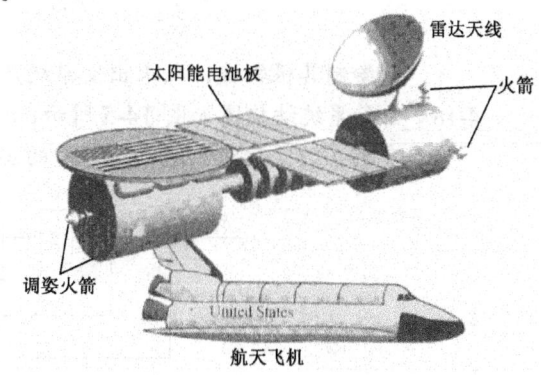

图 T4-4 习题 4-10 图

$$G(s) = \dfrac{K^*(s+20)}{s(s^2+24s+144)}$$

试画出 K^* 值增大时的系统概略轨迹图，并求出使系统产生振荡的 K^* 的取值范围。

4-11 已知系统开环传递函数

$$G(s) = \dfrac{K^* e^{-s}}{(s+1)}$$

绘出系统的根轨迹。

4-12 已知系统开环传递函数

$$G(s) = \dfrac{K^*(s+3)}{s(s+1)}$$

试绘制 K^* 从 $0 \to \infty$ 的闭环根轨迹，并证明在 s 平面内的根轨迹是圆，求出圆的半径和圆心。

4-13 已知系统的开环传递函数，试概略绘出相应的根轨迹。

$$G(s)H(s) = \dfrac{K^*(s+1)}{s(s-1)(s^2+4s+16)}$$

4-14 已知单位反馈系统的开环传递函数

$$G(s) = \dfrac{K^*(s+z)}{s^2(s+10)(s+20)}$$

试确定产生纯虚根为 $\pm j1$ 的 z 值和 K^* 值。

4-15 已知控制系统的开环传递函数为

$$G(s)H(s) = \dfrac{K^*(s+2)}{(s^2+4s+9)^2}$$

试概略绘制系统根轨迹。

4-16 单位反馈系统的开环传递函数为

$$G(s) = \dfrac{K(2s+1)}{(s+1)^2\left(\dfrac{4}{7}s-1\right)}$$

试绘制系统根轨迹，并确定使系统稳定的 K 值范围。

4-17 设单位反馈系统的开环传递函数为

$$G(s) = \frac{K^*(1-s)}{s(s+2)}$$

试绘制其根轨迹,并求出使系统产生重实根和纯虚根的 K^* 值。

4-18 已知系统结构图如图 T4-5 所示,试绘制时间常数 T 变化时系统的根轨迹,并分析参数 T 的变化对系统动态性能的影响。

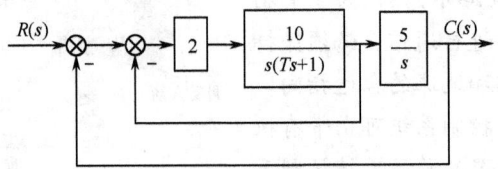

图 T4-5 习题 4-18 图

4-19 在带钢热轧过程中,用于保持恒定张力的控制系统称为"环轮",图 T4-6 所示为其典型结构。环轮有一个 0.6~0.9 m 长的臂,其末端有一卷轴,通过电动机可将环轮升起,以便挤压带钢。带钢通过环轮的典型速度为 10.16 m/s。假设环轮位移变化与带钢张力的变化成正比,且滤波器时间常数 T 可忽略不计。要求:

(1) 概略绘制出 $0<K_a<\infty$ 时系统的根轨迹图;

(2) 确定增益 K_a 的取值,使系统闭环极点的阻尼比 $\zeta \geq 0.707$。

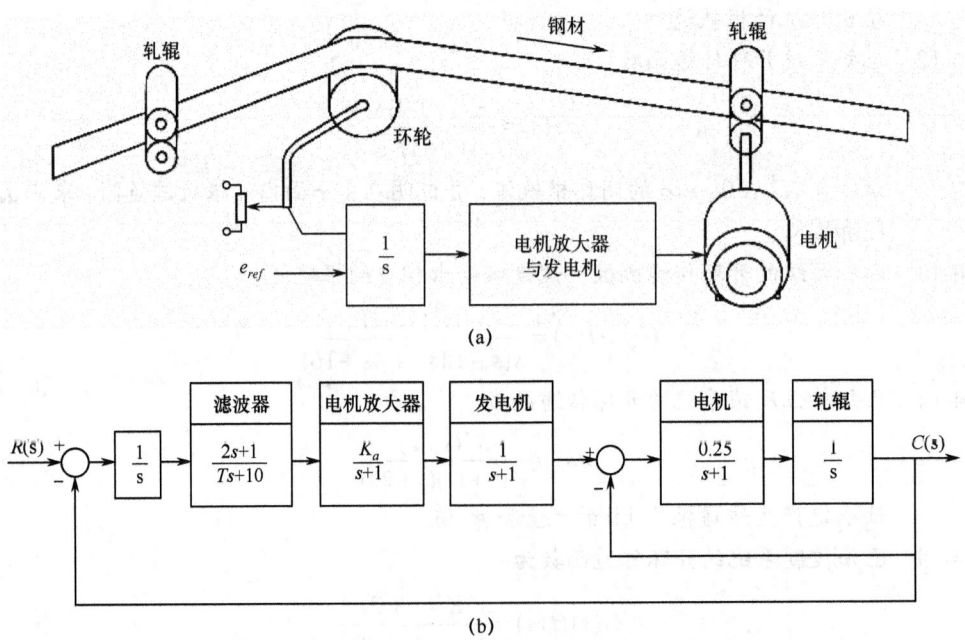

图 T4-6 习题 4-19 图

MATLAB 习题

4-20 已知单位负反馈系统的开环传递函数为

$$G(s) = \frac{K^*(s^2+2s+4)}{s(s+4)(s+6)(s^2+1.4s+1)}, \quad K^* > 0$$

试用 MATLAB 绘制系统的根轨迹图，并分析系统的稳定性。

4-21 已知单位负反馈系统的开环传递函数为

$$G(s) = \frac{K^*}{s(s+1)(s+2)}, \quad K^* > 0$$

试用 MATLAB 绘制系统的根轨迹图，并分析增益 K^* 对系统阶跃响应的影响。

4-22 给定控制系统的开环传递函数为

$$G(s) = \frac{s+a}{s(2s-a)}, \quad a \geqslant 0$$

试用 MATLAB 绘制以 a 为参变量的根轨迹。

第5章 线性系统的频域分析法

5.1 引言

通常是在典型输入信号的作用下进行控制系统的性能分析。在第3章中，介绍了线性控制系统的时域分析法，采用脉冲响应、阶跃响应、斜坡响应和加速度响应分析了控制系统的性能。显然，用时域分析法分析控制系统性能最为直观，但是求解高阶系统的时域响应过程比较麻烦，计算工作量大。对于高阶系统往往只能利用闭环主导极点和偶极子的概念进行近似处理，当系统的时域响应不满足生产工艺要求的性能指标时，很难确定应该采用什么样的措施才能改进系统的动态性能，不便于设计控制系统。

控制系统在正弦输入信号作用下的稳态响应称为频率响应，又称为频率特性。频率特性是频域分析法分析和设计控制系统时所用的数学模型，通过在一定的范围内改变输入信号的频率，研究其产生的响应。频域分析法是用于分析和设计控制系统的一种广泛应用的工程方法，其优点如下：

（1）频域分析法中的奈奎斯特稳定判据，能够根据开环频率特性来研究闭环系统的绝对稳定性和相对稳定性，并且不必求解特征方程的根。如果系统不稳定，能够给出闭环系统在 s 右半平面的特征根数。

（2）控制系统的频率特性可用实验方法测出，这对某些难于建模的系统或环节是非常有用的。系统分析和控制器的设计可以应用图解法进行，在设计者感兴趣的频率范围内设计控制系统，简便有效。

（3）频域分析法能够设计出既使希望的噪声达到忽略不计又能兼顾动态响应的系统，还可以用于某些非线性系统。

频率响应法的缺点：不能直接反映系统的动态响应，因为控制系统的频率特性和时间响应是间接的联系。但是用频域分析法对控制系统进行分析和设计后，再根据时域和频域之间的关系就能确定控制系统的时间响应。

5.2 频率特性

5.2.1 频率特性的基本概念

首先以如图5-1所示的RC网络为例，建立频率特性的基本概念。RC网络的输出为电容两端的电压 $u_c(t)$，输入为正弦信号

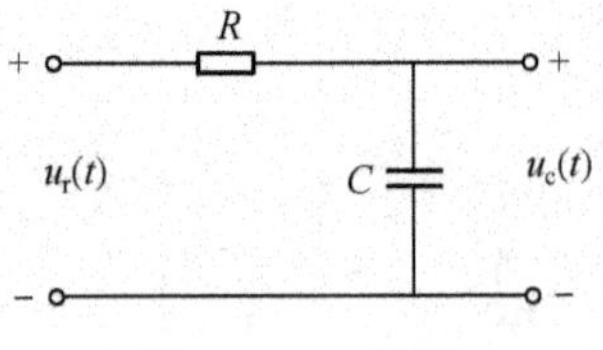

$$u_r(t) = A\sin\omega t \tag{5-1}$$

图 5-1 RC 网络

RC 网络的微分方程为

$$T\frac{du_c(t)}{dt} + u_c(t) = u_r(t) \tag{5-2}$$

式中：$T = RC$ 为时间常数。求取 RC 网络的传递函数为

$$\frac{U_c(s)}{U_r(s)} = \frac{1}{Ts+1} \tag{5-3}$$

正弦输入信号的拉普拉斯变换为

$$U_r(s) = \frac{A\omega}{s^2 + \omega^2} \tag{5-4}$$

将式（5-4）代入式（5-3），有

$$U_c(s) = \frac{1}{Ts+1} \cdot \frac{A\omega}{s^2+\omega^2} = \frac{\frac{A}{T}\omega}{\left(s+\frac{1}{T}\right)(s+j\omega)(s-j\omega)}$$

$$= \frac{A\omega T}{\omega^2 T^2+1} \cdot \frac{1}{s+\frac{1}{T}} - \frac{\frac{1}{2}A}{\omega T+j} \cdot \frac{1}{s+j\omega} - \frac{\frac{1}{2}A}{\omega T-j} \cdot \frac{1}{s-j\omega} \tag{5-5}$$

对式（5-5）进行反拉普拉斯变换，得

$$u_c(t) = \frac{A\omega T}{\omega^2 T^2+1} e^{-t/T} + \frac{A}{\sqrt{\omega^2 T^2+1}} \sin(\omega t - \arctan \omega T) \tag{5-6}$$

式（5-6）中，第一项为 RC 网络输出的瞬态分量，第二项为输出的稳态分量，当 $t \to \infty$ 时，瞬态分量趋于零，RC 网络的稳态分量

$$\lim_{t\to\infty} u_c(t) = \frac{A}{\sqrt{\omega^2 T^2+1}} \sin(\omega t - \arctan \omega T) \tag{5-7}$$

由此可见，RC 网络的输入为正弦信号时，稳态输出仍然是正弦信号，其频率和输入信号的频率相同，但幅值是输入信号幅值的 $\dfrac{A}{\sqrt{\omega^2 T^2+1}}$ 倍，相角比输入信号的相角滞后 $\arctan \omega T$。可见，$\dfrac{A}{\sqrt{\omega^2 T^2+1}}$ 和 $-\arctan \omega T$ 都是输入信号频率 ω 的函数。前者称为 RC 网络的幅频特性，后者称为 RC 网络的相频特性。

将 $s = j\omega$ 代入式（5-3），得

$$\frac{U_c(j\omega)}{U_r(j\omega)} = \frac{1}{1+j\omega T} \tag{5-8}$$

对式（5-8）取模，则有

$$A(\omega) = \left|\frac{1}{1+j\omega T}\right| = \frac{1}{\sqrt{\omega^2 T^2+1}} \tag{5-9}$$

对式（5-8）取相角，则有

$$\varphi(\omega) = \angle \frac{1}{1+j\omega T} = -\arctan \omega T \tag{5-10}$$

由此可见，与 RC 网络在正弦信号作用下稳态输出的幅值和相角变化完全一样。所以，$\dfrac{1}{1+j\omega T}$ 就称为 RC 网络的频率特性。从 RC 网络得到的这一重要结论，对于任何稳定的线性定常系统都是正确的。

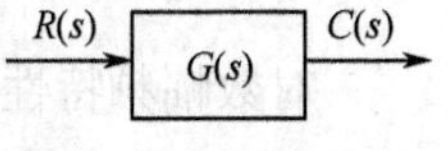

对于一般情况，设线性定常系统如图 5-2 所示，其频率特性为

图 5-2 线性定常系统

$$G(j\omega) = G(s)|_{s=j\omega} = \frac{C(j\omega)}{R(j\omega)} = |G(j\omega)|e^{j\angle G(j\omega)} \tag{5-11}$$

幅频特性

$$|G(j\omega)| = \left|\frac{C(j\omega)}{R(j\omega)}\right| = 正弦输出对正弦输入幅值比 \tag{5-12}$$

相频特性

$$\angle G(j\omega) = \angle \frac{C(j\omega)}{R(j\omega)} = 正弦输出对正弦输入的相位移 \tag{5-13}$$

5.2.2 频率特性的图形表示法

在工程应用中，频域分析法是以频率特性的图形为基础来分析和设计线性定常系统的。频率特性是频率ω的函数，随着频率ω的变化，可以用其幅值和相角的变化曲线来描述，常用的描述方法如下。

（1）极坐标图，也称奈奎斯特（Nyquist）图。它是以频率特性的实部为横坐标，以虚部为纵坐标，以频率ω为参变量的幅值和相角的图解法。

（2）对数坐标图，也称伯德（Bode）图。它由对数幅频特性和对数相频特性两张图组成，以对数分度为横坐标，线性分度为纵坐标。

（3）对数幅相图，也称尼科尔斯（Nichols）图。它是以对数幅频为纵坐标，以相频为横坐标（均为线性分度），以频率ω为参变量的图解法。

5.3 对数频率特性图（伯德图）

5.3.1 对数频率特性图及其特点

对数频率特性图又称伯德图，是由对数幅频特性图和对数相频特性图组成的。通过绘制这两张图描述控制系统的频率特性，是按频率ω的对数分度来绘制的，ω的单位是弧度/秒（rad/s）。所谓对数分度，是指横坐标以$\lg\omega$进行均匀分度，如图5-3所示。从图5-3可知，当频率ω每变化十倍，横坐标的间隔距离变化一个单位长度，即$\lg\omega$的值改变量为1，这一个单位长度被称为十倍频程或1倍频，用dec表示（即decade的缩写）。

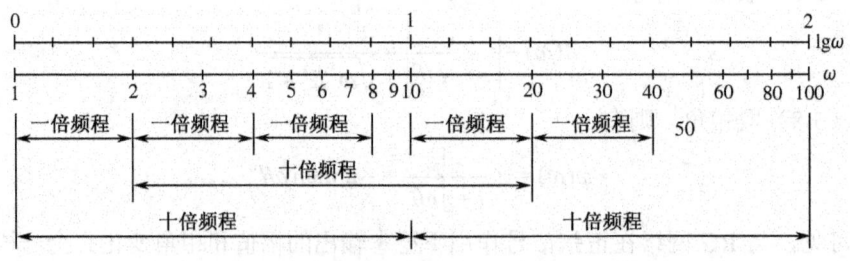

图 5-3 线性分度与对数分度

对数幅频特性的纵坐标按$20\lg|G(j\omega)|$线性分度，其中对数是以10为底的，单位为分贝（dB），并用符号$L(\omega)$表示，即

$$L(\omega) = 20\lg|G(j\omega)| \tag{5-14}$$

对数相频特性的纵坐标为 $\varphi(\omega) = \angle G(j\omega)$，接线性分度，单位为度（°）或弧度（rad）。

在对数特性图中，频率 ω 采用对数分度，所以 $\omega = 0$ 不可能在横坐标上表现出来，横坐标表示的最低频率，一般由工程要求或设计者感兴趣的频率范围来定。

采用对数频率特性表示法有如下优点。

（1）它可以将幅值的乘除运算转化为幅值的加减运算，大大简化了计算过程。另外，传递函数中典型环节的乘积关系变为对数频率特性图上的加减运算后，能够明显地反映出各典型环节对总的对数频率特性图的影响，从而给系统分析带来了方便。

（2）由于这种方法是建立在渐近近似的基础上，通常可以绘制对数幅频特性的渐近线来分析和设计控制系统，渐近线的绘制非常简单。如果需要精确的对数幅频特性，只要对渐近线进行修正即可。

（3）通过对数表达式，有可能在一张图上，绘制出传递函数的低频、中频、高频特性，而低频特性在实际系统中是最重要的，反映系统的稳态品质。因而对数频率 ω 采用对数分度来扩展低频段尤为方便。

5.3.2 典型环节的对数频率特性图

自动控制系统通常是由典型环节组成的，下面介绍典型环节的对数频率特性图。

1. 比例环节

比例环节的传递函数为 $G(s) = K$，其频率特性为

$$G(j\omega) = K \tag{5-15}$$

对数幅频特性为

$$L(\omega) = 20\lg K \tag{5-16}$$

相频特性为

$$\varphi(\omega) = 0° \tag{5-17}$$

当 $K>1$ 时，$L(\omega)$ 的分贝数为正；当 $0<K<1$ 时，其分贝数为负；$K<0$ 时，$\varphi(\omega) = -180°$。伯德图如图 5-4 所示，改变传递函数中的增益 K 会导致传递函数的对数幅频曲线升高或降低，但不影响相角。

2. 积分环节

积分环节的传递函数为 $G(s) = (s)^{-1}$，其频率特性为

$$G(j\omega) = \frac{1}{j\omega} \tag{5-18}$$

对数频率特性为

$$L(\omega) = 20\lg\left|\frac{1}{j\omega}\right| = -20\lg\omega \quad （单位为 \text{dB}） \tag{5-19}$$

$$\varphi(\omega) = \angle(1/j\omega) = -90° \tag{5-20}$$

伯德图如图 5-5 所示。由于伯德图采用半对数坐标图，对数幅频特性是一条直线，其斜率为 $-20\,\text{dB/dec}$。在半对数坐标纸上的对数分度上，任意给定的频率比都可用同一个水平距离来表示，例如，$\omega = 1$ 到 $\omega = 10$ 的水平距离等于从 $\omega = 3$ 到 $\omega = 30$ 的水平距离。

积分环节的相频特性是相角为 $-90°$ 的直线，与频率无关。

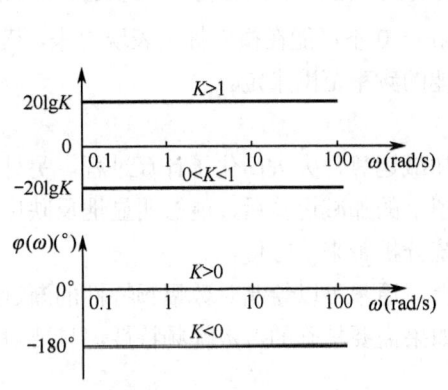

图 5-4 比例环节的对数频率特性图

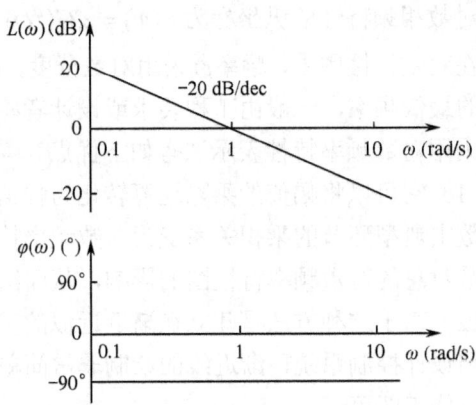

图 5-5 积分环节的对数频率特性图

若在原点有 v 个极点,即传递函数含有 $(1/j\omega)^v$,那么对数频率特性为

$$L(\omega) = 20\lg\left|\frac{1}{(j\omega)^v}\right| = -v \times 20\lg|j\omega| = -v \times 20\lg\omega \quad (5\text{-}21)$$

$$\varphi(\omega) = -v \times 90° \quad (5\text{-}22)$$

此时对数幅频特性是斜率为 $-20 v\text{dB/dec}$ 的直线,相频特性是相角为 $-v \times 90°$ 的直线。

3. 微分环节

微分环节的传递函数为 $G(s) = s$,其频率特性为

$$G(j\omega) = j\omega \quad (5\text{-}23)$$

对数频率特性为

$$L(\omega) = 20\lg|j\omega| = 20\lg\omega \quad (5\text{-}24)$$

$$\varphi(\omega) = \frac{\pi}{2} = 90° \quad (5\text{-}25)$$

伯德图如图 5-6 所示。对数幅频特性是斜率为 20 dB/dec 的一条直线,相频特性是相角为 90° 的直线,与频率无关。

同理,若在原点有 r 个零点,即传递函数含有 $(j\omega)^r$,则对数频率特性为

$$L(\omega) = 20\lg|(j\omega)^r| = r \times 20\lg\omega \quad (5\text{-}26)$$

$$\varphi(\omega) = r \times 90° \quad (5\text{-}27)$$

4. 惯性环节

惯性环节的传递函数为 $G(s) = (1+Ts)^{-1}$,其频率特性为

$$G(j\omega) = \frac{1}{1+j\omega T} \quad (5\text{-}28)$$

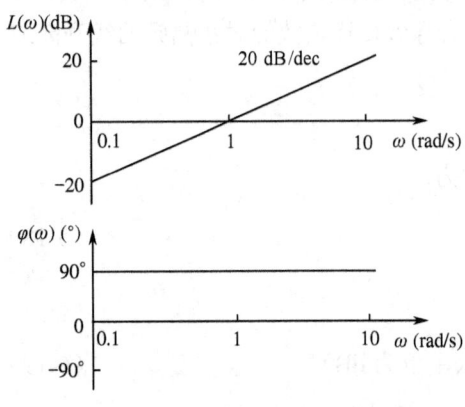

图 5-6 微分环节的对数频率特性图

对数频率特性为

$$L(\omega) = 20\lg\left|\frac{1}{1+j\omega T}\right| = -20\lg\sqrt{1+\omega^2 T^2} \tag{5-29}$$

$$\varphi(\omega) = -\arctan \omega T \tag{5-30}$$

为了方便绘制伯德图，工程上常用渐近线来表示惯性环节的对数幅频特性曲线。从式（5-29）可知，当 $\omega \ll \frac{1}{T}$ 时，$L(\omega) \approx -20\lg 1 = 0$ dB，表明低频段 $L(\omega)$ 是一条斜率为 0 dB/dec 的直线。当 $\omega \gg \frac{1}{T}$ 时，$L(\omega) \approx -20\lg \omega T$，$L(\omega)$ 是一条斜率为-20 dB/dec 的直线。由此可见，惯性环节的对数幅频特性曲线可用两条直线近似表示，在 $0 < \omega < \frac{1}{T}$ 范围内，$L(\omega)$ 是一条斜率为 0 dB/dec 的直线；在 $\frac{1}{T} < \omega < \infty$ 范围内，$L(\omega)$ 是一条斜率为-20 dB/dec 的直线，这两条直线称为惯性环节对数幅频特性的渐近线，如图 5-7 所示。两条直线相交的频率 $\omega_0 = \frac{1}{T}$，称为转角频率或交接频率。

在绘制惯性环节的对数相频特性曲线时，当 $\omega \to 0$ 时，$\varphi(\omega) \to 0°$；当 $\omega \to \infty$ 时，$\varphi(\omega) \to -90°$；在转角频率处，即 $\omega_0 = \frac{1}{T}$ 时，$\varphi(\omega) = -\arctan 1 = -45°$，可以画出对数相频特性的大致曲线，如

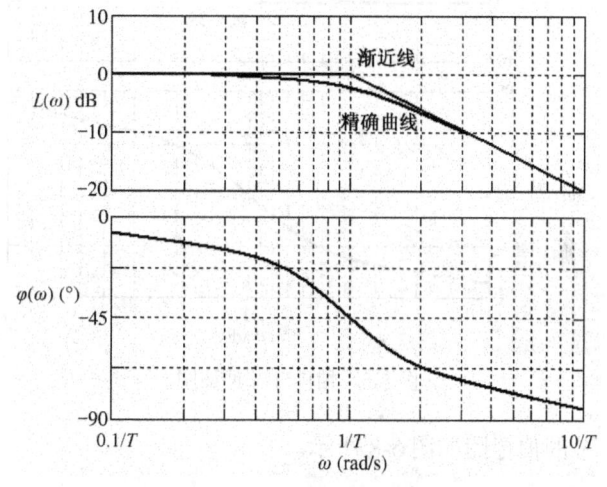

图 5-7 惯性环节伯德图

图 5-7 所示。由图可见，$\varphi(\omega)$ 的曲线在半对数坐标图中对于 $(\omega_0, -45°)$ 拐点斜对称，这是 $\varphi(\omega)$ 曲线的重要特点。如果需要绘制 $\varphi(\omega)$ 的精确曲线，可以给出若干频率点，即 ω 值，根据式（5-30）计算出相应的 $\varphi(\omega)$ 值，然后平滑连接各点就可得到 $\varphi(\omega)$ 的曲线。表 5-1 给出了 ω 取不同值时，$\varphi(\omega)$ 的计算值。

表 5-1 惯性环节对数相频特性数据

ωT	0.01	0.05	0.1	0.2	0.3	0.4	0.5	0.7	1.0
$\varphi(\omega T)$	-0.6°	-2.9°	-5.7°	-11.3°	-16.7°	-21.8°	-26.6°	-35°	-45°
ωT	2.0	3.0	4.0	5.0	7.0	10	20	50	100
$\varphi(\omega T)$	-63.4°	-71.5°	-76°	-78.7°	-81.9°	-84.3°	-87.1°	-88.9°	-89.4°

若需要精确的对数幅频特性，可以通过对 $L(\omega)$ 的渐近线修正获得。由于对数幅频特性的渐近线和精确曲线之间是有误差的，在转角频率 $\omega_0 = \frac{1}{T}$ 处产生最大的误差，即

$$\Delta L(\omega) = -20\log\sqrt{2} + 20\log 1 = -3.01 \text{ dB}$$

近似为 3 dB。

5. 一阶微分环节

一阶微分环节的传递函数为 $G(s) = 1 + Ts$，其频率特性为

$$G(j\omega) = 1 + j\omega T \qquad (5\text{-}31)$$

对数频率特性为

$$L(\omega) = 20\lg|1 + j\omega T| = 20\lg\sqrt{1 + (\omega T)^2} \qquad (5\text{-}32)$$

$$\varphi(\omega) = \arctan \omega T \qquad (5\text{-}33)$$

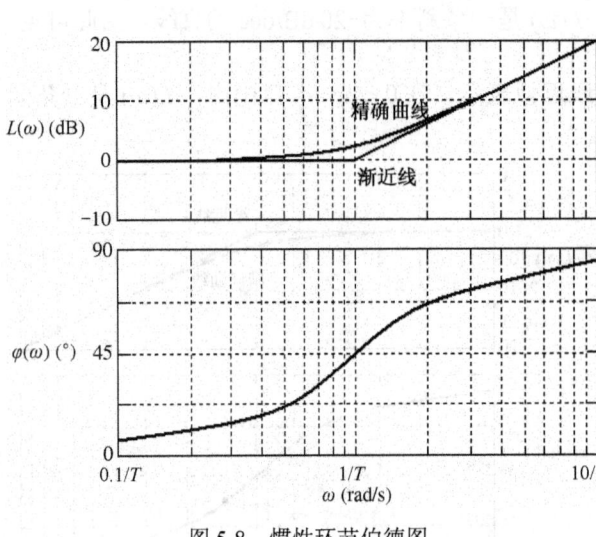

图 5-8 惯性环节伯德图

在绘制一阶微分环节的对数幅频特性时，当 $\omega \ll \dfrac{1}{T}$ 时，$L(\omega) \approx 20\lg 1 = 0$ dB，$L(\omega)$ 是一条斜率为 0 dB/dec 的直线；当 $\omega \gg \dfrac{1}{T}$ 时，$L(\omega) \approx 20\lg \omega T$，$L(\omega)$ 是一条斜率为 20 dB/dec 的直线。在绘制对数相频特性曲线时，当 $\omega \to 0$ 时，$\varphi(\omega) \to 0°$；当 $\omega \to \infty$ 时，$\varphi(\omega) \to 90°$；在转角频率处，即 $\omega_0 = \dfrac{1}{T}$，$\varphi(\omega) = \arctan 1 = 45°$，从上述的分析可知，一阶微分环节与惯性环节的对数幅频特性和相频特性的数学表达式相同，只是符号相反，绘制方法相同。一阶微分环节的伯德图如图 5-8 所示。

6. 振荡环节

振荡环节的传递函数为 $G(s) = \dfrac{\omega_n^2}{s^2 + 2\zeta\omega_n s + \omega_n^2}$，其频率特性为

$$G(j\omega) = \left[1 + 2\zeta\left(\dfrac{j\omega}{\omega_n}\right) + \left(\dfrac{j\omega}{\omega_n}\right)^2\right]^{-1} \qquad (5\text{-}34)$$

对数频率特性为

$$L(\omega) = -20\lg\sqrt{\left(1 - \dfrac{\omega^2}{\omega_n^2}\right)^2 + \left(2\zeta\dfrac{\omega}{\omega_n}\right)^2} \qquad (5\text{-}35)$$

$$\varphi(\omega) = -\arctan\left(\dfrac{2\zeta\omega/\omega_n}{1 - (\omega/\omega_n)^2}\right) \qquad (5\text{-}36)$$

为了绘制振荡环节的对数幅频特性渐近线，式（5-35）可近似表示为

$$L(\omega) = -20\lg 1 = 0, \quad \omega \ll \omega_n \qquad (5\text{-}37)$$

$$L(\omega) = -40\lg\dfrac{\omega}{\omega_n}, \quad \omega \gg \omega_n \qquad (5\text{-}38)$$

式（5-37）是一条 0 dB 的水平直线，式（5-38）是一条斜率为 -40 dB/dec 的直线，这两条渐近线相交处的频率 $\omega = \omega_n$ 为转角频率。渐近线与阻尼比 ζ 无关，但精确的对数幅频特性曲线在转角频率处的值为 $-20\lg 2\zeta$，因此在转角频率附近的渐近线与精确曲线之间的误差是阻尼比 ζ

的函数，随着不同的 ζ 可能产生很大的误差。图5-9给出了在不同 ζ 值时的 $L(\omega)$ 曲线。图中可见当 ζ 较小时，产生了谐振现象。ζ 大小确定了谐振峰值的幅值，可以通过式（5-35）对 ω/ω_n 求导，并令它等于零即可求得谐振频率 ω_r 为

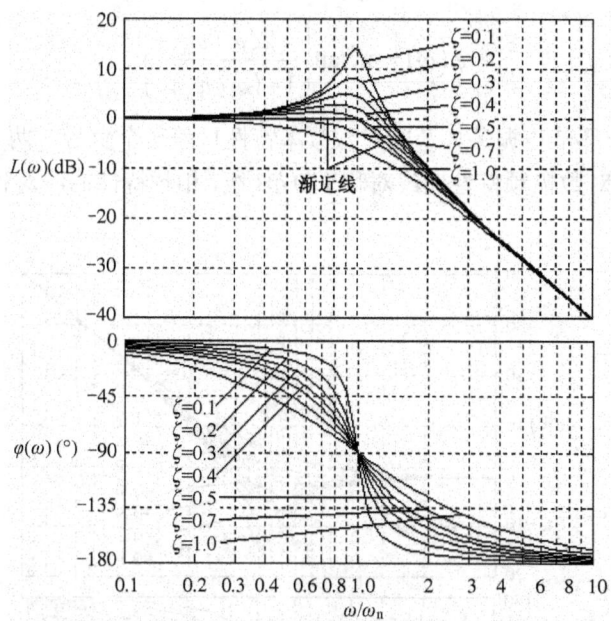

图5-9 振荡环节伯德图

$$\omega_r = \omega_n \sqrt{1 - 2\zeta^2} \qquad (5\text{-}39)$$

可见当 $0 \leq \zeta \leq \dfrac{1}{\sqrt{2}}$ 时，会产生谐振，谐振频率所对应的谐振峰值 M_r 为

$$M_r = |G(j\omega_r)| = \frac{1}{2\zeta\sqrt{1-\zeta^2}} \qquad (5\text{-}40)$$

或

$$L(\omega_r) = -20\lg(2\zeta\sqrt{1-\zeta^2}) \qquad (5\text{-}41)$$

在绘制振荡环节的对数幅频特性时，当渐近线与精确曲线之间的误差较小时，可用渐近线来近似精确曲线；如果当 ζ 较小时，产生了谐振，误差就会较大，可通过式（5-39）计算谐振频率 ω_r 和式（5-40）计算谐振峰值 M_r 对渐近线进行修正。

对数相频特性曲线如图5-9所示。随着频率 ω 的变化，相角 $\varphi(\omega)$ 从 $0°$ 变化到 $-180°$，即当 $\omega=0$ 时，$\varphi(\omega)=0°$；当 $\omega\to\infty$ 时，$\varphi(\omega)=-180°$；当 $\omega=\omega_n$ 时，$\varphi(\omega)=-90°$。不同的 ζ 值，对应的曲线形状也不同，$\varphi(\omega)$ 对于（转角频率，$-90°$）点是斜对称的。

7. 二阶微分环节

二阶微分环节的传递函数为 $G(s) = \dfrac{1}{\omega_n^2}(s^2 + 2\zeta\omega_n s + \omega_n^2)$，其频率特性为

$$G(j\omega) = 1 + 2\zeta\left(\frac{j\omega}{\omega_n}\right) + \left(\frac{j\omega}{\omega_n}\right)^2 \qquad (5\text{-}42)$$

对数频率特性为

$$L(\omega) = 20\lg\sqrt{\left(1-\frac{\omega^2}{\omega_n^2}\right)^2 + \left(2\zeta\frac{\omega}{\omega_n}\right)^2} \qquad (5\text{-}43)$$

$$\varphi(\omega) = \arctan\left(\frac{2\zeta\omega/\omega_n}{1-(\omega/\omega_n)^2}\right) \qquad (5\text{-}44)$$

可见，二阶微分环节与振荡环节的对数频率特性只差一个负号，两者的对数频率特性曲线对称于横坐标轴；对数幅频特性曲线对称于 0 dB 线，相频特性曲线对称于 0° 线，如图 5-10 所示。

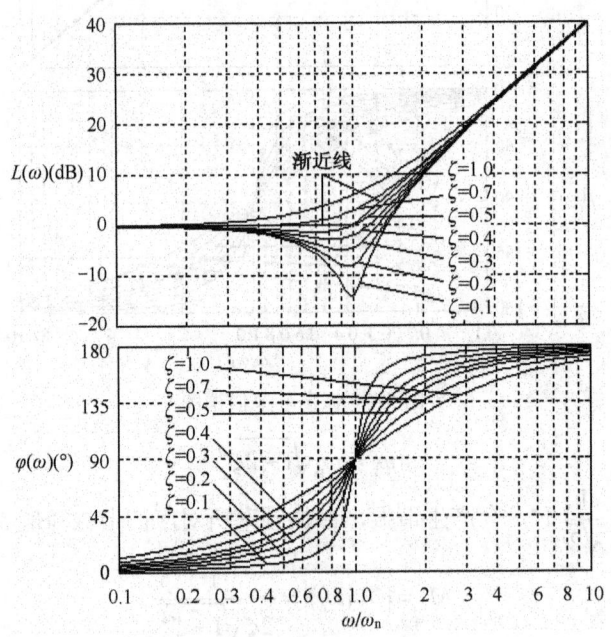

图 5-10 二阶微分环节伯德图

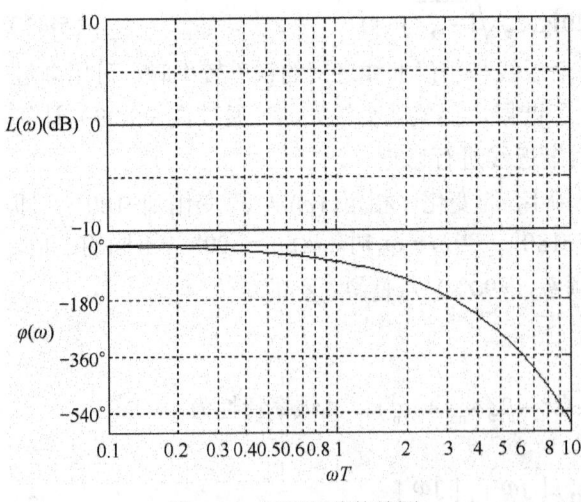

图 5-11 延迟环节伯德图

8. 延迟环节

延迟环节的传递函数为 $G(s) = e^{-\tau s}$，其频率特性为

$$G(j\omega) = e^{-j\tau\omega} \qquad (5\text{-}45)$$

对数频率特性为

$$L(\omega) = 20\lg\left|e^{-j\omega\tau}\right| = 20\lg 1 = 0 \text{ (dB)} \qquad (5\text{-}46)$$

$$\varphi(\omega) = -\tau\omega \text{ (rad)} = -57.3\tau\omega \text{ (°)} \qquad (5\text{-}47)$$

式（5-46）和式（5-47）表明，延迟环节的对数幅频特性曲线是一条斜率为 0 dB 的直线，与频率无关，而相频特性将随着 ω 的增加而增大，趋于负无穷，如图 5-11 所示。

5.3.3 系统开环对数频率特性的绘制

自动控制系统通常是由典型环节组成的，在 5.3.2 节中已经介绍了典型环节的频率特性，本节将讨论控制系统开环频率特性的绘制方法。这里主要介绍控制系统开环对数频率特性渐近线的绘制，如果需要精确曲线，可以进行修正或用 MATLAB 软件绘制。

在控制系统开环对数频率特性的绘制中，对数幅频特性渐近线就是各典型环节渐近线的叠加，即各频率段的斜率叠加；对数相频特性是由绘制出各典型环节的相频特性曲线，进行叠加组成，也可以选择若干有代表性的频率点，计算出其相角，然后光滑地连接这些点来组成。绘制对数频率特性的步骤如下。

（1）将开环传递函数写成时间常数的因子相乘形式。
（2）确定各典型环节的转角频率，并从小到大以虚线标在坐标图上。
（3）确定坐标图上的最低频率和低频段斜率。通过分析典型环节的对数幅频特性渐近线可知，影响坐标图上的最低频率有比例、积分和微分环节，而其他环节的对数幅频特性渐近线的幅值为 0 dB。比如低频为 ω_1，其值为 $20\lg K$ 再加上积分和微分环节在 ω_1 处产生的幅值。低频段渐近线的斜率由积分和微分环节的斜率叠加来确定，而其他环节的对数幅频特性渐近线的斜率为 0。
（4）以坐标图上的最低频率和低频段渐近线的斜率开始绘制，随着 ω 的增加，每遇到转角频率处，在渐近线的斜率上叠加该典型环节的斜率，如遇到惯性环节，斜率就叠加-20 dB/dec，振荡环节就叠加-40 dB/dec，一阶微分环节就叠加 20 dB/dec，二阶微分环节就叠加 40 dB/dec 等。这样一直绘制到高频段，就可以得到控制系统开环对数幅频特性的渐近线。
（5）需要时可以对渐近线进行修正，获得控制系统开环对数幅频特性的精确曲线。
（6）相频特性的绘制是选择若干有代表性的频率点，计算频率特性在这些频率点上的相角值，然后光滑地连接这些点，即可构成相频特性曲线。

【例 5-1】 已知系统的开环传递函数为

$$G(s) = \frac{64(s+2)}{s(s+0.5)(s^2+3.2s+64)}$$

试绘制系统的开环对数频率特性。

解 根据上述绘制伯德图的步骤进行。
（1）将系统的开环传递函数写成时间常数的因子相乘形式，即

$$G(s) = \frac{4(0.5s+1)}{s(2s+1)\left(\dfrac{s^2}{8^2}+0.05s+1\right)}$$

由此可见，系统的开环传递函数由 5 个典型环节组成，分别为

比例环节：4

一阶微分环节：$0.5s+1$

积分环节：$\dfrac{1}{s}$

惯性环节：$\dfrac{1}{2s+1}$

振荡环节：$\dfrac{1}{\dfrac{s^2}{8^2}+0.05s+1}$

（2）确定各典型环节的转角频率

比例环节和积分环节没有转角频率，一阶微分环节的转角频率：2，惯性环节的转角频率：0.5，振荡环节的转角频率：8，并从小到大以虚线标在坐标图上，如图5-12所示。

（3）确定坐标图上最低频率和低频段斜率。

为了充分展示系统伯德图的低频段、中频段和高频段，选取坐标图上的最低频率必须要小于系统的最小转角频率。在本例中，最小的转角频率为0.5，所以选取坐标图上的最低频率为0.1。在本例中仅有一个积分环节，低频段的斜率是以-20 dB/dec开始的。

在 $\omega_1 = 0.1$ 处，计算比例环节和积分环节的值，即 $L(\omega_1) = 20\lg4 - 20\lg0.1 = 32$ dB。

（4）绘制系统开环对数幅频特性渐近线。

从 $\omega_1 = 0.1$，$L(\omega_1) = 32$ dB 开始，以斜率为-20 dB/dec画直线，遇到的第一个转角频率为0.5，因为是惯性环节的转角频率，所以在原斜率上加-20 dB/dec，变为-40 dB/dec画直线；遇到的第二个转角频率为2，因为是一阶微分环节的转角频率，所以在斜率-40 dB/dec上加20 dB/dec，变为-20 dB/dec画直线；遇到的第三个转角频率为8，因为是振荡环节的转角频率，所以在斜率-20 dB/dec上加-40 dB/dec，变为-60 dB/dec画直线。系统的开环对数幅频特性渐近线如图5-12所示。

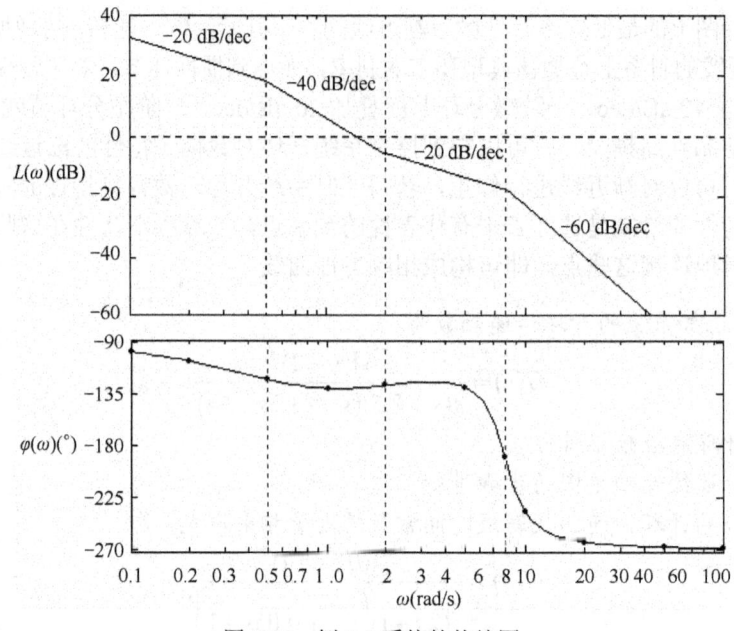

图5-12　例5-1系统的伯德图

（5）可以对系统的开环对数幅频特性渐近线进行修正来获得精确曲线。在工程中，常用渐近线设计系统。

（6）绘制系统开环对数相频特性。

系统的相频特性为

$$\varphi(\omega) = \arctan 0.5\omega - 90° - \arctan 2\omega - \arctan \frac{0.05\omega}{1-(0.125\omega)^2}$$

选择11个频率点，代入 $\varphi(\omega)$ 表达式计算出对应的相角值见表5-2，并标在坐标图上，然后光滑地连接这些点即可获得相频特性曲线，如图5-12所示。

表 5-2 相频特性曲线数据

ω	0.1	0.2	0.5	1	2	5	8	10	20	50	100
$\varphi(\omega)$	−98.8°	−107°	−122°	−130°	−127°	−129°	−191°	−237°	−263°	−268°	−269°

【例 5-2】 某太空人造卫星控制系统方块图如图 5-13 所示。

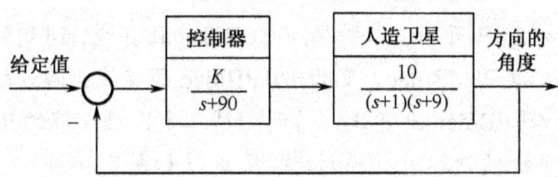

图 5-13 人造卫星控制系统方块图

当 $K = 324$ 时，试绘制系统开环对数频率特性。

解 系统的开环传递函数为

$$G(s) = \frac{3240}{(s+90)(s+1)(s+9)}$$

根据上述绘制伯德图的步骤进行。

（1）将系统的开环传递函数写成时间常数的因子相乘形式，即

$$G(s) = \frac{4}{(0.011s+1)(s+1)(0.11s+1)}$$

系统的开环传递函数由 4 个典型环节组成，分别为

比例环节：4

三个惯性环节，分别为 $\dfrac{1}{s+1}$、$\dfrac{1}{0.11s+1}$ 和 $\dfrac{1}{0.011s+1}$

（2）确定各典型环节的转角频率。

比例环节没有转角频率，三个惯性环节的转角频率分别为 1、9 和 90，并从小到大以虚线标在坐标图上，如图 5-14 所示。

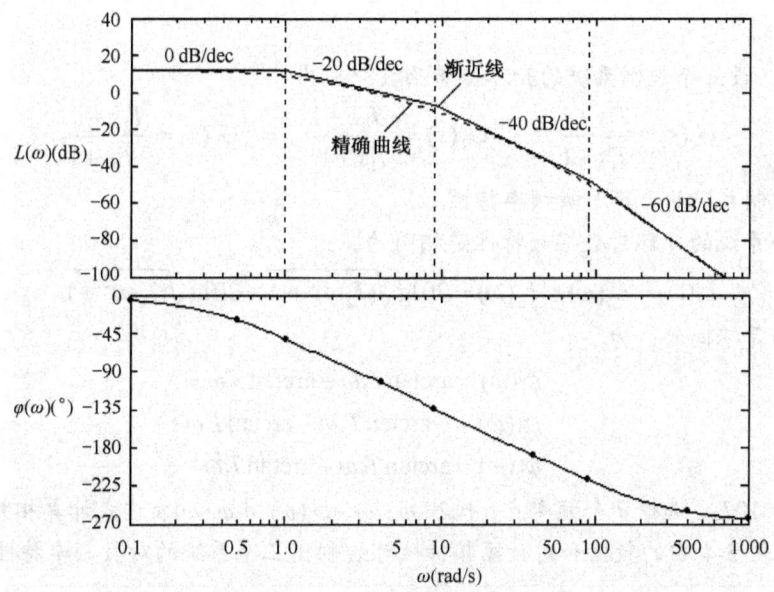

图 5-14 例 5-2 系统的伯德图

（3）确定坐标图上最低频率和低频段斜率。

选取坐标图上的最低频率为 0.1。在本例中没有积分和微分环节，所以低频段的斜率是以 0 dB/dec 开始的。

在 $\omega_1 = 0.1$ 处，比例环节的值为 $L(\omega_1) = 20\lg 4 = 12$ dB。

（4）绘制系统开环对数幅频特性渐近线。

从 $\omega_1 = 0.1$，$L(\omega_1) = 12$ dB 开始，以斜率为 0 dB/dec 画直线，遇到的第一个惯性环节的转角频率为 1，在原斜率上加-20 dB/dec，变为-20 dB/dec 画直线；遇到的第二个惯性环节的转角频率为 9，斜率变为-40 dB/dec 画直线；遇到的第三个惯性环节的转角频率为 90，斜率变为-60 dB/dec 画直线。系统的开环对数幅频特性渐近线如图 5-14 中的实线曲线所示。

（5）对系统的开环对数幅频特性渐近线进行修正后，获得精确曲线如图 5-14 中的虚线曲线所示。

（6）绘制系统开环对数相频特性。

系统的相频特性为

$$\varphi(\omega) = -\arctan 0.011\omega - \arctan 0.11\omega - \arctan \omega$$

选择 9 个频率点，代入 $\varphi(\omega)$ 表达式计算出对应的相角值，见表 5-3，并标在坐标图上，然后光滑地连接这些点，即可获得相频特性曲线，如图 5-14 所示。

表 5-3 相频特性曲线数据

ω	0.1	0.4	1	4	9	40	90	400	1 000
$\varphi(\omega)$	-6.46°	-24.5°	-52°	-101°	-133°	-190°	-210°	-256°	-264°

5.3.4 最小相位系统和非最小相位系统

在右半 s 平面没有零、极点的传递函数称为最小相位传递函数，所对应的系统称为最小相位系统；反之，在右半 s 平面有零、极点的传递函数称为非最小相位传递函数，所对应的系统称为非最小相位系统。因此，最小相位系统中不能含有不稳定因子，也不能含有延迟环节。

【例 5-3】 设三个控制系统的开环传递函数分别为

$$G_1(s) = \frac{T_2 s + 1}{T_1 s + 1}, \quad G_2(s) = \frac{-T_2 s + 1}{T_1 s + 1}, \quad G_3(s) = \frac{T_2 s + 1}{-T_1 s + 1}$$

试绘制三个控制系统的开环对数频率特性。

解 三个系统的开环对数幅频特性是相同的，为

$$L_1(\omega) = L_2(\omega) = L_3(\omega) = 20\lg\sqrt{(T_2\omega)^2 + 1} - 20\lg\sqrt{(T_1\omega)^2 + 1}$$

相频特性是不同的，为

$$\varphi_1(\omega) = \arctan T_2\omega - \arctan T_1\omega$$
$$\varphi_2(\omega) = -\arctan T_2\omega - \arctan T_1\omega$$
$$\varphi_3(\omega) = \arctan T_2\omega + \arctan T_1\omega$$

假设 $T_1 = 10T_2$，选择 7 个频率点，代入 $\varphi_1(\omega)$、$\varphi_2(\omega)$ 和 $\varphi_3(\omega)$ 表达式计算相频特性的值见表 5-4。利用表 5-4 中的数据和对数幅频特性可绘制出三个系统的对数频率特性，如图 5-15 所示。

表 5-4 三个系统的相频特性曲线数据

ω	$1/10T_1$	$3/10T_1$	$1/T_1$	$\sqrt{10}/T_1$	$1/T_2$	$3/T_2$	$10/T_2$
$\varphi_1(\omega)$	$-5.14°$	$-16.5°$	$-39.5°$	$-54.5°$	$-39.5°$	$-16.5°$	$-5.14°$
$\varphi_2(\omega)$	$-6.32°$	$-18.6°$	$-51.5°$	$-90°$	$-130°$	$-160°$	$-174°$
$\varphi_3(\omega)$	$6.32°$	$18.6°$	$51.5°$	$90°$	$130°$	$160°$	$174°$

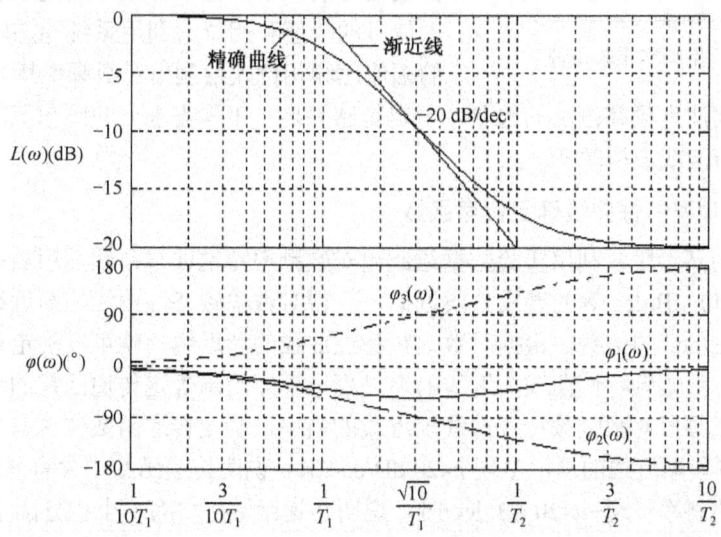

图 5-15 最小相位系统 $G_1(s)$ 和非最小相位系统 $G_2(s)$ 及 $G_3(s)$ 的伯德图

由图 5-15 进行对比可以看出，三个系统的对数幅频特性是一样的，但是相频特性完全不同，当 ω 从 0 变化至 ∞ 时，$\varphi_1(\omega)$ 的变化范围最小，而 $\varphi_2(\omega)$ 和 $\varphi_3(\omega)$ 的变化范围都比 $\varphi_1(\omega)$ 大，所以，$G_1(s)$ 是最小相位系统，$G_2(s)$ 和 $G_3(s)$ 是非最小相位系统。

通过分析可以得出以下结论。

（1）在具有相同幅频特性的系统中，最小相位系统的相角变化最小。

（2）最小相位系统的幅频特性和相频特性之间具有唯一对应关系，如果在整个频率范围内知道了系统的幅频特性，它的相频特性就唯一确定了。在工程应用中，只要知道最小相位系统的幅频特性，就可以写出其相应的传递函数，对系统进行分析研究，而不需要画出相频特性。但是，对于非最小相位系统，这个结论不成立。

（3）对于一个最小相位系统，当 $\omega \to \infty$ 时，相角 $\to -90°(n-m)$，对数幅频特性曲线的斜率为 $-20(n-m)$ dB/dec，其中 n 和 m 分别表示传递函数分母和分子多项式的阶次。对于非最小相位系统，如例 5-3 中的 $G_2(s)$ 和 $G_3(s)$，在 $\omega \to \infty$ 时，它们的对数幅频特性曲线的斜率为 $-20(n-m)$ dB/dec，但相角不等于 $-90°(n-m)$，所以非最小相位系统不满足这个结论。

（4）由于非最小相位系统的响应缓慢，如果实际控制系统要求快速响应，设计系统时就应该避开非最小相位系统或不采用非最小相位元件，如控制系统中常见的产生传递延迟的元件。

5.3.5 确定传递函数的频域实验方法

建立控制系统的数学模型是分析和设计系统的首要问题，对于稳定系统，输入正弦信号，其频率响应为同频率的正弦信号，而幅值衰减和相角滞后为系统的幅频特性和相频特性，因此，可以采用频率响应实验来确定稳定系统的数学模型。

1. 频率响应实验

频率响应实验原理如图 5-16 所示。选择信号源的输出为正弦信号，调整其幅值，并使系统处于非饱和状态。在一定的频率范围内，改变输入正弦信号的频率，记录各频率点处系统稳态输出和输入信号的幅值和相位。利用系统稳态输出和输入信号的幅值比和相位差绘制出对数频率特性曲线。

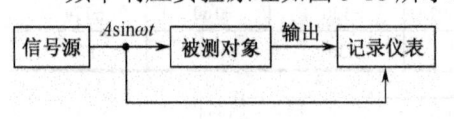

图 5-16 频率响应实验原理

在实验中要注意频率范围的选取，一定是感兴趣（工程需求）的频率范围。另外，正弦信号必须没有谐波或波型畸变。

2. 由对数频率特性曲线确定传递函数

从低频段到高频段，利用实验数据绘制出对数频率特性曲线，然后用斜率为 0 dB/dec、±20 dB/dec、±40 dB/dec 等的直线分段近似，获得对数幅频特性曲线的渐近线。渐近线的斜率必须是±20 dB/dec 的倍数。根据对数幅频特性曲线的渐近线，就可以确定最小相位传递函数，这是绘制对数幅频特性曲线渐近线的逆过程，下面给出确定传递函数的步骤。

（1）根据低频段对数幅频特性曲线渐近线的斜率，确定传递函数中含有微分、积分因子的个数，当低频段渐近线的斜率呈现 $r\times 20$ dB/dec 时，说明传递函数中含有 r 个微分因子；当低频段渐近线的斜率呈现 $-v\times 20$ dB/dec 时，说明传递函数中含有 v 个积分因子。

（2）确定对数幅频特性曲线渐近线的转角频率，并计算各环节的时间常数。从低频段到高频段，根据渐近线在转角频率处斜率的变化，确定传递函数中包含的因子，如在转角频率 ω_1 处，渐近线的斜率由 0 dB/dec 变为 -20 dB/dec，或由 -20 dB/dec 变为 -40 dB/dec 等，则说明传递函数中包含了一个 $\dfrac{1}{s/\omega_1+1}$ 的惯性因子；如在转角频率 ω_2 处，渐近线的斜率由 -20 dB/dec 变为 0 dB/dec，或由 -40 dB/dec 变为 -20 dB/dec 等，则说明传递函数中包含了一个 s/ω_2+1 的一阶微分因子；如在转角频率 ω_3 处，渐近线的斜率由 0 dB/dec 变为 -40 dB/dec，或由 -20 dB/dec 变为 -60 dB/dec 等，则说明传递函数中包含了一个 $\dfrac{1}{(s/\omega_3)^2+2\zeta s/\omega_3+1}$ 的振荡因子，其中 ω_3 为振荡因子的无阻尼振荡频率，阻尼比 ζ 可以根据实验得到的对数幅频特性曲线，测量转角频率 ω_3 附近的谐振峰值，利用式（5-39）计算出值。依次类推，可以确定出传递函数中包含的所有因子。

（3）确定比例因子或增益 K。根据低频段对数幅频特性曲线渐近线的斜率、渐近线的延长线与 $\omega=1$ 垂直线的交点、渐近线的形状，利用平面几何关系可以确定传递函数的增益 K。

当系统为 0 型、Ⅰ型和Ⅱ型系统时，其对数幅频特性曲线的渐近线与增益 K 的关系如图 5-17 所示。

由图 5-17 可见，对于 0 型系统，根据 $20\lg K$ 等于低频段对数幅频特性值（纵坐标值，单位为 dB）来确定增益 K；对于Ⅰ型和Ⅱ型系统，根据低频段对数幅频特性渐近线或其延长线与 $\omega=1$ 垂直线的交点，其幅值为

$$L(\omega)\big|_{\omega=1}=20\lg K \tag{5-48}$$

来确定增益 K。

确定增益 K 的另一种方法：从图 5-17 可见，对于Ⅰ型和Ⅱ型系统，低频段对数幅频特

性渐近线或其延长线与 0 dB 线的交点处频率分别为 $\omega = K$ 和 $\omega = \sqrt{K}$，知道了交点处频率 ω，也就确定了增益 K。

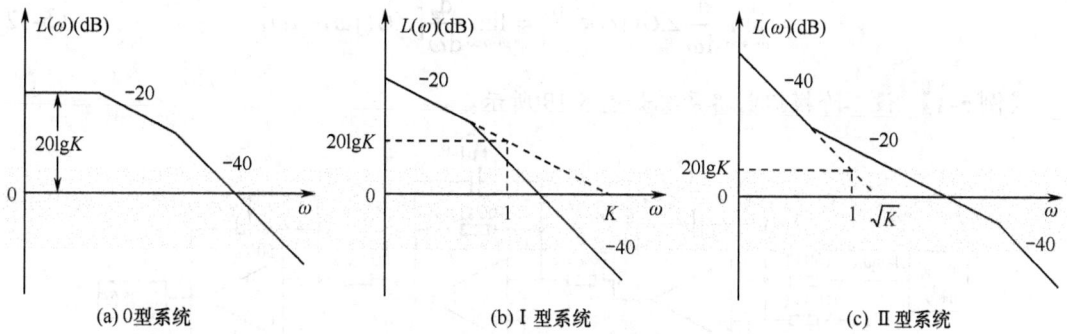

图 5-17 低频段对数幅频特性曲线渐近线与增益 K 的关系

利用平面几何关系同样可以确定传递函数的增益 K，如图 5-18 所示为 I 型系统的开环对数幅频特性曲线的渐近线。

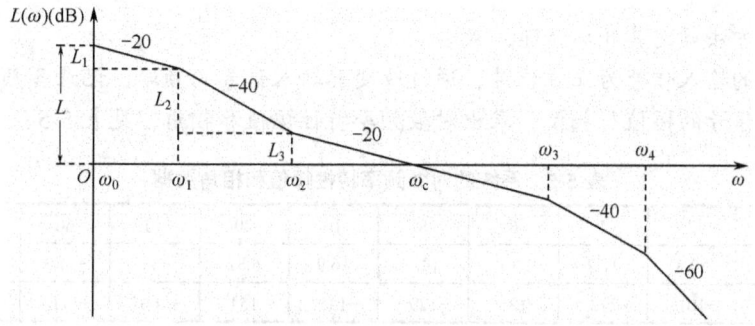

图 5-18 对数幅频特性曲线渐近线

由图 5-18 可得

$$L = L_1 + L_2 + L_3 = 20\lg\frac{\omega_1}{\omega_0} + 40\lg\frac{\omega_2}{\omega_1} + 20\lg\frac{\omega_c}{\omega_2} \quad (5\text{-}49)$$

对于 I 型系统，低频段对数幅频特性渐近线的延长线与 0 dB 线的交点处频率为 $\omega = K$，所以有

$$L = 20\lg\frac{K}{\omega_0} \quad (5\text{-}50)$$

根据式（5-49）和式（5-50），有

$$20\lg\frac{K}{\omega_0} = 20\lg\frac{\omega_1}{\omega_0} + 40\lg\frac{\omega_2}{\omega_1} + 20\lg\frac{\omega_c}{\omega_2} \quad (5\text{-}51)$$

从而得 $K = \dfrac{\omega_c \omega_2}{\omega_1}$。如果 L 已知，增益 K 可以直接由式（5-50）确定。

对于 II 型系统，确定增益 K 的上述方法同样适用，只是低频段对数幅频特性渐近线的延长线与 0 dB 线的交点处频率为 $\omega = \sqrt{K}$。

（4）利用高频段相频特性检验系统是否为最小相位系统，如果实验获得的相角在高频段等于 $-90°(n-m)$，则传递函数就是一个最小相位传递函数，否则为非最小相位传递函数。当

$\omega \to \infty$ 时,计算的相位滞后与实验得到的相位滞后之间的变化率是一个常数,则传递函数中包含有延迟因子,其形式为 $G(s)e^{-\tau s}$,延迟时间 τ 可由下式计算

$$\tau = \lim_{\omega \to \infty} \frac{d}{d\omega} \angle G(j\omega)e^{-j\tau\omega} = \lim_{\omega \to \infty} \frac{d}{d\omega} [\angle G(j\omega) - \tau\omega] \quad (5-52)$$

【例 5-4】 设二阶模拟电路系统如图 5-19 所示。

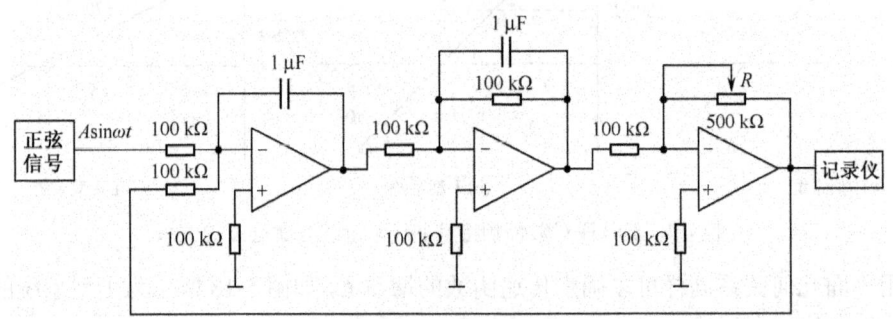

图 5-19 二阶模拟电路系统

试用频域实验方法确定其开环传递函数。

解 系统的输入信号为正弦信号,通过改变其输入信号的频率,记录各频率点处系统稳态输出和输入信号的幅值与相位,求出对数频率特性幅值和相角,见表 5-5。

表 5-5 系统的对数频率特性幅值和相角数据

ω	1	2	4	6	8	10	20	40	60	80	100
$L(\omega)$	40	33.8	27.2	23.1	19.7	16.9	6.82	-4.6	-11.3	-16.3	19.9
$\varphi(\omega)$	-95.7°	-101°	-112°	-121°	-129°	-135°	-154°	-166°	-171°	-173°	-174°

利用表 5-5 的数据绘制系统对数频率特性曲线和渐近线,如图 5-20 所示。

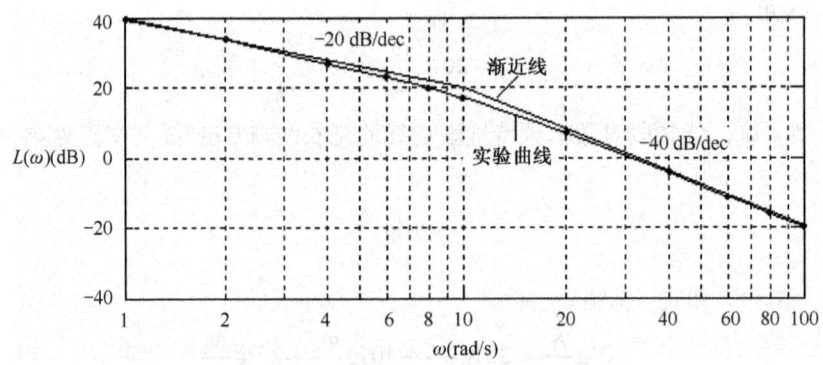

图 5-20 系统对数频率特性曲线和渐近线

由图 5-20 可知低频段对数幅频特性渐近线斜率为 -20 dB/dec,所以系统为 I 型系统,并且传递函数含有一个积分因子。

在转角频率 $\omega = 10$ 处,渐近线斜率从 -20 dB/dec 变为 -40 dB/dec,所以传递函数含有一个惯性因子 $\dfrac{1}{s/10+1}$。

在 $\omega = 1$ 处,$L(\omega) = 40$ dB,可得 $20\lg K = 40$,$K = 100$。

系统的传递函数为

$$G(s) = \frac{100}{s(0.1s+1)}$$

可以通过系统高频段相频特性检验系统是否为最小相位系统，利用表 5-5 的数据绘制系统对数相频特性曲线，如图 5-21 所示。

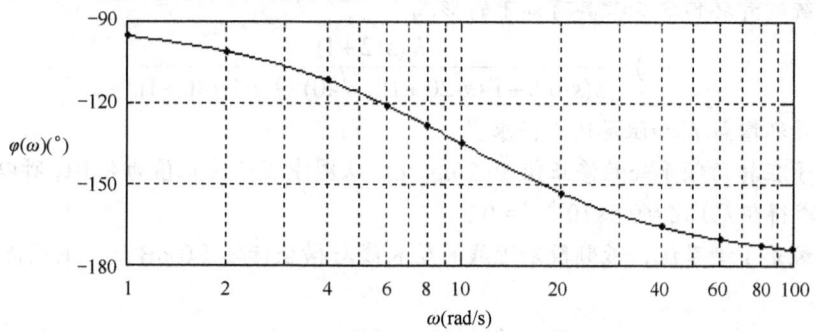

图 5-21 系统对数相频特性曲线

由图 5-21 可见，实验获得的相角在高频段等于 $-90° \times 2 = -180°$，则传递函数是一个最小相位传递函数。

【例 5-5】 已知最小相位系统的开环对数幅频特性曲线如图 5-22 所示，其中虚线为振荡环节在其转角频率处的修正曲线，试确定系统的开环传递函数。

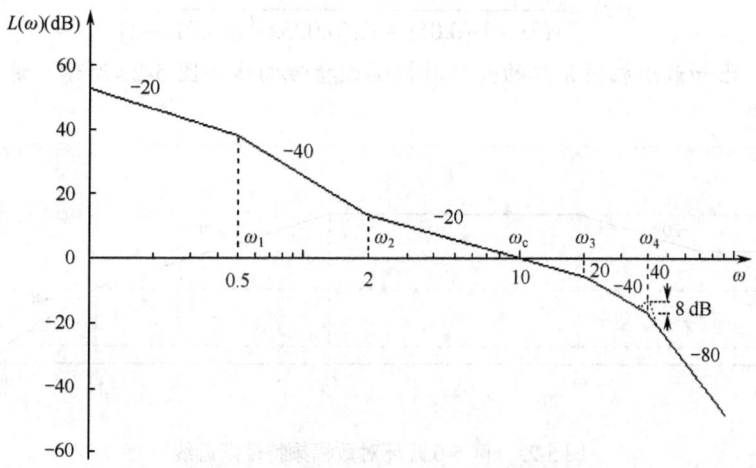

图 5-22 例 5-5 开环对数幅频特性渐近线

解 由图 5-22 可知，低频段对数幅频特性渐近线斜率为 -20 dB/dec，所以系统为 I 型系统，并且传递函数含有一个积分因子。

在转角频率 $\omega_1 = 0.5$ 处，渐近线斜率从 -20 dB/dec 变为 -40 dB/dec，所以传递函数含有一个惯性因子 $\dfrac{1}{s/0.5+1}$。

在转角频率 $\omega_2 = 2$ 处，渐近线斜率从 -40 dB/dec 变为 -20 dB/dec，所以传递函数含有一个一阶微分因子 $s/2+1$。

在转角频率 $\omega_3 = 20$ 处，渐近线斜率从 -20 dB/dec 变为 -40 dB/dec，所以传递函数含有一

个惯性因子 $\dfrac{1}{s/20+1}$。

在转角频率 $\omega = 40$ 处，渐近线斜率从 -40 dB/dec 变为 -80 dB/dec，所以传递函数含有一个振荡因子 $\dfrac{1}{(s/40)^2 + 2\zeta s/40 + 1}$。

所以系统的开环传递函数具有如下的形式

$$G(s) = \dfrac{K(s/2+1)}{s(s/0.5+1)(s/20+1)[(s/40)^2 + 2\zeta s/40 + 1]}$$

式中系统的开环增益 K 和阻尼比 ζ 待求。

振荡因子在转角频率处的修正值为 $-20\lg(2\zeta)$，从图中显示修正值为 8 dB，所以 $-20\lg(2\zeta) =$ 8 dB，可以求得阻尼比 $\zeta = 0.5 \times 10^{-8/20} = 0.2$。

由于系统是 I 型系统，低频段渐近线的延长线与横坐标轴（0 dB 线）的交点处 $\omega = K$，所以有

$$20\lg\dfrac{K}{\omega_1} = 40\lg\dfrac{\omega_2}{\omega_1} + 20\lg\dfrac{\omega_c}{\omega_2}$$

可得

$$K = \dfrac{\omega_2 \omega_c}{\omega_1} = \dfrac{2 \times 10}{0.5} = 40$$

系统的开环传递函数为

$$G(s) = \dfrac{40(0.5s+1)}{s(2s+1)(0.05s+1)[(0.025s)^2 + 0.01s + 1]}$$

【例 5-6】 已知最小相位系统的开环对数幅频特性曲线如图 5-23 所示，试确定系统的开环传递函数。

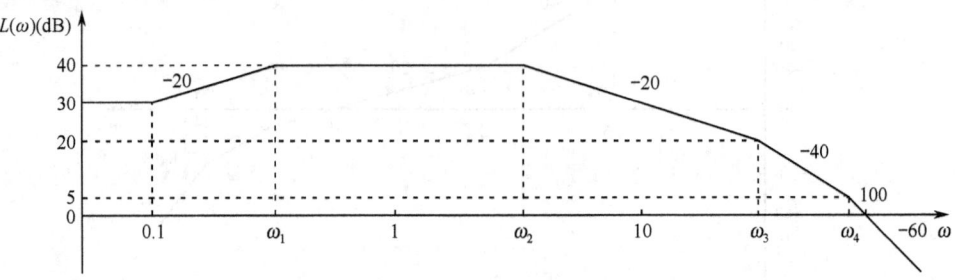

图 5-23 例 5-6 开环对数幅频特性渐近线

解 由图 5-23 可知，低频段对数幅频特性渐近线斜率为 0 dB/dec，所以系统为 0 型系统。

在转角频率 $\omega = 0.1$ 处，渐近线斜率从 0 dB/dec 变为 20 dB/dec，所以传递函数含有一个一阶微分因子 $s/0.1+1$。

在转角频率 $\omega = \omega_1$、ω_2、ω_3 和 ω_4 处，渐近线斜率变化了 -20 dB/dec，所以传递函数含有 4 个惯性因子，分别为 $\dfrac{1}{s/\omega_1+1}$、$\dfrac{1}{s/\omega_2+1}$、$\dfrac{1}{s/\omega_3+1}$ 和 $\dfrac{1}{s/\omega_4+1}$。

所以系统的开环传递函数具有如下的形式

$$G(s) = \dfrac{K(s/0.1+1)}{(s/\omega_1+1)(s/\omega_2+1)(s/\omega_3+1)(s/\omega_4+1)}$$

由图 5-23 可知，$20\lg K = 30$，得 $K = 31.62$；$20\lg\dfrac{\omega_1}{0.1} = 10$，得 $\omega_1 = 0.316$；$60\lg\dfrac{100}{\omega_4} = 5$，得 $\omega_4 = 82.54$；$40\lg\dfrac{\omega_4}{\omega_3} = 15$，得 $\omega_3 = 34.81$；$20\lg\dfrac{\omega_3}{\omega_2} = 20$，得 $\omega_2 = 3.48$。

系统的开环传递函数为

$$G(s) = \dfrac{31.62(10s+1)}{(3.16s+1)(0.287s+1)(0.029s+1)(0.012s+1)}$$

5.3.6 开环频率特性和系统性能的关系

控制系统的开环频率特性与系统性能有着密切的关系。在工程实践中，通常采用开环对数幅频特性的低、中、高频区段来分析和设计控制系统，如图 5-24 所示，即三频段的概念。

1. 低频段与系统稳态性能的关系

低频段通常是指开环对数幅频特性 $20\lg|G(\mathrm{j}\omega)|$ 的渐近线第一个转角频率之前的频段，这一段特性完全由系统的类型 ν（即开环传递函数中具有的积分个数）和开环增益 K 决定。

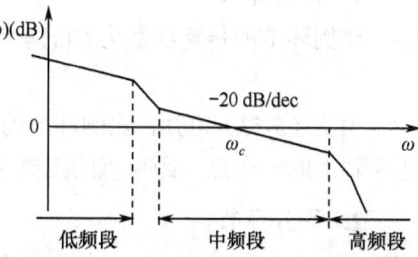

图 5-24 开环对数幅频特性渐近线

ν 为 0 型、Ⅰ型和Ⅱ型时，低频段对数幅频特性曲线的形状如图 5-17 所示，可以求出相应的稳态误差系数，确定系统的稳态性能。

2. 中频段与系统动态性能和稳定性的关系

中频段是指开环对数幅频特性 $20\lg|G(\mathrm{j}\omega)|$ 的渐近线在穿越频率 ω_c 附近（或 0 dB 附近）区段，这一段特性反映了闭环系统的动态性能和稳定性。

在工程实践中，一般希望开环对数幅频特性渐近线的中频段是以斜率为 $-20\ \mathrm{dB/dec}$ 穿越 0 dB 线，并且具有较宽的频带，此时系统就有较大的相位裕度，表现出良好的动态品质，动态过程的超调量和调整时间较小。中频段越宽，相位裕度越大；穿越频率 ω_c 越高，系统的快速性越好。

3. 高频段与系统抗干扰能力的关系

高频段是指开环对数幅频特性 $20\lg|G(\mathrm{j}\omega)|$ 曲线在中频段以后的区段，这一段特性是由系统中小时间常数环节决定的，反映了系统的抗干扰能力。由于在这一段的 $L(\omega) \ll 0$，即 $|G(\mathrm{j}\omega)| \ll 1$，因此对于单位负反馈系统有

$$|\varPhi(\mathrm{j}\omega)| = \dfrac{|G(\mathrm{j}\omega)|}{|1+G(\mathrm{j}\omega)|} \approx |G(\mathrm{j}\omega)|$$

闭环幅频特性近似等于开环幅频特性，因此系统开环对数幅频特性在高频段的幅值，直接反映了系统对输入端高频干扰信号的抑制能力。因此，高频段的分贝值越低，系统抗干扰能力越强。

三频段的划分并没有明确的规定，但是三频段的概念为直接运用开环频率特性判别系统的性能和设计控制系统指出了原则和方向。

5.4 极坐标图（奈奎斯特图）

极坐标图也称为奈奎斯特图（Nyquist），简称奈氏图。极坐标图是当ω从零变化到无穷大时，频率特性$G(j\omega)$表示在极坐标上的幅值与相角的关系图。它是以ω为参变量，在复平面上向量$|G(j\omega)|\angle G(j\omega)$的端点轨迹。在极坐标图上，定义相角是从正实轴开始的反时针旋转为正。向量$G(j\omega)$在实轴和虚轴上的投影分别为实频特性$R(j\omega)$和虚频特性$I(j\omega)$。

5.4.1 典型环节的极坐标图

1. 比例环节

比例环节的传递函数为$G(s) = k$，其频率特性为

$$G(j\omega) = K\angle 0° \tag{5-53}$$

由式（5-53）可知，比例环节的频率特性与频率ω无关，极坐标图如图5-25所示。它是正实轴上的一个点，距原点的距离为K。

2. 积分环节

积分环节的传递函数为$G(s) = \dfrac{1}{s}$，其频率特性为

$$G(j\omega) = \frac{1}{j\omega} = \frac{1}{\omega}\angle -90° \tag{5-54}$$

由式（5-54）可知，积分环节的相频特性$\varphi(\omega) = -90°$是常数，当频率ω从$0 \to \infty$时，幅频特性$A(\omega)$从$\infty \to 0$。因此，极坐标图是与负虚轴重合的直线，如图5-26所示。

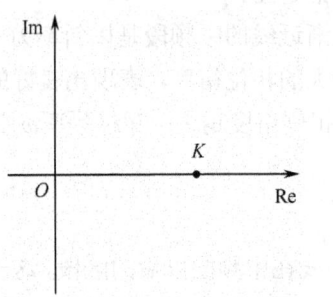

图5-25 比例环节的极坐标图

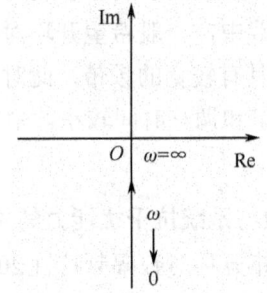

图5-26 积分环节的极坐标图

3. 微分环节

理想微分环节的传递函数为$G(s) = s$，其频率特性为

$$G(s) = j\omega = \omega\angle 90° \tag{5-55}$$

由式（5-55）可知，理性微分环节的相频特性$\varphi(\omega) = 90°$是常数，当频率ω从$0 \to \infty$时，幅频特性$A(\omega)$从$0 \to \infty$。因此，极坐标图是与正虚轴重合的直线，如图5-27所示。

4. 惯性环节

惯性环节的传递函数为$G(s) = \dfrac{1}{Ts+1}$，其频率特性为

$$G(j\omega) = \frac{1}{1+j\omega T} \tag{5-56}$$

幅频特性和相频特性为

$$A(\omega) = \frac{1}{\sqrt{1+\omega^2 T^2}}, \quad \varphi(\omega) = -\arctan \omega T$$

当 $\omega = 0$ 时，$A(\omega) = 1$，$\varphi(\omega) = 0°$；当 $\omega = \frac{1}{T}$ 时，$A(\omega) = \frac{1}{\sqrt{2}}$，$\varphi(\omega) = -45°$；当 $\omega \to \infty$ 时，$A(\omega) = 0$，$\varphi(\omega) = -90°$。

由此可以绘出惯性环节的极坐标图如图 5-28 所示，可见，随 ω 从 $0 \to \infty$ 时，惯性环节的极坐标图是位于第四象限中的半圆。

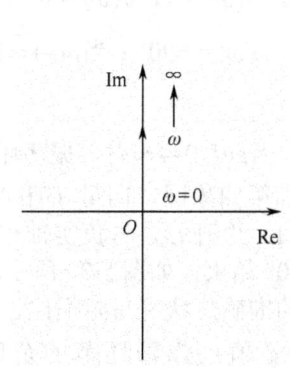

图 5-27 理想微分环节的极坐标图

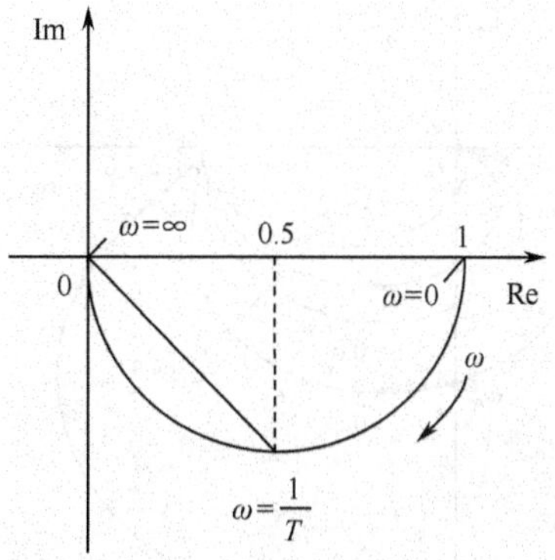

图 5-28 惯性环节的极坐标图

当 ω 从 $-\infty \to +\infty$ 时，惯性环节的极坐标图是一个对称于实轴的圆。这可以通过将 $G(j\omega)$ 分解为实部 $X(\omega)$ 和虚部 $Y(\omega)$，并建立它们之间的方程来证明。证明如下。

$$G(j\omega) = \frac{1}{1+j\omega T} = \frac{1}{1+\omega^2 T^2} + j\frac{-\omega T}{1+\omega^2 T^2} \tag{5-57}$$

由式（5-57）得实部为 $X(\omega) = \frac{1}{1+\omega^2 T^2}$，虚部为 $Y(\omega) = \frac{-\omega T}{1+\omega^2 T^2}$，通过配项整理后得

$$\left[X(\omega) - \frac{1}{2}\right]^2 + Y(\omega)^2 = \left(\frac{1}{2} \cdot \frac{1-\omega^2 T^2}{1+\omega^2 T^2}\right)^2 + \left(\frac{-\omega T}{1+\omega^2 T^2}\right)^2 = \left(\frac{1}{2}\right)^2$$

可见这是一个圆心位于实轴上 0.5 处、半径为 0.5 的圆。当 ω 从 $-\infty \to 0$ 时，惯性环节的极坐标图是位于第一象限中的半圆，即实轴上方的半圆。

5. 一阶微分环节

一阶微分环节的传递函数为 $G(s) = Ts + 1$，其频率特性为

$$G(j\omega) = j\omega T + 1 \tag{5-58}$$

幅频特性和相频特性为

$$A(\omega) = \sqrt{1+\omega^2 T^2}, \quad \varphi(\omega) = \arctan \omega T$$

当 ω 从 $0 \to \infty$ 时，$A(\omega)$ 从 $1 \to \infty$，$\varphi(\omega)$ 从 $0° \to 90°$。

由此可见，一阶微分环节的极坐标图是第一象限中的一条直线，并通过点 $(1, j0)$ 平行于虚轴，如图 5-29 所示。当 ω 从 $0 \to \infty$ 时，向量 $G(j\omega)$ 的端点运动是从点 $(1, j0)$ 开始，向平行

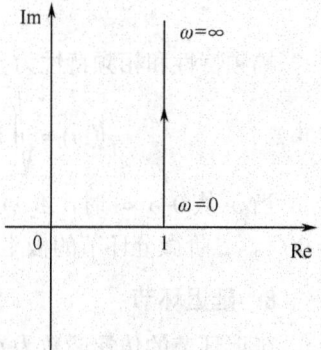

图 5-29 一阶微分环节的极坐标图

于虚轴的 ∞ 处移动。

6. 振荡环节

振荡环节的传递函数为 $G(s) = \dfrac{\omega_n^2}{s^2 + 2\zeta\omega_n s + \omega_n^2}$，其频率特性为

$$G(j\omega) = \left[1 + 2\zeta\left(\dfrac{j\omega}{\omega_n}\right) + \left(\dfrac{j\omega}{\omega_n}\right)^2\right]^{-1} \quad （5-59）$$

幅频特性和相频特性为

$$A(\omega) = \dfrac{1}{\sqrt{(1-\omega^2/\omega_n^2)^2 + (2\zeta\omega/\omega_n)^2}}, \quad \varphi(\omega) = -\arctan\dfrac{2\zeta\omega/\omega_n}{1-(\omega/\omega_n)^2}$$

当 $\omega = 0$ 时，$A(\omega) = 1$，$\varphi(\omega) = 0°$；当 $\omega = \omega_n$ 时，$A(\omega) = \dfrac{1}{2\zeta}$，$\varphi(\omega) = -90°$；当 $\omega \to \infty$ 时，$A(\omega) = 0$，$\varphi(\omega) = -180°$。

由此可见，当 ω 从 $0 \to \infty$ 时，振荡环节的极坐标图处于第三和第四象限，向量 $G(j\omega)$ 的端点运动是从 $G(j0) = 1\angle 0°$ 开始，与负实轴相切，到达 $G(j\infty) = 0\angle -180°$ 结束，如图 5-30 所示。

极坐标图的准确形状是与阻尼比 ζ 有关的。对应于不同的 ζ 值，振荡环节的奈氏曲线如图 5-30 所示。从图中发现，无论是对欠阻尼（$0 < \zeta < 1$）的系统，还是对过阻尼（$\zeta > 1$）的系统，其图形的一般形状都是相同的。曲线通过虚轴的

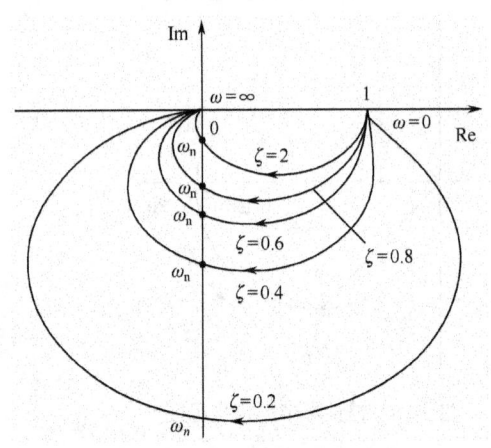

图 5-30　振荡环节的极坐标图

交点频率 $\omega = \omega_n$ 为无阻尼振动频率，幅值为 $A(\omega_n) = 1/2\zeta$，与阻尼比 ζ 成反比的关系。值得注意的是，当阻尼比 ζ 较小时，会出现谐振现象，谐振频率 ω_r 和谐振峰值 M_r 参见式（5-39）和式（5-40）。

7. 二阶微分环节

二阶微分环节的传递函数为 $G(s) = \dfrac{1}{\omega_n^2}(s^2 + 2\zeta\omega_n s + \omega_n^2)$，其频率特性为

$$G(j\omega) = 1 + 2\zeta\left(\dfrac{j\omega}{\omega_n}\right) + \left(\dfrac{j\omega}{\omega_n}\right)^2 \quad （5-60）$$

幅频特性和相频特性为

$$A(\omega) = \sqrt{\left(1-\dfrac{\omega^2}{\omega_n^2}\right)^2 + \left(2\zeta\dfrac{\omega}{\omega_n}\right)^2}, \quad \varphi(\omega) = \arctan\dfrac{2\zeta\omega/\omega_n}{1-\omega^2/\omega_n^2}$$

当 ω 从 $0 \to \infty$ 时，$A(\omega)$ 从 $1 \to \infty$，$\varphi(\omega)$ 从 $0° \to 180°$；当 $\omega = \omega_n$ 时，$A(\omega) = 2\zeta$，$\varphi(\omega) = 90°$。二阶微分环节的极坐标图如图 5-31 所示。

8. 延迟环节

延迟环节的传递函数为 $G(s) = e^{-\tau s}$，其频率特性为

$$G(j\omega) = e^{-j\tau\omega} \quad （5-61）$$

幅频特性和相频特性为

$$A(\omega) = 1, \quad \varphi(\omega) = -\tau\omega$$

由此可见，延迟环节的幅频特性值恒为 1，与频率 ω 无关，而相频特性与 ω 呈线性关系。所以，延迟环节的极坐标图为圆心在原点的一个单位圆，如图 5-32 所示。

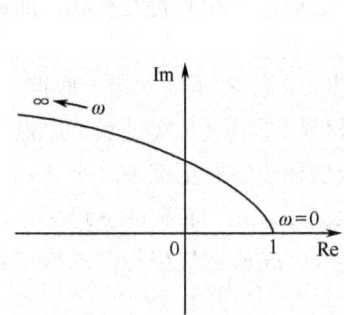

图 5-31 二阶微分环节的极坐标图

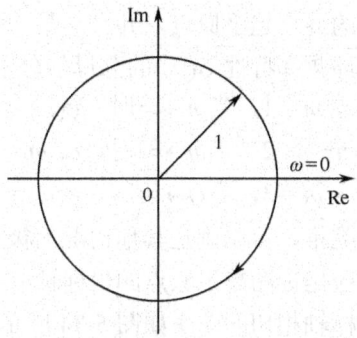

图 5-32 延迟环节的极坐标图

5.4.2 系统开环极坐标图的绘制

根据系统的开环频率特性表达式，可以利用 MATLAB 软件绘制精确的极坐标图，而在工程应用中，只需要绘制出大致形状的极坐标图形草图来分析系统，但要确定几个关键点的准确位置。下面给出绘制极坐标草图步骤。

（1）根据系统的开环传递函数，写出开环频率特性。系统开环频率特性的一般形式为

$$G(j\omega) = \frac{K\prod_{i=1}^{m}(j\omega T_i + 1)}{(j\omega)^\nu \prod_{j=1}^{n-\nu}(j\omega T_j + 1)} \tag{5-62}$$

幅频特性和相频特性为

$$A(\omega) = \frac{K\prod_{i=1}^{m}\sqrt{(\omega T_i)^2 + 1}}{\omega^\nu \prod_{j=1}^{n-\nu}\sqrt{(\omega T_j)^2 + 1}} \tag{5-63}$$

$$\varphi(\omega) = -\nu \times 90° + \sum_{i=1}^{m}\arctan\omega T_i - \sum_{j=1}^{n-\nu}\arctan\omega T_j \tag{5-64}$$

（2）确定极坐标图的起点（$\omega \to 0$）。

当 $\omega \to 0$ 时，由式（5-63）和式（5-64）得 $A(\omega) = K/\omega^\lambda$，$\varphi(\omega) = -\nu \times 90°$，由此可见，低频段的幅值和相角仅与系统包含的积分环节的个数 λ 有关，即与系统的类型有关。

对于 0 型系统，$\nu = 0$，$A(\omega) = K$，$\varphi(\omega) = 0°$，可以确定极坐标图的起始点 $\omega = 0$ 在正实轴上的有限值 K。

对于 I 型系统，$\nu = 1$，$A(\omega) = \infty$，$\varphi(\omega) = -90°$，可以确定极坐标图的起始点 $\omega = 0$ 在平行于负虚轴的无穷远处。

对于 II 型系统，$\nu = 2$，$A(\omega) = \infty$，$\varphi(\omega) = -180°$，可以确定极坐标图的起始点 $\omega = 0$ 在平行于负实轴的无穷远处。

依次类推，可以确定III型及以上系统的极坐标图的起始点。在低频段，各类型系统的大致形状和极坐标草图如图 5-33 所示。

（3）确定极坐标图的终点（$\omega \to \infty$）。

当 $\omega \to \infty$ 时，由式（5-63）和式（5-64）得 $A(\omega) = 0$，$\varphi(\omega) = -(n-m) \times 90°$，由此可见，极坐标图的终点趋于原点，并且与某一个坐标轴相切，这取决于相频特性 $\varphi(\omega)$，而 $\varphi(\omega)$ 仅与系统的开环频率特性 $G(j\omega)$ 的分母与分子阶次之差 $(n-m)$ 有关。

对于 $n-m=1$，当 $\omega \to \infty$ 时，$\varphi(\omega) = -90°$，说明极坐标图沿着负虚轴趋于原点。

对于 $n-m=2$，当 $\omega \to \infty$ 时，$\varphi(\omega) = -180°$，说明极坐标图沿着负实轴趋于原点。

对于 $n-m=3$，当 $\omega \to \infty$ 时，$\varphi(\omega) = -270°$，说明极坐标图沿着正虚轴趋于原点。

依次类推，可以确定其他情况的极坐标图终点。如果 $n > m$，随着 $n-m$ 增大，以顺时针方向确定极坐标图趋于原点的坐标轴。在高频区域内，由 $(n-m)$ 确定极坐标图的终点趋于原点时与某坐标轴相切的关系如图 5-34 所示。

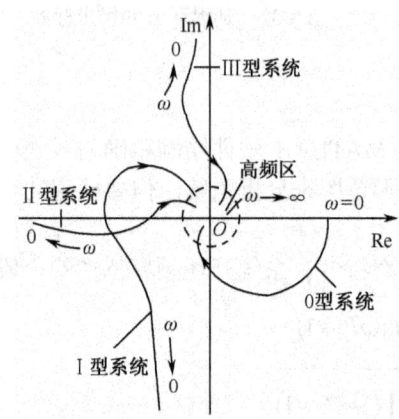

图 5-33 低频区的极坐标草图

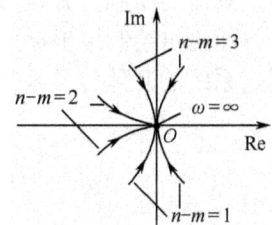

图 5-34 高频区的极坐标草图

（4）确定极坐标图与坐标轴的交点。将开环频率特性 $G(j\omega)$ 分解为实部 $X(\omega)$ 和虚部 $Y(\omega)$，即 $G(j\omega) = X(\omega) + jY(\omega)$。需要求极坐标图与负实轴的交点时，令虚部 $Y(\omega) = 0$，求出交点的频率 ω_x，将其代入实部 $X(\omega_x)$ 求出交点值。如果需要求极坐标图与虚轴的交点时，令 $X(\omega) = 0$，求出交点的频率 ω_y，将其代入实部 $Y(\omega_y)$ 求出交点值。

（5）根据上述分析，绘制 ω 从 $0 \to \infty$ 变化的极坐标图。如果在开环传递函数中没有零点，相角随 ω 的增大而单调减小，极坐标图平滑地变化。如果存在零点，相角的变化比较复杂，取决于零、极点的大小，有可能不是以同一方向连续地变化，极坐标图会出现凹凸变化。

【例 5-7】 设系统的开环传递函数为

$$G(s) = \frac{1}{s(Ts+1)}$$

试绘制开环极坐标图。

解 频率特性为

$$G(j\omega) = \frac{1}{j\omega(j\omega T + 1)}$$

幅频特性和相频特性为

$$A(\omega) = \frac{1}{\omega\sqrt{1+\omega^2 T^2}}, \quad \varphi(\omega) = -90° - \arctan\omega T$$

当 $\omega \to 0$ 时，$A(\omega) \to \infty$，$\varphi(\omega) = -90°$，可见极坐标图的起始点是平行于负虚轴的无穷远处。

当 $\omega \to \infty$ 时，$A(\omega) \to 0$，$\varphi(\omega) = -180°$，说明极坐标图沿着负实轴趋于原点。

将频率特性 $G(j\omega)$ 分解为实部和虚部为

$$G(j\omega) = -\frac{T}{1+\omega^2 T^2} - j\frac{1}{\omega(1+\omega^2 T^2)} = X(\omega) + jY(\omega)$$

由此可见，除了原点，极坐标图与坐标轴没有交点。当 $\omega = 0$ 时，$Y(\omega) = -\infty$，$X(\omega) = -T$，故这是一条渐近线，平行于虚轴，并位于其左侧，极坐标图如图 5-35 所示。

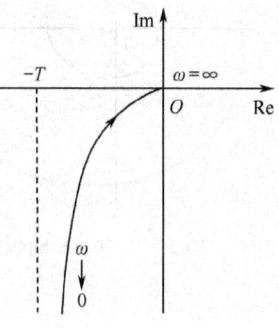

图 5-35 例 5-7 的极坐标图

【例 5-8】 设系统的开环传递函数为

$$G(s) = \frac{K}{s^2(sT+1)}$$

试绘制开环极坐标图。

解 频率特性为

$$G(j\omega) = \frac{K}{-\omega^2(1+j\omega T)}$$

幅频特性和相频特性为

$$A(\omega) = \frac{K}{\omega^2\sqrt{1+\omega^2 T^2}}, \quad \varphi(\omega) = -180° - \arctan\omega T$$

当 $\omega \to 0$ 时，$A(\omega) \to \infty$，$\varphi(\omega) = -180°$，可见极坐标图的起始点是平行于负实轴的无穷远处。

当 $\omega \to \infty$ 时，$A(\omega) \to 0$，$\varphi(\omega) = -270°$，说明极坐标图沿着正虚轴趋于原点。

由相频特性可知，当 ω 从 $0 \to \infty$ 变化时，$\varphi(\omega)$ 从 $-180° \to -270°$ 变化，故极坐标图与负实轴没有交点，极坐标图如图 5-36 所示。

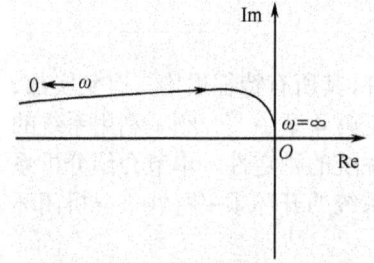

图 5-36 例 5-8 的极坐标图

【例 5-9】 设系统的开环传递函数为

$$G(s) = \frac{e^{-s\tau}}{Ts+1}$$

试绘制开环极坐标图。

解 频率特性为

$$G(j\omega) = \frac{e^{-j\omega\tau}}{1+j\omega T}$$

幅频特性和相频特性为

$$A(\omega) = \frac{|e^{-j\omega\tau}|}{|1+j\omega T|} = \frac{1}{\sqrt{1+\omega^2 T^2}}$$

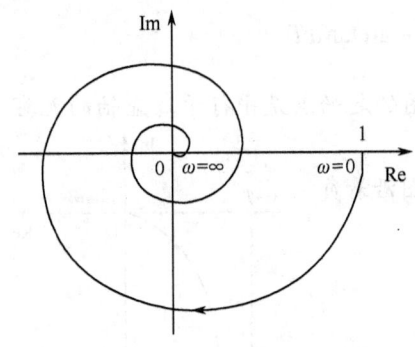

图 5-37 例 5-9 的极坐标图

$$\varphi(\omega) = -\omega\tau - \arctan\omega T$$

当 $\omega \to 0$ 时，$A(\omega) \to 1$，$\varphi(\omega) = 0°$，可见极坐标图的起始点在正实轴上值为 1。

当 $\omega \to \infty$ 时，$A(\omega)$ 由 $1 \to 0$，而幅角 $\varphi(\omega)$ 由 $0° \to \infty$ 单调无限增大，所以极坐标图是如图 5-37 所示的螺旋线。

【例 5-10】 设系统的开环传递函数为

$$G(s) = \frac{1}{Ts - 1}$$

试绘制开环极坐标图。

解 频率特性为

$$G(j\omega) = \frac{1}{(j\omega T - 1)}$$

幅频特性和相频特性为

$$A(\omega) = \frac{1}{\sqrt{1 + \omega^2 T^2}}$$

$$\varphi(\omega) = -180° + \arctan\omega T$$

当 $\omega \to 0$ 时，$A(\omega) \to 1$，$\varphi(\omega) = -180°$，可见极坐标图的起始点在负实轴上值为 1。

当 $\omega \to \infty$ 时，$A(\omega) \to 0$，$\varphi(\omega) = -90°$，说明极坐标图沿着负虚轴趋于原点。

例 5-10 的极坐标图如图 5-38 所示。值得注意的是，例 5-9 和例 5-10 都是非最小相位系统。

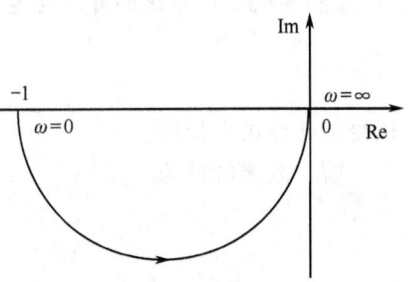

图 5-38 例 5-10 的极坐标图

5.5 奈奎斯特稳定判据

在第 3 章中已经给出了线性控制系统稳定的充分必要条件，其所有特征根均具有负实部，即都位于 s 左半平面，介绍了分析稳定性的代数稳定判据。在第 4 章中，介绍了利用系统的开环零、极点分布，绘制闭环系统特征根的分布来分析控制系统的稳定性。本节介绍分析系统稳定性的奈奎斯特稳定判据，简称为奈氏稳定判据，通过系统的开环频率特性来分析闭环系统的稳定性。

应用奈氏稳定判据分析控制系统时，不仅能够给出闭环系统是否稳定，而且还建立了控制系统相对稳定性的概念，同时还能指出进一步提高系统稳定性能以及改善系统控制性能的途径。对于不稳定的系统，应用奈氏稳定判据仍能像代数稳定判据那样，确切给出系统在 s 右半平面的闭环极点数，另外，用实验方法获得开环频率特性，同样可以很方便地进行稳定性分析。因此，奈氏稳定判据在分析系统稳定性中，占有十分重要的地位，在控制工程中得到了广泛的应用。

5.5.1 幅角原理

设复变函数为

$$F(s) = \frac{K(s+z_1)(s+z_2)\cdots(s+z_m)}{(s+p_1)(s+p_2)\cdots(s+p_n)} \tag{5-65}$$

其幅角为

$$\angle F(s) = \sum_{i=1}^{m} \angle(s+z_i) - \sum_{j=1}^{n} \angle(s+p_j) \tag{5-66}$$

式中：$-z_i$ ($i = 1, 2, \cdots, m$) 为 $F(s)$ 的零点，$-p_j$ ($j = 1, 2, \cdots, n$) 为 $F(s)$ 的极点。s 为复变量，$F(s)$ 是单值、连续的正则函数。对于 s 平面上除了极点之外的每一点，在 $F(s)$ 平面上必有一点与之对应。例如 $F(s) = (s+1)/(s+2)$，当 $s = -1 + j$ 时，$F(-1 + j) = 0.5 + j0.5$。同理，在 s 平面上的任意一条闭合曲线，在 $F(s)$ 平面上必有一条唯一的闭合曲线与之对应，如图 5-39 所示。

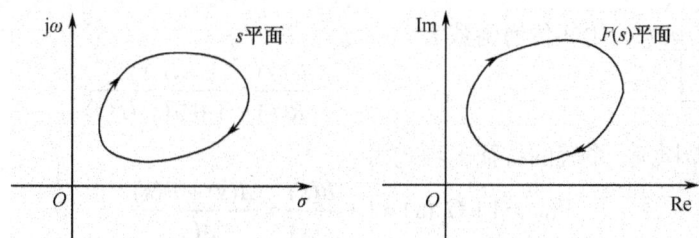

图 5-39 s 和 $F(s)$ 平面上的闭合曲线的映射关系

对于在 s 平面上的一条顺时针运动的闭合曲线，映射在 $F(s)$ 平面上的闭合曲线是顺时针运动还是逆时针运动，取决于 $F(s)$ 函数的特性。特别值得注意的是，我们不关心映射曲线的形状，而关注映射在 $F(s)$ 平面上的闭合曲线是否包围坐标原点、包围次数和运动方向。

如果在 s 平面上的闭合曲线包围了 $F(s)$ 的一个零点 z_1，当 s 沿着闭合曲线顺时针运动一周，矢量 $(s+z_1)$ 的相角变化为 -2π，而其他矢量相角变化为 0，由式（5-66）得 $F(s)$ 的相角变化为 -2π，这说明在 $F(s)$ 平面上映射的闭合曲线绕原点顺时针旋转一周，如图 5-40 所示。

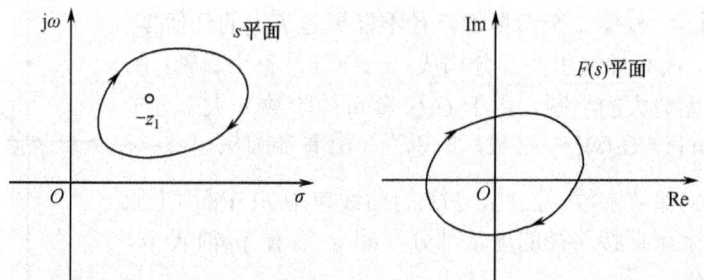

图 5-40 s 平面上闭合曲线包围零点在 $F(s)$ 平面上的映射

如果在 s 平面上的闭合曲线包围了 $F(s)$ 的一个极点 p_1，当 s 沿着闭合曲线顺时针运动一周，矢量 $(s+p_1)$ 的相角变化为 -2π，而其他矢量相角变化为 0，由式（5-66）得 $F(s)$ 的相角变化为 2π，这说明在 $F(s)$ 平面上映射的闭合曲线绕原点逆时针旋转一周，如图 5-41 所示。

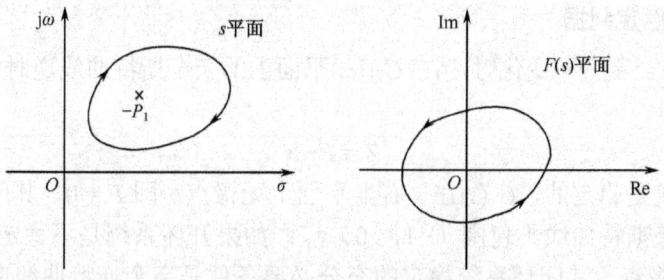

图 5-41 s 平面上闭合曲线包围极点在 $F(s)$ 平面上的映射

综上所述，可以归纳幅角原理为：在 s 平面上的闭合曲线包围了 $F(s)$ 的 Z 个零点和 P 个极点，并且闭合曲线不通过 $F(s)$ 的任何零、极点，当 s 沿着闭合曲线顺时针运动一周时，则在 $F(s)$ 平面上与之对应的闭合曲线绕原点逆时针旋转（$P-Z$）圈。

5.5.2 奈奎斯特稳定判据

设控制系统如图 5-42 所示，其开环传递函数为

$$G_k(s) = G(s)H(s) = \frac{B(s)}{A(s)} \tag{5-67}$$

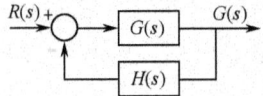

闭环传递函数为

$$\frac{C(s)}{R(s)} = \frac{G(s)}{1+G(s)H(s)}$$

图 5-42 系统方块图

系统的特征多项式为

$$F(s) = 1 + G_k(s) = 1 + \frac{B(s)}{A(s)} = \frac{A(s)+B(s)}{A(s)} \tag{5-68}$$

由于实际物理系统 $A(s)$ 的阶数 n 大于 $B(s)$ 的阶数 m，根据式（5-67）和式（5-68）可以得出：$F(s)$ 的极点等于开环传递函数的极点，其极点数用 P 表示；$F(s)$ 的零点就是闭环传递函数的极点，其个数用 Z 表示。

1. 奈奎斯特路径

为了分析系统的稳定性，判别 $F(s)$ 是否在 s 右半平面上有零点，选取 s 平面上的闭合曲线顺时针包围 s 的整个右半平面，如果 $F(s)$ 在 s 右半平面上有零、极点，则一定被包围在闭合曲线中，这一闭合曲线称为奈奎斯特路径，如图 5-43 所示。注意，奈奎斯特路径不能通过 $F(s)$ 的任何零、极点。从图可见，闭合曲线由两部分构成：一部分是整个虚轴；另一部分是半径为无穷大的半圆。由于 $G_k(s)$ 分母的阶数 n 大于分子的阶数 m，有 $\lim\limits_{s\to\infty}[1+G_k(s)] = $ 常数，所以当 s 沿着半圆从 $\infty \to -\infty$ 变化时，函数 $F(s)$ 保持常数。因此，$F(s)$ 的曲线包围 $F(s)$ 平面上原点的情况取决于奈奎斯特路径的虚轴部分，即 s 沿着 $j\omega$ 轴从 $-j\infty \to +j\infty$ 变化的部分。

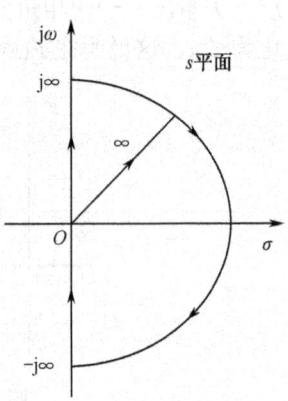

由于 $F(j\omega) = 1 + G_k(j\omega)$，当 $F(j\omega) = 0$ 时，有 $G_k(j\omega) = -1$。这说明在 $F(j\omega)$ 平面上的 $F(j\omega)$ 曲线包围原点的情况，就等于在 $G_k(j\omega)$ 平面上的 $G_k(j\omega)$ 曲线对（-1, j0）点的包围情况。因此，闭环系统的稳定性，可以通过研究 $G_k(j\omega)$ 的曲线对（-1, j0）点的包围情况来进行判断。

图 5-43 奈奎斯特路径

2. 奈奎斯特稳定判据

判据 当 ω 从 $-\infty$ 到 $+\infty$ 变化时，在 $G_k(j\omega)$ 平面上的奈奎斯特曲线逆时针包围（-1, j0）点的圈数为 N，则

$$Z = P - N \tag{5-69}$$

如果开环系统是稳定的，$G_k(s)$ 在 s 右半平面上无极点，即 $P=0$，其闭环系统稳定的充分必要条件是奈奎斯特曲线不包围（-1, j0）点；如果开环系统是不稳定的，$G_k(s)$ 在 s 右半平面上有 P 个极点，其闭环系统稳定的充分必要条件是奈奎斯特曲线逆时针包围（-1,

j0) 点 P 圈；如果奈奎斯特曲线穿越（-1，j0）点，闭环系统是临界稳定的。值得注意的是，如果奈奎斯特曲线顺时针包围（-1，j0）点，则不论开环系统是否稳定，闭环系统都是不稳定的。

由此可见，用奈氏判据判断闭环系统稳定性时，首先看开环传递函数 $G_k(s)$ 在 s 右半平面上有多少极点 P；其次画出 $G_k(j\omega)$ 曲线，并确定其逆时针包围（-1，j0）点的圈数 N；再根据奈氏判据式（5-69）求出 Z，如果 $Z=0$，系统稳定，否则系统就不稳定。

【例 5-11】 设系统的开环传递函数为

$$G(s) = \frac{3}{(0.5s+1)(s+1)}$$

试用奈奎斯特稳定判据确定闭环系统的稳定性。

解 系统的开环频率特性为

$$G(j\omega) = \frac{3}{(j0.5\omega+1)(j\omega+1)}$$

幅频特性和相频特性为

$$A(\omega) = \frac{3}{\sqrt{1+(0.5\omega)^2}\sqrt{1+\omega^2}}, \quad \varphi(\omega) = -\arctan 0.5\omega - \arctan \omega$$

当 $\omega \to 0$ 时，$A(\omega) \to 3$，$\varphi(\omega) = 0°$，可见极坐标图的起始点在正实轴上的值为 3。

当 $\omega \to \infty$ 时，$A(\omega) \to 0$，$\varphi(\omega) = -180°$，说明极坐标图沿着负实轴趋于原点。

系统的奈奎斯特曲线如图 5-44 所示。开环系统是稳定的，$G(s)$ 在 s 右半平面上无极点，即 $P=0$，从图 5-44 可见，奈奎斯特曲线未包围（-1，j0）点，所以 $N=0$，从而得 $Z=P-N=0$。根据奈奎斯特稳定判据，闭环系统是稳定的。

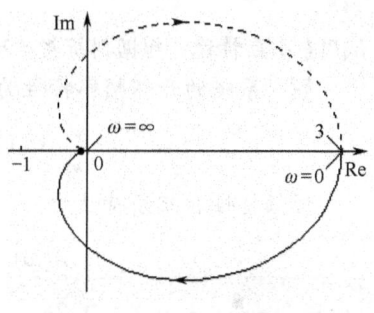

图 5-44 例 5-11 的极坐标图

3. $G_k(j\omega)$ 有极点位于 s 平面原点的奈奎斯特路径

当 $G_k(s)$ 在 s 平面原点有极点时，为了避免奈奎斯特路径穿越 $G_k(s)$ 的极点，采用以原点为圆心、半径趋于无穷小的右半圆绕过原点处的极点。这样，s 沿着虚轴从 $-j\infty \to j0^-$，通过小半圆逆时针绕到 $j0^+$，再从 $j0^+ \to +j\infty$，从 $+j\infty \to -j\infty$ 的闭合路径包围 s 右半面上的零、极点，如图 5-45 所示。

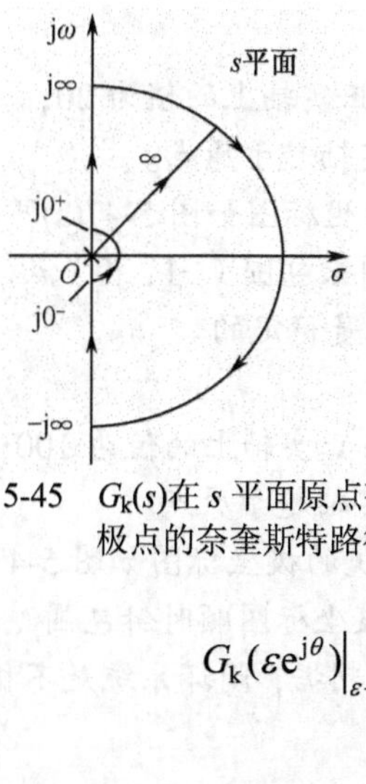

例如系统的开环传递函数为

$$G_k(s) = \frac{K}{s(T_1 s+1)(T_2 s+1)} \quad (5-70)$$

开环系统在 s 半面的原点处有一个极点，为 I 型系统。设在原点处绕过极点的小半圆半径为无穷小量 ε，其表达式为 $s=\varepsilon e^{j\theta}$，代入式（5-70）得

图 5-45 $G_k(s)$ 在 s 平面原点有极点的奈奎斯特路径

$$G_k(\varepsilon e^{j\theta})\big|_{\varepsilon \to 0} = \frac{K}{\varepsilon e^{j\theta}(T_1 \varepsilon e^{j\theta}+1)(T_2 \varepsilon e^{j\theta}+1)}\bigg|_{\varepsilon \to 0} = \frac{K}{\varepsilon e^{j\theta}}\bigg|_{\varepsilon \to 0} = \infty e^{-j\theta}$$

当 s 沿着小半圆从 $j0^-\to j0^+$ 逆时针移动时，θ 角从 $-\pi/2$ 变化到 $\pi/2$，此时 $G_k(s)$ 的幅值为无穷大，θ 角从 $\pi/2$ 变化到 $-\pi/2$，这表明映射在 $G_k(s)$ 平面上的曲线将沿着半径为无穷大的半圆以顺时针从 $\pi/2$ 变化到 $-\pi/2$，θ 角变化 $180°$，如图5-46所示。由图5-45和图5-46可见，在 s 平面的原点处逆时针绕过极点的小半圆映射在 $G_k(s)$ 平面上为半径为无穷大顺时针移动的半圆曲线，如图5-46中的虚线部分。

同理，如果开环系统在 s 半面的原点处有 v 个极点，为 v 型系统。在 s 平面上，当 s 沿着小半圆从 $j0^-\to j0^+$ 移动时，θ 角从 $-\pi/2$ 变化到 $\pi/2$，映射在 $G_k(s)$ 平面上的曲线将沿着半径为无穷大的半圆以顺时针从 $v\pi/2$ 变化到 $-v\pi/2$，θ 角变化 $v\times 180°$。如果开环系统在虚轴上有极点，处理的方法与原点处极点的处理方法一样。

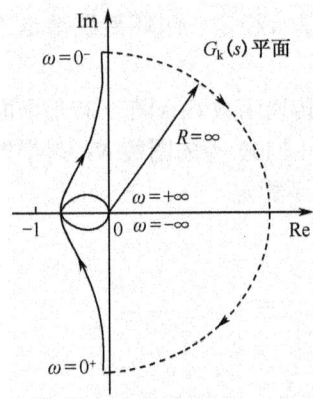

图 5-46　s 平面原点有 1 个极点的奈奎斯特图曲线

4．奈奎斯特判据应用举例

【例 5-12】 系统的开环传递函数为

$$G_k(s)=\frac{K}{(10s+1)(2s+1)(0.2s+1)}$$

试用奈奎斯特稳定判据判断 $K=20$ 和 $K=100$ 时闭环系统的稳定性，并确定系统稳定的 K 值范围。

解　系统的开环频率特性为

$$G_k(j\omega)=\frac{K}{(j10\omega+1)(j2\omega+1)(j0.2\omega+1)}$$

幅频特性和相频特性为

$$A(\omega)=\frac{K}{\sqrt{(10\omega)^2+1}\sqrt{(2\omega)^2+1}\sqrt{(0.2\omega)^2+1}}$$

$$\varphi(\omega)=-\arctan 10\omega-\arctan 2\omega-\arctan 0.2\omega$$

开环频率特性的实部 $X(\omega)$ 和虚部 $Y(\omega)$ 为

$$X(\omega)=\frac{K(1-22.4\omega^2)}{(100\omega^2+1)(4\omega^2+1)(0.04\omega^2+1)},\quad Y(\omega)=\frac{-K(12.2\omega-4\omega^3)}{(100\omega^2+1)(4\omega^2+1)(0.04\omega^2+1)}$$

$K=20$ 时：

当 $\omega\to 0$ 时，$A(\omega)\to 20$，$\varphi(\omega)=0°$，可见极坐标图的起始点在正实轴上的值为 20；

当 $\omega\to\infty$ 时，$A(\omega)\to 0$，$\varphi(\omega)=-270°$，说明极坐标图沿着正实轴趋于原点。

令虚部 $Y(\omega)$ 为 0，解出 ω 值，代入实部得 $X(\omega)=-0.3$，系统的极坐标图如图5-47(a)所示，$G_k(s)$ 在 s 右半平面上无极点，即 $P=0$，从图5-47(a)可见，极坐标图未包围 $(-1,j0)$ 点，所以 $N=0$，从而得 $Z=P-N=0$。根据奈奎斯特稳定判据，闭环系统是稳定的。

$K=100$ 时：

当 $\omega\to 0$ 时，$A(\omega)\to 100$，$\varphi(\omega)=0°$，可见极坐标图的起始点在正实轴上的值为 100；

当 $\omega\to\infty$ 时，$A(\omega)\to 0$，$\varphi(\omega)=-270°$，说明极坐标图沿着正实轴趋于原点。

同理，令虚部 $Y(\omega)$ 为 0，解出 ω 值，代入实部得 $X(\omega)=-1.5$，系统的极坐标图如图5-47(b)所示，$G_k(s)$ 在 s 右半平面上无极点，即 $P=0$，从图5-47(b)可见，极坐标图顺时针包围 $(-1,j0)$ 点 2 圈，所以 $N=-2$，从而得 $Z=P-N=2$。根据奈奎斯特稳定判据，闭环系统是不稳定的，并且在 s 右半平面内有 2 个极点。

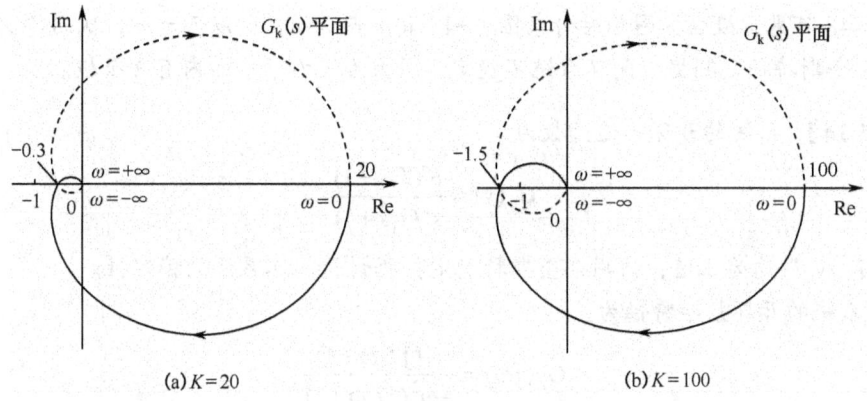

图 5-47 例 5-12 系统的极坐标图

为了确定系统稳定的 K 值范围,令虚部 $Y(\omega)$ 为 0,有 $12.2\omega - 4\omega^3 = 0$,解得 $\omega = 0$ 和 $\omega^2 = 3.05$,将 ω 代入实部 $X(\omega)$ 有

$$X(\sqrt{3.05}) = \frac{K(1 - 22.4 \times 3.05)}{(100 \times 3.05 + 1)(4 \times 3.05 + 1)(0.04 \times 3.05 + 1)} = -\frac{K}{67.32}$$

为了保证闭环系统稳定,开环频率特性的实部与实轴的交点必须满足

$$X(\sqrt{3.05}) = -\frac{K}{67.32} > -1$$

解得 $K < 67.32$,只有 K 满足此条件,极坐标图就不包围 $(-1, j0)$ 点。所以,系统稳定的 K 值范围为 $0 < K < 67.32$。

【例 5-13】 系统的开环传递函数为

$$G_k(s) = \frac{6}{s(0.5s + 1)(s + 1)}$$

试用奈奎斯特稳定判据判断闭环系统的稳定性。

解 系统的开环频率特性为

$$G_k(j\omega) = \frac{6}{j\omega(j0.5\omega + 1)(j\omega + 1)}$$

幅频特性和相频特性为

$$A(\omega) = \frac{6}{\omega\sqrt{(0.5\omega)^2 + 1}\sqrt{\omega^2 + 1}}, \quad \varphi(\omega) = -90° - \arctan 0.5\omega - \arctan \omega$$

开环频率特性的实部和虚部为

$$X(\omega) = -\frac{9}{(0.25\omega^2 + 1)(\omega^2 + 1)}, \quad Y(\omega) = -\frac{6\omega(1 - 0.5\omega^2)}{\omega^2(0.25\omega^2 + 1)(\omega^2 + 1)}$$

当 $\omega \to 0^+$ 时,$A(\omega) \to \infty$,$\varphi(\omega) = -90°$,可见极坐标图的起始点在平行于负虚轴的无穷远处。

当 $\omega \to +\infty$ 时,$A(\omega) \to 0$,$\varphi(\omega) = -270°$,说明极坐标图沿着正实轴趋于原点。

令虚部 $Y(\omega)$ 为 0,解出 $\omega^2 = 2$,代入实部得 $X(\omega) = -2$,系统的极坐标图如图 5-48 所示,$G_k(s)$ 在 s 右半平面上无极点,即 $P =$

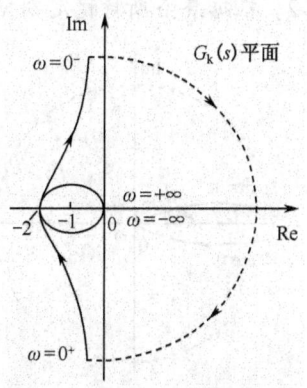

图 5-48 例 5-13 的极坐标图

0,从图 5-48 可见,极坐标图顺时针包围(-1,j0)点 2 圈,所以 $N=-2$,从而得 $Z=P-N=2$。根据奈奎斯特稳定判据,闭环系统不稳定,并且在 s 右半平面内有 2 个极点。

【例 5-14】 系统的开环传递函数为

$$G_k(s) = \frac{K(T_2 s + 1)}{s^2(T_1 s + 1)}$$

式中 K、T_1 和 T_2 均为正值,试用奈奎斯特稳定判据讨论闭环系统的稳定性。

解 系统的开环频率特性为

$$G_k(j\omega) = \frac{K(jT_2\omega + 1)}{-\omega^2(jT_1\omega + 1)}$$

幅频特性和相频特性为

$$A(\omega) = \frac{K\sqrt{(T_2\omega)^2 + 1}}{\omega^2\sqrt{(T_1\omega)^2 + 1}}, \quad \varphi(\omega) = -180° - \arctan T_1\omega + \arctan T_2\omega$$

此题需要讨论 $T_1 < T_2$、$T_1 = T_2$ 和 $T_1 > T_2$ 三种情况下系统的稳定性,$G_k(s)$ 在 s 右半平面上无极点,即 $P=0$。

(1)$T_1 < T_2$ 的情况。当 $\omega \to 0^+$ 时,$A(\omega) \to \infty$,由于 $\arctan T_1\omega < \arctan T_2\omega$,$\varphi(\omega) \to -180°$ + 小正角,所以 $\varphi(\omega)$ 总大于-180°,处于第三象限。极坐标图的 $\omega = 0^+$ 处在平行于负实轴的无穷远处。

当 $\omega \to +\infty$ 时,$A(\omega) \to 0$,$\varphi(\omega) = -180°$,说明极坐标图沿着负实轴趋于原点。

极坐标图如图 5-49(a)所示,未包围(-1,j0)点,所以 $N=0$,从而得 $Z=P-N=0$。根据奈奎斯特稳定判据,闭环系统是稳定的。

(2)$T_1 = T_2$ 的情况。当 ω 从 $0^+ \to +\infty$ 时,$\varphi(\omega) = -180°$,表明极坐标图在负实轴上移动,并通过(-1,j0)点,如图 5-49(b)所示,因此闭环系统处于临界稳定状态。

(3)$T_1 > T_2$ 的情况。当 $\omega \to 0^+$ 时,$A(\omega) \to \infty$,由于 $\arctan T_1\omega > \arctan T_2\omega$,$\varphi(\omega) \to -180°$ + 小负角,所以 $\varphi(\omega)$ 总小于-180°,处于第二象限。极坐标图的 $\omega = 0^+$ 处在平行于负实轴的无穷远处。

当 $\omega \to +\infty$ 时,$A(\omega) \to 0$,$\varphi(\omega) = -180°$,说明极坐标图沿着负实轴趋于原点。

极坐标图如图 5-49(c)所示,顺时针包围(-1,j0)点 2 圈,所以 $N=-2$,从而得 $Z=P-N=2$。根据奈奎斯特稳定判据,闭环系统不稳定,并且在 s 右半平面内有 2 个极点。

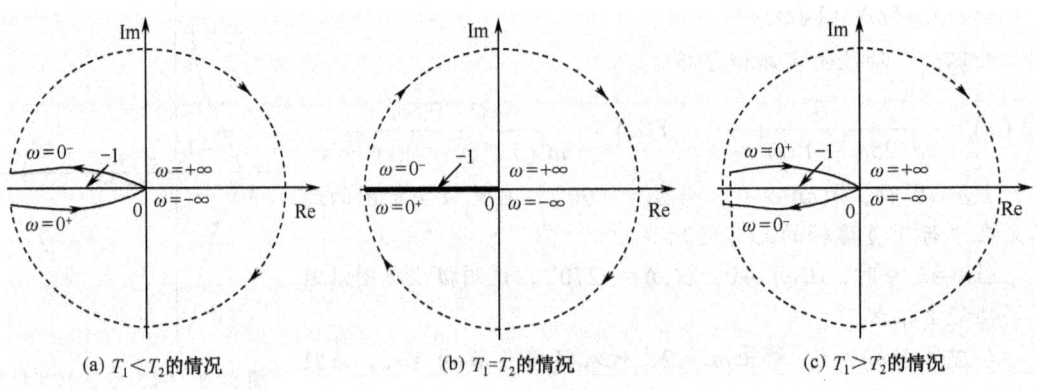

图 5-49 例 5-14 系统的极坐标图

【例 5-15】 系统的开环传递函数为

$$G_k(s) = \frac{K(s+3)}{s(s-1)}$$

试用奈奎斯特稳定判据判断闭环系统的稳定性($K>1$)。

解 系统的开环频率特性为

$$G_k(j\omega) = \frac{3K(j0.33\omega + 1)}{j\omega(j\omega - 1)}$$

幅频特性和相频特性为

$$A(\omega) = \frac{3K\sqrt{(0.33\omega)^2 + 1}}{\omega\sqrt{\omega^2 + 1}}, \quad \varphi(\omega) = -90° - (180° - \arctan\omega) + \arctan 0.33\omega$$

开环频率特性的实部和虚部为

$$X(\omega) = \frac{-4K\omega^2}{\omega^2(\omega^2 + 1)}, \quad Y(\omega) = \frac{\omega(3-\omega^2)}{\omega^2(\omega^2 + 1)}$$

当 $\omega \to 0^+$ 时，$A(\omega) \to \infty$，$\varphi(\omega) = -270°$，可见极坐标图的 $\omega = 0^+$ 是在平行于正实轴的无穷远处。

当 $\omega \to +\infty$ 时，$A(\omega) \to 0$，$\varphi(\omega) = -90°$，说明极坐标图沿着负实轴趋于原点。

令虚部 $Y(\omega)$ 为 0，有 $\omega(3-\omega^2) = 0$，解得 $\omega = 0$，$\omega^2 = 3$，代入实部得 $X(\omega) = -K$，系统的极坐标图如图 5-50 所示，$G_k(s)$ 在 s 右半平面上有一个极点，即 $P=1$，从图 5-50 可见，极坐标图逆时针包围 $(-1, j0)$ 点 1 圈，所以 $N=1$，从而得 $Z=P-N=0$。根据奈奎斯特稳定判据，闭环系统是稳定的。

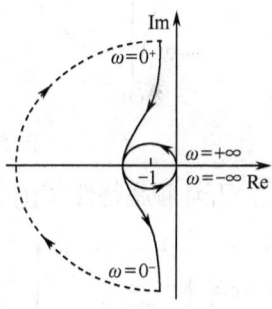

图 5-50 例 5-15 的极坐标图

【例 5-16】 设系统的开环传递函数为

$$G_k(s) = \frac{e^{-2s}}{s+1}$$

试用奈奎斯特稳定判据判断闭环系统的稳定性。

解 开环频率特性为

$$G_k(j\omega) = \frac{e^{-j2\omega}}{1+j\omega}$$

幅频特性和相频特性为

$$A(\omega) = \frac{|e^{-j2\omega}|}{|1+j\omega|} = \frac{1}{\sqrt{1+\omega^2}}, \quad \varphi(\omega) = -2\omega - \arctan\omega$$

当 $\omega \to 0$ 时，$A(\omega) \to 1$，$\varphi(\omega) = 0°$，可见极坐标图的起始点在正实轴上值为 1。

当 $\omega \to \infty$ 时，$A(\omega)$ 由 $1 \to 0$，而幅角 $\varphi(\omega)$ 由 $0° \to \infty$ 单调无限增大，所以极坐标图是如图 5-51 所示的螺旋线。$G_k(s)$ 在 s 右半平面上无极点，即 $P=0$。由图可见，极坐标图与负实轴的交点坐标为 $(-0.655, j0)$，未包围 $(-1,$

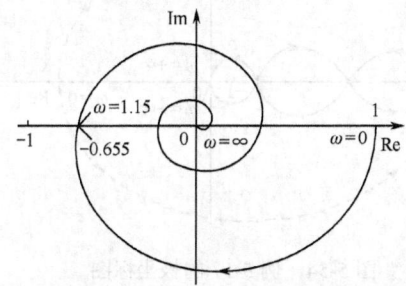

图 5-51 例 5-16 的极坐标图

j0）点，所以 $N=0$，从而得 $Z=P-N=0$。根据奈奎斯特稳定判据，闭环系统是稳定的。

为了简便，用奈氏曲线判断闭环系统稳定性时，只要画出 ω 从 $0\to\infty$ 的频率特性曲线。此时确定闭环系统在 s 右半平面的极点数 Z 为

$$Z = P - 2N' \qquad (5\text{-}71)$$

式中：P 为开环 $G_k(s)$ 在 s 右半平面上的极点数；N' 为 ω 从 $0\to\infty$ 时，极坐标图逆时针包围（-1，j0）点的圈数。对Ⅰ型以上的系统还应考虑当 $\omega\to 0$ 时，奈奎斯特路径中的半径为无穷小的四分之一圆相对应的映射曲线，如Ⅰ型、Ⅱ型和Ⅲ型系统的奈氏曲线及顺时针补画的曲线如图 5-52 中的虚线所示。

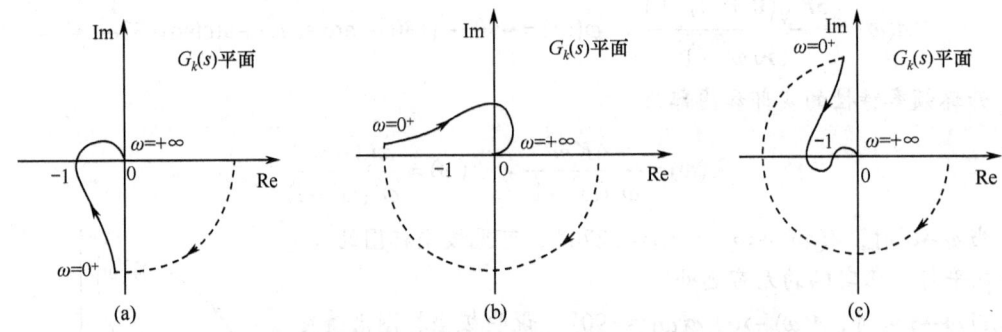

图 5-52　Ⅰ型、Ⅱ型和Ⅲ型系统的奈氏曲线及补画的曲线

开环频率特性 $G_k(j\omega)$ 包围（-1，j0）点的情况可以用其在（-1，j0）点的左侧正负穿越负实轴的情况表示，如图 5-53 所示。从负实轴的上方向下穿越为正穿越，用 N_+ 表示，从负实轴的下方向上穿越为负穿越，用 N_- 表示。因此，奈奎斯特稳定判据可以用正、负穿越次数描述如下。

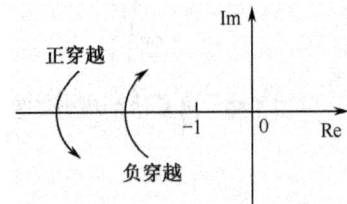

图 5-53　开环频率特性在极坐标图上的正、负穿越图

设系统的开环传递函数 $G_k(s)$ 在 s 右半平面上有 P 个极点，则闭环系统稳定的充分必要条件是：当 ω 从 $-\infty$ 变化到 $+\infty$ 时，奈奎斯特曲线在实轴（$-\infty$，-1）段的正穿越与负穿越次数之差为 P，即 $N_+ - N_- = P$。否则，闭环系统不稳定。如果只画 ω 从 0 变化到 $+\infty$ 的奈奎斯特曲线，则正、负穿越次数差为 $P/2$。

【例 5-17】　设系统的开环传递函数为 $G_k(s)$，在 s 右半平面上无极点，其极坐标图如图 5-54 所示，试用奈奎斯特稳定判据判断闭环系统的稳定性。

解　$G_k(s)$ 在 s 右半平面上无极点，即 $P=0$。当 ω 从 $-\infty$ 变化到 $+\infty$ 时，系统的极坐标图在（-1，j0）点的左侧正穿越负实轴 2 次，即 $N_+=2$，负穿越负实轴 4 次，即 $N_-=4$，所以 $N_+ - N_- = -2$，也就是说极坐标图顺时针包围（-1，j0）点 2 圈，根据奈奎斯特稳定判据，闭环系统不稳定，$Z = P - N = 0 + 2 = 2$，可见闭环系统在 s 右半平面内有 2 个极点。

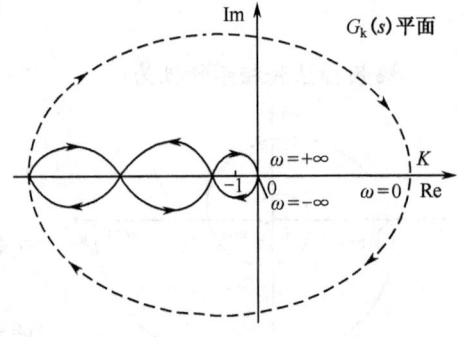

图 5-54　例 5-17 的极坐标图

5. 伯德图的奈奎斯特稳定判据

系统的开环对数频率特性与极坐标图之间存在一定的对应关系，如开环对数幅频特性的 0 dB 线对应于极坐标图上 $A(\omega)=1$ 的单位圆；开环对数相频特性的 $\varphi(\omega)=-180°$ 对应于极坐标图上的负实轴。所以，奈奎斯特曲线在实轴 $(-\infty, -1)$ 段的正、负穿越对应于伯德图上就是在 $L(\omega)>0$ 的频段范围内，相频特性 $\varphi(\omega)$ 对 $-180°$ 线的正、负穿越。定义相频特性从上向下穿越 $-180°$ 线为负穿越，以（$-$）表示，从下向上穿越 $-180°$ 线为正穿越，以（$+$）表示，如图 5-55 所示。

伯德图的奈奎斯特稳定判据表述如下。

设系统的开环传递函数 $G_k(s)$ 在 s 右半平面上有 P 个极点，则闭环系统稳定的充分必要条件是：伯德图上在 $L(\omega)>0$ 的频段内，随着 ω 的增加，对数相频特性 $\varphi(\omega)$ 对 $-180°$ 线的正穿越与负穿越次数之差为 $P/2$，即 $(+)-(-)=P/2$。否则，闭环系统不稳定。

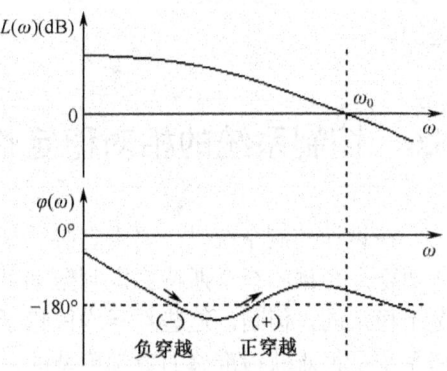

图 5-55 开环对数频率特性在伯德图上的正、负穿越

【例 5-18】 设系统的开环传递函数为

$$G_k(s) = \frac{10\,000(1.25s+1)^2}{s(10s+1)^2(0.02s+1)(0.005s+1)}$$

试判断闭环系统的稳定性。

解 系统的开环对数频率特性为

$$G_k(j\omega) = \frac{10\,000(j1.25\omega+1)^2}{j\omega(j10\omega+1)^2(j0.02\omega+1)(j0.005\omega+1)}$$

由此可见，系统含有 1 个积分环节，低频段的斜率是 -20 dB/dec，开环对数频率特性的转角频率分别为 $\omega_1=0.1$、$\omega_2=0.8$、$\omega_3=50$、$\omega_4=200$，绘制出系统的开环对数幅频特性和相频特性如图 5-56 所示。

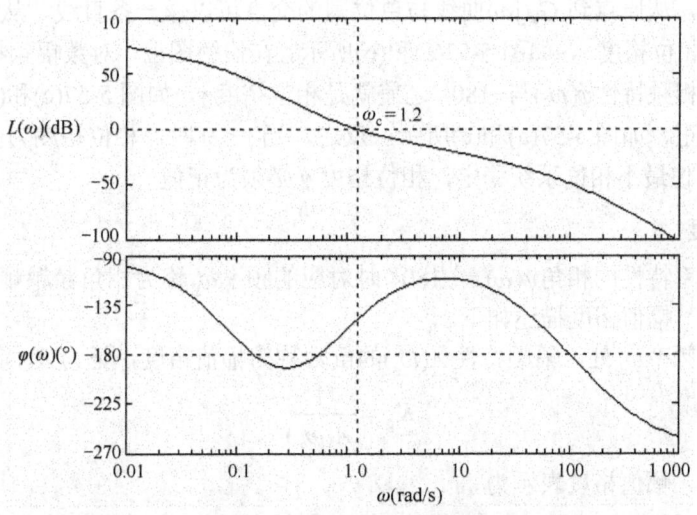

图 5-56 例 5-18 系统的伯德图

由系统的开环传递函数可知，$G_k(s)$在 s 右半平面上无极点，即 $P=0$。从图可见，在 $L(\omega)>0$ dB 的频段内，即 $\omega_c = 1.2$ 左面，随着ω的增加，相频特性$\varphi(\omega)$对$-180°$线的负穿越 1 次，正穿越 1 次，穿越次数之差为 0，即（+）－（－）= 0。根据奈奎斯特稳定判据，闭环系统是稳定的。

5.6 控制系统的相对稳定性

在设计控制系统时，要求它必须稳定，这是控制系统正常工作的必要条件。前面讨论的代数稳定判据和奈奎斯特稳定判据都可以解决系统的绝对稳定性问题，判断系统是稳定的还是不稳定的。但是，这些判据均依赖于系统的数学模型判断其稳定性，而绝大多数的实际物理系统是很难获得准确的数学模型的，另外，随着时间推移，元器件老化会引起系统参数摄动，使数学模型发生变化，这些都可能造成对数学模型的分析结果是稳定的，而实际物理系统却可能是不稳定的。因此，不仅要求系统是稳定的，而且具备一定的稳定程度，这就是系统的相对稳定性，即稳定裕度。系统的瞬态响应与稳定裕度有着密切的关系。

从奈奎斯特稳定判据可知，当开环系统在 s 右半平面无零极点时，奈氏曲线通过$(-1, j0)$点，则闭环系统处于临界稳定状态，在这种情况下，如果系统的某个参数有摄动，便有可能使奈氏曲线包围$(-1, j0)$点，使系统变为不稳定。可见，奈氏曲线对$(-1, j0)$点的靠近程度直接表征了闭环系统的稳定程度。

奈氏曲线靠近$(-1, j0)$点的程度可以用相位裕度和幅值裕度来衡量，换句话说，控制系统的相对稳定性是用相位裕度和幅值裕度来衡量的。

1. 相位裕度

系统开环频率特性的幅值 $A(\omega) = 1$ 时对应的频率ω_c称为幅值穿越频率，或称为增益交界频率。所以，相位裕度描述如下。

在增益交界频率ω_c处，系统的相频特性$\varphi(\omega_c)$与$-180°$之差称为相位裕度，记为 γ，表示为

$$\gamma = 180° + \varphi(\omega_c) \tag{5-72}$$

在奈氏图上，从原点到 $G_k(j\omega)$曲线与单位圆的交点可以做一条直线，从负实轴到这条直线的夹角，就是相位裕度γ，如图 5-57(a)和(b)所示。在伯德图上，对数幅频特性$L(\omega)$与 0 dB 线交点处对应的相频特性$\varphi(\omega_c)$与$-180°$之差就是相位裕度γ，如图 5-57(c)和(d)所示。当 $\gamma > 0$ 时，相位裕度为正，如图 5-57(a)和(c)所示。反之，当 $\gamma < 0$ 时，相位裕度为负，如图 5-57(b)和(d)所示。为了使最小相位系统稳定，相位裕度γ必须为正值。

2. 幅值裕度

系统开环频率特性的相角$\varphi(\omega) = -180°$时对应的频率ω_g称为相角穿越频率，或称为相角交界频率。所以，幅值裕度描述如下。

在相角交界频率ω_g处，幅频特性$A(\omega_g)$的倒数称为幅值裕度，记为 K_g，表示为

$$K_g = \frac{1}{A(\omega_g)} \tag{5-73}$$

在伯德图上，幅值裕度表示为

$$L_g = 20\lg K_g = -20\lg A(\omega_g) \tag{5-74}$$

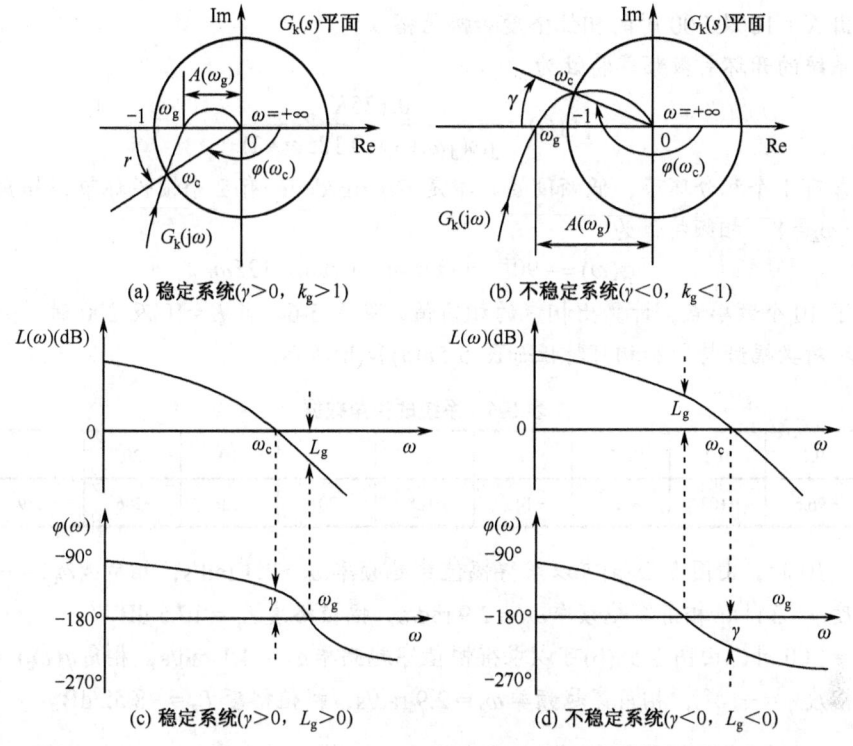

图 5-57 稳定裕度

对于稳定的最小相位系统而言，幅值裕度表示使闭环系统达到稳定的边界，容许增益能够增加到多大。对不稳定系统而言，幅值裕度指出了使闭环系统达到稳定的边界，增益应当减小多少。

综上所述，对于最小相位系统来说，只有当相位裕度和幅值裕度都为正值时，闭环系统才是稳定的。反之，系统就不稳定，因此，相位裕度及幅值裕度可以作为控制系统的一种设计准则。

一般来说，仅应用相位裕度和幅值裕度中的一个，是不能充分说明控制系统的相对稳定性的，为了确定系统的相对稳定性，必须同时考虑这两个量。但是，对于最小相位系统而言，相位裕度和幅值裕度总是同时满足或同时不满足的，因此工程应用中常常只用相位裕度确定稳定裕度。

工程上为了使系统获得满意的性能，相位裕度 γ 应在 $30°\sim 60°$ 之间，而幅值裕度 L_g 应大于 6 dB，这样，可以防止系统中元器件的参数和特性在工作过程中发生变化而对系统稳定性产生不良的影响。值得注意的是，稳定裕度不是越大越好，因为稳定裕度太大会造成系统响应迟钝。

为了保证系统稳定，并获得满意的稳定裕度，要求对数幅频特性曲线在穿越 0 dB 线时，是以斜率为 -20 dB/dec 穿越的。如果以斜率为 -40 dB/dec 穿越，则系统很难保证稳定，即使系统是稳定的，相位裕度也比较小。如果以斜率为 -60 dB/dec 穿越，则系统是不稳定的。

【例 5-19】 设系统的开环传递函数为

$$G_k(s) = \frac{K}{s(s+1)(s+8)}$$

试分别求出 $K=10$ 及 200 时的相位裕度和幅值裕度。

解 系统的开环对数频率特性为

$$G_k(j\omega) = \frac{0.125K}{j\omega(j\omega+1)(j0.125\omega+1)}$$

系统含有 1 个积分环节，低频段的斜率是 -20 dB/dec；有 2 个惯性环节，转角频率分别为 $\omega_1=1$，$\omega_2=8$。相频特性为

$$\varphi(\omega) = -90° - \arctan\omega - \arctan 0.125\omega$$

选择了 10 个频率点，计算出相应的相角值，见表 5-6。当 $K=10$ 及 200 时，分别绘制出系统的开环对数幅频特性和相频特性如图 5-58(a)和(b)所示。

表 5-6 系统的相角数据

ω	0.1	0.2	0.5	1	2	5	10	20	50	100
$\varphi(\omega)$	$-96.5°$	$-103°$	$-121°$	$-143°$	$-168°$	$-201°$	$-226°$	$-246°$	$-259°$	$-265°$

当 $K=10$ 时，由图 5-58(a)可以求得幅值穿越频率 $\omega_c=1.1$ rad/s，相角 $\varphi(\omega_c)=-146°$，相位稳定裕度 $\gamma=34°$，相角穿越频率 $\omega_g=2.9$ rad/s，幅值裕度 $L_g=17.5$ dB。

当 $K=200$ 时，由图 5-58(b)可以求得幅值穿越频率 $\omega_c=4.1$ rad/s，相角 $\varphi(\omega_c)=-194°$，相位稳定裕度 $\gamma=-14°$，相角穿越频率 $\omega_g=2.9$ rad/s，幅值裕度 $L_g=-8.52$ dB。

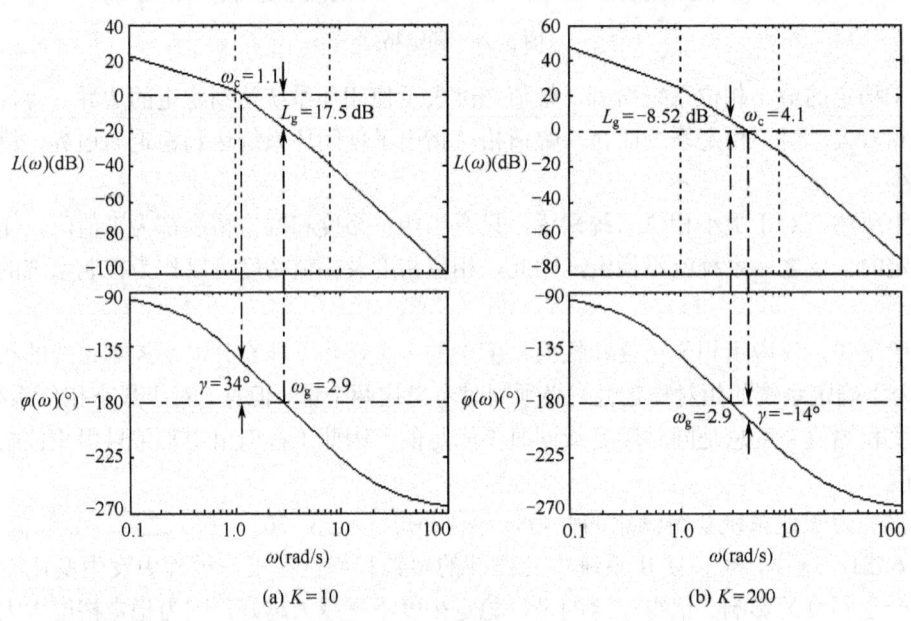

图 5-58 例 5-19 的伯德图

由上述分析可知，当 $K=10$ 时系统的相位稳定裕度和幅值裕度均大于零，所以系统稳定，当 $K=200$ 时系统的相位稳定裕度和幅值裕度均小于零，所以系统不稳定。另外，从图 5-58(a)可以看出，对数幅频特性是以 -40 dB/dec 的斜率穿越 0 dB 线的，系统虽然稳定，但相位稳定裕度不大。

利用 MATLAB 软件绘制出系统的开环对数幅频特性和相频特性的精确曲线，如图 5-59(a)和(b)所示。

由此求解出如下结果。

当 $K = 10$ 时，幅值穿越频率 $\omega_c = 0.92$ rad/s，相位稳定裕度 $\gamma = 40.99°$，相角穿越频率 $\omega_g = 2.83$ rad/s，幅值裕度 $L_g = 17.15$ dB。

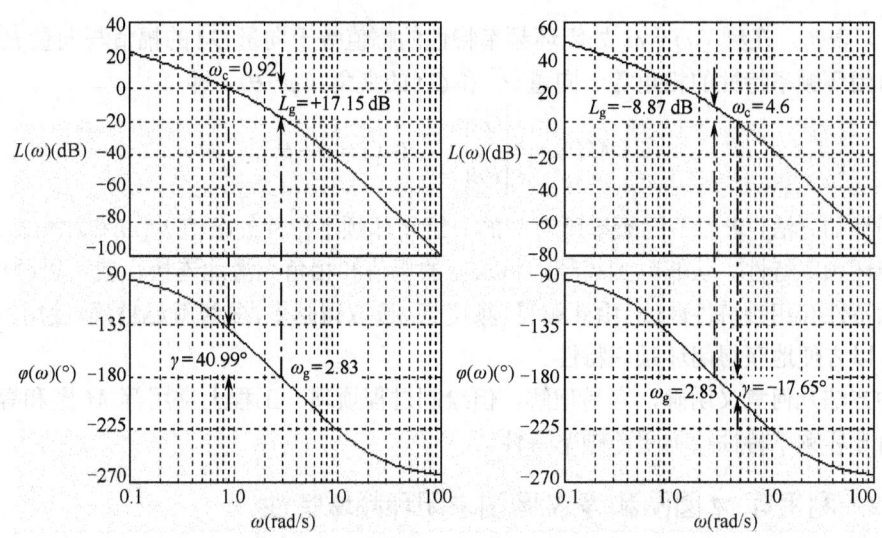

图 5-59　例 5-19 的伯德图（精确曲线）

当 $K = 200$ 时，幅值穿越频率 $\omega_c = 4.6$ rad/s，相位稳定裕度 $\gamma = -17.65°$，相角穿越频率 $\omega_g = 2.83$ rad/s，幅值裕度 $L_g = -8.87$ dB。

由此可见，精确的伯德图和手工绘制的伯德图求出的结果值是有差别的，其原因就是手工绘制伯德图的对数幅频特性曲线采用了渐近线。

5.7　闭环系统频域性能指标

5.7.1　系统闭环频率特性

设单位反馈系统的开环频率特性为 $G(j\omega)$，则闭环系统的频率特性为

$$\frac{C(j\omega)}{R(j\omega)} = \frac{G(j\omega)}{1 + G(j\omega)} \tag{5-75}$$

闭环系统的幅频特性和相频特性为

$$M(\omega) = \left| \frac{G(j\omega)}{1 + G(j\omega)} \right| \tag{5-76}$$

$$\alpha(\omega) = \angle \frac{G(j\omega)}{1 + G(j\omega)} \tag{5-77}$$

设系统的开环频率特性 $G(j\omega)$ 的极坐标图如图 5-60 所示，则当频率 $\omega = \omega_1$ 时坐标原点到奈奎斯特曲线 A 点的向量为

$$G(j\omega_1) = \overline{OA} = \left| \overline{OA} \right| e^{j\varphi}$$

而从 $(-1 + j0)$ 点到奈奎斯特曲线 A 点的向量为

$$1 + G(j\omega_1) = \overline{PA} = \left| \overline{PA} \right| e^{j\theta}$$

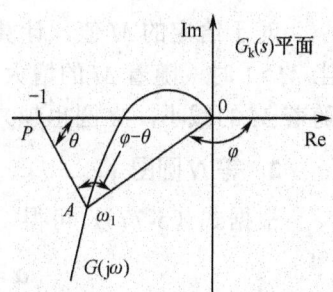

图 5-60　开环系统的极坐标图

由此可以求得闭环频率特性为

$$\frac{C(j\omega_1)}{R(j\omega_1)} = \frac{G(j\omega_1)}{1+G(j\omega_1)} = \frac{\overline{OA}}{\overline{PA}} = \left|\frac{\overline{OA}}{\overline{PA}}\right| e^{j(\varphi-\theta)} \qquad (5\text{-}78)$$

式（5-78）表明，在频率$\omega=\omega_1$处闭环频率特性的幅值等于向量$\overline{OA}$的幅值与向量$\overline{PA}$的幅值之比，而闭环频率特性的相角等于向量$\overline{PA}$和$\overline{OA}$的夹角（$\varphi-\theta$），即

$$M(\omega_1) = \left|\frac{\overline{OA}}{\overline{PA}}\right|, \quad \alpha(\omega_1) = \varphi - \theta$$

用同样的方法，求得不同频率所对应的一组闭环频率特性的幅值$M(\omega)$和相角$\alpha(\omega)$，就可以得到闭环频率特性。从低频到高频，将求得的幅值和相角光滑地连接，就可以画出闭环系统的幅频特性和相频特性曲线。由此可见，频率点ω选取得越多，曲线就越精确。使用MATLAB软件也可以方便地获得闭环频率特性。

这种方法几何意义明确，容易理解，但绘制过程烦琐。工程上常用等M圆和等N圆的方法，由开环频率特性绘制闭环频率特性。

5.7.2 利用等M圆图和等N圆图求闭环频域特性

1. 等M圆图

对于单位反馈系统，设开环频率特性为$G(j\omega) = P(\omega) + jQ(\omega)$，代入式（5-76），有

$$M = \frac{|P+jQ|}{|1+P+jQ|} = \frac{\sqrt{P^2+Q^2}}{\sqrt{(1+p)^2+Q^2}} \qquad (5\text{-}79)$$

将式（5-79）两边平方，整理后得

$$P^2(1-M^2) - 2M^2 P - M^2 + (1-M^2)Q^2 = 0 \qquad (5\text{-}80)$$

如果$M=1$，由式（5-80）得$P=-0.5$，这是通过点$(-0.5, j0)$且平行于虚轴的直线方程。如果$M\neq 1$，式（5-80）可变为

$$\left(P - \frac{M^2}{1-M^2}\right)^2 + Q^2 = \frac{M^2}{(1-M^2)^2} \qquad (5\text{-}81)$$

可见，式（5-81）为圆的方程，圆心$\left(\dfrac{M^2}{1-M^2}, j0\right)$，半径为$\left|\dfrac{M}{1-M^2}\right|$。

对于给定的M值，计算出它的圆心和半径，绘制出一簇等M圆，如图5-61所示。当$M>1$时，随着M的增大，M圆就越来越小，最后收敛于$(-1, j0)$点。当$M<1$时，随着M的减小，M圆也越来越小，最后收敛于原点。

2. 等N圆图

根据式（5-77），可得

$$\alpha = \angle\frac{P+jQ}{1+P+jQ} = \arctan\frac{Q}{P} - \arctan\frac{Q}{1+p} \qquad (5\text{-}82)$$

设$N = \tan\alpha$，则有

$$N = \frac{Q}{P^2 + P + Q^2}$$

整理后得

$$\left(P+\frac{1}{2}\right)^2+\left(Q-\frac{1}{2N}\right)^2=\frac{1}{4}+\left(\frac{1}{2N}\right)^2 \quad (5-83)$$

式（5-83）是圆方程，圆心为 $\left(-\frac{1}{2},\frac{1}{2N}\right)$，半径为 $\sqrt{\frac{1}{4}+\left(\frac{1}{2N}\right)^2}$。

对应于不同的角度 α，可以得到不同的 N 值。每一个 N 值都可以利用式（5-83）画出一个圆，对于一组 N 值，在 $G_k(j\omega)$ 平面上可画出一簇等 N 圆，如图 5-62 所示。等 N 圆实际上是等相角正切的圆，当相角增加±180°时，其正切相同，因而在同一个圆上。从图 5-62 可见，所有等 N 圆均通过原点和（-1，j0）点。需要指出，对于等 N 圆，并不是一个完整的圆，而只是一段圆弧。例如，$\alpha=60°$ 和 $\alpha=-120°$ 的圆弧是同一个圆。

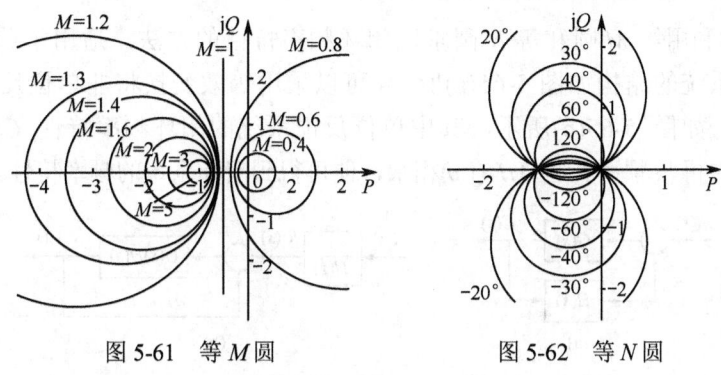

图 5-61　等 M 圆　　　　　图 5-62　等 N 圆

3. 利用等 M 圆和等 N 圆求闭环系统频率特性

在绘有等 M 圆图和等 N 圆图的图纸上，画出开环系统的频率特性 $G_k(j\omega)$ 的极坐标图，如图 5-63 所示。由 $G_k(j\omega)$ 曲线与等 M 圆和等 N 圆轨迹的交点，可读出频率值 ω 和在此频率下的闭环频率特性的幅值 $M(\omega)$ 和相角 $\alpha(\omega)$，用光滑曲线连接这些点，就可得到闭环系统的频率特性曲线，如图 5-64 所示。

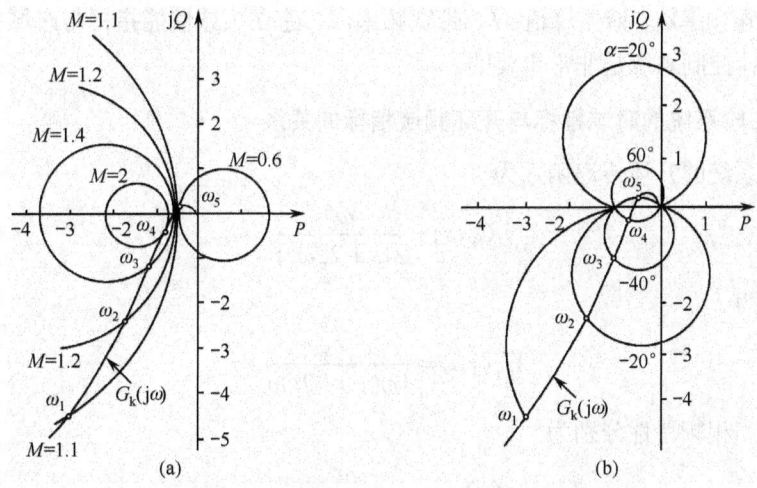

图 5-63　等 M 圆和等 N 圆上的开环极坐标图

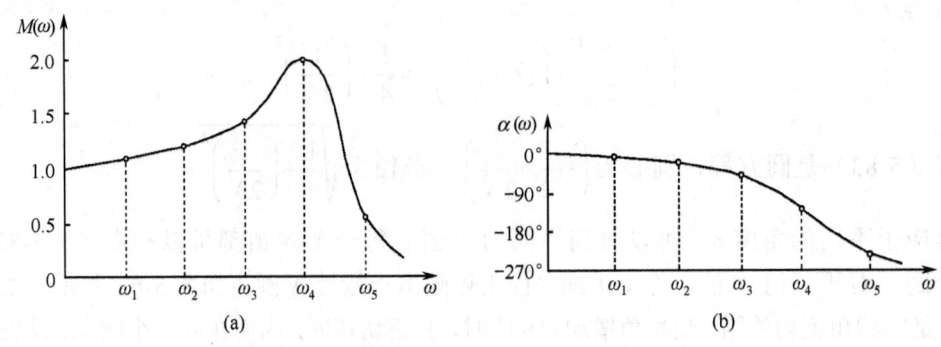

图 5-64 闭环频率特性

4. 非单位反馈系统的闭环系统频率特性

上面介绍的利用等 M 圆和等 N 圆求取闭环频率特性的方法，适用于单位反馈系统。对于一般反馈系统的结构如图 5-65(a)所示，可以采用等效变换将非单位反馈系统变换成单位反馈系统，如图 5-65(b)所示，其中单位反馈系统的闭环频率特性 $C(\mathrm{j}\omega)/R_1(\mathrm{j}\omega)$ 可按上述方法求得，再与频率特性 $1/H(\mathrm{j}\omega)$ 相乘，便可得到闭环系统的频率特性。

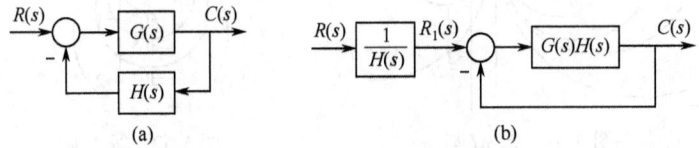

图 5-65 反馈系统方块图

5.7.3 频域性能指标与时域指标的关系

控制系统的分析与设计依据是性能指标，时域指标能够直观地表明系统动态响应性能，最常用的时域指标有超调量 σ 和调整时间 t_s，但它们不能直接用于频域中的系统分析和设计。频率响应法是工程中使用最广泛的方法，常用的频域指标有幅值穿越频率 ω_c、相位裕度 γ、幅值裕度 K_g、谐振频率 ω_r、谐振峰值 M_r、带宽频率 ω_b，建立频域性能指标与时域指标之间的关系对分析与设计控制系统是非常重要的。

1. 典型二阶系统的时域指标与开环频域指标的关系

典型二阶系统的开环传递函数为

$$G_\mathrm{k}(s) = \frac{\omega_\mathrm{n}^2}{s(s+2\zeta\omega_\mathrm{n})} \tag{5-84}$$

频率特性为

$$G_\mathrm{k}(\mathrm{j}\omega) = \frac{\omega_\mathrm{n}^2}{\mathrm{j}\omega(\mathrm{j}\omega+2\zeta\omega_\mathrm{n})} \tag{5-85}$$

幅频特性和相频特性分别为

$$A(\omega) = \frac{\omega_\mathrm{n}^2}{\omega\sqrt{\omega^2+(2\zeta\omega_\mathrm{n})^2}} \tag{5-86}$$

$$\varphi(\omega) = -90° - \arctan\frac{\omega}{2\zeta\omega_n} \tag{5-87}$$

当 $\omega = \omega_c$ 时，幅频特性 $A(\omega_c) = 1$，代入式（5-86）可以解得幅值穿越频率为

$$\omega_c = \omega_n\sqrt{\sqrt{4\zeta^4+1} - 2\zeta^2} \tag{5-88}$$

将式（5-88）代入式（5-87），可得

$$\varphi(\omega_c) = -90° - \arctan\frac{\sqrt{\sqrt{4\zeta^4+1} - 2\zeta^2}}{2\zeta}$$

从而可得相位裕度为

$$\gamma = 180° + \varphi(\omega_c) = \arctan\frac{2\zeta}{\sqrt{\sqrt{4\zeta^4+1} - 2\zeta^2}} \tag{5-89}$$

式（5-89）表明了典型二阶系统的相位裕度 γ 与阻尼比 ζ 之间的关系，如图 5-66 所示。

二阶系统的相位裕度 γ 与阻尼比 ζ 的关系由图 5-66 中的实线表示，当 $0<\zeta<0.7$ 时，γ 与 ζ 的关系可近似为线性关系，如图 5-66 中的虚线，其表达式为

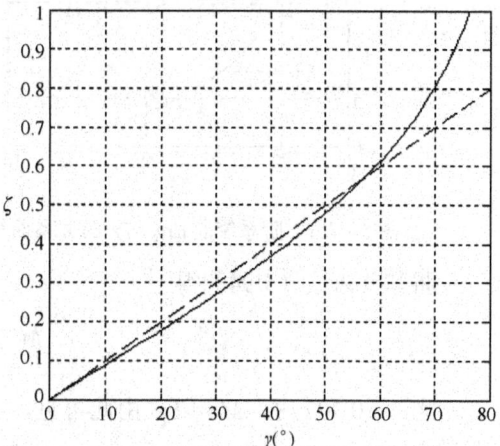

图 5-66 相位裕度 γ 与阻尼比 ζ 的关系

$$\zeta = 0.01\gamma \tag{5-90}$$

在第 3 章介绍的时域指标中，当允许误差带为 5% 时，调整时间 t_s 为

$$t_s = \frac{3}{\zeta\omega_n} \tag{5-91}$$

将式（5-88）和式（5-89）代入式（5-91），得

$$t_s\omega_c = \frac{6}{\tan\gamma} \tag{5-92}$$

式（5-92）表示了 $t_s\omega_c$ 与 γ 的关系，画出其关系如图 5-67 所示。由图可见 $t_s\omega_c$ 随 γ 的增大而单调下降。另外，当相位裕度 γ 一定，系统的动态响应调整时间 t_s 与幅值穿越频率 ω_c 成反比，即 ω_c 越大，t_s 越小，动态响应的速度就越快。由此可见，幅值穿越频率 ω_c 可以用来表征系统动态响应的快速性。但值得一提的是，ω_c 不宜太大，否则会引入高频噪声。

2. 典型二阶系统的时域指标与闭环频域指标的关系

二阶系统常用的闭环频域指标有谐振峰值 M_r、谐振频率 ω_r 和带宽频率 ω_b，下面讨论它们与动态时域指标之间的关系。

二阶系统闭环频率特性为

$$\Phi(j\omega) = \frac{\omega_n^2}{(j\omega)^2 + 2\zeta\omega_n(j\omega) + \omega_n^2} \tag{5-93}$$

闭环幅频特性为

$$M(\omega) = \frac{1}{\sqrt{(1-(\omega/\omega_n)^2)^2 + (2\zeta\omega/\omega_n)^2}} \tag{5-94}$$

闭环系统的幅频特性曲线 $M(\omega)$ 与频域指标关系如图 5-68 所示。当 $0<\zeta<0.7$ 时，对式（5-94）求导，并令 $\frac{dM(\omega)}{d\omega} = 0$，可得

$$\omega_r = \omega_n\sqrt{1-2\zeta^2} \tag{5-95}$$

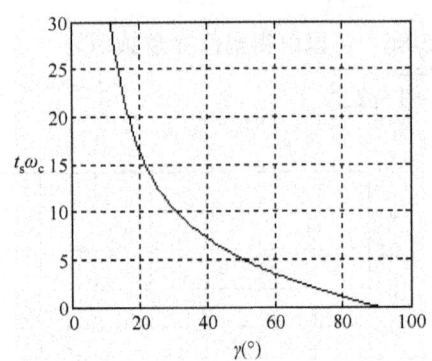

图 5-67 二阶系统的 $t_s\omega_c$ 与 γ 的关系曲线

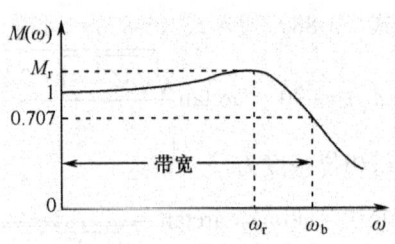

图 5-68 闭环系统频率特性与频域指标

将其代入式（5-94）得

$$M_r = \frac{1}{2\zeta\sqrt{1-\zeta^2}} \tag{5-96}$$

当 $\zeta = 0.707$ 时，$M_r = 1$。由此可见，$\zeta \geq 0.707$ 时，系统不会产生谐振。二阶系统的超调量为

$$\sigma = e^{\frac{\zeta\pi}{\sqrt{1-\zeta^2}}} \tag{5-97}$$

由式（5-96）和式（5-97）绘出谐振峰值 M_r、超调量 σ 与阻尼比 ζ 的关系曲线如图 5-69 所示。由图可见：当 $\zeta \to 0$ 时，M_r 值非常大，而 σ 越大越趋于 1；当 ζ 值逐渐增大时，M_r 将快速下降并趋于 1，而 σ 随着 ζ 值增大趋于 0。因此，在进行二阶系统的设计时，一定要根据生产工艺要求，制定好谐振峰值 M_r 和超调量 σ，使系统具有良好的阻尼性。

令 $M(\omega) = 0.707$，从式（5-94）可得带宽频率 ω_b 为

$$\omega_b = \omega_n\sqrt{1-2\zeta^2+\sqrt{2-4\zeta^2+4\zeta^4}} \tag{5-98}$$

ω_b 是一个很重要的频域指标。闭环系统的幅值

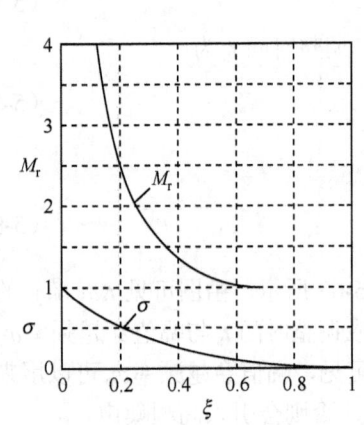

图 5-69 二阶系统的 M_r、σ 与 ζ 的关系曲线

不低于 0.707，即闭环对数幅值不低于 -3 dB 时，对应的频率范围 $0 \leq \omega \leq \omega_b$ 称为系统的带宽。带宽表明了控制系统快速响应的速度，ω_b 越大，响应速度越快，但 ω_b 太大，将会引入高频噪声。

以上分析了二阶系统频域指标与时域指标的关系，可见用解析法和图解法能够方便、清晰地表明它们的关系。对于高阶系统，它们之间的关系非常复杂，很难用解析式表示。如果高阶系统中存在一对共轭复数主导极点，则二阶系统频域指标与时域指标的关系就可以推广应用到高阶系统中去。另外，高阶系统频域指标与时域指标的关系也可以采用经验公式近似估算。两个经验公式如下

$$\sigma = 0.16 + 0.4(M_r - 1), \quad 1 \leq M_r \leq 1.8 \tag{5-99}$$

$$t_s = \frac{K\pi}{\omega_c} \tag{5-100}$$

式中：$K = 2 + 1.5(M_r - 1) + 2.5(M_r - 1)^2$，$1 \leqslant M_r \leqslant 1.8$。

使用以上两个经验公式估算高阶系统的时域指标，一般偏保守，就是好于实际值，这样有利于控制系统的设计。采用经验公式进行初步设计，可以保证系统达到性能指标的要求，又保留一定的余地。

5.8 用 MATLAB 进行系统频域分析

MATLAB 是自动控制计算与系统仿真的强有力工具，可以方便地绘制控制系统的频率特性图和对数频率特性图，计算频域指标，并且进行控制系统的分析和设计。

5.8.1 用 MATLAB 绘制伯德图

可以用 MATLAB 的函数 bode() 绘制线性系统伯德图，其函数调用格式为

```
bode(num, den)
bode(num, den, w)
[mag, phase, w] = bode(num, den, w)
```

bode() 函数用来绘制线性系统的伯德图，num 和 den 分别为传递函数的分子和分母多项式系数，其多项式为降幂排列；w 为频率点数，采用如下命令可以指明频率范围

```
w = logspace(i, j, n)
```

该命令可以在 10^i 和 10^j 之间产生 n 个在对数上等距离的频率值构成的向量。如果在命令中省略 n，则仅产生 50 个频率值构成的向量。

mag 和 phase 是调用 bode() 函数的返回值，将频率特性转换为幅频特性值和相频特性值，它们不会产生图形，只是在指定频率点上的计算值。如果采用这个函数绘制控制系统的伯德图，首先利用下列命令将幅频特性值转变成分贝

```
magdB = 20*log10(mag)
```

然后使用半对数坐标图命令

```
semilogx(w, magdB)
semilogx(w, phase)
```

最后绘制控制系统的伯德图。

【例 5-20】 设系统的开环传递函数为

$$G(s) = \frac{0.774}{s^2 + 0.51s + 0.774}$$

试用 MATLAB 绘制系统的伯德图。

解 MATLAB 的程序如下：

```
num = [0 0.774];              %开环传递函数的分子系数
den = [1 0.51 0.774];         %开环传递函数的分母系数
w = logspace(-1, 1, 100);     %指定频率范围
bode(num,den, w);             %绘制伯德图
grid;                         %绘制网格
```

运行结果如图 5-70 所示。

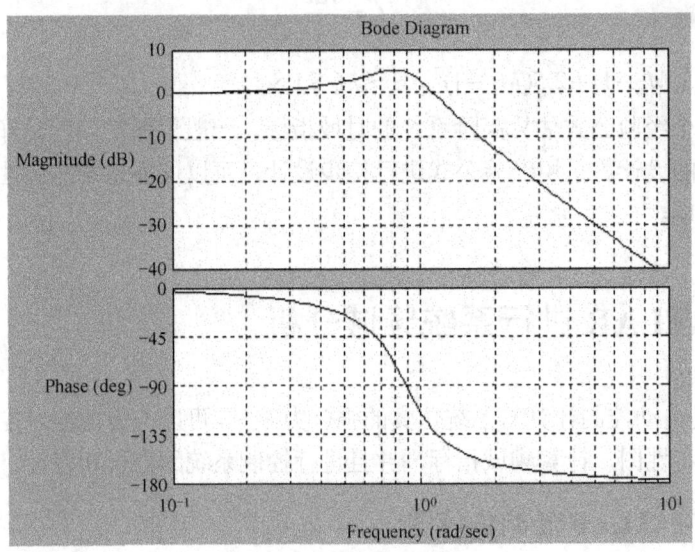

图 5-70 例 5-20 的伯德图

【例 5-21】 设系统的开环传递函数为

$$G(s) = \frac{100(s+4)}{s(s+0.5)(s^2+100s+2\,500)}$$

试用 MATLAB 绘制系统的伯德图。

解 MATLAB 的程序如下：

```
num = [100 400];
den = conv([1 0.5 0],[1 100 2500]);
w = logspace(-2, 3, 100);
bode(num, den, w);
grid;
```

运行结果如图 5-71 所示。

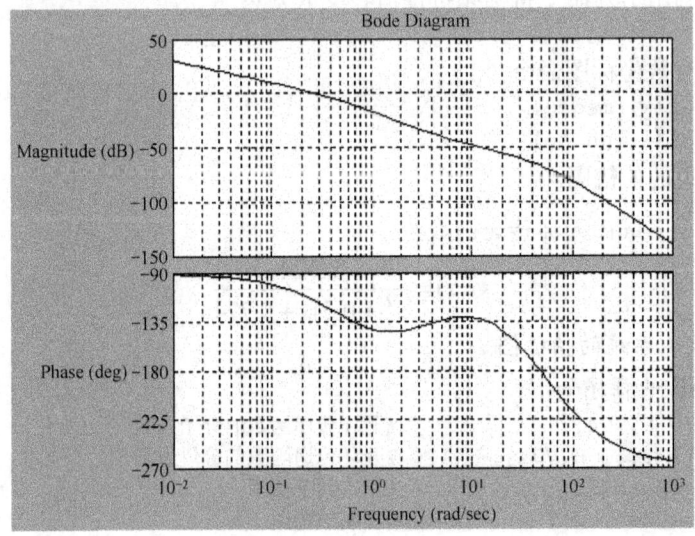

图 5-71 例 5-21 的伯德图

5.8.2 用 MATLAB 绘制极坐标图

可以用 MATLAB 的函数 nyquist() 绘制线性系统奈奎斯特曲线，其函数调用格式为
```
nyquist(num, den)
nyquist(num, den, w)
[re, im, w]= nyquist(num, den, w)
```
nyquist() 函数用来计算并绘制线性系统奈奎斯特曲线。函数的参数和调用方式与 bode() 函数一样，不同的是函数返回值 re 和 im 分别是奈奎斯特曲线在指定频率点上的实部和虚部，它们也不产生图形。如果要利用这些数据绘制奈奎斯特曲线，可用下列命令
```
plot(re, im)
```

【例 5-22】 设系统的开环传递函数为

$$G(s) = \frac{4}{s^2 + 2s + 4}$$

试用 MATLAB 绘制系统的奈奎斯特图。

解 MATLAB 的程序如下：
```
num = [6];
den = [1 4 3];
nyquist(num, den);
```
运行结果如图 5-72 所示。

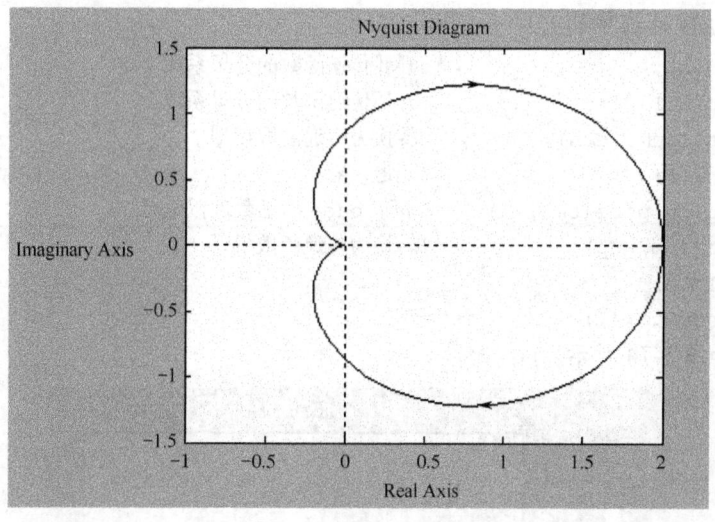

图 5-72 例 5-22 的奈奎斯特图

【例 5-23】 设系统的开环传递函数为

$$G(s) = \frac{20(s + 0.8)}{s(s + 1)(s + 3)}$$

试用 MATLAB 绘制系统的奈奎斯特图。

解 MATLAB 的程序如下：
```
num = [20 16];                   %开环传递函数的分子系数
den = conv([1 1 0], [1 3]);      %开环传递函数的分母系数，多项式相乘形式
G = tf(num, den);                %转换为传递函数模型
nyquist(G,'k');                  %绘制奈奎斯特图，曲线为黑色
```
运行结果如图 5-73 所示。

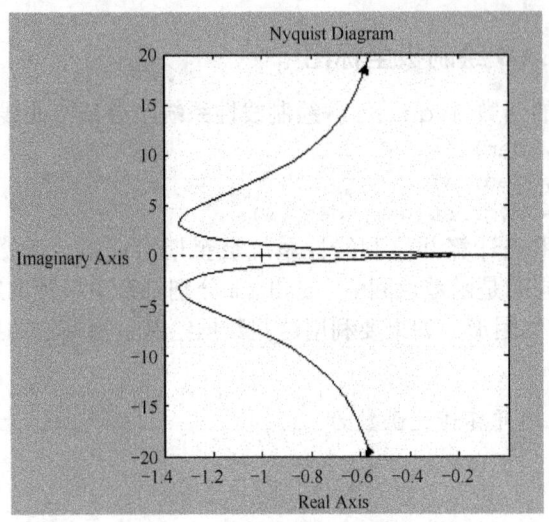

图 5-73　例 5-23 的奈奎斯特图

【例 5-24】 设具有延迟环节的非最小相位系统的开环传递函数为

$$G(s) = \frac{e^{-1.2s}}{s(s+1)}$$

试用 MATLAB 绘制系统的奈奎斯特图。

解　MATLAB 的程序如下：

```
num = [1];              %开环传递函数的分子系数
den = [1 1 0];          %开环传递函数的分母系数
G1 = tf(num, den);      %转换为传递函数模型
tau = 1.2;              %延迟τ = 1.2
[np,dp] = pade(tau, 4); %4 阶 pade()函数近似延迟
Gp = tf(np, dp);        %转换为传递函数模型
G = G1*Gp;
nyquist(G,'k');
```

运行结果如图 5-74 所示。

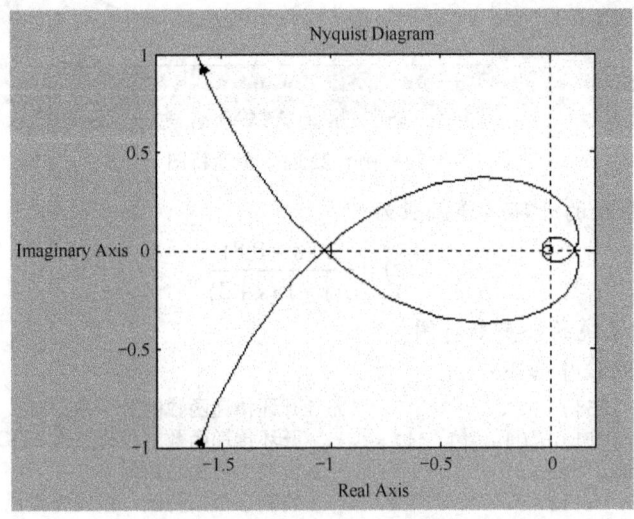

图 5-74　例 5-24 的奈奎斯特图

5.8.3 用 MATLAB 求系统的稳定裕度

可以用 MATLAB 的函数 margin() 求取线性系统的幅值裕度和相位裕度，其函数调用格式为

```
[Gm, Pm, Wcg, Wcp] = margin(num, den)
[Gm, Pm, Wcg, Wcp] = margin(mag, phase, w)
```

式中：Gm 是系统的幅值裕度，Wcg 是其相对应的相角穿越频率；Pm 是系统的相位裕度，Wcp 是其相对应的幅值穿越频率；mag、phase 和 w 分别为由波德图求出的幅值裕度、相位裕度和其对应的穿越频率。

margin() 函数可以从频率特性数据中计算出开环 SISO 系统的幅值裕度、相位裕度以及相应的穿越频率。当不带输出变量引用函数时，margin() 函数可在当前图形窗口中绘制出带有稳定裕度的波德图。

【例 5-25】 设系统的开环传递函数为

$$G(s) = \frac{20(s+0.8)}{s(s+1)(s+3)}$$

试用 MATLAB 绘制系统的伯德图，并计算幅值裕度、相位裕度、相角穿越频率和幅值穿越频率。

解 MATLAB 的程序如下：

```
num = [20 16];              %开环传递函数的分子系数
den = conv([1 1 0],[1 3]);  %开环传递函数的分母系数
margin(num, den);           %绘制伯德图，并计算幅值裕度和相位裕度
```

运行结果如图 5-75 所示。

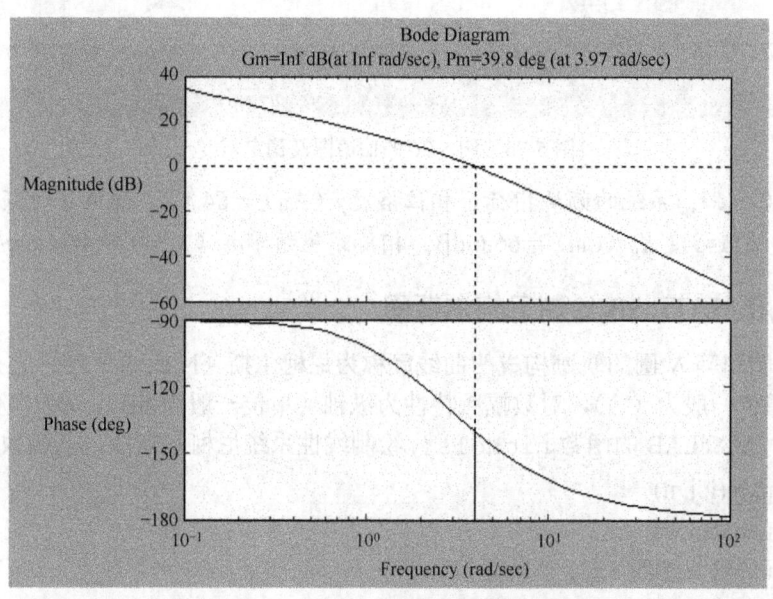

图 5-75 例 5-25 的伯德图及稳定裕度

由图 5-75 可知，系统的频域指标：相位裕度 γ（Pm）= 39.8°，幅值穿越频率 ω_c（Wcp）= 3.97 rad/s；幅值裕度 K_g（Gm）= ∞，相角穿越频率 ω_c（Wcg）= ∞。

【例 5-26】 设系统的开环传递函数为

$$G(s) = \frac{100(s+4)}{s(s+0.5)(s^2+100s+2500)}$$

试用 MATLAB 绘制系统的伯德图,并计算幅值裕度、相位裕度、相角穿越频率和幅值穿越频率。

解 MATLAB 的程序如下:

```
num = [100 400];                          %开环传递函数的分子系数
den = conv([1 0.5 0],[1 100 2500]);       %开环传递函数的分母系数
sys = tf(num, den);                       %转换为传递函数
margin(sys);                              %绘制伯德图并计算幅角裕度和相位裕度
```

运行结果如图 5-76 所示。

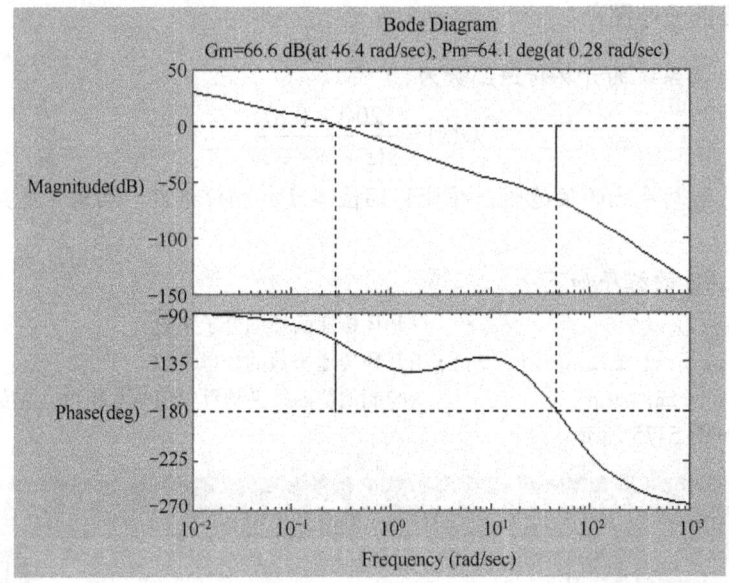

图 5-76 例 5-26 的伯德图及稳定裕度

由图 5-70 可知,系统的频域指标:相位裕度 γ(Pm)= 64.1°,幅值穿越频率 ω_c(Wcp) = 0.28 rad/s;幅值裕度 K_g(Gm)= 66.6 dB,相角穿越频率 ω_c(Wcg)= 46.4 rad/s。

5.8.4 用 MATLAB 绘制尼柯尔斯图

由等 M 圆和等 N 圆的轨迹构成的曲线簇称为尼柯尔斯(Nichols)图,它是以相频特性为横坐标(单位一般为(°)),对数幅频特性为纵轴(单位一般为 dB),ω 为参变量的一种图示法。可以用 MATLAB 的函数 nichols() 绘制线性系统尼柯尔斯图,其函数调用格式为

```
w = logspace(i, j, n)
nichols(num,den,w)
```

式中 i, j 和 n 的含义参照 5.8.1 节所述。

【例 5-27】 设单位反馈系统的开环传递函数为

$$G(s) = \frac{1}{s(s+1)(0.5s+1)}$$

试用 MATLAB 绘制系统的尼柯尔斯图及开环对数幅相图。

解 MATLAB 的程序如下：
```
num=[1];                %开环传递函数的分子系数
den=[0.5,1.2,1,0];      %开环传递函数的分母系数
w=logspace(-2,1,400);   %指定频率范围
G=tf(num,den);          %转换为传递函数
nichols(G,'k',w);       %绘制尼柯尔斯图（k 指曲线为黑色）
ngrid;                  %绘制网格
```
运行结果如图 5-77 所示。

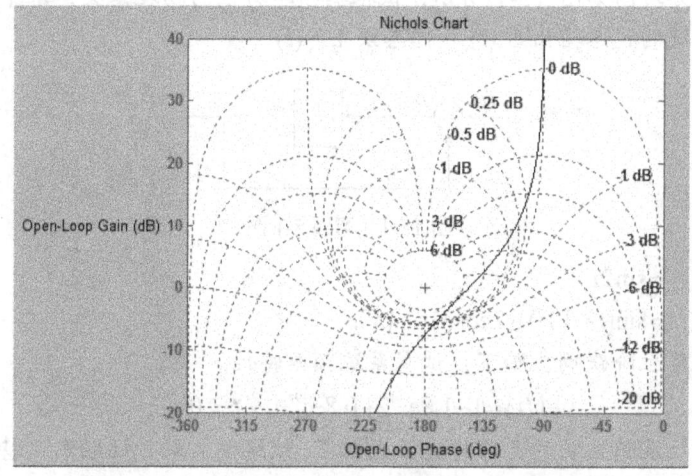

图 5-77 例 5-27 的尼柯尔斯图及开环对数幅相图

图 5-77 中的网格就是尼柯尔斯图，实线是系统的开环对数幅相图。

◇ 小 结 ◇

频率响应法是用来分析和设计控制系统的一种实用的工程方法，应用十分广泛。

1. 频率特性是线性系统在正弦输入信号作用下的稳态输出和输入之比。它也是线性系统的一种数学模型，能够反映系统的性能品质。

2. 如果线性系统是稳定的，就可以用实验的方法确定系统的频率特性。这是频率响应法的一大优点，在工程上非常方便和实用。

3. 传递函数的零点和极点都位于 s 左半平面的系统称为最小相位系统。这类系统的幅频特性和相频特性之间存在着唯一的对应关系，因而根据它的对数幅频特性就能确定对应系统的传递函数和相频特性。

4. 频率响应法是利用开环频率特性研究闭环系统的性能。奈奎斯特稳定判据根据开环频率特性曲线包围$(-1, j0)$点的情况和开环传递函数在 s 右半平面的极点数来判断其闭环系统的稳定性。对于不稳定的系统，它与代数稳定判据一样可以指出闭环系统位于 s 右半平面的极点数。

5. 对于线性系统，不仅需要判断稳定性，还需要知道相对稳定性，即稳定裕度。可以根据开环频率特性确定系统的相角裕度和幅值裕度，只有保持足够的稳定裕度，才能有良好的性能品质。在控制工程中，一般要求系统的相角裕度γ在 30°～60°范围内，幅值裕度L_g应大于 6 dB。

6. 可以采用图解法或计算机分析法求出系统的闭环频率特性，也可以将系统的开环频率特性画在等 M 圆图和等 N 圆图上，求得系统的闭环频率特性。

7. 利用开环频率特性的相角裕度、幅值裕度、穿越频率和闭环频率特性的谐振峰值、谐振频率和带宽频率可以估计系统的时域指标。

习 题

5-1 某系统方块图如图 T5-1 所示，试根据频率特性的物理意义，求下列输入信号作用时，系统的稳态输出 $C_s(t)$ 和稳态误差 $e_s(t)$。

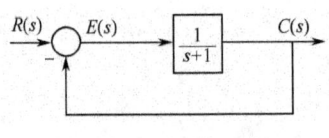

图 T5-1　习题 5-1 图

（1）$r(t) = \sin 2t$
（2）$r(t) = \sin(t + 30°) - 2\cos(2t - 45°)$

5-2 若系统单位阶跃响应如下，试求系统频率特性。
$$h(t) = 1 - 1.8e^{-4t} + 0.8e^{-9t}, \quad t \geq 0$$

5-3 已知单位反馈系统的开环传递函数如下，试绘制其对数幅频渐近特性曲线和对数相频特性曲线。

（1）$G(s) = \dfrac{1}{(1+0.5s)(1+2s)}$　　（2）$G(s) = \dfrac{(1+0.5s)}{s^2}$

（3）$G(s) = \dfrac{s-10}{s^2+6s+10}$　　（4）$G(s) = \dfrac{30(s+8)}{s(s+2)(s+4)}$

5-4 最小相位系统开环幅频特性如图 T5-2 所示。试求其传递函数。

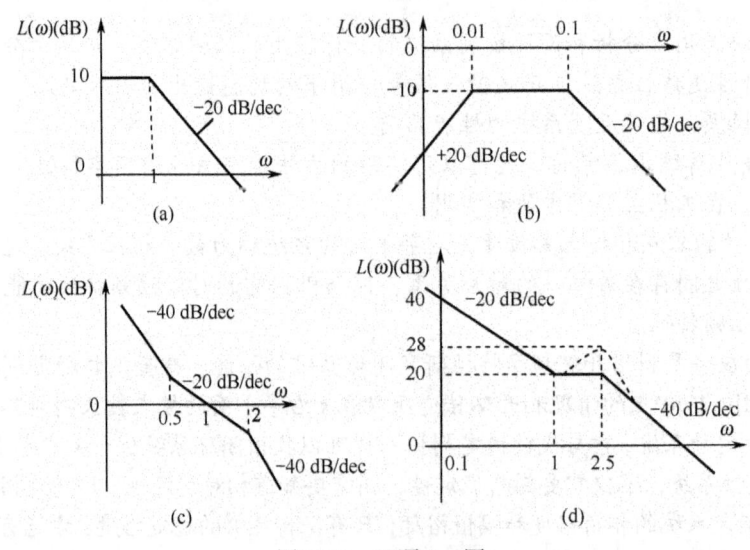

图 T5-2　习题 5-4 图

5-5 试绘制习题 5-3 中各系统的极坐标图。

5-6 已知三个系统的开环传递函数为

$$G_1(s) = \frac{K(T_2s+1)}{s^2(T_1s+1)}$$

$$G_2(s) = \frac{K(T_2s+1)}{s^2(T_1s+1)(T_3s+1)}$$

$$G_3(s) = \frac{K(T_2s+1)(T_4s+1)}{s^3(T_1s+1)(T_3s+1)}, \quad T_1>0, T_2>0, T_3>0, T_4>0$$

又知它们的奈奎斯特曲线如图 T5-3 所示。找出各个传递函数分别对应的奈奎斯特曲线,并判断单位反馈下闭环系统的稳定性。如果闭环系统不稳定,指出在 s 右半平面的极点数。

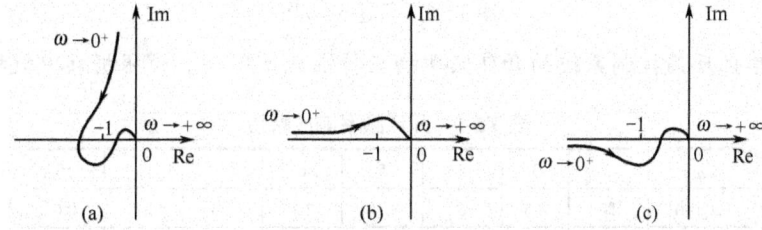

图 T5-3 习题 5-6 图

5-7 已知单位反馈系统的开环传递函数为

$$G(s) = \frac{K(T_2s+1)}{s^2(T_1s+1)}$$

要求画出以下 4 种情况下的奈奎斯特曲线,并判断闭环系统的稳定性。
(1) $T_2=0$;(2) $0<T_2<T_1$;(3) $0<T_2=T_1$;(4) $0<T_1<T_2$

5-8 已知单位反馈系统开环传递函数为

$$G(s) = \frac{K}{s(Ts+1)(s+1)}, \quad K,T>0$$

试根据奈氏判据,确定其闭环稳定条件。
(1) $T=2$ 时,K 值的范围;(2) $K=10$ 时,T 值的范围;(3) K、T 值的范围

5-9 某单位反馈系统的开环传递函数为

$$G(s) = \frac{K}{s(T_1s+1)(T_2s+1)}$$

其中 $T_1=0.1$ s,$T_2=10$ s,开环对数幅频特性如图 T5-4 所示。设对数幅频特性斜率为20 dB/dec 的线段的延长线与零分贝线交点的角频率为 10 rad/s。试问:

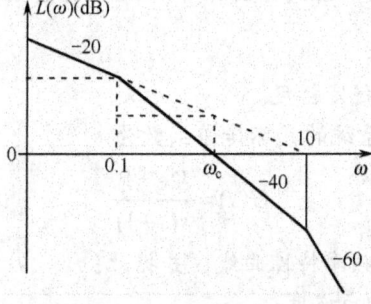

图 T5-4 习题 5-8 图

（1）系统中 $K=$？
（2）穿越频率 $\omega_c=$？
（3）系统是否稳定？
（4）分析系统参数 K、T_1、T_2 变化时对系统稳定性的影响。

5-10 图 T5-5 所示是某宇宙飞船控制系统的简化方块图。为使该系统具有相角裕量 $\gamma=50°$，系统的开环增益应调整为何值？求这时的增益裕量。

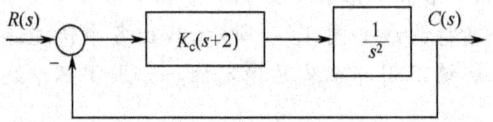

图 T5-5 习题 5-10 图

5-11 某单位反馈控制系统的开环频率响应特性见表 T5-1，试根据表中数据填空。

表 T5-1 开环频率响应特性

ω	2	3	4	5	6	7	8	10
$\|G(j\omega)\|$	10	8.5	6	4.18	2.7	1.5	1.0	0.6
$\angle G(j\omega)$	$-100°$	$-115°$	$-130°$	$-140°$	$-145°$	$-150°$	$-160°$	$-180°$

（1）系统的剪切频率 $\omega_c=$ _____、相角裕度 $\gamma=$ _____、交界频率 $\omega_g=$ _____、幅值裕量 $L_g=$ _____。
（2）当系统的幅值裕量 $L_g=20$ dB 时，系统的开环放大系数 $K=$ _____。
（3）当系统的相角裕度 $\gamma=50°$ 时，系统的开环放大系数 $K=$ _____。

5-12 已知单位反馈（最小相位）系统的开环对数幅频特性图如图 T5-6 所示：

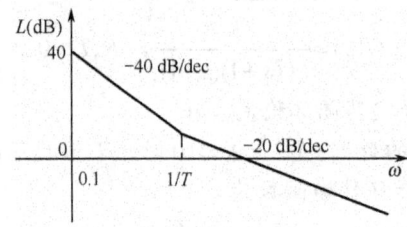

图 T5-6 习题 5-12 图

（1）试求系统的开环传递函数表达式；
（2）已知在输入 $r(t)=\sin\sqrt{3}t$ 作用下系统的稳态输出为 $c(t)=\dfrac{\sqrt{3}}{3}\sin\left(\sqrt{3}t+\varphi\right)$，试求 T 和 φ 的值；
（3）求系统的相位稳定裕度。

5-13 已知单位反馈控制系统的开环传递函数为

$$G(s)=\dfrac{K e^{-0.1s}}{s(s+1)}$$

试绘制系统的对数频率特性曲线，并据此：
（1）求 $K=1$ 时的相角裕度；

（2）求 $K=20$ 时的幅值裕度。

5-14 已知单位反馈控制系统的开环传递函数为

$$G(s) = \frac{1000}{s(s^2+10s+70)}$$

试绘制其近似波德图，判定系统的稳定性，并确定分子数值应增大或减少多少才能得到 $30°$ 的相角裕度？

5-15 设二阶系统如图 T5-7(a)所示。若分别加入测速反馈校正，$0.1 \leqslant K_t \leqslant 1.5$（如图 T5-7(b)所示）和比例-微分校正，$0.1 \leqslant K_d \leqslant 1.5$ [如图 T5-7(c)所示]，并设 $\omega_n=1$，$\zeta=0.2$，试确定各种情况下相角裕度 γ 的范围，并加以比较。

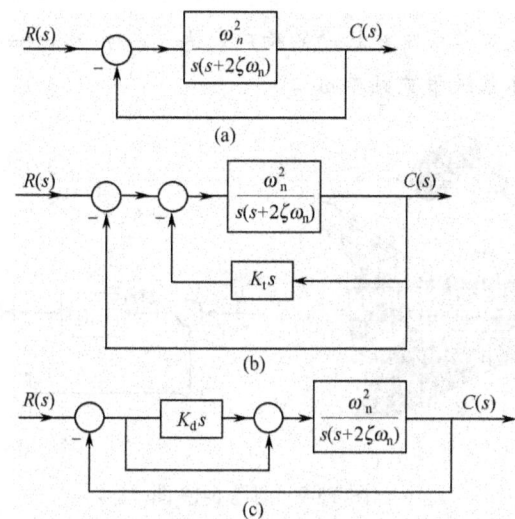

图 T5-7 习题 5-15 图

5-16 某最小相位系统的开环对数幅频特性如图 T5-8 所示，要求：
（1）写出系统开环传递函数并求出稳定裕度；
（2）将其对数幅频特性向右平移十倍频程，试讨论对系统性能的影响。

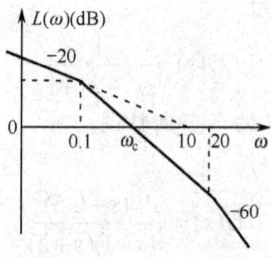

图 T5-8 习题 5-16 图

5-17 若高阶系统的时域指标为 $18\% \leqslant \sigma\% \leqslant 25\%$，$0.1 \leqslant t_s \leqslant 0.2$，试根据经验公式确定系统的截止频率和相角裕度的范围。

5-18 典型二阶系统的开环传递函数为

$$G(s) = \frac{\omega_n^2}{s(s+2\zeta\omega_n)}$$

若已知 $10\% \leqslant \sigma\% \leqslant 30\%$，试确定相角裕度 γ 的范围；若给定 $\omega_n = 10$，试确定系统带宽 ω_b 的范围。

5-19 图 T5-9(a)是卫星修理示意图，宇航员的脚固定在机械手臂顶端的工作台上，以便他能用双手来完成阻止卫星转动和点火启动卫星等操作。机械臂控制系统的方块图如图 T5-9(b)所示，其中

$$G_1(s) = K = 10, H(s) = 1$$

若已知闭环传递函数为

$$\frac{C(s)}{R(s)} = \frac{10}{s^2 + 5s + 10}$$

要求：
（1）确定系统对单位阶跃扰动的响应表达式 $c_n(t)$ 及 $c_n(\infty)$ 的值；
（2）计算闭环系统带宽频率 ω_b。

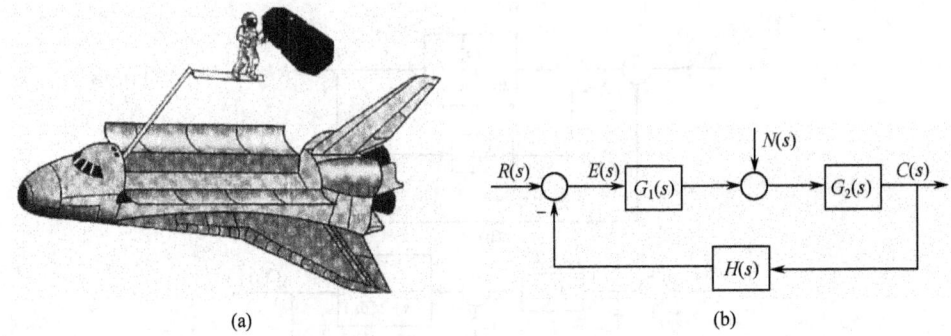

图 T5-9　习题 5-19 图

MATLAB 习题

5-20 绘制下列传递函数的波德图。

（1）$G(s) = \dfrac{100}{(s+1)(3s+1)(7s+1)}$　　（2）$G(s) = \dfrac{2000(s+6)}{s(s^2+4s+20)}$

5-21 设系统的开环传递函数为

$$G(s) = \frac{1}{s^2 + 2s + 1}$$

试用 MATLAB 绘制系统的奈奎斯特图。

5-22 设系统的开环传递函数为

$$G(s) = \frac{10(s+0.5)}{s(s+1)(s+2)}$$

试用 MATLAB 绘制系统的伯德图，并计算幅值裕度、相位裕度、相角穿越频率和幅值穿越频率。

5-23 设系统的开环传递函数为

$$G(s) = \frac{1}{s(s+1)(0.2s+1)}$$

试用 MATLAB 绘制系统的尼柯尔斯图和开环对数幅相图。

第6章 线性系统的设计方法

6.1 引言

第3~5章介绍了控制系统的分析方法,并运用这些方法分析了控制系统的稳定性、动态特性和稳态特性。系统分析的任务是在已知控制系统的结构与全部参数的基础上,求取系统的各项性能指标,分析这些性能指标与系统参数间的关系,分析的结果是唯一的。这些方法对于研究系统的控制品质非常重要。在控制工程中,除了需要分析系统的性能外,还存在一个相反的问题,即根据被控对象和给定的性能指标要求,设计或校正一个控制系统。通常,校正的灵活性非常大,针对同一个被控对象,设计者可以采用不同的校正方法和方式,设计出满足相同性能指标的不同控制系统,这与设计者的习惯和经验有关。由此可见,校正的结果不是唯一的,需对系统各方面性能、成本、体积、质量以及可行性综合考虑,选出最佳方案。

在控制系统设计中,被控对象确定后,根据技术指标要求来确定控制方案,选择传感器、放大器和执行装置等构成控制系统的基本部分,或称为不可变部分,其中除放大器的增益可适当调整,其余参数均固定不变。由不可变部分组成的系统一般是不能满足性能指标要求的。因此,需要增加一个结构和参数可调的必要装置,调整其结构和参数,使重新组合起来的控制系统能全面满足设计要求的性能指标,这就是控制系统的校正,所加的装置称为校正装置。系统校正的任务是在给定系统不可变部分的基础上,根据控制系统应具备的性能指标以及原系统在性能指标上的缺陷来确定校正装置的结构、参数和连接方式,使控制系统完全满足设计要求的性能指标。

本章中将介绍单输入/单输出的线性定常系统的设计和校正,所谓校正,就是调整系统使其满足给定的要求。本章中我们将采用根轨迹法和频率法对控制系统进行设计和校正。

6.1.1 性能指标

在控制系统的设计与校正之前,需要确定性能指标,以便制定控制方案。一般情况下,性能指标是由使用方或制造方根据生产过程的工艺要求提出的。控制系统的性能指标由动态性能指标和稳态性能指标组成,常用时域指标和频域指标来描述。

如果性能指标给出的是时域指标如超调量$\sigma\%$、调整时间t_s、峰值时间t_p、稳态误差e_{ss}时,一般采用根轨迹法校正控制系统。如果性能指标给出的是频域指标如相位裕度γ、幅值裕度K_g、谐振峰值M_r、频带宽度ω_b、稳态误差系数K_p、K_v、K_a时,一般采用频率法校正控制系统。

一般情况下,性能指标不应当比完成给定任务所需要的指标更高。因为过高的性能指标,使系统的成本增大,造成经济浪费。应记住:确切地制定出性能指标,是控制系统设计中的一项最为重要的工作。

目前,在控制工程设计和校正中,频率法得到了广泛的使用,故通过时域指标和频域指标的关系可以进行转换,下面给出指标的关系。

（1）二阶系统频域指标与时域指标的关系

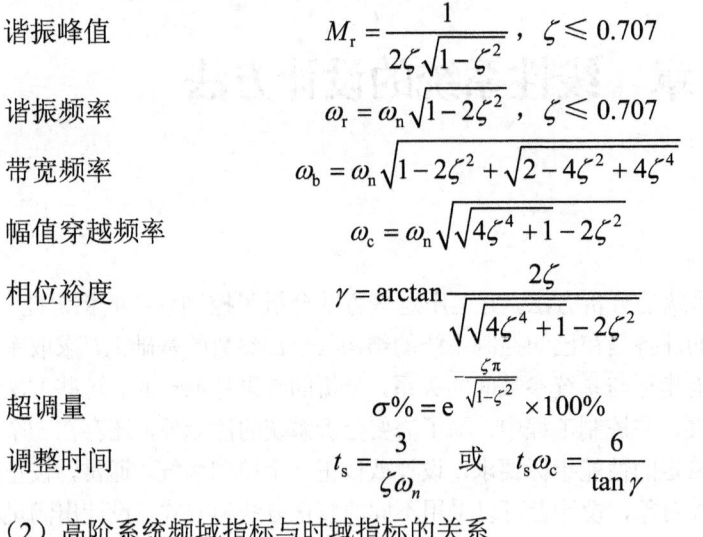

谐振峰值　　　　　　　　　$M_r = \dfrac{1}{2\zeta\sqrt{1-\zeta^2}}$，$\zeta \leqslant 0.707$

谐振频率　　　　　　　　　$\omega_r = \omega_n\sqrt{1-2\zeta^2}$，$\zeta \leqslant 0.707$

带宽频率　　　　　　　　　$\omega_b = \omega_n\sqrt{1-2\zeta^2+\sqrt{2-4\zeta^2+4\zeta^4}}$

幅值穿越频率　　　　　　　$\omega_c = \omega_n\sqrt{\sqrt{4\zeta^4+1}-2\zeta^2}$

相位裕度　　　　　　　　　$\gamma = \arctan\dfrac{2\zeta}{\sqrt{\sqrt{4\zeta^4+1}-2\zeta^2}}$

超调量　　　　　　　　　　$\sigma\% = e^{-\dfrac{\zeta\pi}{\sqrt{1-\zeta^2}}} \times 100\%$

调整时间　　　　　　　　　$t_s = \dfrac{3}{\zeta\omega_n}$ 或 $t_s\omega_c = \dfrac{6}{\tan\gamma}$

（2）高阶系统频域指标与时域指标的关系

谐振峰值　　　　　　　　　$M_r = \dfrac{1}{\sin\gamma}$

超调量　　　　　　　　　　$\sigma = 0.16 + 0.4(M_r - 1)$，$1 \leqslant M_r \leqslant 1.8$

调整时间　　　　　　　　　$t_s = \dfrac{\pi}{\omega_c}\left[2 + 1.5(M_r - 1) + 2.5(M_r - 1)^2\right]$，$1 \leqslant M_r \leqslant 1.8$

6.1.2　校正方式

当制订出合理的性能指标后，即可着手于系统的初步设计或校正工作。根据校正装置和系统不可变部分的连接方式，通常可分为三种基本校正方式：串联校正、反馈校正和前馈校正。

校正装置位于系统前向通路之中，并与系统不可变部分串联连接的方式称为串联校正，如图 6-1 所示。在控制工程设计中，串联校正是最常用的校正方式，设计简单、容易实现。为了减少校正装置的功耗和降低成本，通常将串联校正装置放在前向通路的前端，即功率较低处。

校正装置位于局部反馈回路中的校正方式称为反馈校正，如图 6-2 所示。反馈校正的信号是从高功率点流向低功率点，一般不需要附加放大器。反馈校正的设计相对较为复杂。

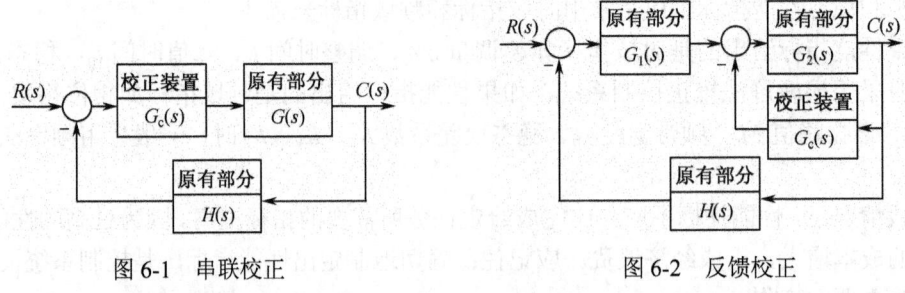

图 6-1　串联校正　　　　　　　　　图 6-2　反馈校正

前馈校正又称为顺馈校正，按输入信号的性质不同，可分为对输入补偿的前馈校正，如图 6-3(a) 所示，对扰动补偿的前馈校正，如图 6-3(b) 所示。

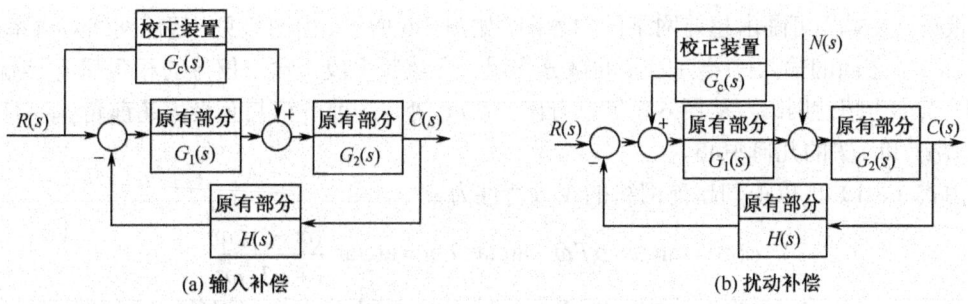

图 6-3 前馈校正

在系统的设计与校正中,究竟选择哪一种校正方式,主要取决于信号性质、系统中各点功率的大小、可供采用的元件、设计者的经验以及经济条件等。

设计者首先根据经验确定校正的方式,选择一种校正装置,然后根据性能指标要求和原有部分特性,选择校正装置参数,而设计结果是否满足性能指标要求,必须验算。如果不满足全部性能指标,则应改变校正装置参数或方式,直到校正后满足为止。

6.2 校正装置

校正装置是用来改善系统的动态和稳态品质的,在控制工程中常用无源和有源网络的电路作为校正装置。本节将介绍超前校正装置、滞后校正装置和滞后-超前校正装置的电路形式、传递函数、零极点分布和频率特性,以便帮助理解不同形式的校正装置在系统校正时所起的作用。

6.2.1 超前校正网络及其特性

超前校正装置可用如图 6-4 所示的无源 RC 网络实现,其传递函数为

$$G_c(s) = \frac{1}{\alpha} \cdot \frac{\alpha Ts+1}{Ts+1} = \frac{s+\dfrac{1}{\alpha T}}{s+\dfrac{1}{T}} \tag{6-1}$$

式中,

$$T = \frac{R_1 R_2}{R_1 + R_2}C, \quad \alpha = \frac{R_1 + R_2}{R_2} > 1$$

T 称为时间常数,α 称为衰减因子。

超前网络的传递函数零、极点分布如图 6-5 所示,都位于负实轴上。由于 $\alpha > 1$,零点 $s = -\dfrac{1}{\alpha T}$ 总是位于极点 $s = -\dfrac{1}{T}$ 的右方,它们之间的距离由常数 α 决定。

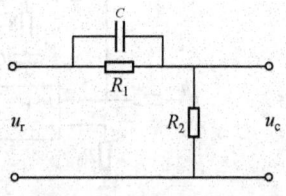

图 6-4 无源超前 RC 网络

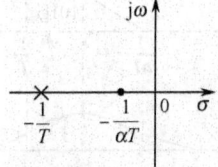

图 6-5 超前网络的零、极点分布

根据式（6-1）可画出超前网络的伯德图，如图6-6所示。由图可见，超前网络对频率ω在$1/\alpha T$和$1/T$之间的输入信号有明显的微分作用。在该频率段，输出信号的相角超前于输入信号，所以称为超前网络。从图6-6可以看出，在ω_m处，超前网络具有最大超前相角φ_m，且处于频率$1/\alpha T$和$1/T$的几何中心。

由式（6-1）可以得到超前网络的相频特性为

$$\varphi(\omega) = \arctan \alpha T\omega - \arctan T\omega = \arctan \frac{(\alpha-1)T\omega}{1+\alpha T^2 \omega^2} \tag{6-2}$$

对式（6-2）求导并令其为零，即$\mathrm{d}\varphi(\omega)/\mathrm{d}\omega = 0$，求出最大超前相角的频率为

$$\omega_m = \frac{1}{\sqrt{\alpha} T} \tag{6-3}$$

式（6-3）表明ω_m是超前校正网络频率特性的几何中心。

将式（6-3）代入式（6-2），可得最大超前相角为

$$\varphi_m = \arctan \frac{\alpha-1}{2\sqrt{\alpha}} = \arcsin \frac{\alpha-1}{\alpha+1} \tag{6-4}$$

由式（6-4）可知，最大超前相角φ_m仅与衰减因子α有关。α取值越大，超前网络的微分效应越强，但通过网络的信号幅值衰减也越大。当$\alpha > 20$时，φ_m随α增大变化较小。当α较小时，最大超前相角φ_m较小，超前校正作用不大，并对抑制系统噪声不利。超前校正网络是一个高通滤波器。为了保持较高的系统信噪比，通常α取值在5~20之间。将ω_m代入式（6-1）可以得到超前校正网络在ω_m处的对数幅值为

$$L(\omega_m) = 20\lg|\alpha G_c(j\omega_m)| = 10\lg\alpha \tag{6-5}$$

采用超前校正网络进行串联校正时，主要利用其相位超前特性。

无源网络结构简单，便于理解，广泛地应用于实际控制系统的串联校正，但在放大器级间接入无源校正网络，需要考虑负载效应问题而引起控制效率降低或有时难以实现期望的控制规律。此外，无源校正网络引起的增益衰减，需要外加放大器进行补偿。因此，采用由运算放大器构成的有源校正网络也常用于控制系统的校正，由于在其元件中含有放大器，因此上述补偿问题可在有源校正电路中自行解决，而不必增加额外的附加放大器。有源校正网络有多种形式，如图6-7所示是由运算放大器构成的一种有源超前校正网络，其传递函数为

$$G_c(s) = \frac{K_c(\alpha Ts + 1)}{Ts + 1} \tag{6-6}$$

式中，

$$T = R_3 C, \quad K_c = \frac{R_1 + R_2}{R_0}, \quad \alpha = 1 + \frac{R_1 R_2}{R_3(R_1 + R_2)} > 1$$

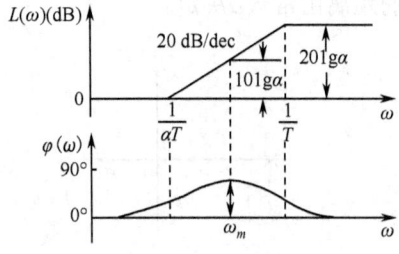

图6-6 超前校正网络的伯德图

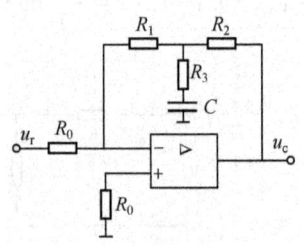

图6-7 有源超前校正网络图

6.2.2 滞后校正网络及其特性

滞后校正装置可用如图 6-8 所示的无源 RC 网络实现，其传递函数为

$$G_c(s) = \frac{\beta Ts + 1}{Ts + 1} = \beta \frac{s + \frac{1}{\beta T}}{s + \frac{1}{T}} \quad (6-7)$$

式中，

$$T = (R_1 + R_2)C, \quad \beta = \frac{R_2}{R_1 + R_2} < 1$$

滞后网络的传递函数零、极点分布如图 6-9 所示，都位于负实轴上。由于 $\beta<1$，极点 $s = -\frac{1}{T}$ 总是位于零点 $s = -\frac{1}{\beta T}$ 的右方，它们之间的距离由常数 β 决定。

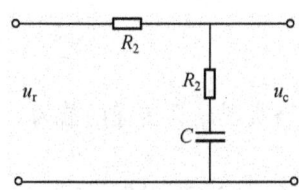

图 6-8 无源滞后 RC 网络

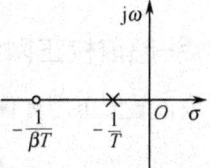

图 6-9 滞后网络的零、极点分布

滞后网络的频率特性为

$$G_c(j\omega) = \frac{j\beta T\omega + 1}{jT\omega + 1} \quad (6-8)$$

滞后网络的伯德图如图 6-10 所示，其转角频率为 $\omega = 1/T$ 和 $\omega = 1/\beta T$。滞后网络在转角频率之间呈积分效应，对数幅频特性以-20 dB/dec 衰减，而对数相频特性呈滞后特性。滞后网络的最大滞后角 φ_m 位于频率 $1/T$ 与 $1/\beta T$ 的几何中心，此处的频率为 ω_m。φ_m 和 ω_m 的计算公式分别为

$$\omega_m = \frac{1}{\sqrt{\beta}T} \quad (6-9)$$

$$\varphi_m = \arcsin \frac{1-\beta}{1+\beta} \quad (6-10)$$

从图 6-10 可见，在低频段，滞后网络的对数幅值为 0 dB，所以对低频有用信号不产生衰减，在中频段，对数幅值以-20 dB/dec 衰减，在高频段，对数幅值为 $20\lg\beta$，因此对高频噪声信号有削弱作用，β 值越小，抑制噪声的能力就越大。由此可见，滞后网络是一个低通滤波器。

采用滞后校正网络进行串联校正时，主要是利用其高频幅值衰减特性，以降低系统的开环幅值穿越频率，提高系统的稳定裕度。但应注意要避免最大滞后相角发生在校正后系统开环幅值穿越频率 ω_c' 附近，一般选取

$$\frac{1}{\beta T} = \frac{\omega_c'}{10} \quad (6-11)$$

如图 6-11 所示是由运算放大器构成的一种有源滞后校正网络，其传递函数为

$$G_c(s) = \frac{K_c(\beta T+1)}{Ts+1} \tag{6-12}$$

式中，

$$K_c = \frac{R_2}{R_0}, \quad T = (R_1+R_2)C, \quad \beta = \frac{R_1}{R_1+R_2} < 1$$

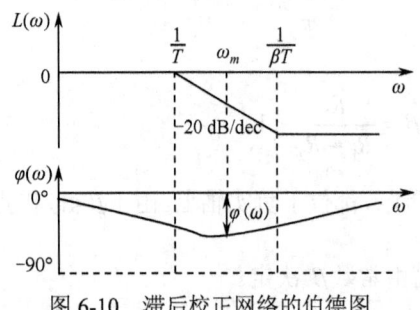

图 6-10　滞后校正网络的伯德图

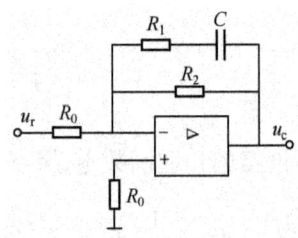

图 6-11　有源滞后校正网络图

6.2.3　滞后-超前校正网络及其特性

滞后-超前校正装置可用如图 6-12 所示的无源网络实现，其传递函数为

$$G_c(s) = \frac{R_2 + \dfrac{1}{C_2 s}}{\dfrac{R_1}{R_1 C_1 s + 1} + R_2 + \dfrac{1}{C_2 s}} = \frac{(T_1 s + 1)(T_2 s + 1)}{T_1 T_2 s^2 + (T_1 + T_2 + T_{12})s + 1} \tag{6-13}$$

式中，

$$T_1 = R_1 C_1, \quad T_2 = R_2 C_2, \quad T_{12} = R_1 C_2$$

令式（6-13）的传递函数有两个不相等的负实数特征根，即 $s_1 = -1/T_a$，$s_2 = -1/T_b$，则式（6-13）可以写为

$$G_c(s) = \frac{(T_1 s + 1)(T_2 s + 1)}{(T_a s + 1)(T_b s + 1)} = \frac{(T_1 s + 1)(T_2 s + 1)}{T_a T_b s^2 + (T_a + T_b)s + 1} \tag{6-14}$$

比较式（6-13）和式（6-14），可得

$$T_a T_b = T_1 T_2$$
$$T_a + T_b = T_1 + T_2 + T_{12}$$

设

$$T_a < T_b, \quad \frac{T_1}{T_a} = \frac{T_b}{T_2} = \beta$$

其中 $\beta > 1$，则有

$$T_a = \frac{T_1}{\beta}, \quad T_b = \beta T_2$$

将 T_a 和 T_b 代入式（6-14），可得无源滞后-超前网络的传递函数为

$$G_c(s) = \frac{(T_1 s + 1)(T_2 s + 1)}{\left(\dfrac{T_1}{\beta}s + 1\right)(\beta T_2 s + 1)} \tag{6-15}$$

式中，$\dfrac{T_1 s+1}{\dfrac{T_1}{\beta}s+1}$ 部分产生超前网络的作用，$\dfrac{T_2 s+1}{\beta T_2+1}$ 部分产生滞后网络的作用。滞后-超前网络的零、极点分布如图 6-13 所示。

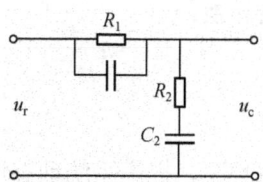

图 6-12 无源滞后-超前网络

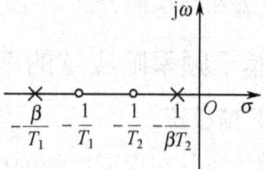

图 6-13 滞后-超前网络的零、极点分布

滞后-超前网络的频率特性为

$$G_c(j\omega) = \frac{(jT_1\omega+1)(jT_2\omega+1)}{\left(j\dfrac{T_1}{\beta}\omega+1\right)(j\beta T_2\omega+1)} \tag{6-16}$$

滞后-超前网络的伯德图如图 6-14 所示。

如图 6-15 所示是由运算放大器构成的一种有源滞后-超前校正网络，其传递函数为

$$G_c(s) = \frac{K_c(T_1 s+1)(T_2 s+1)}{(T_a S+1)(T_b s+1)} \tag{6-17}$$

式中，

$$K_c = \frac{R_2+R_3}{R_1}, \quad R_1 \gg R_3$$

$$T_1 = \frac{R_2 R_3}{R_2+R_3} C_1, \quad T_2 = (R_2+R_4)C_2$$

$$T_a = R_2 C_1, \quad T_b = R_4 C_2$$

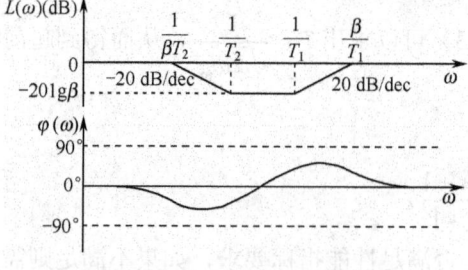

图 6-14 滞后-超前网络的伯德图

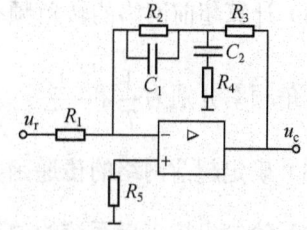

图 6-15 有源滞后-超前校正网络

6.3 串联校正

串联校正是控制工程中常用的一种校正方式，其结构简单，价格低廉，易于实现。串联校正的接入位置应视校正装置本身的物理特性和原系统的结构而定。一般情况下，对于体积小、质量轻、容量小的校正装置（电器装置居多），常加在系统信号容量不大的地方，即靠近输入信号的前向通道中。相反，对于体积、质量、容量较大的校正装置，如机械、液压、

气动装置等，常串接在容量较大的部位，即比较靠近输出信号的前向通道中。串联校正方法有串联超前校正、串联滞后校正和串联滞后-超前校正。

串联校正常采用频率响应法和根轨迹法校正系统，如果系统设计要求给出的是频域性能指标，采用频率响应法；如果系统设计要求给出的是时域性能指标，采用根轨迹法。有时，根据设计者经验和惯用的设计方法，可以进行性能指标的转换。

6.3.1 基于频率响应法的串联校正

1. 相位超前校正

相位超前校正是在保证系统的稳态性能得到满足的条件下，提高系统动态性能的一种校正方法。相位超前校正装置的主要作用是改变频率特性曲线的形状，产生足够大的相位超前角补偿原系统的过大相角滞后，以改善系统的动态特性。

当系统的性能指标是以频域形式给出时，如相位裕度 γ、幅值裕度 K_g、幅值穿越频率 ω_c、误差系数或稳态误差等，则利用频率响应法设计超前校正装置是很方便的，具体设计步骤如下：

（1）根据对稳态误差的要求，确定系统开环增益 K。

（2）利用已确定的开环增益 K，绘制出未校正系统的伯德图，并计算未校正系统的相位裕度 γ 和幅值裕度 K_g。

（3）根据性能指标要求的相位裕度 γ^*，确定在系统上需要增加的相位超前角 φ_m，即 $\varphi_m = \gamma^* - \gamma + (5°\sim10°)$。因为超前校正将使校正后的幅值穿越频率向右方移动，会减小系统的相位裕度，所以在计算增加的相位超前角 φ_m 时，需要额外增加相位超前角 $5°\sim10°$。

（4）利用公式 $\sin\varphi_m = \dfrac{\alpha-1}{\alpha+1}$，确定衰减系数 α。为了充分地利用校正装置的超前相角，将校正后系统的幅值穿越频率 ω_c' 设置在校正装置提供最大超前相角 φ_m 的频率 ω_m 处，即 $\omega_c' = \omega_m$，此时确定未校正系统的对数幅频特性的幅值等于 $-10\lg\alpha$ 时的频率，选择此频率作为校正后系统的幅值穿越频率 ω_c'，有

$$20\lg|G(j\omega_c')| = -20\lg|G_c(j\omega_m)| = -10\lg\alpha \tag{6-18}$$

（5）计算超前网络的转角频率。由式（6-3）可以求出 $T = \dfrac{1}{\sqrt{\alpha}\omega_m}$，从而得到超前校正网络的转角频率分别为 $\dfrac{1}{T}$ 和 $\dfrac{1}{\alpha T}$。

（6）确定超前网络的传递函数 $G_c(s) = \dfrac{\alpha Ts+1}{Ts+1}$。

（7）绘制出校正后系统的伯德图，检验是否满足性能指标要求，如果不满足则需要重复上述步骤。

（8）最后，提高放大器的增益 α 倍以抵消超前网络造成的 $\dfrac{1}{\alpha}$ 衰减，并选择无源网络或有源网络实现其相位超前特性，确定超前网络电路的元件值。

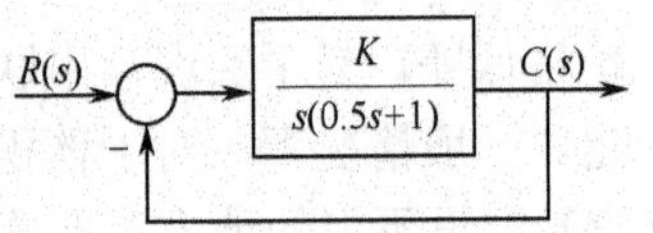

【例 6-1】 设控制系统如图 6-16 所示。其原有部分的开环传递函数为

$$G(s) = \dfrac{K}{s(0.5s+1)}$$

图 6-16 控制系统

试设计串联校正装置，使系统的静态速度误差系数 K_v

$=20\text{s}^{-1}$,相位裕度$\gamma \geq 50°$,增益裕度$K_g \geq 10$ dB。

解 (1) 根据静态误差系数的要求,确定开环增益K

$$K_v = \lim_{s \to 0} sG(s) = K = 20$$

所以系统的开环增益为$K = 20$。

(2) 在开环增益为$K = 20$时,画出未校正系统的伯德图如图6-17所示。由图6-17可见,未校正系统的幅值穿越频率$\omega_c = 6.2$ rad/s,相位裕度$\gamma = 18°$;相位穿越频率$\omega_g = \infty$ rad/s,$K_g = \infty$ dB。

可见,在满足稳态性能指标的情况下,系统的相位裕度不满足性能指标要求。需要改善系统的动态性能,采用超前校正。

(3) 确定满足相位裕度$\gamma \geq 50°$的情况下,超前网络需要提供的最大相位超前角φ_m。因为未校正系统的相位裕度$\gamma = 18°$,所以

$$\varphi_m = 50° - 18° + 5° = 37°$$

(4) 计算衰减系数α和频率ω_m。

$$\frac{\alpha - 1}{\alpha + 1} = \sin 37° = 0.602$$

求得$\alpha = 4.03$。

超前网络产生最大相位超前角φ_m处的幅值为

$$10 \lg \alpha = 10 \lg 4.03 = 6.05 \text{ dB}$$

计算结果说明,在频率为ω_m处,超前网络使系统的幅值增加6.05 dB。因此,在图6-17中查出未校正系统对数幅频特性的幅值为-6.05处对应的频率就是ω_m,选取校正后系统幅值穿越频率$\omega_c = \omega_m$,从而得

$$\omega_c = \omega_m = 8.85 \text{ rad/s}$$

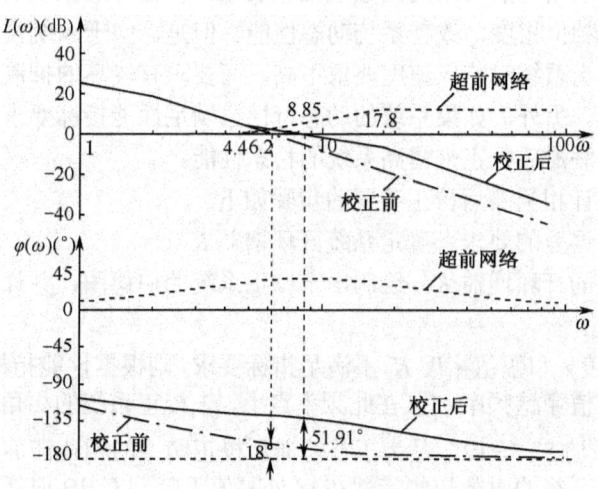

图6-17 例6-1的伯德图

(5) 计算超前网络的转角频率。由式(6-3)可以求出

$$\frac{1}{T} = \sqrt{\alpha} \omega_c = 17.8, \quad \frac{1}{\alpha T} = \frac{\omega_c}{\sqrt{\alpha}} = 4.4$$

（6）将系统的放大器增益提高α（$\alpha=4.03$）倍，超前校正网络的传递函数为

$$G_c(s) = \frac{\alpha Ts+1}{Ts+1} = \frac{0.227s+1}{0.056s+1}$$

校正后系统的开环传递函数为

$$G_c(s)G(s) = (4.03)\frac{s+4.4}{s+17.8} \cdot \frac{40}{s(s+2)} = \frac{20(0.227s+1)}{s(0.5s+1)(0.056s+1)}$$

（7）检验校正后相位裕度是否满足指标要求。校正后系统相频特性在ω_c处的相角为

$$\varphi(\omega_c) = \arctan 0.227\omega_c - 90° - \arctan 0.5\omega_c - \arctan 0.056\omega_c = -128.09°$$
$$\gamma = 180° + \varphi(\omega_c) = 51.91° > 50°$$

由此可见，相位裕度是满足指标要求的。如果不满足，则需要重新估计最大相位超前角φ_m，重复设计步骤直到满足为止。

通过上面的例子和分析可知，串联超前校正装置使系统增加了开环频率特性在幅值穿越频率附近的正相角和相角裕量，从而降低了系统的超调量，并且减小了开环对数幅频曲线在幅值穿越频率上的负斜率，提高了系统的稳定性。同时，增大了系统的频带宽度，使系统的响应速度加快。

采用超前校正时，特别需要注意的是，如果系统不稳定或在幅值穿越频率附近的相角减小得很快，则一般不宜采用超前校正。因为要满足指标要求，需要提供很大的补偿相角，就使得超前网络的α选得很大，物理上很难实现。另外，超前校正网络提供的最大相位超前角一般不应大于60°，否则，系统的开环增益值将要增大得非常大。在这种情况下，如果需要60°以上的相位超前角时，可以采用两个（或两个以上）串联超前网络（若采用无源网络，中间需要串接隔离放大器）进行串联超前校正。

2. 相位滞后校正

相位滞后校正是利用滞后网络的高频段幅值衰减，使校正后系统的幅值穿越频率减小，以使系统获得满意的相位裕度，改善系统动态性能。但是，由于系统校正后的带宽减小、响应速度变慢，所以，当系统对响应速度要求不高，而要求有较高的抑制高频噪声能力时，可以采用串联滞后校正。另外，如果系统的动态特性已满足性能指标要求，而稳态性能不满足要求时，可以采用串联滞后校正来提高系统的稳态性能。

用频率响应法设计相位滞后校正装置的步骤如下：

（1）根据对稳态误差的要求，确定系统开环增益K。

（2）利用已确定的开环增益K，绘制出未校正系统的伯德图，并计算未校正系统的相位裕度γ和幅值裕度K_g。

（3）如果相位裕度γ和幅值裕度K_g不满足指标要求，则根据性能指标要求的相位裕度γ^*，确定校正后系统的幅值穿越频率ω'_c，在此频率点上，未校正系统的相角$\varphi(\omega) = -180° + \gamma^* + $ (5°~12°)，其中增加5°~12°是为了补偿滞后校正网络的相角滞后。

（4）确定未校正系统的对数幅频特性在ω'_c处幅值下降到0 dB时所必需的衰减量，使这一衰减量等于$20\lg\beta$，从而可以确定β值，保证校正后系统的幅值穿越频率为ω'_c。

（5）为了减小校正装置的相角滞后对系统产生的影响，滞后校正装置的转角频率$\omega = \dfrac{1}{\beta T}$，应选择低于校正后系统幅值穿越频率$\omega'_c$的5~10倍频程。一般选择滞后校正装置

的转角频率 $\dfrac{1}{\beta T}=\dfrac{\omega'_c}{10}$,从而可以求出另一个转角频率 $\omega=\dfrac{1}{T}$。

(6)确定滞后网络的传递函数 $G_c(s)=\dfrac{\beta Ts+1}{Ts+1}$。

(7)检验校正后系统的性能指标。如果不满足,则需要调整校正装置的转角频率,重复上述步骤。

【例 6-2】设控制系统如图 6-18 所示。其原有部分的开环传递函数为

$$G(s)=\dfrac{K}{s(s+1)(0.5s+1)}$$

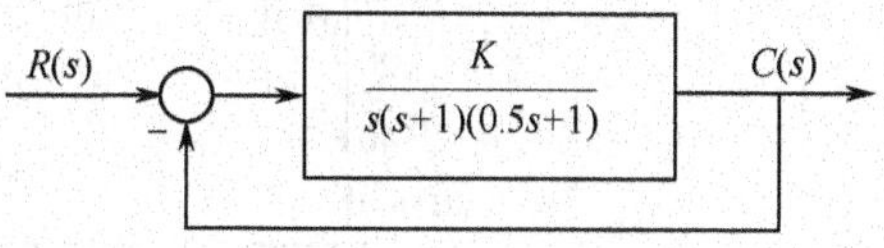

图 6-18 控制系统

试设计串联校正装置,使系统的静态速度误差系数 $K_v \geq 5\ \text{s}^{-1}$,相位裕度 $\gamma \geq 40°$,增益裕度 $K_g \geq 10\ \text{dB}$。

解 (1)根据静态误差系数的要求,确定开环增益 K。

$$K_v=\lim_{s\to 0}sG(s)=K=5$$

所以系统的开环增益取为 $K=5$。经调节开环增益 K,满足稳态性能后系统的开环传递函数为

$$G(s)=\dfrac{5}{s(s+1)(0.5s+1)}$$

(2)在开环增益为 $K=5$ 时,画出未校正系统的伯德图,如图 6-19 所示。由图 6-19 可见,未校正系统的幅值穿越频率 $\omega_c=2.1\ \text{rad/s}$,相位裕度 $\gamma=-20°$;相位穿越频率 $\omega_g=1.5\ \text{rad/s}$,幅值裕度 $K_g=-6\ \text{dB}$。由此可见,系统是不稳定的。

(3)确定校正后系统的幅值穿越频率 ω'_c,在此频率点上,未校正系统的相角

$$\varphi(\omega'_c)=-180°+\gamma^*+(5°\sim 12°)=-180°+40°+12°=-128°$$

在相频特性曲线上找到 $-128°$ 所对应的频率为 $0.5\ \text{rad/s}$,即 $\omega'_c=0.5\ \text{rad/s}$。

(4)确定参数 β。从未校正系统的伯德图上查得对应 ω'_c 的对数幅频特性幅值为 $20\ \text{dB}$,则滞后校正网络需要提供的幅值为 $-20\ \text{dB}$,即 $20\lg\beta=-20\ \text{dB}$,可以求得 $\beta=0.1$。

(5)确定滞后校正装置的转角频率。选择转角频率 $\omega=1/\beta T$ 低于 ω'_c 的 5 倍频程,即 $\dfrac{1}{\beta T}=0.1$,可以求得另一个转角频率 $\dfrac{1}{T}=0.01$。

(6)滞后校正网络的传递函数为

$$G_c(s)=\dfrac{\beta Ts+1}{Ts+1}=\dfrac{10s+1}{100s+1}$$

(7)检验校正后系统的性能指标。校正后系统的开环传递函数为

$$G_c(s)G(s)=\dfrac{5(10s+1)}{s(100s+1)(s+1)(0.5s+1)}$$

校正后系统的伯德图如图 6-19 中的实线所示。校正后系统的幅值穿越频率 $\omega'_c=0.5\ \text{rad/s}$,相位裕度 $\gamma=40°$,幅值裕度 $K_g=11\ \text{dB}$。由此可见,校正后系统的性能指标均满足要求。

由例 6-2 可看出,校正后系统的幅值穿越频率从 $2.1\ \text{rad/s}$ 降低到 $0.5\ \text{rad/s}$,这说明系统的带宽降低了,使系统的快速性降低,但系统的相对稳定性和抑制高频噪声能力提高了。滞后网络实际上是一种低通滤波器,对低频信号具有较高的放大能力,改善了稳态性能,而对高频信号具有衰减特性,改善了系统的相位裕度。值得注意的是,在滞后校正中,利用的是滞

后网络在高频段的衰减特性,而不是网络的相位滞后特性。

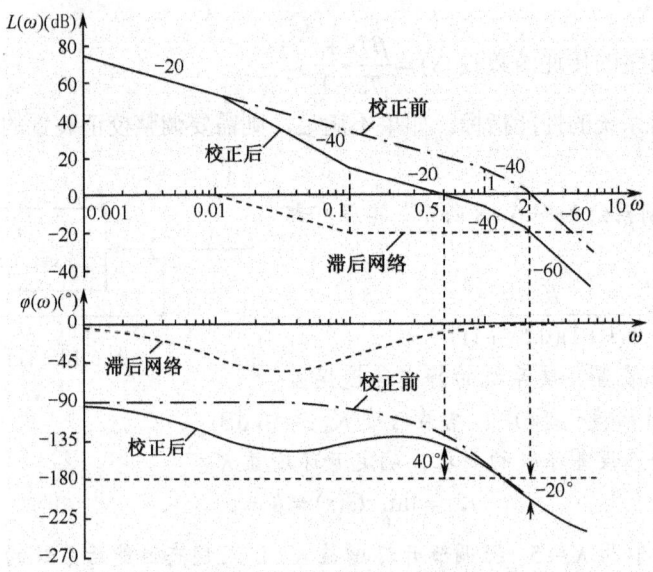

图 6-19 例 6-2 的伯德图

3. 相位滞后-超前校正

单独采用超前校正或滞后校正是无法同时改善系统的稳态性能和动态性能的。如果未校正系统的稳态性能和动态性能都不能满足性能指标要求,可以采用滞后-超前校正。利用滞后-超前校正网络的相位超前部分改善系统的动态性能,提高响应速度和增大相位裕度,而同时利用校正网络的相位滞后部分改善系统的稳态性能,减小稳态误差和提高抑制高频噪声的能力。

设计滞后-超前校正装置,实际上是前面讲过的超前校正和滞后校正设计方法的综合。如果选择超前网络中的 α 值等于滞后网络中 β 值的倒数,即选择 $\alpha = 1/\beta$,则可以将单独设计的超前网络和滞后网络简单地组合在一起,构成滞后-超前校正装置。下面通过一个例题,说明设计滞后-超前校正装置的步骤。

【例 6-3】设有一单位负反馈控制系统,其原有部分的开环传递函数为

$$G(s) = \frac{K}{s(s+1)(s+2)}$$

试设计串联校正装置,使系统的静态速度误差系数 $K_v = 10 \text{ s}^{-1}$,相位裕度 $\gamma = 50°$,增益裕度 $K_g \geqslant 10 \text{ dB}$。

解 (1) 根据静态速度误差系数的要求,可得

$$K_v = \lim_{s \to 0} sG(s) = \lim_{s \to 0} \frac{sK}{s(s+1)(s+2)} = 10$$

因此,$K = 20$。经调节开环增益 K,满足稳态性能后系统的开环传递函数为

$$G(s) = \frac{10}{s(s+1)(0.5s+1)}$$

(2) 绘制未校正系统的伯德图,如图 6-20 所示。由图可以求出未校正系统的相位裕度

$\gamma = -32°$,说明系统是不稳定的。

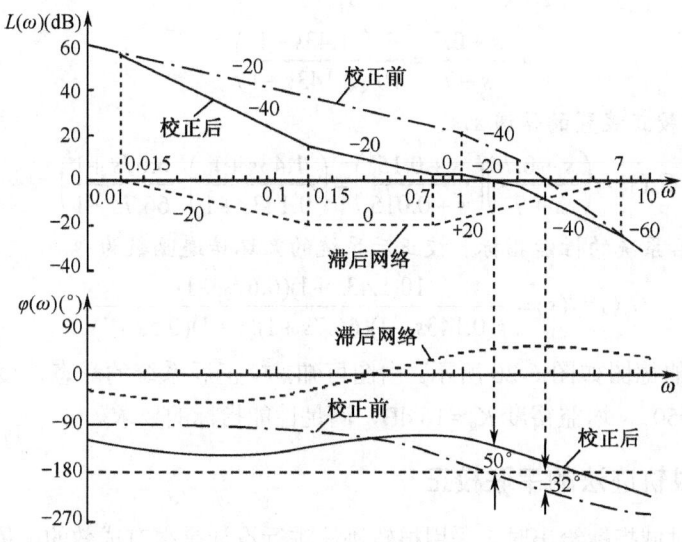

图 6-20 例 6-3 的伯德图

（3）选择校正后系统的幅值穿越频率。从未校正 $G(j\omega)$ 的相频特性曲线中发现，当 $\omega = 1.5$ rad/s 时，$\angle G(j\omega) = -180°$。所以，选择校正后系统的幅值穿越频率 $\omega'_c = 1.5$ rad/s 易于实现，这样根据性能指标的要求在 $\omega = 1.5$ rad/s 时，需要的相位超前角约为 $50°$，由校正网络的相位超前部分补偿。

（4）确定滞后-超前校正网络的相位滞后部分。选择相位滞后部分的转角频率 $\omega = \dfrac{1}{T_2}$ 在校正后系统的幅值穿越频率以下的十倍频程处，即 $\dfrac{1}{T_2} = 0.15$ rad/s。

根据式（6-4）确定滞后-超前网络的相位超前部分，提供最大相位超前角为

$$\varphi_m = \arcsin\left(\dfrac{\beta - 1}{\beta + 1}\right)$$

当选择 $\beta = 10$ 时，有 $\varphi_m = 54.9°$，可以满足相位裕度的要求。

选择相位滞后部分的另一个转角频率 $\dfrac{1}{\beta T_2} = 0.015$ rad/s。滞后-超前校正网络的相位滞后部分的传递函数为

$$\dfrac{s + 0.15}{s + 0.015} = 10 \times \left(\dfrac{6.67s + 1}{66.7s + 1}\right)$$

（5）确定滞后-超前校正网络的相位超前部分。因为选定了校正后系统的幅值穿越频率 $\omega'_c = 1.5$ rad/s，所以从图 6-20 中可得未校正系统的对数幅频特性曲线在 $\omega = 1.5$ rad/s 处的幅值为 13 dB。因此，如果滞后-超前校正网络在 $\omega = 1.5$ rad/s 处产生 -13 dB，才能使校正后系统的幅值穿越频率 $\omega'_c = 1.5$ rad/s。根据这一要求，通过点（-13 dB，1.5 rad/s）可以画一条斜率为 20 dB/dec 的直线，该直线与 0 dB 线和 -20 dB 线的交点，就确定了所求的转角频率。由此

可得相位超前部分的转角频率 $\frac{1}{T_1}=0.7$ rad/s 和 $\frac{\beta}{T_1}=7$ rad/s。相位超前部分的传递函数为

$$\frac{s+0.7}{s+7}=\frac{1}{10}\left(\frac{1.43s+1}{0.143s+1}\right)$$

（6）滞后-超前校正装置的传递函数

$$G_c(s)=\left(\frac{s+0.7}{s+7}\right)\left(\frac{s+0.15}{s+0.015}\right)=\left(\frac{1.43s+1}{0.143s+1}\right)\left(\frac{6.67s+1}{66.7s+1}\right)$$

（7）校验校正后系统的性能指标。校正后系统的开环传递函数为

$$G_c(s)G(s)=\frac{10(1.43s+1)(6.67s+1)}{s(0.143s+1)(66.7s+1)(s+1)(0.5s+1)}$$

校正后系统的伯德图如图 6-20 所示。由图可知，校正后系统的静态速度误差系数 $K_v=10\ \text{s}^{-1}$，相位裕度 $\gamma=50°$，增益裕度 $K_g=16$ dB，满足性能指标的要求。

6.3.2 基于根轨迹法的串联校正

当性能指标以时域指标给出时，采用根轨迹法进行设计是很有成效的。依据给定的时域指标确定期望的主导极点，采用根轨迹法进行校正的思路就是利用校正装置给系统增加开环零、极点来改变系统原有的闭环根轨迹形状，使校正后的根轨迹通过期望的闭环主导极点。

1. 相位超前校正

超前校正装置的传递函数为

$$G_c(s)=K_c\frac{s+\frac{1}{\alpha T}}{s+\frac{1}{T}}=K_c\frac{s+z_c}{s+p_c},\qquad \alpha>1 \tag{6-19}$$

式中：$|z_c|<|p_c|$，K_c 是放大系数。

在第 4 章中已分析了增加零点使根轨迹向左方移动，能够改善系统的稳定性，而增加极点使根轨迹向右方移动，会降低系统的稳定性。因此，希望极点 $-p_c$ 能够尽量远离虚轴，使零点起主要作用。当然，极点不能设置得太远，否则会使 $\alpha=p_c/z_c$ 太大，不利于物理实现。在相位超前校正中，零、极点用于改变根轨迹的形状，以便改善系统的动态性能，而系统的稳态性能需要调整 K_c 来实现。

用根轨迹法设计超前校正装置的步骤如下。

（1）根据给定的时域性能指标，由式（6-20）确定闭环主导极点的期望位置。

$$s_{1,2}=-\zeta\omega_n\pm j\omega_n\sqrt{1-\zeta^2} \tag{6-20}$$

（2）画出未校正系统的根轨迹，检查期望的闭环主导极点是否在根轨迹上。如果不在，则需要计算出根轨迹通过期望的闭环主导极点所需的超前相角 φ。若闭环主导极点 s_1 的位置在未校正系统根轨迹的左侧，则应进行超前校正。由式（6-21）计算超前网络应提供的超前相角为

$$\varphi=\pm 180°(2k+1)-\angle G(s_1) \tag{6-21}$$

（3）确定超前网络零、极点的位置。有多种方法可以确定超前网络的 $-z_c$、$-p_c$。本书采用图解法，参考如图 6-21 所示的实线可知，超前网络的 $-z_c$、$-p_c$ 的选择要保证 $\varphi=\theta_1-\theta_2$ 符合

式（6-21）的要求。由此可见，有无穷多组$-z_c$、$-p_c$能符合根轨迹的幅角条件。但是选择不同组的$-z_c$、$-p_c$，对应不同的α和不同的开环增益，将影响系统的稳态性能。下面介绍在保证校正后系统的开环增益最大可能值的情况下，选择$-z_c$和$-p_c$的图解方法。由图6-21可见，首先通过一个闭环主导极点s_1的位置P画一条水平线PA。作P与原点O的连线PO，再作$\angle OPA$的角平分线PB，作直线PD、PC分别和角平分线PB的夹角为$\varphi/2$。PD、PC与负实轴的交点就是超前校正的零、极点。

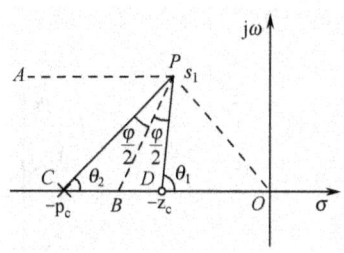

图6-21 作角平分线确定零、极点

（4）由根轨迹幅值条件，确定校正后系统的开环增益。

根轨迹幅值条件为

$$|G_c(s_1)G(s_1)|=1 \tag{6-22}$$

计算出超前校正装置的增益K_c。

（5）检验校正后系统的性能指标。如果不满足指标，则通过调整校正装置的零、极点，重复上述设计过程，直至所有的性能指标得到满足为止。

【例6-4】 设有一单位负反馈控制系统，其原有部分的开环传递函数为

$$G(s)=\frac{4}{s(s+2)}$$

试设计串联校正装置，使系统的阻尼比$\zeta=0.5$，无阻尼自然频率$\omega=4\,\text{rad/s}$，静态速度误差系数$K_v=5\,\text{s}^{-1}$。

解 （1）根据给定的性能指标，计算期望的闭环主导极点为

$$s_{1,2}=-\zeta\omega_n\pm j\omega_n\sqrt{1-\zeta^2}=-2\pm j2\sqrt{3}$$

（2）画出未校正系统的根轨迹如图6-22所示。从图可见，期望的闭环主导极点不在根轨迹上，只调节增益无法使根轨迹通过期望的闭环主导极点。因为期望的闭环主导极点s_1在根轨迹的左侧，可以采用超前校正来改变根轨迹形状，使其通过s_1。

计算未校正系统在期望的闭环主导极点上的幅角为

$$\angle G(s_1)=\angle\frac{4}{(-2+j2\sqrt{3})(j2\sqrt{3})}=-210°$$

超前网络需要在期望的闭环主导极点上提供的超前相角为

$$\varphi=-180°-(-210°)=30°$$

（3）确定超前网络零、极点的位置。利用角平分线作图方法，如图6-23所示，可以得到超前网络的极点为$-p_c=-5.4$，零点$-z_c=-2.9$，$\alpha=5.4/2.9=1.86$。超前网络的传递函数为

$$G_c(s)=K_c\frac{s+2.9}{s+5.4}$$

（4）确定校正后系统的开环增益。校正后系统的开环传递函数为

$$G_c(s)G(s)=\frac{4K_c(s+2.9)}{s(s+2)(s+5.4)}$$

利用根轨迹幅值条件为

$$\left|\frac{4K_c(s+2.9)}{s(s+2)(s+5.4)}\right|_{s=-2+j2\sqrt{3}} = \frac{4K_c}{18.7} = 1$$

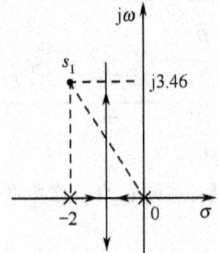

图 6-22　未校正的根轨迹

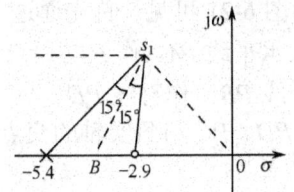

图 6-23　超前网络的零、极点

可以求得 $K_c = 4.68$。于是超前校正装置的传递函数为

$$G_c(s) = 4.68\frac{s+2.9}{s+5.4}$$

校正后系统的开环传递函数为

$$G_c(s)G(s) = \frac{18.7(s+2.9)}{s(s+2)(s+5.4)}$$

（5）检验校正后系统的性能指标。校正后系统的根轨迹如图 6-24 所示。系统校正前和校正后的单位阶跃响应如图 6-25 所示。将期望的闭环主导极点 $s_{1,2} = -2 \pm j2\sqrt{3}$ 代入 $G_c(s)G(s)$ 可知，满足根轨迹的辐角和幅值条件。已知闭环极点 $s_{1,2}$，可以求得另一闭环极点 $s_3 = -3.46$。由此可见，s_3 与 $s_{1,2}$ 的实部相距不是足够大，好像 $s_{1,2}$ 不能被视为主导极点，但是 s_3 与零点 $z_c = -2.9$ 比较接近，其影响大部分被该零点抵消，所以 $s_{1,2}$ 可以视为主导极点。校正后系统的静态速度误差系数为

$$K_v = \lim_{s \to 0} sG_c(s)G(s) = 5.02$$

因此满足系统的性能指标要求。

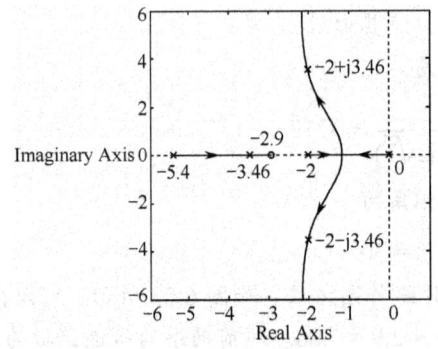

图 6-24　校正后系统的根轨迹

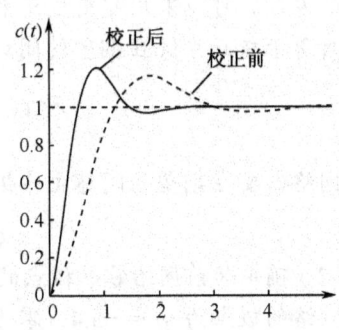

图 6-25　系统的单位阶跃响应

2. 相位滞后校正

当系统的瞬态响应满足性能指标的要求，但稳态性能不满足要求时，可采用相位滞后校正。滞后校正的作用是增大系统的开环增益，同时不使瞬态响应特性有明显变化。这意味着，引入滞后网络的零、极点将不会使闭环主导极点附近的根轨迹有明显改变，而使开环增益有显著增加。由此可见，滞后网络的零、极点将构成一对开环偶极子。

滞后校正装置的传递函数为

$$G_c(s) = K_c \frac{s + \frac{1}{\beta T}}{s + \frac{1}{T}} = K_c \frac{s + z_c}{s + p_c}, \quad \beta < 1 \tag{6-23}$$

式中：$|z_c| > |p_c|$，K_c 是放大系数。

用根轨迹法设计滞后校正装置的步骤如下。

（1）画出未校正系统的根轨迹图。根据瞬态响应指标，在未校正的根轨迹上确定满足这些性能指标的闭环主导极点位置。

（2）计算未校正系统的误差系数以及开环增益，将计算出的误差系数与稳态指标要求的误差系数进行比较，计算需要由校正网络提供的增益增加值。

（3）确定滞后网络的极点和零点，原则上滞后网络的零、极点靠近坐标原点，构成一对开环偶极子，能够提供满足稳态性能要求的误差系数必要的增量，而同时却不使原根轨迹发生明显的变化。

（4）绘制校正后系统的根轨迹图，在根轨迹上找出期望的闭环主导极点，再根据幅值条件，确定 $G_c(s)$ 中的增益 K_c。

（5）检验校正后系统的性能指标。

【例 6-5】 设有一单位负反馈控制系统，其原有部分的开环传递函数为

$$G(s) = \frac{1.06}{s(s+1)(s+2)}$$

试设计串联滞后校正装置，使系统的静态速度误差系数 $K_v = 5\ \text{s}^{-1}$，并保持原系统的闭环主导极点位置无明显变化。

解（1）画出未校正系统的根轨迹图，如图 6-26 所示。由系统的闭环传递函数

$$\frac{C(s)}{R(s)} = \frac{1.06}{s^3 + 3s^2 + 2s + 1.06}$$

可以求得系统的闭环主导极点 $s_{1,2} = -0.33 \pm \text{j}0.59$ 和另一闭环极点 $s_3 = -2.34$。主导极点的 $\zeta = 0.5$，$\omega_n = 0.67$ rad/s。

（2）根据设计要求的静态速度误差系数 $K_v = 5\ \text{s}^{-1}$，可得校正后系统的开环增益 $K = 5$，而未校正系统的静态速度误差系数 $K_v' = \lim_{s \to 0} sG(s) = 0.53\ \text{s}^{-1}$，开环增益 $K' = 0.53$，显然不满足稳态指标要求。由校正网络提供的增益增加值为

$$\frac{1}{\beta} = \frac{K}{K'} = \frac{5}{0.53} = 9.43$$

取 $1/\beta = 10$。

（3）确定滞后网络的极点和零点，选取零点 $z_c = \frac{1}{\beta T} = 0.1$，所以极点 $p_c = \frac{1}{T} = 0.01$，可得滞后校正装置的传递函数为

$$G_c(s) = K_c \frac{s + 0.1}{s + 0.01}$$

（4）校正后系统的开环传递函数为

$$G_c(s)G(s) = \frac{1.06K_c(s+0.1)}{s(s+1)(s+2)(s+0.01)}$$

绘制校正后系统的根轨迹如图 6-27 所示，单位斜坡响应如图 6-28 所示，单位阶跃响应如图 6-29 所示。

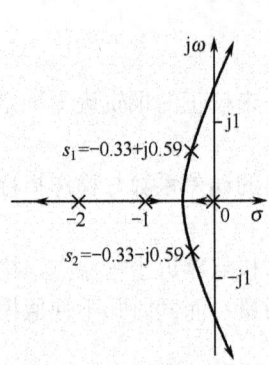

图 6-26　未校正的根轨迹

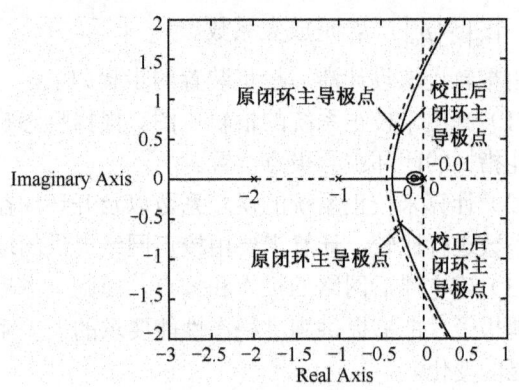

图 6-27　校正后系统的根轨迹

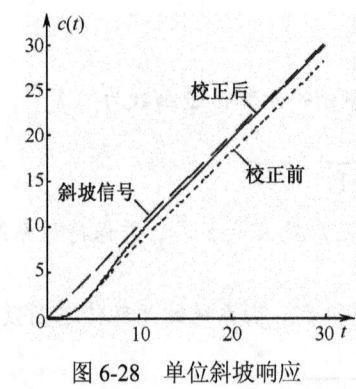

图 6-28　单位斜坡响应

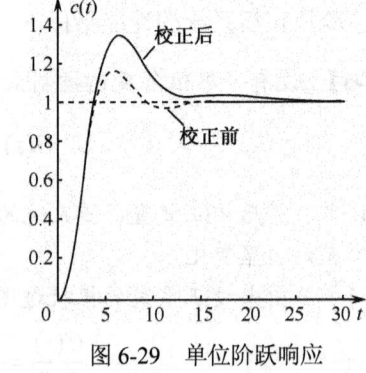

图 6-29　单位阶跃响应

保持 $\zeta = 0.5$ 不变，校正后系统的闭环主导极点 $s_{1,2} = -0.29 \pm j0.5$，由根轨迹的幅值条件

$$1.06K_c = \left|\frac{s(s+0.01)(s+1)(s+2)}{s+0.1}\right|_{s=-0.29+j0.5} = 0.962$$

求得 $K_c = 0.907$。

（5）检验校正后系统的性能指标。校正后系统的开环传递函数为

$$G_c(s)G(s) = \frac{0.962(s+0.1)}{s(s+1)(s+2)(s+0.01)}$$

除了 $s_{1,2}$ 外，另外两个闭环极点 $s_3 = -0.12$，$s_4 = -2.3$。s_3 靠近闭环零点 z_c，可以认为作用抵消，s_4 离虚轴较远，其作用可以忽略，所以 $s_{1,2}$ 是闭环主导极点。校正后稳态速度误差系数 $K_v = 4.81\ s^{-1}$，略小于期望值，工程上可以接受。如果希望将 K_v 准确地增加到 $5\ s^{-1}$，可以通过改变滞后网络零、极点的位置达到。把零、极点选择得更靠近原点，这样根轨迹变化就更小。校正后 $\omega_n = 0.58$ rad/s 比校正前的 $\omega_n = 0.67$ rad/s 小，说明系统的瞬态响应变慢。

3．相位滞后-超前校正

当系统的稳态性能与动态性能都不能满足指标要求时，可以采用滞后-超前校正同时改善系统的稳态性能和动态性能，利用滞后部分改善系统的稳态性能，而利用超前部分改善系统的动态性能。

滞后-超前网络的传递函数为

$$G_c(s) = K_c \frac{\left(s + \dfrac{1}{T_1}\right)\left(s + \dfrac{1}{T_2}\right)}{\left(s + \dfrac{\beta}{T_1}\right)\left(s + \dfrac{1}{\beta T_2}\right)}, \quad \beta > 1 \tag{6-24}$$

用根轨迹法设计滞后-超前校正装置的步骤如下。

（1）根据给定的性能指标，确定期望的闭环主导极点的位置。
（2）计算由滞后-超前网络的相位超前部分提供的相位超前角 φ。
（3）根据误差系数要求，确定校正装置增益 K_c。
（4）将滞后部分的 T_2 选择得足够大，使

$$\left|\frac{s_1 + \dfrac{1}{T_2}}{s_1 + \dfrac{1}{\beta T_2}}\right| = 1$$

此时，根据根轨迹的幅值条件和幅角条件，有

$$\left|\frac{s_1 + \dfrac{1}{T_1}}{s_1 + \dfrac{\beta}{T_1}}\right| |K_c G(s_1)| = 1, \quad \angle \frac{s_1 + \dfrac{1}{T_1}}{s_1 + \dfrac{\beta}{T_1}} = \varphi$$

可确定 T_1 和 β 的数值。

（5）利用上面确定的 β，选择 T_2，使滞后部分满足

$$\left|\frac{s_1 + \dfrac{1}{T_2}}{s_1 + \dfrac{1}{\beta T_2}}\right| = 1, \quad 0 < \angle\left(s_1 + \dfrac{1}{T_2}\right) - \angle\left(s_1 + \dfrac{1}{\beta T_2}\right) < 3°$$

值得注意的是，为便于实现，滞后-超前网络的最大时间常数 βT_2 值不能选得太大。

（6）绘制校正后的根轨迹，检验校正后的性能指标。

【例 6-6】 设有一单位负反馈控制系统，其原有部分的开环传递函数为

$$G(s) = \frac{4}{s(s + 0.5)}$$

试设计串联校正装置，使系统的静态速度误差系数 $K_v = 50 \text{ s}^{-1}$，闭环主导极点的 $\zeta = 0.5$，$\omega_n = 5 \text{ rad/s}$。

解 求出未校正系统的闭环极点为 $s_{1,2} = -0.25 \pm \text{j}1.98$，从而得 $\zeta = 0.125$，$\omega_n = 2 \text{ rad/s}$，静态速度误差系数 $K_v = 8 \text{ s}^{-1}$。由此可见，未校正系统的动、稳态性能都不能满足给定的性能指标要求，可采用滞后-超前校正。

（1）根据性能指标的要求，确定期望的闭环主导极点为 $s_{1,2} = -2.5 \pm \text{j}4.33$。
（2）对闭环主导极点 $s_{1,2} = -2.5 \pm \text{j}4.33$，计算需要的超前角 φ，

$$\left.\angle\frac{4}{s(s+0.5)}\right|_{s=-2.5+j4.33}=-235°$$

所以，滞后-超前网络的相位超前部分需要提供的超前角 $\varphi=55°$。

（3）计算校正装置增益 K_c，根据稳态指标要求，有

$$K_v=\lim_{s\to 0}sG_c(s)G(s)=8K_c=50\text{ s}^{-1}$$

可得到 $K_c=6.25$。

（4）计算 T_1 和 β，确定超前部分。T_2 选择得充分大，有校正装置的滞后部分的幅值约等于 1。利用幅值条件

$$\left|G_c(s)G(s)\right|_{s=-2.5+j4.33}=\left|\frac{s+\dfrac{1}{T_1}}{s+\dfrac{\beta}{T_1}}\right|\left|\frac{25}{s(s+0.5)}\right|_{s=-2.5+j4.33}=1$$

可得

$$\left|\frac{s+\dfrac{1}{T_1}}{s+\dfrac{\beta}{T_1}}\right|=\frac{4.77}{5}$$

而幅角条件变为

$$\left.\angle\frac{s+\dfrac{1}{T_1}}{s+\dfrac{\beta}{T_1}}\right|_{s=-2.5+j4.33}=55°$$

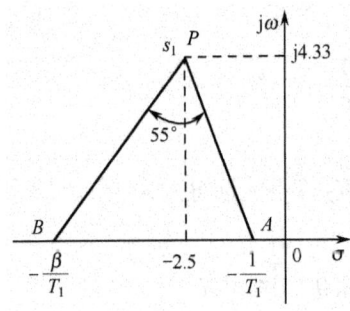

图 6-30　确定超前部分的零、极点

根据上述幅值和幅角条件，用图解法确定 T_1 和 β 值是比较简单的。如图 6-30 所示，可确定 A 点和 B 点，使其满足：$\angle APB=55°$，$\dfrac{\overline{PA}}{\overline{PB}}=\dfrac{4.77}{5}$。用图解法或三角方法，由图 6-30 求得 $-\dfrac{1}{T_1}=-0.5$，$-\dfrac{\beta}{T_1}=-5$，即 $T_1=2$，$\beta=10$。从而可得相位超前部分为 $\dfrac{s+0.5}{s+5}$。

（5）选择滞后部分的参数 T_2，使滞后部分对超前部分校正后的结果不产生明显影响。取 $T_2=10$，则有

$$\left|\frac{s+\dfrac{1}{10}}{s+\dfrac{1}{100}}\right|_{s=-2.5+j4.33}=0.9912,\quad\left.\angle\frac{s+\dfrac{1}{10}}{s+\dfrac{1}{100}}\right|_{s=-2.5+j4.33}=0.9°<3°$$

满足要求。所以校正装置的传递函数为

$$G_c(s)=6.25\times\frac{(s+0.5)(s+0.1)}{(s+5)(s+0.01)}$$

（6）检验校正后的性能指标。校正后系统的开环传递函数为

$$G_c(s)G(s) = \frac{25 \times (s+0.5)(s+0.1)}{(s+5)(s+0.01)s(s+0.5)} = \frac{25 \times (s+0.1)}{s(s+5)(s+0.01)}$$

校正后的根轨迹如图 6-31 所示。在根轨迹图上，作原点的 $\zeta = 0.5$ 等阻尼线与根轨迹交点为 $s_{1,2} = -2.45 \pm j4.3$，可见，校正后的闭环主导极点与期望的主导极点 $s_{1,2} = -2.5 \pm j4.33$ 相比变化不大。其他两个闭环极点为 $s_3 = -0.102, s_4 = -0.5, s_3$ 与闭环零点 $z_1 = -0.1$ 非常近，可以抵消，s_4 与另一个闭环零点 $z_2 = -0.5$ 相同，完全抵消。所以 $s_{1,2} = -2.45 \pm j4.3$ 是闭环主导极点。校正后稳态速度误差系数 $K_v = 50\text{s}^{-1}$，系统能够满足性能指标的要求。

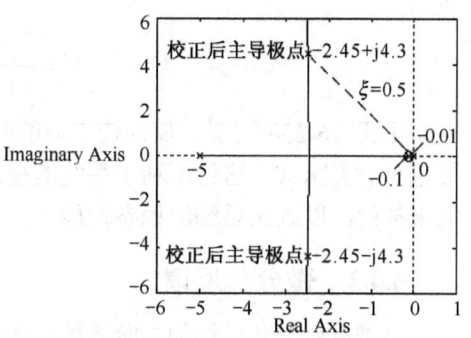

图 6-31 校正后系统的根轨迹

系统的单位斜坡响应如图 6-32 所示，单位阶跃响应如图 6-33 所示。

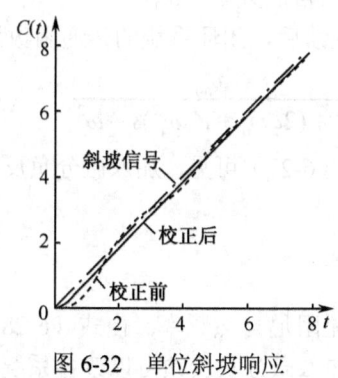

图 6-32 单位斜坡响应

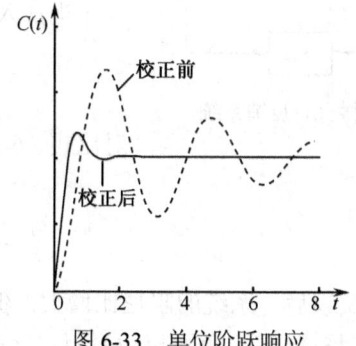

图 6-33 单位阶跃响应

6.4 反馈校正

6.3 节介绍的串联校正是将校正装置放在系统的前向通道中，如果将校正装置放在被校正对象的反馈通道中，称为反馈校正。反馈校正除了能收到与串联校正类似的校正效果外，还可以消除被反馈校正包围的系统中不可变部分参数波动对系统性能的影响，提高系统的性能。

6.4.1 比例负反馈

比例负反馈可以减弱为其包围环节的惯性，从而扩展该环节的带宽，提高系统的响应速度。

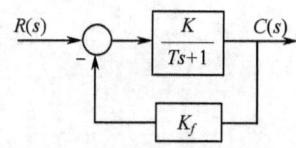

图 6-34 比例负反馈的系统

设某系统的开环传递函数为

$$G(s) = \frac{K}{Ts+1}$$

采用比例系数为 K_f 的比例负反馈系统如图 6-34 所示。
当加入比例负反馈后，闭环系统的传递函数为

$$\frac{C(s)}{R(s)} = \frac{K}{Ts+1+KK_f} = \frac{K'}{T's+1} \tag{6-25}$$

式中，

$$T' = \frac{T}{1+KK_f}, \quad K' = \frac{K}{1+KK_f}$$

由式（6-25）可见，反馈校正后的时间常数 $T' < T$，惯性减弱，响应速度加快，同时反馈校正后的 $K' < K$，这将不利于系统的稳态性能，但可以通过提高前向通道中的放大环节的增益来补偿，以确保系统的稳态性能。

6.4.2 微分负反馈

设带有微分负反馈的二阶系统如图 6-35 所示。原系统的传递函数为

$$G(s) = \frac{\omega_n^2}{s^2 + 2\zeta\omega_n s + \omega_n^2} \tag{6-26}$$

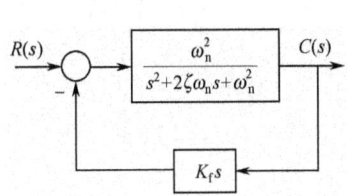

图 6-35 微分负反馈系统

其阻尼比为 ζ，无阻尼自然频率为 ω_n。

当加入微分负反馈后，闭环系统的传递函数为

$$\frac{C(s)}{R(s)} = \frac{\omega_n^2}{s^2 + (2\zeta\omega_n + K_f\omega_n^2)s + \omega_n^2} \tag{6-27}$$

对比式（6-26）与式（6-27）可见，加入微分负反馈后的阻尼比为

$$\zeta_f = \zeta + \frac{K_f \omega_n}{2} \tag{6-28}$$

加入微分负反馈后，系统的阻尼比增大，但不影响无阻尼自然频率。由式（6-28）可见，改变微分负反馈系数 K_f，就可以改变阻尼比 ζ_f，所以加入微分负反馈可以改善系统的相对稳定性，降低最大超调量。微分负反馈是反馈校正中使用很广泛的一种校正方法。

6.4.3 负反馈

1．负反馈可以减弱参数变化对控制系统性能的影响

在控制系统中，常常采用负反馈来减弱系统对参数变化的敏感程度。对一个开环控制系统，如图 6-36(a)所示，由于参数的变化，使系统传递函数 $G(s)$ 发生变化，其变化量为 $\Delta G(s)$，由传递函数的变化量引起的输出变化量为 $\Delta C(s)$。此时开环系统的输出为

$$C(s) + \Delta C(s) = [G(s) + \Delta G(s)]R(s) \tag{6-29}$$

从而有

$$\Delta C(s) = \Delta G(s) R(s) \tag{6-30}$$

可见，对于开环系统，参数变化对系统输出的影响与传递函数的变化 $\Delta G(s)$ 成正比。

采用负反馈后的闭环系统如图 6-36(b)所示，则

$$C(s) + \Delta C(s) = \frac{G(s) + \Delta G(s)}{1 + [G(s) + \Delta G(s)]} R(s) \tag{6-31}$$

通常 $|G(s)| \gg |\Delta G(s)|$，所以有

$$\Delta C(s) = \frac{\Delta G(s)}{1 + G(s)} R(s) \tag{6-32}$$

由于常常有$[1+G(s)]$的值大于1，所以负反馈能够大大减弱参数变化的影响。

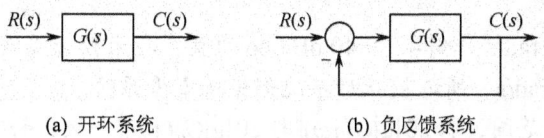

(a) 开环系统　　　　(b) 负反馈系统

图 6-36　开环系统和负反馈系统

2. 负反馈可以消除系统不可变部分中不希望有的特性

在图 6-37 中，原有环节 $G_1(s)$ 和 $G_2(s)$ 是系统的不可变部分，对于环节 $G_2(s)$ 引入一个局部反馈校正装置 $G_c(s)$。如果局部小闭环是稳定的，传递函数为

$$\frac{C(s)}{R_1(s)} = \frac{G_2(s)}{1+G_2(s)G_c(s)} \quad (6\text{-}33)$$

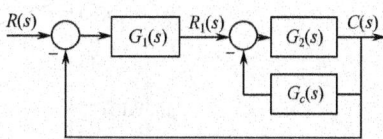

图 6-37　反馈校正控制系统

如果在对系统动态性能起主要作用的频率范围内，满足 $|G_2(j\omega)G_c(j\omega)| \ll 1$，则

$$\frac{C(j\omega)}{R_1(j\omega)} \approx G_2(j\omega) \quad (6\text{-}34)$$

而当 $|G_2(j\omega)G_c(j\omega)| \gg 1$ 时，则

$$\frac{C(j\omega)}{R_1(j\omega)} \approx \frac{1}{G_c(j\omega)} \quad (6\text{-}35)$$

式（6-34）和式（6-35）说明，当局部小闭环增益远小于1时，其闭环传递函数近似等于 $G_2(s)$，而与反馈校正传递函数 $G_c(s)$ 无关，此时可以认为反馈已经不起作用。而当局部小闭环增益远大于1时，其闭环传递函数与固有特性 $G_2(s)$ 无关，仅取决于反馈校正的传递函数 $G_c(s)$ 的倒数。如果 $G_2(s)$ 的频率特性是不满足要求的，就可以通过选择 $G_c(s)$，在一定的频率范围内来代替 $G_2(s)$，从而改变系统的原有特性。下面通过一个例题，说明反馈校正设计步骤。

【例 6-7】 设有一反馈校正控制系统如图 6-38 所示，设计局部反馈校正装置 $G_c(s)$，使系统达到如下指标：

（1）静态速度误差系数 $K_v = 200$；

（2）相角裕度 $\gamma \geq 45°$；

（3）幅值穿越频率 $\omega_c = 20$ rad/s。

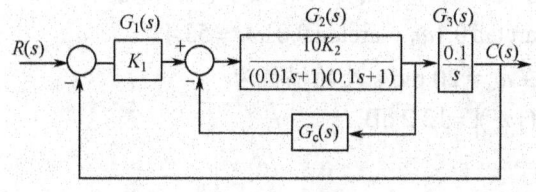

图 6-38　反馈校正控制系统

解（1）未校正系统的传递函数为

$$G_0(s) = \frac{K_1 K_2}{s(0.1s+1)(0.01s+1)}$$

根据稳态指标要求，得

$$K_v = \lim_{s \to 0} s G_0(s) = K_1 K_2 = 200$$

绘制未校正系统的对数幅频特性如图 6-39 所示中的 G_0，可见是以-40 dB/dec 穿越 0 dB 线，显然不能满足相角裕度 $\gamma \leq 45°$ 的要求。

（2）绘制期望的开环对数幅频特性。

中频段：根据性能指标要求 $\omega_c = 20$ rad/s，选取校正后系统的幅值穿越频率为 20 rad/s，并且以-20 dB/dec 穿越 0 dB 线，为了使校正装置简单，取 $\omega_3 = 100$ rad/s，$\omega_2 = 5$ rad/s，使中频宽度 $h = \omega_3/\omega_2 = 20$。

低频段：过 $\omega_2 = 5$ rad/s 作斜率为-40 dB/dec 的直线与未校正系统的低频段相交，交点频率可以求得为 $\omega_1 = 0.5$ rad/s。所以校正后系统仍保持 I 型系统。

高频段：在 $\omega \geq \omega_3$ 范围，取 $20\lg|G(j\omega)|$ 与 $20\lg|G_0(j\omega)|$ 一致，斜率为-60 dB/dec，具有良好的抗干扰性。

期望的开环对数幅频特性如图 6-39 中的 G 所示。

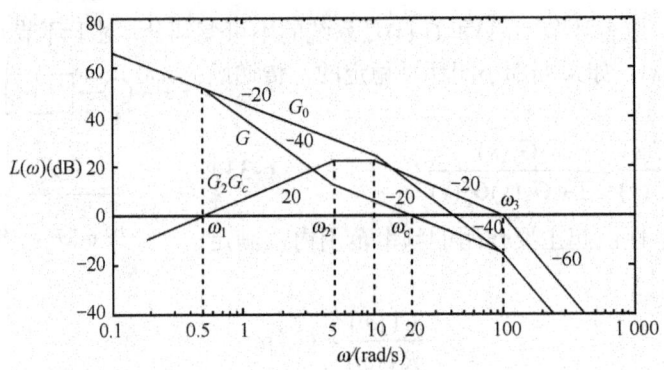

图 6-39　例 6-6 的伯德图

（3）确定 $G_2(j\omega)G_c(j\omega)$ 的对数幅频特性和传递函数。

当 $\omega < \omega_1$ 时，$20\lg|G(j\omega)|$ 和 $20\lg|G_0(j\omega)|$ 重合，因而 $|G_2(j\omega)G_c(j\omega)| < 1$，所以 $G_2(j\omega)G_c(j\omega)$ 必须以 20 dB/dec 线通过 ω_1。

当 $\omega > \omega_1$ 时，$G_2(j\omega)G_c(j\omega)$ 的对数幅频为
$$20\lg|G_2(j\omega)G_c(j\omega)| = 20\lg|G_0(j\omega)| - 20\lg|G(j\omega)|$$

从而得
$$G_2(s)G_c(s) = \frac{2s}{(0.21s+1)(0.1s+1)(0.01s+1)}$$

（4）检验局部小闭环的稳定性。在 $\omega_3 = 100$ 处，局部小闭环开环频率特性相角为
$$\gamma(\omega_3) = 180° + 90° - \arctan 0.21\omega_3 - \arctan 0.1\omega_3 - \arctan 0.01\omega_3 = 53.4°$$

可见局部小闭环是稳定的。再检验局部小闭环在 $\omega_c = 20$ rad/s 处的幅值为
$$20\lg|G_2(j\omega_c)G_c(j\omega_c)| = 12.2 \text{ dB}$$

基本满足 $|G_2(j\omega)G_c(j\omega)| \gg 1$ 的要求。

（5）求取反馈校正装置的传递函数。由
$$G_2(s)G_c(s) = \frac{10K_2 G_c(s)}{(0.01s+1)(0.1s+1)} = \frac{2s}{(0.21s+1)(0.1s+1)(0.01s+1)}$$

求得
$$G_c(s) = \frac{2s}{(0.21s+1)10K_2} = \frac{0.2s}{K_2(0.21s+1)}$$

取 $K_2 = 1$，反馈校正装置的传递函数为
$$G_c(s) = \frac{0.2s}{0.21s+1}$$

（6）检验校正后系统的性能指标。校正后系统传递函数为

$$G(s) = \frac{200(0.2s+1)}{s(2s+1)(0.01s+1)^2}$$

可得 $K_v = 200$，$\omega_c = 20$ rad/s，

$$\gamma(\omega_c) = 180° - 90° + \arctan 0.2\omega_c - \arctan 2\omega_c - 2\arctan 0.01\omega_c = 54.8°$$

全部满足性能指标要求。

6.5 复合校正

串联校正和反馈校正都是将校正装置接在闭环控制回路内，通过系统的反馈控制来起作用。但是，这类校正方式通常对抑制扰动和跟踪给定两方面的综合能力是有限的。如果控制系统中存在强的低频扰动，或者系统的稳态精度和响应速度要求很高，要求系统有很好地抑制这种扰动的能力，而同时又有很好地跟踪给定的能力，一般的反馈控制校正方法难以满足要求。目前在工程实践中，还广泛采用一种把前馈控制和反馈控制有机结合起来的校正方法，这就是复合控制校正。

复合控制通常分为按扰动补偿和按输入补偿两种控制方式。

6.5.1 按扰动补偿的复合控制系统

按扰动补偿的复合控制系统如图 6-40 所示。图中 $N(s)$ 为可测量扰动，$G_1(s)$ 和 $G_2(s)$ 为反馈控制系统中的前向通道传递函数，$G_c(s)$ 为前馈补偿装置的传递函数。复合校正的目的就是在保证闭环系统的动态和稳态性能的情况下，恰当选择 $G_c(s)$，使扰动 $N(s)$ 对系统引起的误差得到完全补偿。

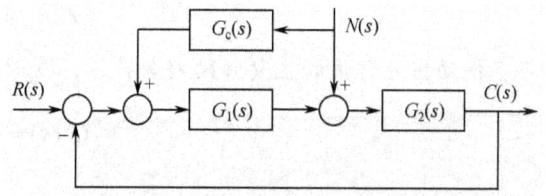

图 6-40 按扰动补偿的复合控制系统

由图 6-40 可知，输出与扰动之间的传递函数为

$$\frac{C(s)}{N(s)} = \frac{G_2(s) + G_1(s)G_2(s)G_c(s)}{1 + G_1(s)G_2(s)} \tag{6-36}$$

要实现对扰动全补偿，应有

$$G_2(s) + G_1(s)G_2(s)G_c(s) = 0$$

从而得到全补偿条件为

$$G_c(s) = -\frac{1}{G_1(s)} \tag{6-37}$$

满足式（6-37），就能完全消除扰动对输出的影响，实现对扰动的全补偿。在实际应用中，实现对扰动的全补偿除了要求扰动是可测的外，还要求物理上可实现。所以对扰动的全补偿在理论上是很好的，但在实际实现上是有困难的，只要做到近似的全补偿即可。另外，由于前馈控制是一种开环控制，因此要求构成前馈补偿装置的元部件具有较高的参数稳定性。

【例 6-8】 设按扰动补偿的复合校正的随动系统如图 6-41 所示，试设计前馈补偿装置 $G_c(s)$，使系统输出不受扰动影响。

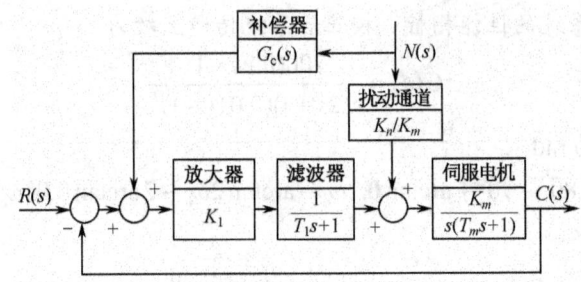

图 6-41 带扰动补偿的随动系统

解 由图 6-41 可见，系统输出与扰动的传递函数为

$$\frac{C(s)}{N(s)} = \frac{\dfrac{K_m}{s(T_m s + 1)}\left(\dfrac{K_n}{K_m} + \dfrac{K_1}{T_1 s + 1}G_c(s)\right)}{1 + \dfrac{K_1}{T_1 s + 1}\dfrac{K_m}{s(T_m s + 1)}}$$

令上式的分子为零，可得全补偿条件为

$$G_c(s) = -\frac{K_n}{K_m K_1}(T_1 s + 1)$$

系统输出便可不受负载转矩扰动的影响。但是由于 $G_c(s)$ 为一阶微分环节，所以不便于物理实现。若选取

$$G_c(s) = -\frac{K_n}{K_1 K_m}\frac{(T_1 s + 1)}{(T_2 s + 1)}, \quad T_1 \geq T_2$$

可在扰动信号作用的主要频段内全补偿，物理上也便于实现。此外，若选取

$$G_c(s) = -\frac{K_n}{K_1 K_m}$$

可实现稳态全补偿，即在稳态时，系统输出完全不受扰动的影响，它在物理上更易于实现。

6.5.2 按输入补偿的复合控制系统

按输入补偿的复合控制系统如图 6-42 所示。图中的 $G_1(s)$ 和 $G_2(s)$ 为反馈控制系统中的前向通道传递函数，$G_c(s)$ 为前馈补偿装置的传递函数。

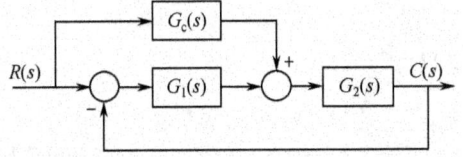

图 6-42 按输入补偿的复合控制系统

由图 6-42 可知，系统输出为

$$C(s) = G_2(s)\left[G_1(s)(R(s) - C(s)) + G_c(s)R(s)\right] \quad (6\text{-}38)$$

整理后得输出与输入的传递函数为

$$\frac{C(s)}{R(s)} = \frac{G_1(s)G_2(s) + G_2(s)G_c(s)}{1 + G_1(s)G_2(s)} \quad (6\text{-}39)$$

系统误差传递函数为

$$\frac{E(s)}{R(s)} = 1 - \frac{C(s)}{R(s)} = \frac{1 - G_2(s)G_c(s)}{1 + G_1(s)G_2(s)} \quad (6\text{-}40)$$

如果选取

$$G_c(s) = \frac{1}{G_2(s)} \tag{6-41}$$

就可以实现系统的输出信号完全无误差地复现输入信号。式（6-41）就是对输入误差全补偿的条件。在实际应用中，对输入误差的全补偿在理论上是很好的，但在实际实现上是有困难的，一般情况下，$G_2(s)$的分母阶次大于分子阶次，所以$G_c(s)$的分子阶次大于分母阶次，这不便于物理实现。因此，在实际应用中只要做到近似的全补偿即可。

【例 6-9】 设按输入补偿的复合校正系统如图 6-43 所示，试设计前馈补偿装置$G_c(s)$，使系统能够无差跟踪斜坡输入信号。

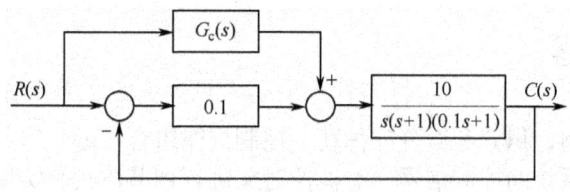

图 6-43 例 6-9 系统的方块图

解 未校正系统的开环传递函数为

$$G(s) = \frac{1}{s(s+1)(0.1s+1)}$$

可见，系统为 I 型系统，跟踪斜坡输入信号时有误差。要消除斜坡信号作用下的稳态误差，引入前馈校正装置$G_c(s)$。由式（6-40）可得系统的稳态误差为

$$e_{ss} = \lim_{s \to 0} sE(s) = \lim_{s \to 0} s \frac{1 - G_2(s)G_c(s)}{1 + G_1(s)G_2(s)} R(s)$$

将$G_1(s)$、$G_2(s)$和$R(s) = 1/s^2$代入上式得

$$e_{ss} = \lim_{s \to 0} s \frac{s(s+1)(0.1s+1) - 10G_c(s)}{s(s+1)(0.1s+1) + 1} \frac{1}{s^2} = \lim_{s \to 0} \frac{(s+1)(0.1s+1) - 10G_c(s)/s}{s(s+1)(0.1s+1) + 1}$$

要使$e_{ss} = 0$，$G_c(s)$的最简形式为

$$G_c(s) = \frac{s}{10}$$

校正后系统的闭环传递函数为

$$\frac{C(s)}{R(s)} = \frac{s+1}{s(s+1)(0.1s+1) + 1}$$

如图 6-44 所示表示校正前和校正后闭环系统的单位斜坡响应，可见校正前系统跟踪斜坡输入信号时是有稳态误差的，而校正后系统跟踪斜坡输入信号时的稳态误差为零。由此可见，前馈校正使一个 I 型系统表现出 II 型系统的特征，但值得注意的是，系统毕竟不是 II 型系统。

如图 6-45 所示表示校正前和校正后闭环系统的单位阶跃响应，可见校正后系统的超调量和峰值时间都受到影响，比校正前增大了。这主要是前馈校正给系统增加了一个闭环零点 $z = -1$ 造成的。因此，在按稳态误差要求设计复合校正装置时，必须考虑系统动态性能是否满足指标要求。

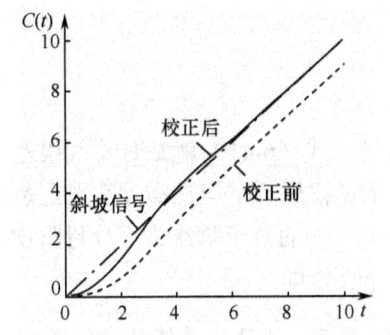

图 6-44 例 6-9 闭环系统的单位斜坡响应

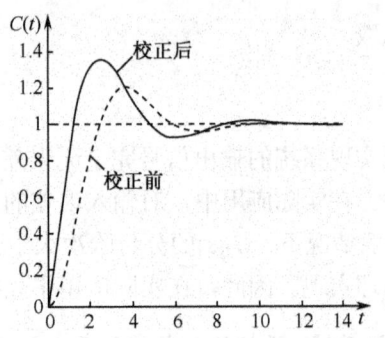

图 6-45 例 6-9 闭环系统的单位阶跃响应

6.6 PID 控制器

PID 控制器由比例、积分和微分三种基本控制规律组合而成，它利用系统误差的比例、微分和积分信号作为系统的控制信号，对被控对象进行调节，具有实现方便、成本低、效果好、适用范围广等优点，在工业过程控制中得到了广泛应用。PID 控制采用不同的组合，可以实现 PD、PI 和 PID 等不同控制方式。

6.6.1 比例微分（PD）控制

带有比例微分控制器的系统方块图如图 6-46 所示。在 PD 控制作用下，对误差信号 $e(t)$ 分别进行比例、微分运算，两个作用分量之和作为控制信号 $u(t)$ 输出给被控对象。

比例微分控制器的控制规律为

$$u(t) = K_P e(t) + K_P T_d \frac{de(t)}{dt} \tag{6-42}$$

式中，K_P 为比例系数，T_d 为微分时间常数。

比例微分控制器的传递函数为

$$G_c(s) = K_P(1 + T_d s) \tag{6-43}$$

PD 控制器的伯德图如图 6-47 所示。由图可见，PD 控制器可以提供超前相角，使系统的相位裕度增大。由于微分控制反映误差信号的变化趋势，具有"预测"能力。因此，它能在误差信号变化之前给出校正信号，防止系统出现过大的偏离和振荡，因而可以有效地改善系统的动态性能。但值得注意的是，比例微分校正抬高了高频段，使得系统的抗高频干扰能力下降。因此，超前校正优于 PD 控制。超前校正可以提供足够的超前相角，但它在高频区的幅值增加比 PD 控制小得多。

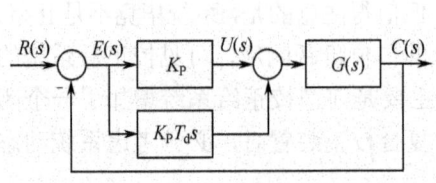

图 6-46 带有 PD 控制器的系统方块图

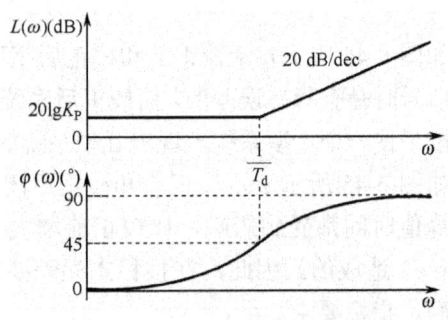

图 6-47 PD 控制器的伯德图

6.6.2 比例积分（PI）控制

带有比例积分控制器的系统方块图如图 6-48 所示。在 PI 控制作用下，对误差信号 $e(t)$ 分别进行比例、积分运算，两个作用分量之和作为控制信号 $u(t)$ 输出给被控制对象。

比例积分控制器的控制规律为

$$u(t) = K_\text{P} e(t) + \frac{K_\text{P}}{T_\text{i}} \int_0^t e(t) \mathrm{d}t \tag{6-44}$$

式中：K_P 为比例系数，T_i 是积分时间常数。

比例积分控制器的传递函数为

$$G_\text{c}(s) = K_\text{P} \left(1 + \frac{1}{T_\text{i} s}\right) \tag{6-45}$$

PI 控制器的伯德图如图 6-49 所示。PI 控制引入了积分环节，使系统型别增加一级，因而可以有效改善系统的稳态精度。另外，增加了一个位于 s 左半平面的开环零点，提高系统的阻尼，减小了单纯积分对系统动态性能产生的不利影响。由图 6-49 可见，PI 控制器是相角滞后环节，相角的损失会降低系统的相对稳定度。

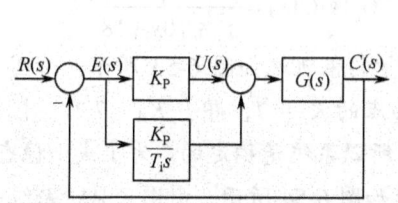

图 6-48 带有 PI 控制器的系统方块图

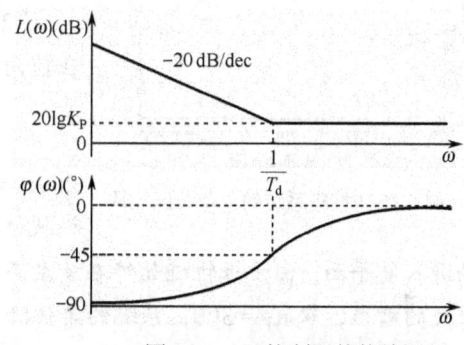

图 6-49 PI 控制器的伯德图

6.6.3 比例积分微分（PID）控制

带有比例积分微分控制器的系统方块图如图 6-50 所示。在 PID 控制作用下，对误差信号 $e(t)$ 分别进行比例、积分、微分运算，三个作用分量之和作为控制信号 $u(t)$ 输出给被控制对象。

比例积分微分控制器的控制规律为

$$u(t) = K_\text{P} e(t) + \frac{K_\text{P}}{T_\text{i}} \int_0^t e(t) \mathrm{d}t + K_\text{P} T_\text{d} \frac{\mathrm{d}e(t)}{\mathrm{d}t} \tag{6-46}$$

PID 控制器的传递函数为

$$G_\text{c}(s) = K_\text{P} \left(1 + \frac{1}{T_\text{i} s} + T_\text{d} s\right) \tag{6-47}$$

PID 控制器的伯德图如图 6-51 所示。从图可以看出，PID 控制有滞后-超前校正的功能。当 $T_\text{i} > T_\text{d}$ 时，PID 控制在低频段起积分作用，可以改善系统的稳态性能；在中、高频段起微分作用，可以改善系统的动态性能。因此，PID 控制器可以全面提高系统的性能。

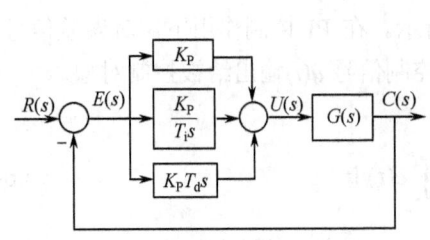

图 6-50 带有 PID 控制器的系统方块图

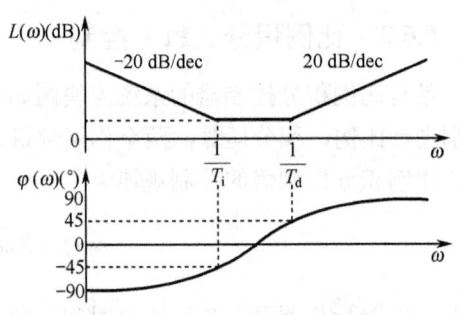

图 6-51 PID 控制器的伯德图

【例 6-10】 已知单位反馈系统的开环传递函数为

$$G(s) = \frac{1}{s^2 + 10s + 18}$$

试分析 P、PD、PI、PID 控制规律的作用。

解 （1）如图 6-52 所示表示了未校正系统的单位阶跃响应，可见稳态误差太大，且响应太慢，所以需要设计控制器。

（2）为了减小稳态误差，可采用比例（P）控制，在前向通道中串接 P 控制器后系统的开环传递函数为

$$G_c(s)G(s) = \frac{K_P}{s^2 + 10s + 18}$$

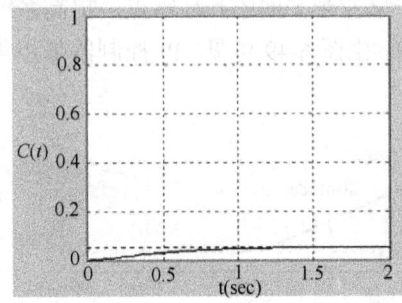

图 6-52 例 6-10 未校正系统的单位阶跃响应

以 K_P 为参变量的根轨迹如图 6-53 所示。由图可见，根轨迹在分离点的 $K_P = 7$，即当 $K_P > 7$ 时，根轨迹离开实轴进入复平面，由于根轨迹始终在 s 左半平面，所以系统是稳定的。为了减小稳态误差，可取较大的增益，取 $K_P = 300$，系统的单位阶跃响应如图 6-54 所示。由图可见，系统的稳态误差和快速性都得到了明显的改善，但系统产生了较大的超调量，且仍然有稳态误差。

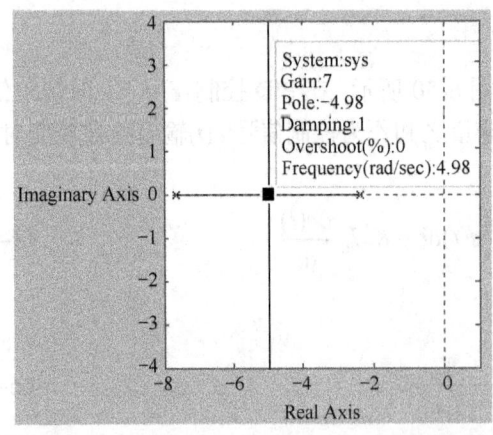

图 6-53 例 6-10 带 P 控制器的系统根轨迹

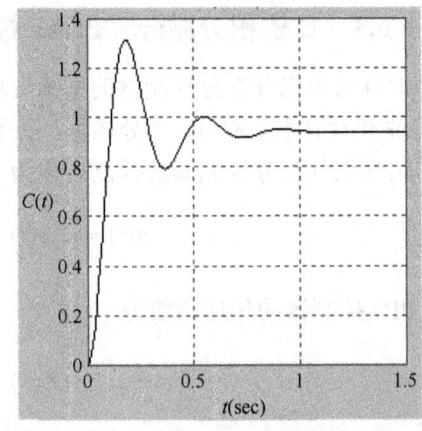

图 6-54 例 6-10 带 P 控制器系统的单位阶跃响应

（3）为了在能够减小稳态误差的同时避免产生过大的超调量，采用比例微分（PD）控制，在前向通道中串接 PD 控制器后系统的开环传递函数为

$$G_c(s)G(s) = \frac{K_P(1+T_d s)}{s^2+10s+18}$$

PD 控制器给系统增加了一个零点 $-1/T_d$，为了使系统具有快速响应，同时超调量又不大，选取 $T_d = 0.03$，绘制以 K_P 为参变量的根轨迹如图 6-55 所示。由于根轨迹始终在 s 左半平面，所以系统是稳定的。为了减小稳态误差，仍取 $K_P = 300$，系统的单位阶跃响应如图 6-56 所示。可见，PD 控制既改善了系统的稳态误差，同时又可以控制超调量，使系统具有较好的性能指标，但仍然有稳态误差。

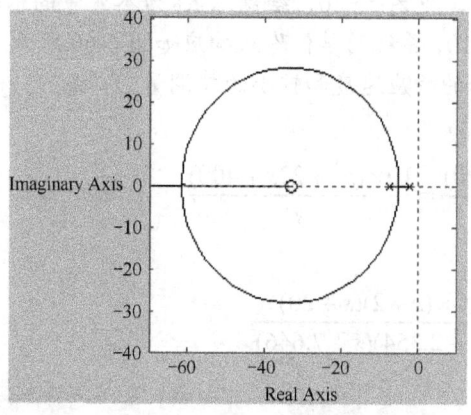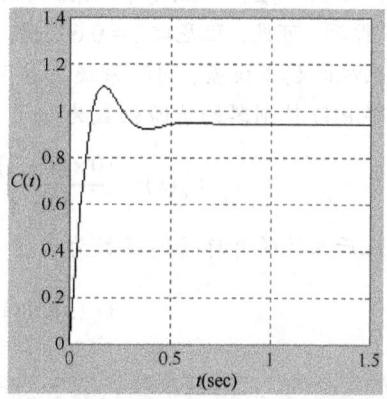

图 6-55 例 6-10 带 PD 控制器的系统根轨迹　　图 6-56 例 6-10 带 PD 控制器系统的单位阶跃响应

（4）为了消除稳态误差，可采用比例积分（PI）控制，在前向通道中串接 PI 控制器后系统的开环传递函数为

$$G_c(s)G(s) = \frac{K_P(1+T_i s)}{T_i s(s^2+10s+18)} = \frac{K_P(s+z)}{s^3+10s^2+18s}$$

式中：$z = 1/T_i$。

PI 控制器给系统在原点处增加了一个极点，同时又增加了一个零点 $-1/T_i$，开环传递函数的极点为 $s_1 = 0$、$s_2 = -2.354$ 和 $s_3 = -7.646$。取零点 $z = -2$，绘制以 K_P 为参变量的根轨迹如图 6-57 所示。根轨迹分离点的增益 $K_P = 12.2$，当 $K_P > 12.2$ 时，根轨迹离开实轴进入复平面，由于根轨迹始终在 s 左半平面，所以系统是稳定的。由于 PI 控制器的积分作用，可以使系统的稳态误差为零，满足稳态指标要求，所以增益可以取小，取 $K_P = 30$，系统的单位阶跃响应如图 6-58 所示。由图可见，系统的稳态误差消除了，变为无差，但响应速度太慢。

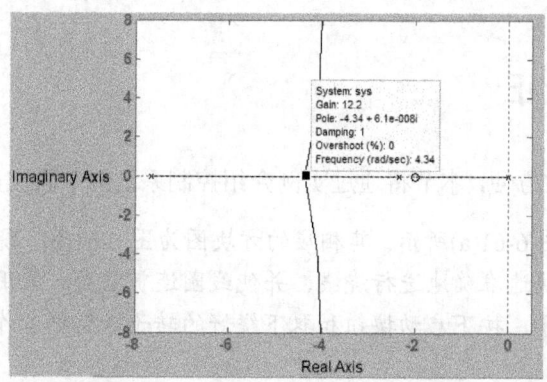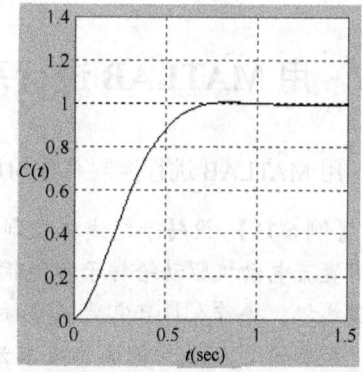

图 6-57 例 6-10 带 PI 控制器的系统根轨迹　　图 6-58 例 6-10 带 PI 控制器系统的单位阶跃响应

（5）为了同时满足稳态性能和动态性能，采用比例积分微分（PID）控制，在前向通道中串接 PID 控制器后系统的开环传递函数为

$$G_c(s)G(s) = \frac{K_P\left(T_d s^2 + s + \frac{1}{T_i}\right)}{s\left(s^2 + 10s + 18\right)} = \frac{K_P(s+z_1)(s+z_2)}{s^3 + 10s^2 + 18s}$$

对 PID 控制器的两个零点进行合理的配置来满足性能指标的要求，选取零点 z_1 在极点 s_2 的右侧，即 $z_1 = -2$，零点 z_2 在极点 s_3 的左侧，即 $z_2 = -20$，绘制以 K_P 为参变量的根轨迹如图 6-59 所示。可见，阻尼比 $\zeta = 0.63$，取 $K_P = 10$，系统的单位阶跃响应如图 6-60 所示。可见，消除了系统的稳态误差，同时系统又具有很好的响应速度和较小的超调量。根据 z_1、z_2 和 K_P，可以求得 PID 控制器的传递函数为

$$G_c(s) = \frac{10 \times (s+2)(s+20)}{s} = \frac{10 \times (s^2 + 22s + 400)}{s}$$

校正后系统的开环传递函数为

$$G_c(s)G(s) = \frac{10 \times (s+2)(s+20)}{s(s+2.354)(s+7.646)}$$

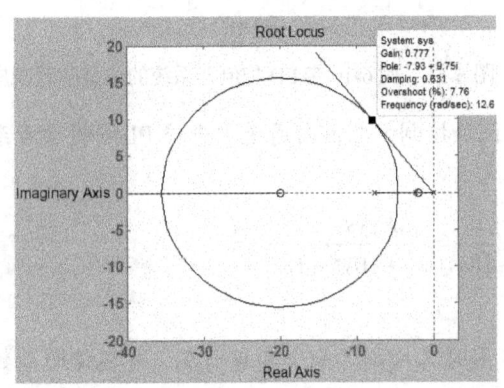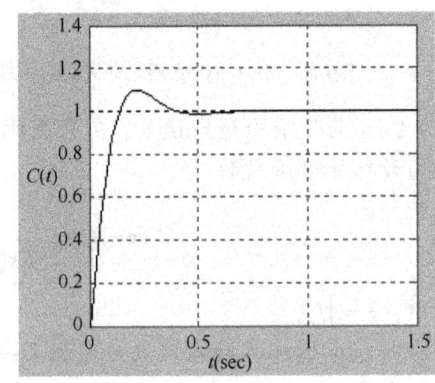

图 6-59　例 6-10 带 PID 控制器的系统根轨迹　　图 6-60　例 6-10 带 PID 控制器系统的单位阶跃响应

由此可见，PID 控制可以同时改善系统的稳态性能和动态性能，在工业控制中使用非常广泛。但是，PID 控制器的零点配置很灵活，包含了许多经验因素。目前已有多种 PID 参数的整定方法，都是经验方法。

6.7　用 MATLAB 进行系统校正

用 MATLAB 进行控制系统的校正非常方便，本节将通过实例介绍控制系统的串联校正。

【例 6-11】设转子绕线机控制系统如图 6-61(a)所示，其相应的方块图为图 6-61(b)。绕线机用直流电动机驱动给转子缠绕铜线，能快速准确地进行绕线，并使线圈连贯坚固。采用自动绕线机，操作人员只需要从事插入空转子、按下启动按钮和取下绕好的转子等简单工作。

控制器 $G_c(s)$ 设计的具体要求为：

（1）系统对单位斜坡输入响应的误差 $e_{ss} \leq 10\%$；

（2）系统的相位裕度 $\gamma \geq 55°$，增益裕度 $K_g \geq 10$ dB。

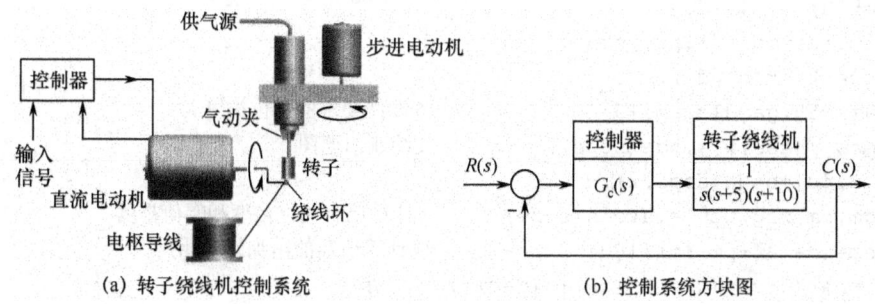

(a) 转子绕线机控制系统　　　　　　(b) 控制系统方块图

图 6-61　转子绕线机控制系统

解　由图 6-61(b)可见，系统为 I 型。

（1）考虑采用增益调节器，$G_c(s)=K_c$。根据误差的要求，确定增益调节器 K_c：

$$K_v = \lim_{s \to 0} s \frac{K_c}{s(s+5)(s+10)} = \frac{1}{e_{ss}} = 10$$

得 $K_c=500$。绘制 $G_c(s)G(s)$ 的 Bode 图和阶跃响应，MATLAB 程序如下：

```
kc=500;                    %校正装置的增益
n1=1;d1=conv([1,0],conv([1,5],[1,10]));  %开环传递函数的分子、分母系数
sys=tf(kc*n1,d1);          %转换为传递函数模型
figure(1);
margin(sys);               %绘制伯德图，并计算幅值裕度 Gm 和相位裕度 Pm
hold on
figure(2);
b1=feedback(sys,1);        %增益校正后系统闭环传递函数
step(b1,'k')
```

运行结果如图 6-62、图 6-63 所示。

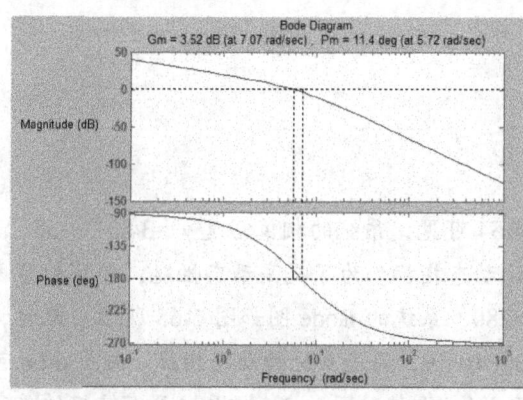

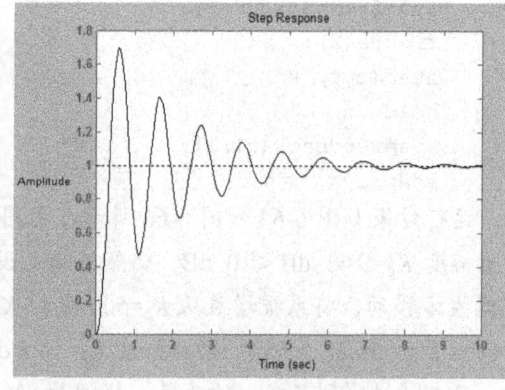

图 6-62　例 6-11 增益调整开环伯德图　　　图 6-63　例 6-11 增益调整单位阶跃响应

由图 6-62 可见，采用了增益调节后，满足了稳态要求，但系统的相位裕度 $\gamma=11.4°<55°$，增益裕度 $K_g=3.52$ dB <10 dB，不满足设计的动态要求。由图 6-63 可见，超调量 $\sigma\%=70\%$，调整时间 $t_s=8$ s，系统的平稳性差。

（2）采用超前校正，在满足稳态误差要求即 $K_v=10$ 的情况下，设计超前校正装置，

MATLAB 程序如下：

```
k=500;
n1=1;d1=conv([1,0],conv([1,5],[1,10]));
sope=tf(k*n1,d1);
gama=55;gamal=gama+5;              %设计要求的相位裕度
[mag,phase,w]=bode(sope);          %绘制伯德图
[mu,pu]=bode(sope,w);
[gm,pm,wcg,wcp]=margin(sope);      %计算已有相位裕度和幅值裕度
gam=(gamal-pm)*pi/180;             %计算所需的附加超前相角
alpha=(1+sin(gam))/(1-sin(gam));   %计算 α
adb=20*log10(mu);                  %计算幅值的对数值
am=-10*log10(alpha);               %计算 α 的对数值
wc=spline(adb,w,am);               %确定最大相角位移频率
T=1/(wc*sqrt(alpha));              %求 T 值
alphat=alpha*T;                    %求 αT 值
Gc=tf([alphat,1],[T,1])            %超前校正装置的传递函数
```

运行结果，得超前校正装置：

```
Transfer function:
0.2861 s + 1
-------------
0.0409 s + 1
```

绘制超前校正后系统的 Bode 图和阶跃响应程序如下：

```
K=500;K1=260;delta=0.05;
n1=1;d1=conv(conv([1,0],[1,5]),[1,10]);
s1=tf(n1,d1);
s2=tf([0.2861,1],[0.0409,1]);
g0=K*s1*s2;g1=K1*s1*s2;
figure(1);
margin(g0)
sys=feedback(g0,1);
figure(2);
step(sys,'k')
hold on
sys=feedback(g1,1);
step(sys,'k')
```

运行结果如图 6-64 和图 6-66 所示。由图 6-64 可见，系统的相位裕度 $\gamma = 34.3°<55°$，增益裕度 $K_g = 9.43$ dB < 10 dB，仍然不满足设计动态指标。为了提高动态性能，使穿越频率 ω_c 向左方移动，将系统增益从 $K_c = 500$ 减到 $K_c = 280$，系统的 Bode 图如图 6-65 所示。此时，相位裕度 $\gamma = 55.2°>55°$，增益裕度 $K_g = 14.5$ dB > 10 dB，满足系统的动态指标。由图 6-66 可见，动态特性得到了较大的改善，超调量 $\sigma\% = 9.4\%$，调整时间 $t_s = 1$ s，系统具有较好的平稳性，但校正后系统的静态速度误差系数

$$K_v = \lim_{s \to 0} s \frac{280(0.2861s+1)}{s(s+5)(s+10)(0.0409s+1)} = \frac{280}{5 \times 10} = 5.6 < 10$$

使得系统斜坡响应的稳态误差达到 17.86%，不符合设计要求。

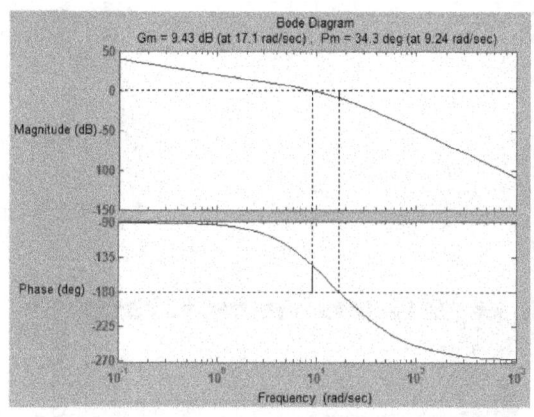 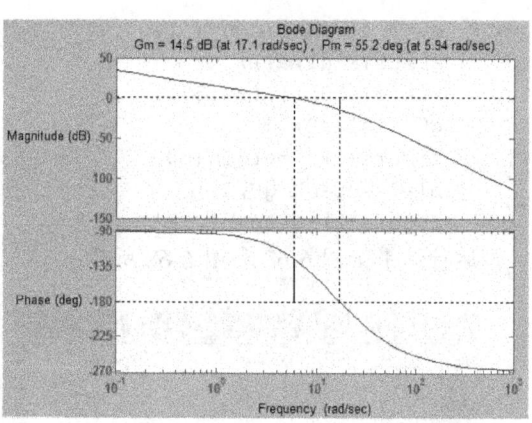

图 6-64 例 6-11 超前校正后的伯德图(K_c=500)　　图 6-65 例 6-11 超前校正后的伯德图(K_c=260)

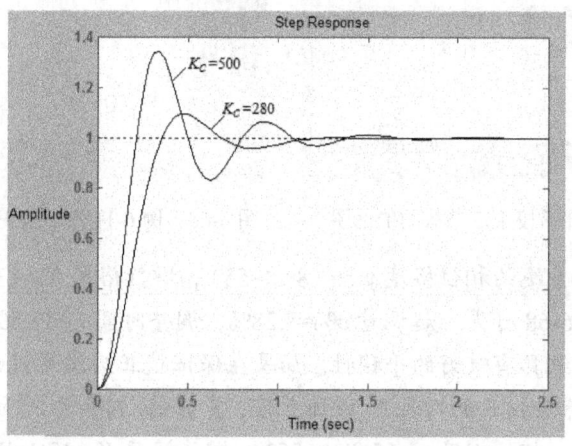

图 6-66 例 6-11 超前校正后系统的阶跃响应

（3）采用滞后校正，在满足稳态误差要求即 K_v=10 的情况下，设计滞后校正装置，MATLAB 程序如下：

```
kc=500;wc=1;
n1=1;d1=conv(conv([1,0],[1,5]),[1,10]);
sope=tf(kc*n1,d1);
num=sope.num{1};den=sope.den{1};   %将分子、分母写成多项式系数形式
na=polyval(num,j*wc);               %将 jωc 代入分子多项式
da=polyval(den,j*wc);               %将 jωc 代入分母多项式
g=na/da;g1=abs(g);                  %开环系统在 ωc 的模
h=20*log10(g1);                     %计算幅值的对数值
beta=10^(h/20);                     %计算 β 的对数值
T=10/wc;                            %求 T 值
betat=beta*T;                       %求 βT 值
Gc=tf([T,1],[betat,1])              %滞后校正装置的传递函数
```

运行结果，得滞后校正装置：

```
Transfer function:
  10 s + 1
-----------
97.57 s + 1
```

绘制滞后校正后系统的 Bode 图和阶跃响应程序如下：

```
K=500;delta=0.02;
```

```
n1=1;d1=conv(conv([1,0],[1,5]),[1,10]);
s1=tf(K*n1,d1);
s2=tf([10,1],[97.57,1]);
g0=2*s1*s2;
figure(1); margin(g0)
b1=feedback(g0,1);
figure(2);step(b1,'k')
```

运行结果如图 6-67 和图 6-68 所示。

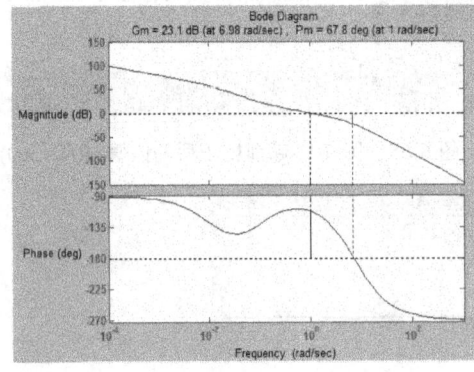

图 6-67　例 6-11 滞后校正后系统的伯德图　　图 6-68　例 6-11 滞后校正后系统的阶跃响应

由图 6-67 可见，系统的相位裕度 $\gamma=67.8°>55°$，增益裕度 $K_g=23.1$ dB > 10 dB，满足系统的动态指标。由图 6-68 可见，超调量 $\sigma\%=7.28\%$，调整时间 $t_s=15.59$ s，上升时间 $t_r=2.06$，峰值时间 $t_p=3.73$，系统具有较好的平稳性。如果在保证校正后满足设计指标情况下，为了提高系统的快速性，将滞后校正的增益 K_c 增加 2 倍，其 Bode 图和阶跃响应如图 6-69 和图 6-70 所示。由图 6-69 可见，相位裕度 $\gamma=55.9°>55°$，增益裕度 $K_g=17.1$ dB > 10 dB，满足系统的动态指标。由图 6-70 可见，超调量 $\sigma\%=12.98\%$，调整时间 $t_s=5.58$ s，上升时间 $t_r=1.02$，峰值时间 $t_p=1.4$，系统具有较好的平稳性和快速性。校正后系统的静态速度误差系数

$$K_v=\lim_{s\to 0}s\frac{2\times 500(10s+1)}{s(s+5)(s+10)(97.57s+1)}=\frac{1000}{5\times 10}=20>10$$

可见，满足系统的稳态要求。

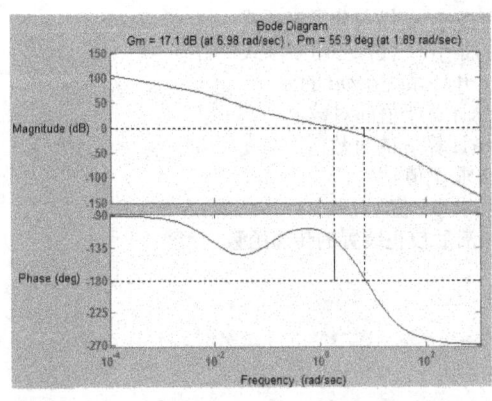 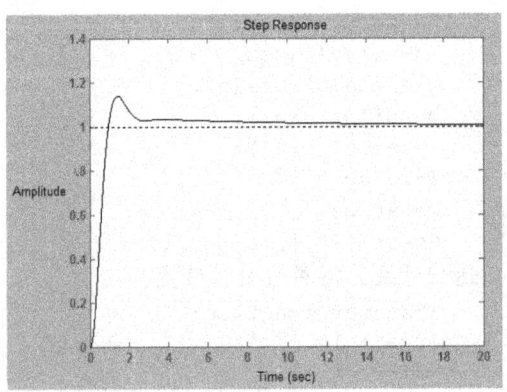

图 6-69　例 6-11 滞后校正后系统的伯德图　　图 6-70　例 6-11 滞后校正后系统的阶跃响应

小 结

控制系统的校正方法有串联校正、反馈校正和复合校正。针对需要校正的系统，采用频率响应法或根轨迹法设计校正装置，使系统满足性能指标的要求。校正方法是自动控制理论中最接近生产实际的内容之一，具有较大的灵活性，并且与设计者的经验有关。

1. 串联校正简单，易于实现，是控制工程中应用最为广泛的校正方法。它分为超前校正、滞后校正、滞后-超前校正。

超前校正利用超前网络的相角超前特性，将其最大超前角补在校正后系统的截止频率处，同时提高相角裕度和幅值穿越频率两项指标，从而改善系统的动态性能。滞后校正利用滞后网络的幅值衰减特性，通过降低未校正系统的幅值穿越频率，提高校正后系统的相角裕度，以牺牲快速性来改善相对稳定性。滞后-超前校正则综合利用超前、滞后网络的长处，具有较大的灵活性，能同时改善系统的动态特性和稳态特性，达到更好的校正效果。

2. 反馈校正也是一种常用的校正方法，它除了能获得与串联校正相似的校正效果外，还可以消除系统中被包围的不可变部分参数波动对系统性能的影响。但通常它要比串联校正略显复杂。

3. 前馈校正是一种利用扰动或输入进行补偿的办法来提高系统性能的校正方法。特别重要的是，将其与反馈控制结合，构成复合控制，将进一步改善系统的性能。

4. PID控制是生产实际中应用最为广泛的控制方法，根据不同的性能指标要求，针对被控对象，可采用P控制、PD控制、PI控制和PID控制来改善系统的动态和稳态性能，满足设计指标要求。但是，PID控制器参数的整定很灵活，包含了许多经验因素。目前已有多种PID参数的整定方法，都是经验方法。

5. MATLAB为控制系统的校正设计提供了非常方便的辅助工具。根据设计的性能指标，可以用Bode图或根轨迹进行校正装置的近似设计，然后用MATLAB函数对校正后的指标进行较为精确的计算，可以方便地验证设计结果和重复设计。

习 题

6-1 设单位负反馈系统开环传递函数为

$$G(s) = \frac{200}{s(0.1s+1)}$$

试设计无源校正装置，使已校正系统的相角裕度不小于45°，截止频率不低于50 rad/s。

6-2 已知单位负反馈系统的开环传递函数为

$$G(s) = \frac{k}{s(s+1)}$$

试设计一个串联超前校正装置，使单位斜坡输入下的静态误差系数 $K_v \geq 15 \text{ s}^{-1}$；校正后相位裕度 $\gamma \geq 45°$，截止频率 $\omega_c \geq 7.5$ rad/s。

6-3 设单位负反馈系统的开环传递函数为

$$G(s) = \frac{k}{s(s+1)(0.2s+1)}$$

试设计串联校正装置,满足 $K_v \geq 8\ \text{s}^{-1}$,相位裕度 $\gamma \geq 40°$。

6-4 设单位负反馈系统开环传递函数为

$$G(s) = \frac{7}{s\left(\frac{1}{2}s+1\right)\left(\frac{1}{6}s+1\right)}$$

试设计串联滞后校正装置,使已校正系统的相角裕度为 $40°\pm 2°$,幅值裕度不低于 10 dB,开环增益保持不变,截止频率不低于 1 rad/s。

6-5 某系统的开环对数幅频特性曲线如图 T6-1 所示,其中虚线表示校正前的曲线,实线表示校正后的曲线,确定所用的是何种串联校正,并写出校正装置的传递函数 $G_c(s)$。

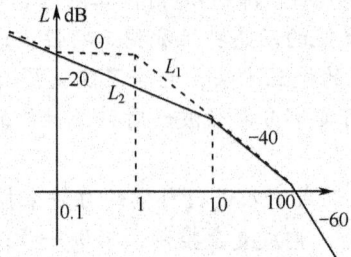

图 T6-1 习题 6-5 图

6-6 已知单位负反馈系统的开环传递函数为

$$G(s) = \frac{4K}{s(s+2)}$$

试设计串联校正装置,使校正后系统的相位裕度 $\gamma \geq 50°$,幅值裕度 $K_g \geq 10$ dB,静态速度误差系数 $K_v = 20\ \text{s}^{-1}$。

6-7 设单位负反馈系统开环传递函数为

$$G(s) = \frac{K}{s(1+0.1s)}$$

试用比例-微分装置进行校正,使系统 $K_v \geq 200$,$\gamma(\omega_c) \geq 50°$,并确定校正装置的参数。

6-8 设单位反馈系统开环传递函数为

$$G(s) = \frac{126}{s\left(\frac{1}{10}s+1\right)\left(\frac{1}{60}s+1\right)}$$

试设计一个串联滞后-超前校正装置,使系统满足:
(1)输入速度为 1 时,稳态速度误差不大于 1/126;
(2)相角裕度不小于 30°,截止频率为 20 rad/s。

6-9 已知单位负反馈系统的开环传递函数为

$$G(s) = \frac{K}{s(1+0.1s)(1+0.01s)}$$

试设计串联滞后-超前校正装置，使校正后系统具有相角裕度 $\gamma \geq 40°$，增益穿越频率 $\omega_c = 20\,\text{rad/s}$，静态速度误差系数 $K_v \geq 100\,\text{s}^{-1}$。

6-10 已知单位负反馈系统的开环传递函数为

$$G(s) = \frac{K}{s(s+1)(s+4)}$$

试用根轨迹法设计串联超前校正装置 $G_c(s)$，使系统满足性能指标：$\zeta=0.5$，$t_s=10\,\text{s}$，$K_v \geq 5\,\text{s}^{-1}$。

6-11 已知单位负反馈系统的开环传递函数为

$$G(s) = \frac{16}{s(s+4)}$$

试用根轨迹法设计串联滞后校正装置 $G_c(s)$，使稳态误差系数 $K_v \geq 20\,\text{s}^{-1}$，并保证不会使原主导极点位置发生明显变化。

6-12 已知单位负反馈系统的开环传递函数为

$$G(s) = \frac{10}{s(s+2)(s+5)}$$

试用根轨迹法设计串联滞后-超前校正装置 $G_c(s)$，使闭环主导极点位于 $s = -2 \pm j3.46$，且稳态误差系数 $K_v \geq 50\,\text{s}^{-1}$。

6-13 已知某系统开环传递函数 $G(s)$ 为

$$G(s) = \frac{K}{s(s+2)(s+10)}$$

试求：
（1）确定使系统稳定的 K 的取值区间，确定使系统动态过程产生衰减振荡的 K 的取值区间；
（2）若该系统的动态性能指标不能满足设计要求，试考虑增加什么校正环节，可以改善系统的动态性能？写出校正环节形式（不需要具体数据），绘制校正后的根轨迹草图，说明理由。

6-14 已知系统开环传递函数为

$$G(s) = \frac{K}{s(1+0.5s)(1+0.1s)}$$

试设计 PID 校正装置，使系统 $K_v \geq 10$，$\gamma(\omega_c) \geq 50°$ 且 $\omega_c \geq 4$。

6-15 设复合控制系统如图 T6-2 所示，图中 $G_n(s)$ 为顺馈补偿器的传递函数，$G_c(s) = k_t's$ 为测速电动机及分压器的传递函数，$G_1(s)$ 和 $G_2(s)$ 为前向通路中环节的传递函数，$N(s)$ 为可测量的干扰。若 $G_1(s) = k_1$，$G_2(s) = 1/s^2$，试确定 $G_n(s)$、$G_c(s)$ 和 k_1，使系统输出量完全不受干扰 $N(s)$ 的影响，且单位阶跃响应的超调量等于 25%，峰值时间为 2 s。

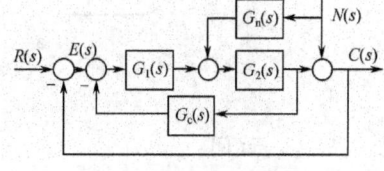

图 T6-2 习题 6-15 图

6-16 设系统方块图如图 T6-3 所示，图中 $G_1(s) = \dfrac{K_1}{T_0 s + 1}$，$G_2(s) = \dfrac{K_2}{(T_1 s+1)(T_2 s+1)}$，$G_3(s) = \dfrac{K_3}{s}$，其中 $K_1 = 0 \sim 6000$ 可调，$K_2 = 12$，$K_3 = 1/400$，$T_0 = 0.014$，$T_1 = 0.1$，$T_2 = 0.02$。试设计反馈校正装置 $H(s)$，使系统

满足 $K_v \geq 150$，$\sigma\% \leq 40\%$，$t_s \leq 1$。

6-17 设复合校正随动系统如图 T6-4 所示。试选择前馈补偿方案和参数，使复合控制系统等效为Ⅱ型或Ⅲ型系统。

6-18 已知单位负反馈系统的开环传递函数为

$$G(s) = \frac{16}{s^2(0.1s+1)}$$

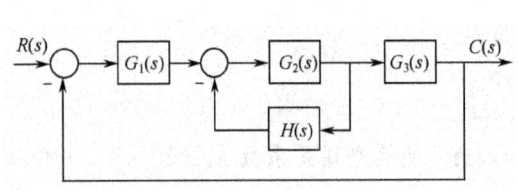
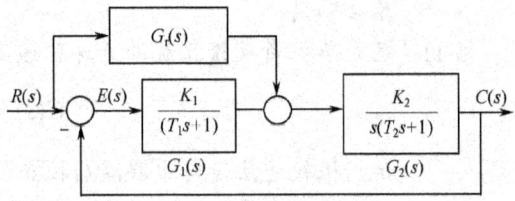

图 T6-3　习题 6-16 图　　　　　图 T6-4　习题 6-17 图

期望对数幅频特性如图 T6-5 所示，试求串联环节的传递函数 $G_c(s)$，并比较串联 $G_c(s)$ 前后系统的相位裕量。

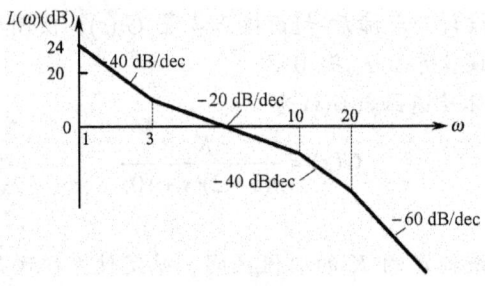

图 T6-5　习题 6-18 图

6-19 已知单位负反馈系统开环传递函数为

$$G(s) = \frac{400}{s^2(0.01s+1)}$$

若采用串联最小相位校正装置，图 T6-6(a)、(b)和(c)分别为三种推荐的串联校正装置。

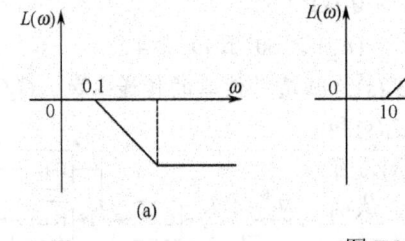
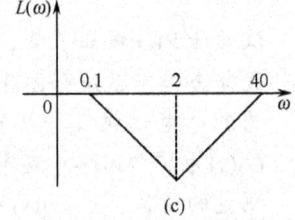

图 T6-6　习题 6-19 图

试问：

（1）写出校正装置所对应的传递函数，绘制对数相频特性草图；

（2）这些校正装置哪一种可以使校正后的系统稳定性最好？

（3）哪一种校正装置对高频信号的抑制能力最强？

6-20 设一单位负反馈系统的开环传递函数为

$$G(s) = \frac{100e^{-0.01s}}{s(0.1s+1)}$$

现有三种串联最小相位校正装置,它们的波德图如图 T6-7(a)、(b)和(c)所示。

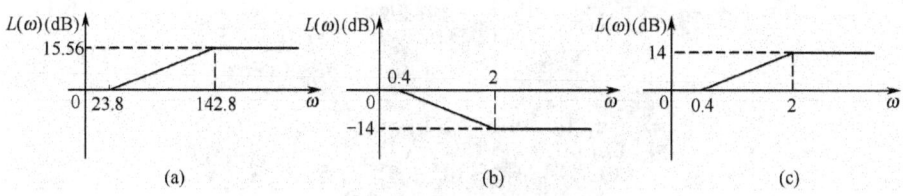

图 T6-7　习题 6-20 图

试问:
(1) 若要使系统的稳态误差不变,而减小超调量,加快系统的动态响应速度,应选取哪种校正装置? 为什么? 系统的相位裕量最大可以增加多少?
(2) 若要减小系统的稳态误差,并保持系统的超调量和动态响应速度不变,应选取哪种校正装置? 为什么? 系统的稳态误差可以减小多少?

6-21　MANUTEC 机器人具有很大的惯性和较长的手臂,如图 T6-8(a)所示。机械臂的动力特性可以表示为

$$G(s) = \frac{250}{s(s+2)(s+40)(s+45)}$$

要求选用图 T6-8(b)所示控制方案,使系统阶跃响应的超调量小于 20%,上升时间小于 0.5 s,调节时间小于 1.2 s($\Delta = 2\%$),稳态速度误差系数 $K_v \geq 10 s^{-1}$。试问: 采用超前校正装置是否合适?

$$G_c(s) = 1483.7 \times \frac{s+3.5}{s+33.75}$$

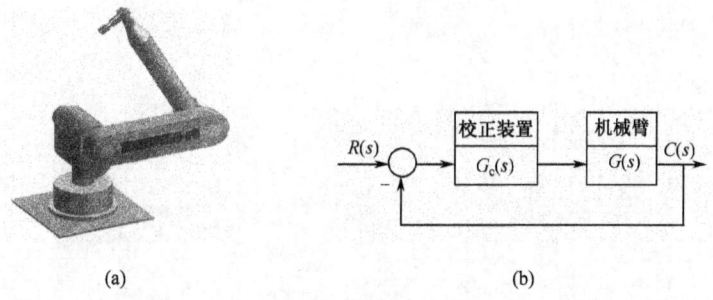

图 T6-8　习题 6-21 图

6-22　在核工业中,远程机器人主要用来回收和处理核废料,同时也可用于反应堆的监控,清除放射性污染和处理意外事故等。图 T6-9 所示是核工厂的遥控机器人示意图,若系统开环传递函数为

$$G(s) = \frac{Ke^{-sT}}{(s+1)(s+3)}$$

要求:
(1) 当 $T = 0.5$ s 时,确定 K 的值,使系统阶跃响应的超调量小于 30%,并计算所

得系统的稳态误差；

（2）设计校正装置以改进系统性能，使系统的稳态误差小于12%。

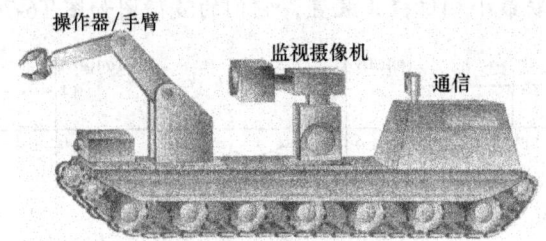

图 T6-9　习题 6-22 图

MATLAB 习题

6-23　已知燃油调节控制系统的开环传递函数为

$$G(s)=\frac{2}{s(1+0.25s)(1+0.1s)}$$

试设计超前校正环节，使其校正后系统静态速度误差系数 $K_v \geqslant 10\,\text{s}^{-1}$，闭环主导极点满足阻尼比 $\zeta=0.3$ 和自然频率 $\omega_n=10.5\,\text{rad/s}$。

6-24　已知单位负反馈系统的开环传递函数为

$$G(s)=\frac{k}{s(s+1)(0.01s+1)}$$

试设计一个串联校正装置，使单位斜坡输入下的稳态误差 $e\leqslant 0.062\,5$，校正后相位裕度 $\gamma\geqslant 45°$，截止频率 $\omega_c>2\,\text{rad/s}$。

第 7 章 线性离散控制系统

近年来,由于脉冲技术、数字式元器件、数字计算机,特别是微处理器的蓬勃发展,数字控制器在许多场合取代了模拟控制器。基于工程实践的需要,作为设计数字控制系统的基础理论,离散系统理论的发展非常迅速。

离散系统与连续系统相比,既有本质上的不同,又有分析研究方面的相似性。利用 z 变换法研究离散系统,可以把线性连续系统中的许多概念和方法,推广应用于线性离散系统。

本章主要介绍线性离散系统的基本概念、线性定常离散系统的模型和典型结构、离散系统分析和校正的基本理论和方法。

7.1 离散系统基本概念及其应用

前面的章节已经充分讨论了连续系统的控制理论,本章将学习离散系统的理论。离散系统与连续系统之间的根本区别在于:连续系统中的控制信号、反馈信号及偏差信号都是连续时间函数,而离散系统的信号是采样数据形式,或称为离散时间函数。通常,把脉冲序列形式的离散系统称为采样控制系统或脉冲控制系统;而把数字序列形式的离散系统称为数字控制系统或计算机控制系统。下面从具体的连续控制系统到离散控制系统,讨论离散系统的典型结构。

7.1.1 由连续控制系统到离散控制系统

离散控制最早出现于某些大惯性或具有较大滞后特性的控制对象中,其作用和意义可以如图 7-1 所示的炉温自动控制系统为例说明。

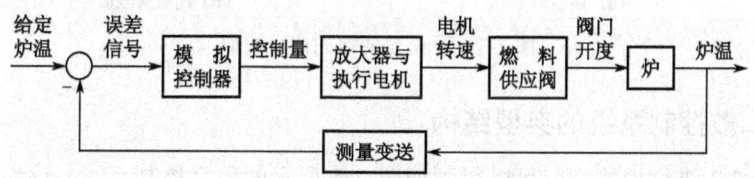

图 7-1 连续炉温控制系统

该系统工作原理如下。

由给定电位器确定给定炉温,当实际炉温偏离给定值时,产生的误差信号经模拟控制器、放大器等推动电机转动。如实际炉温低于给定炉温,则电机转动驱动燃料供应阀门开大以使炉温升高;如实际炉温高于给定炉温,则电机转动使阀门开度减小以降低炉温,从而达到炉温自动控制的目的。

根据对控制对象特性的分析得知,炉温的上升具有一定的惯性,需要相当长的时间,而阀门的开度则是很敏感的量。由此产生的结果是：当炉温达到给定值时，阀门早已调过了头，导致炉温仍在不断地上升，造成炉温大幅度振荡，因此连续系统控制炉温很难取得良好的效果。

如果对上述系统做一点调整，即在误差信号和执行电机之间安装开关 S，使用数字控制器对系统进行控制，则该系统就成了炉温离散控制系统，如图 7-2 所示。

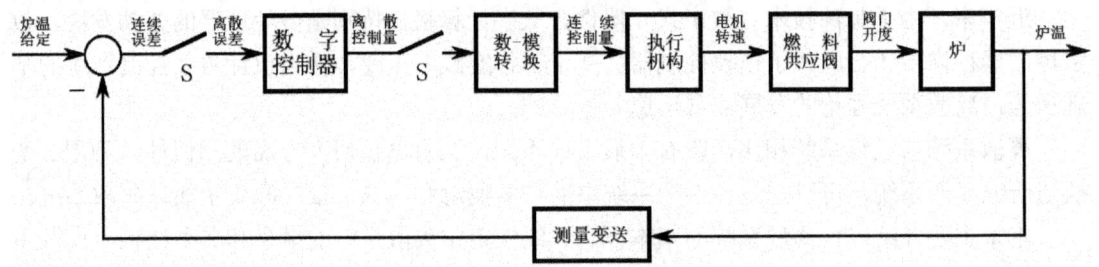

图 7-2　炉温离散控制系统

在图中，开关 S 周期性地接通及断开，两次接通的间隔为一个较长时间 T，而每次接通的持续时间 τ 则很短。当炉温出现偏差时，只在接通的 τ 时间内，误差信号才通过 S 送至电机以调整阀门；而在 T 时间内，系统处于断开状态，等待炉温的变化，从而使炉温的变化及时反馈给系统，避免了炉温振荡情况的发生。

开关前后的信号波形如图 7-3 所示。图 7-3(a)为开关 S 之前的信号，为连续的误差信号，始终随炉温的变化而变化。图 7-3(b)为开关 S 之后的信号，为离散的误差信号，只在 S 闭合的时刻才有值，在时间上属于离散信号，用 $e^*(t)$ 表示。可见，在系统中既包含连续信号又包含离散信号。

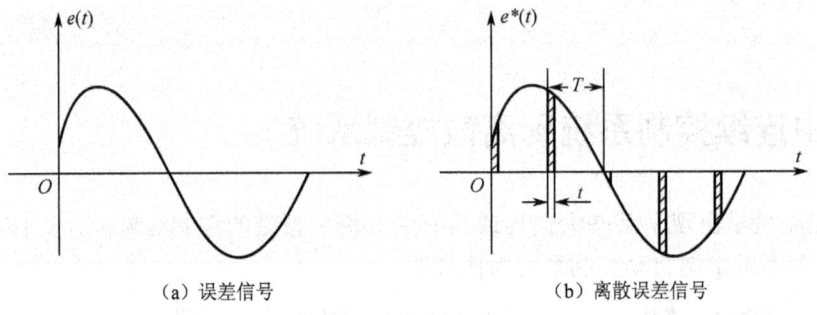

(a) 误差信号　　　　　　　　　　(b) 离散误差信号

图 7-3　开关 S 两端的信号波形

7.1.2　离散控制系统的典型结构

如果将图 7-2 进行抽象，就可以得到如图 7-4 所示的数字控制系统。该系统包括工作于离散状态下的数字计算机（或数字控制器）和具有连续工作状态的被控对象两大部分。数字计算机（或数字控制器）构成了控制系统的数字部分，通过这部分的信号均以离散形式出现。$G(s)$是系统被控对象的传递函数，属于不可变部分，它是构成连续部分的主要成分。D/A 和 A/D 分别为数-模转换器和模-数转换器。

系统是按反馈原理工作的，连续的反馈信号 $b(t)$ 与连续的输入信号 $r(t)$ 在比较器上进行比较，得到连续的误差信号 $e(t)$，即 $e(t) = r(t) - b(t)$。A/D 转换器把连续的误差信号 $e(t)$ 转换成数字信号，即得到离散信号 $e^*(t)$ 送入计算机进行处理。由于计算机输出为数字信号，必须先由 D/A 转换器转换成模拟信号，然后再送给控制对象，对其进行控制。

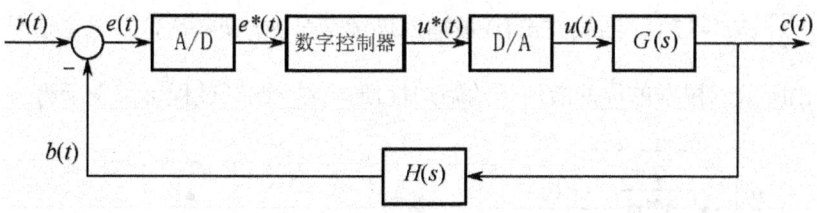

图 7-4 数字控制系统结构图

通常，假定所选择的 A/D 转换器有足够的字长来表示数据，量化单位 q 足够小，所以由量化引起的幅值断续性可以忽略。此外还假定，采样编码过程是瞬时完成的，可用理想脉冲的幅值等效代替数字信号的大小，则 A/D 转换器可以用周期为 T 的理想开关来表示。同理，将数字量转换为模拟量的 D/A 转换器用保持器 $G_h(s)$ 表示。如果被控对象的传递函数为 $G(s)$，反馈元件的传递函数为 $H(s)$，控制器的传递函数为 $G_c(s)$，则图 7-5 为等效采样控制系统方块图，也是数字控制系统的常见典型结构。

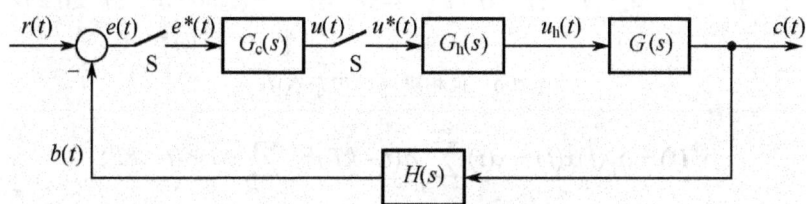

图 7-5 数字控制系统典型结构图

7.2 采样器和保持器

7.2.1 采样器

在采样系统中，把连续信号转换成脉冲序列或离散信号的过程称之为采样。实现采样的装置，称为采样器或采样开关。采样过程可以用一个周期闭合的采样开关来表示，如图 7-6 所示。

采样开关闭合的周期为 T，每次闭合的时间为 τ。在实际应用中，采样持续时间 τ 远远小于采样周期 T，也远远小于采样器后面系统连续部分的最大时间常数。

因此，在分析中，可以近似认为 τ 趋于零。在这种条件下，当采样器的输入为连续信号 $x(t)$ 时，如图 7-7 所示，输出采样信号 $x^*(t)$ 是一串理想脉冲，采样时 $x^*(t)$ 的脉冲幅值等于瞬时 $x(t)$ 的幅值，即 $x(0T), x(T), x(2T), \cdots, x(kT), \cdots$，如图 7-8 所示。

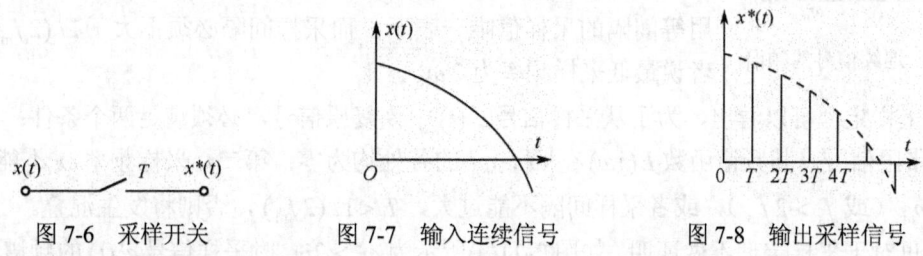

图 7-6 采样开关　　图 7-7 输入连续信号　　图 7-8 输出采样信号

采样过程可以视为一个幅值调制过程，采样器如同调制器。如图 7-9(a)所示，$\delta_T(t)$ 是调制器的载波，如图 7-9(b)所示为以 T 为周期、强度为 1 的单位理想冲激序列，其函数表达式为 $\delta_T(t) = \sum_{k=-\infty}^{\infty} \delta(t-kT)$。当载波 $\delta_T(t)$ 被输入连续信号 $x(t)$ 调幅后，其输出信号为 $x^*(t)$，如图 7-9(c)和(d)所示。根据单位冲激信号的筛选性质，这一调制过程可以表示为

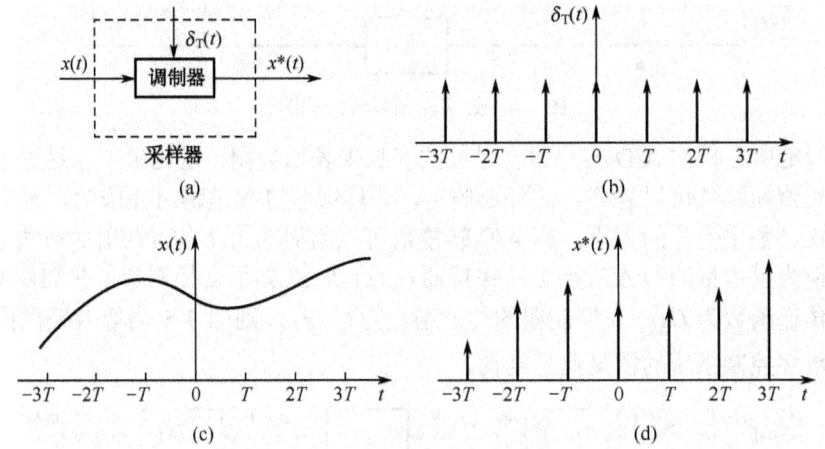

图 7-9 理想采样过程示意图

$$x^*(t) = \delta_T(t)x(t) = x(t)\sum_{k=-\infty}^{\infty} \delta(t-kT) = \sum_{k=-\infty}^{\infty} x(t)\delta(t-kT) \quad (7-1)$$

或者

$$x^*(t) = \sum_{k=-\infty}^{\infty} x(kT)\delta(t-kT) \quad (7-2)$$

通常在控制系统中，信号一般为因果信号，即 $x(t) = 0$（$t<0$），因此式（7-1）和式（7-2）序列的起始时刻应为 $k = 0$。

在以后的分析中，我们称式（7-2）为采样信号 $x^*(t)$ 的定义。这就是说，我们把采样器输出视为一串脉冲，脉冲的强度分别等于各采样瞬时的采样数值。

7.2.2 采样定理

香农（Shannon）采样定理在设计离散系统时是非常重要的，因为它给出了从采样信号恢复到原信号所必需的最低采样频率。

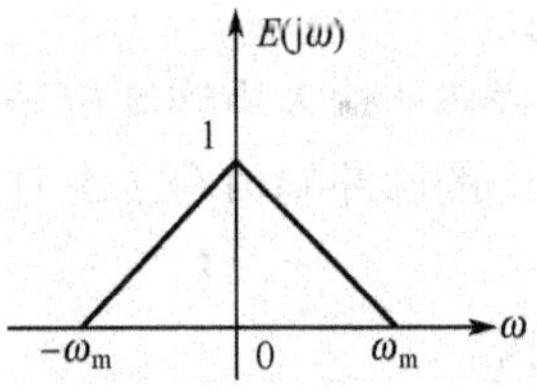

设连续信号 $e(t)$ 具有的频谱 $E(j\omega)$，如图 7-10 所示，该信号的频谱不包括任何大于 ω_m rad/s 的频率分量。

采样定理 若带限信号 $e(t)$ 的最高角频率为 ω_m，则信号 $e(t)$ 可以用等间隔的采样值唯一表示，而采样间隔必须不大于 $1/(2f_m)$，或者说最低采样频率为 $2\omega_m$。

图 7-10 连续信号的频谱

由采样定理可以看出，为了从采样信号 $e^*(t)$ 中恢复原信号，必须满足两个条件：第一，$e(t)$ 是带限信号，其频谱函数 $E(j\omega)$ 在 $|\omega| > \omega_m$ 的各处均为零；第二，采样频率 ω_s 不能过低，$\omega_s \geq 2\omega_m$（或 $f_s \geq 2f_m$），或者采样间隔不能过大，$T < 1/(2f_m)$，否则将发生混叠。

这里对于采样定理不做证明。如图 7-11(a)所示为 $\omega_s > 2\omega_m$ 时采样信号 $e^*(t)$ 的频谱，若采用一个理想的低通滤波器，就能够不失真地将连续信号 $e(t)$ 复现出来；如图 7-11(b)所示为

$\omega_s < 2\omega_m$ 时采样信号 $e^*(t)$ 的频谱，发生了波形混叠，不能复现原信号。

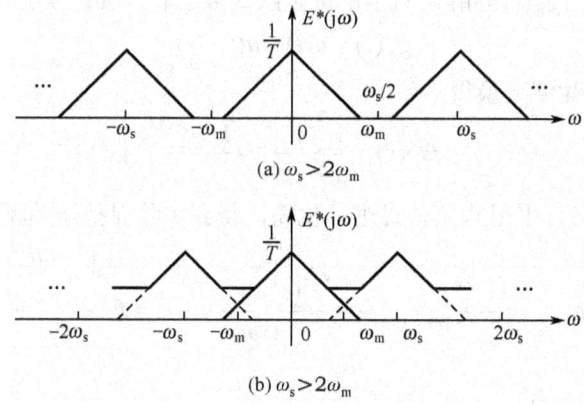

图 7-11 采样信号的频谱

通常采用低通滤波器来复现原信号，理想的滤波器实际上是不存在的，在工程上，通常只能采用接近理想滤波器性能的低通滤波器来近似代替，最简单、最常用的低通滤波器就是零阶保持器。

7.2.3 保持器

零阶保持器的作用是：使采样信号 $e^*(t)$ 每一个采样时刻的采样值一直保持到下一个采样时刻，从而使采样信号 $e^*(t)$ 变成阶梯信号 $e_h(t)$，如图 7-12 所示。

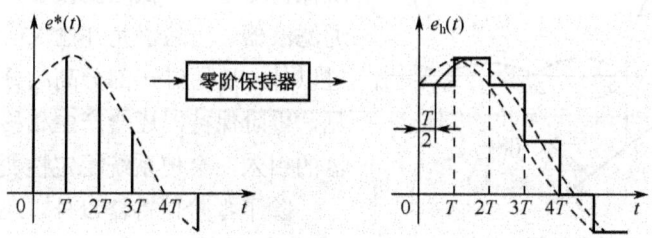

图 7-12 零阶保持器的作用

因为 $e_h(t)$ 在每个采样区间内的值均为常数，其导数为零，故称为零阶保持器。

把阶梯信号 $e_h(t)$ 的中点连接起来，如图 7-12 右图中的虚线所示，则可以得到与被采样信号 $e(t)$ 形状一致而在时间上落后了 $T/2$ 的时间响应 $e(t-T/2)$。从这里可以初步看到零阶保持器对于系统动态性能的影响，即有半个采样周期的延迟。

下面推导零阶保持器的传递函数和频率特性。

从上面的讨论中可以看到，零阶保持器的作用是把一个脉冲输入在一个采样周期内保持常值，即零阶保持器是一种按常值规律外推的保持器，其时域特性 $g_h(t)$ 如图 7-13(a)所示，是一个幅值为 1、宽度为 T 的矩形脉冲。幅值为 1，说明采样值经过保持器既不放大也不衰减；

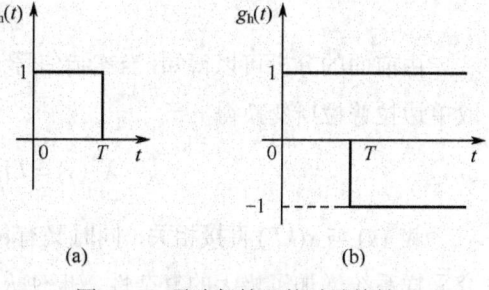

图 7-13 零阶保持器的时域特性

宽度等于 T，说明零阶保持器对采样值只能不增不减地保存一个采样周期。

为了推导方便，把 $g_h(t)$ 分解为两个单位阶跃函数之和，如图 7-13(b)所示。

$$g_h(t) = u(t) - u(t-T) \tag{7-3}$$

对式（7-3）进行拉普拉斯变换得

$$G_h(s) = \frac{1}{s} - \frac{e^{-Ts}}{s} = \frac{1-e^{-Ts}}{s} \tag{7-4}$$

将 $s = j\omega$ 代入式（7-4），采用欧拉公式进行化简，得到零阶保持器的频率特性

$$G_h(j\omega) = \frac{1-e^{-Ts}}{s}\bigg|_{s=j\omega} = \frac{2e^{-j\frac{\omega T}{2}}(e^{j\frac{\omega T}{2}} - e^{-j\frac{\omega T}{2}})}{2j\omega} = T\frac{\sin\left(\frac{\omega T}{2}\right)}{\frac{\omega T}{2}}e^{-j\frac{\omega T}{2}} \tag{7-5}$$

其幅频特性和相频特性分别为

$$|G_h(j\omega)| = T\frac{\sin\left(\frac{\omega T}{2}\right)}{\frac{\omega T}{2}} = TSa(\frac{\omega T}{2}) \tag{7-6}$$

$$\angle G_h(j\omega) = -\frac{\omega T}{2} \tag{7-7}$$

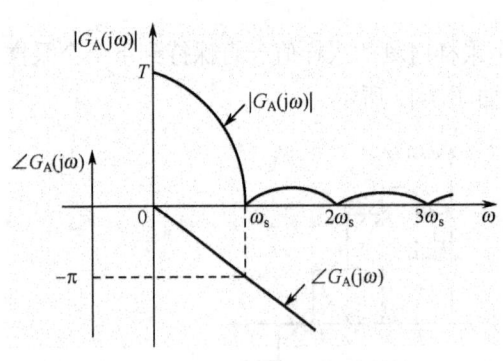

图 7-14 零阶保持器的频率特性

$G_h(j\omega)$ 的频率特性如图 7-14 所示。从幅频特性可见，随着 ω 增大，幅值在衰减。因此，零阶保持器是一个低通滤波器，但不是一个理想低通滤波器，它除了允许输入信号的主频率分量通过以外，还通过一部分高频分量。从相频特性可见，零阶保持器还会产生相移，因此，零阶保持器的引入，会使系统稳定性变坏。

除了零阶保持器以外，还有一阶、二阶及高阶保持器。由于它们实现起来比较复杂，而且相角滞后比零阶保持器更大，所以很少使用。

7.3 z 变换

由前面的分析可以得知，当连续信号 $x(t)$ 经过采样得到离散信号 $x^*(t)$，对式（7-2）的 $x^*(t)$ 取单边拉普拉斯变换得

$$X^*(s) = L[x^*(t)] = \sum_{k=0}^{\infty} x(kT)e^{-kTs} \tag{7-8}$$

$X^*(s)$ 与 $x(kT)$ 直接相关，同时又有 e^{-kTs} 的部分，e^{-kTs} 使 $X^*(s)$ 成为 s 的超越函数，给研究采样系统增加了极大的复杂性，也使人们放弃了使用拉普拉斯变换研究采样系统的想法，从而寻求新的路径，由此 z 变换应运而生。z 变换是与拉普拉斯变换相对应、针对离散信号进行的一种数学变换，本节首先简单介绍 z 变换。

7.3.1 z 变换定义

对式（7-8）中的元素做如下定义，将会使 $X^*(s)$ 的表达式大大简化，令

$$z = e^{sT}, \quad s = \frac{1}{T}\ln z \tag{7-9}$$

这里 s 是拉普拉斯（简称拉氏）算子，T 是采样周期，将其代入式（7-8）可得

$$X(z) = x^*(s)\bigg|_{s=\frac{1}{T}\ln z} = \sum_{k=0}^{\infty} x(kT)z^{-k}, \quad k=0,1,2,\cdots \tag{7-10}$$

$X(z)$ 记为离散信号 $x^*(t)$ 的 z 变换，由于只考虑采样瞬时的信号值，所以常写成

$$Z[x(t)] = Z[x^*(t)] = X(z) = \sum_{k=0}^{\infty} x(kT)z^{-k}, \quad k=0,1,2,\cdots \tag{7-11}$$

z 变换仅仅是一种取 $z = e^{Ts}$ 的变量置换，通过它将 s 的超越函数转变为 z 的代数方程。通常情况下，一个连续函数如果可以求其拉普拉斯变换，则其 z 变换也可相应求得；如果拉普拉斯变换在 s 域收敛，则其 z 变换通常也在 z 域收敛。

z 变换又称采样拉普拉斯变换，它的引入不仅极大地方便了对离散信号的分析，也给采样系统的分析带来了极大的方便，是研究采样系统的重要数学工具。

7.3.2 求 z 变换的方法

求离散信号 z 变换的方法很多，下面介绍常用的定义法和部分分式展开法。

1. 定义法求 z 变换

定义法又称幂级数求和法，它由 z 变换定义而来。将式（7-10）展开可得

$$X(z) = x(0) + x(T)z^{-1} + x(2T)z^{-2} + x(3T)z^{-3} + \cdots \tag{7-12}$$

注意一下符号 z 在这个等式中的作用便会发现其特点，显然，z 的阶次反映了信号采样的时刻。例如，某信号的 z 变换为

$$X(z) = 1 + 2z^{-1} + 2.1z^{-2} + 2.3z^{-3} + \cdots$$

那么就可以知道，$t=0$ 时刻，$x(t)=1$；$t=T$ 时刻，$x(t)=2$；$t=2T$ 时刻，$x(t)=2.1$；$t=3T$ 时刻，$x(t)=2.3$；依次类推。因此可以用 z^{-k} 代替 e^{-ksT} 来表示 kT 的延迟时间。反过来，如果已知连续输入信号 $x(t)$、其输出采样信号 $x^*(t)$ 以及采样周期 T，则 $x(kT)$ 可求，再由式（7-12）可求得采样信号 $x^*(t)$ 的 z 变换。通常，对于常用函数 z 变换的级数形式，都可以写出其闭合形式。

（1）单位冲激函数的 z 变换

$$x(t) = \delta(t) = \begin{cases} 1 & t=0 \\ 0 & t\neq 0 \end{cases}, \quad x(kT) = \delta(kT) \tag{7-13}$$

$$X(z) = Z[\delta(t)] = \sum_{k=0}^{\infty} \delta(kT)z^{-k} = \delta(0)z^{-0} = 1 \tag{7-14}$$

（2）单位阶跃函数的 z 变换

$$x(t) = 1(t), \quad x(kT) = 1(kT) \tag{7-15}$$

$$X(z) = Z[1(t)] = \sum_{k=0}^{\infty} 1(kT)z^{-k} = 1 + z^{-1} + z^{-2} + \cdots = \frac{1}{1-z^{-1}} = \frac{z}{z-1} \quad (7-16)$$

（3）指数信号的 z 变换

$$x(t) = \begin{cases} 0 & t < 0 \\ \mathrm{e}^{-at} & t \geqslant 0 \end{cases}, \quad x(kT) = \begin{cases} 0 & k < 0 \\ \mathrm{e}^{-akT} & k \geqslant 0 \end{cases} \quad (7-17)$$

$$X(z) = Z[\mathrm{e}^{-at}] = \sum_{k=0}^{\infty} \mathrm{e}^{-akT} z^{-k} = 1 + \mathrm{e}^{-aT} z^{-1} + \mathrm{e}^{-2aT} z^{-2} + \cdots = \frac{1}{1-\mathrm{e}^{-aT} z^{-1}} = \frac{z}{z-\mathrm{e}^{-aT}} \quad (7-18)$$

（4）单位理想冲激序列的 z 变换

$$x(t) = \delta_T(t) = \sum_{k=0}^{\infty} \delta(t - kT) \quad (7-19)$$

$$X(z) = \sum_{k=0}^{\infty} 1(kT)z^{-k} = 1 + z^{-1} + z^{-2} + z^{-3} + \cdots = \frac{z}{z-1}, \quad |z| > 1 \quad (7-20)$$

（5）单位斜坡信号的 z 变换

$$x(t) = t, \quad x(kT) = kT \quad (7-21)$$

$$X(z) = Z[t] = \sum_{k=0}^{\infty} kT z^{-k} = T(z^{-1} + 2z^{-2} + 3z^{-3} + \cdots) = Tz(z^{-2} + 2z^{-3} + 3z^{-4} + \cdots)$$

$$= -Tz \frac{\mathrm{d}}{\mathrm{d}z}(z^{-1} + z^{-2} + \cdots) = -Tz \frac{\mathrm{d}\left(\frac{z}{z-1} - 1\right)}{\mathrm{d}z} = -Tz \frac{\mathrm{d}\left(\frac{1}{z-1}\right)}{\mathrm{d}z} = \frac{Tz}{(z-1)^2} \quad (7-22)$$

2. 部分分式法求 z 变换

部分分式法是基于这样的思路得到的：如果已知连续函数的拉普拉斯变换 $X(s)$，通过部分分式法可以展开成一些简单函数的拉普拉斯变换式之和，它们的时间函数 $x(t)$ 可求得，则采样信号 $x^*(t)$ 及其 z 变换均可求得，所以可方便地求出 $X(s)$ 对应的 z 变换 $X(z)$。

【例 7-1】 求 $X(s) = \dfrac{1}{s(s+1)}$ 的 z 变换。

解 将 $X(s)$ 展开为部分分式之和

$$X(s) = \frac{1}{s(s+1)} = \frac{1}{s} - \frac{1}{s+1}$$

对其进行拉普拉斯反变换得到

$$x(t) = u(t) - \mathrm{e}^{-t}$$

由式（7-16）和式（7-18）的阶跃信号和指数信号的 z 变换，求和就可得到 $X(s)$ 对应的 z 变换

$$Z[x(t)] = \frac{z}{z-1} - \frac{z}{z-\mathrm{e}^{-T}} = \frac{z(z-\mathrm{e}^{-T}) - z(z-1)}{(z-1)(z-\mathrm{e}^{-T})} = \frac{z(1-\mathrm{e}^{-T})}{(z-1)(z-\mathrm{e}^{-T})}$$

由例 7-1 可见，用部分分式法求 z 变换的步骤如下：

（1）连续函数的拉普拉斯变换式展开为部分分式之和。
（2）部分分式取拉普拉斯反变换得时间函数 $x(t)$。
（3）时间函数 $x(t)$ 离散化得采样信号。
（4）离散信号 $x^*(t)$ 取 z 变换。

为了方便起见，有时可以直接由部分分式法通过查表的方法求得部分分式拉普拉斯变换所对应的 z 变换，最后求得 $X(s)$ 对应的 z 变换。

常用的时间函数的 z 变换和拉普拉斯变换的对照表见表 7-1，注意与"信号与系统"课程中学习的 z 变换形式相区别，即要区分采样周期为 1 的离散信号与采样周期为 T 的离散信号的 z 变换。

表 7-1 常用的时间函数及拉普拉斯变换和 z 变换对照表

序号	$X(s)$	$x(t)$	采样周期为 1 的离散信号及其 z 变换		采样周期为 T 的离散信号及其 z 变换	
			$x(k)$	$Z[x(k)]$	$x(kT)$	$Z[x(kT)]$
1	1	$\delta(t)$	$\delta(k)$	1	$\delta(kT)$	1
2	e^{-nTs}	$\delta(t-nT)$	$\delta(k-nT)$	z^{-n}	$\delta(kT-nT)$	z^{-n}
3	$\dfrac{1}{s}$	$1(t)$	$1(k)$	$\dfrac{z}{z-1}$	$1(kT)$	$\dfrac{z}{z-1}$
4	$\dfrac{1}{s^2}$	t	k	$\dfrac{z}{(z-1)^2}$	kT	$\dfrac{Tz}{(z-1)^2}$
5	$\dfrac{2}{s^3}$	t^2	k^2	$\dfrac{z(z+1)}{(z-1)^3}$	$(kT)^2$	$\dfrac{T^2 z(z+1)}{(z-1)^3}$
6	$\dfrac{1}{1-e^{-Ts}}$	$\sum\limits_{n=0}^{\infty}\delta(t-nT)$	$1(k)$	$\dfrac{z}{z-1}$	$1(kT)$	$\dfrac{z}{z-1}$
7	$\dfrac{1}{s+a}$	e^{-at}	e^{-ak}	$\dfrac{z}{z-e^{-a}}$	e^{-akT}	$\dfrac{z}{z-e^{-aT}}$
8	$\dfrac{1}{(s+a)^2}$	te^{-at}	ke^{-ak}	$\dfrac{ze^{-a}}{(z-e^{-a})^2}$	kTe^{-akT}	$\dfrac{Tze^{-aT}}{(z-e^{-aT})^2}$
9	$\dfrac{a}{s(s+a)}$	$1-e^{-at}$	$1-e^{-ak}$	$\dfrac{(1-e^{-a})z}{(z-1)(z-e^{-a})}$	$1-e^{-akT}$	$\dfrac{(1-e^{-aT})z}{(z-1)(z-e^{-aT})}$
10	$\dfrac{\omega}{s^2+\omega^2}$	$\sin\omega t$	$\sin\omega k$	$\dfrac{z\sin\omega}{z^2-2z\cos\omega+1}$	$\sin\omega kT$	$\dfrac{z\sin\omega T}{z^2-2z\cos\omega T+1}$
11	$\dfrac{s}{s^2+\omega^2}$	$\cos\omega t$	$\cos\omega k$	$\dfrac{z(z-\cos\omega)}{z^2-2z\cos\omega+1}$	$\cos\omega kT$	$\dfrac{z(z-\cos\omega T)}{z^2-2z\cos\omega T+1}$
12	$\dfrac{\omega}{(s+a)^2+\omega^2}$	$e^{-at}\sin\omega t$	$e^{-ak}\sin\omega k$	$\dfrac{ze^{-a}\sin\omega}{z^2-2ze^{-a}\cos\omega T+e^{-2a}}$	$e^{-akT}\sin\omega kT$	$\dfrac{ze^{-aT}\sin\omega T}{z^2-2ze^{-aT}\cos\omega T+e^{-2aT}}$
13	$\dfrac{s+a}{(s+a)^2+\omega^2}$	$e^{-at}\cos\omega t$	$e^{-ak}\cos\omega k$	$\dfrac{z(z-e^{-a}\cos\omega)}{z^2-2ze^{-a}\cos\omega+e^{-2a}}$	$e^{-akT}\cos\omega kT$	$\dfrac{z(z-e^{-aT}\cos\omega T)}{z^2-2ze^{-aT}\cos\omega T+e^{-2aT}}$
14	$\dfrac{1}{s-\ln a}$	a^t	a^k	$\dfrac{z}{z-a}$	a^{kT}	$\dfrac{z}{z-a^T}$

7.3.3 z 变换的基本性质

与拉普拉斯变换一样，在 z 变换中也有一些基本性质，利用这些性质，可以使 z 变换和 z 反变换的计算大为简便，因此，掌握这些性质及性质的用法对离散系统的分析是十分重要的。下面给出 z 变换常用的性质及这些性质的用法，性质的严格证明请查阅其他文献。

1. 线性性质

若 $X_1(z) = Z[x_1(t)], X_2(z) = Z[x_2(t)]$，$a$、$b$ 均为常数，则有

$$Z[ax_1(t) + bx_2(t)] = aX_1(z) + bX_2(z) \tag{7-23}$$

【例 7-2】 求 $\sin\omega t$ 的 z 变换。

解 由欧拉公式 $\sin\omega t = \dfrac{e^{j\omega t} - e^{-j\omega t}}{2j}$，再根据线性性质得

$$X(z) = Z[\sin \omega t] = \frac{1}{2j} Z[e^{j\omega t} - e^{-j\omega t}]$$

$$= \frac{1}{2j}\left[\frac{z}{z-e^{j\omega T}} - \frac{z}{z-e^{-j\omega T}}\right] = \frac{1}{2j}\left[\frac{z(z-e^{-j\omega T}) - z(z-e^{j\omega T})}{(z-e^{j\omega T})(z-e^{-j\omega T})}\right]$$

$$= \frac{1}{2j} \cdot \frac{z(e^{j\omega T} - e^{-j\omega T})}{z^2 - z(e^{j\omega T} + e^{-j\omega T} + 1)} = \frac{z\sin\omega T}{z^2 - 2z\cos\omega T + 1}$$

2. 时移滞后性质（负偏移定理）

设连续时间函数 $x(t)$ 为因果信号，且有 z 变换 $X(z)$，则

$$Z[x(t-nT)] = z^{-n} X(z) \tag{7-24}$$

【例 7-3】 已知 $x(t) = u(t-T)$，求 $X(z)$。

解 由于 $Z[u(t)] = \dfrac{z}{z-1}$，根据时移滞后性质得 $X(z) = z^{-1} \dfrac{z}{z-1} = \dfrac{1}{z-1}$。

【例 7-4】 已知 $x(t) = t - T$，求 $X(z)$。

解 由于 $Z[t] = \dfrac{Tz}{(z-1)^2}$，根据时移滞后性质得 $X(z) = z^{-1} \dfrac{Tz}{(z-1)^2} = \dfrac{T}{(z-1)^2}$。

3. 时移超前性质（正偏移定理）

若 $X(z) = Z[x(t)]$，则有

$$Z[x(t+nT)] = z^n\left[X(z) - \sum_{k=0}^{n-1} x(kT)z^{-k}\right] = z^n X(z) - z^n x(0) - z^{n-1} x(1) - \cdots - zx(kT-T) \tag{7-25}$$

当 $0 \leqslant k \leqslant n-1$ 时，$x(kT) = 0$，则 $Z[x(t+nT)] = z^n X(z)$。

【例 7-5】 已知 $x(t) = 1(t+T)$，求 $X(z)$。

解 由于 $Z[1(t)] = \dfrac{z}{z-1}$，根据时移超前性质得 $X(z) = z \cdot z[1(t)] - z1(0) = z \cdot \dfrac{z}{z-1} - z = \dfrac{z}{z-1}$。

4. 复数位移定理

若 $X(z) = Z[x(t)]$，则有

$$Z[e^{\mp at} x(t)] = X(ze^{\pm aT}),\quad a \text{ 为常数} \tag{7-26}$$

【例 7-6】 已知 $Z[\sin\omega t] = \dfrac{z\sin\omega T}{z^2 - 2z\cos\omega T + 1}$，求 $Z[e^{-as}\sin\omega t]$。

解 利用复数位移定理有

$$Z[e^{-at}\sin\omega t] = \frac{ze^{aT}\sin\omega T}{z^2 e^{2aT} - 2ze^{aT}\cos\omega T + 1} = \frac{ze^{-aT}\sin\omega T}{z^2 - 2ze^{-aT}\cos\omega T + e^{-2aT}}$$

5. z 域微分性质

若 $X(z) = Z[x(t)]$，则有

$$Z[t \cdot x(t)] = -Tz\frac{\mathrm{d}}{\mathrm{d}z}[X(z)] \tag{7-27}$$

【例 7-7】 已知 $x(t) = t$，求 $X(z)$。

解 由于 $Z[1(t)] = \dfrac{z}{z-1}$，根据 z 域微分性质得

$$X(z) = Z[t] = Z[t \cdot 1(t)] = -Tz\frac{d}{dt}\left(\frac{z}{z-1}\right) = \frac{Tz}{(z-1)^2}$$

6. 初值定理

如果 $x(t)$ 的 z 变换为 $X(z)$，并且 $\lim_{z\to\infty} X(z)$ 是存在的，则

$$\lim_{t\to 0} x(t) = x(0) = \lim_{z\to\infty} X(z) \tag{7-28}$$

【例 7-8】已知离散信号的 z 变换为 $X(z) = \dfrac{0.5z}{(z-1)(z-0.5)}$，求 $x(0)$。

解 由初值定理得 $x(0) = \lim\limits_{z\to\infty} X(z) = \lim\limits_{z\to\infty} \dfrac{0.5z}{(z-1)(z-0.5)} = 0$。

【例 7-9】求 $x(t) = e^{-at}$ 的初值。

解 $X(z) = Z[e^{-at}] = \dfrac{z}{z - e^{-aT}}$，根据初值定理有 $x(0) = \lim\limits_{z\to\infty} \dfrac{z}{z - e^{-aT}} = 1$。

当然，本题信号的时域表达式很简单，也可以直接用时域信号求初值。

7. 终值定理

若 $X(z) = Z[x(t)]$，且 $x(t)$ 终值存在，则

$$x(\infty) = \lim_{z\to 1}(z-1)X(z) \tag{7-29}$$

【例 7-10】已知离散信号的 z 变换为 $X(z) = \dfrac{z^3 + z^2 + 1}{(z-1)(z-0.5)}$，求 $x(\infty)$。

解 由终值定理得 $x(\infty) = \lim\limits_{z\to 1}(z-1)X(z) = \lim\limits_{z\to 1}(z-1)\dfrac{z^3 + z^2 + 1}{(z-1)(z-0.5)} = 6$。

7.3.4 z 反变换

在连续系统分析中，应用拉普拉斯反变换从 s 域确定时域解；同理，在离散系统中，用 z 反变换从 z 域确定时域采样信号。

z 反变换为 $Z^{-1}[X(z)] = x^*(t)$，它只给出了采样信号 $x^*(t)$，而不能提供连续信号 $x(t)$。常见的典型信号的 z 反变换可通过查表 7-1 得出，对其他的各种函数用反变换的方法求解。

已知 z 变换式 $X(z)$ 时，常用的求 z 反变换的方法主要有三种：部分分式法、幂级数法和留数法。下面通过实例介绍部分分式法求解 z 反变换，另外两种方法请参考其他文献。

用部分分式法求 z 反变换，先将 $X(z)$ 展开成部分分式和的形式，然后通过表 7-1 查出所对应的时域函数 $x(t)$，再将 $x(t)$ 离散化变成 $x^*(t)$。注意，在变换时，先将 $X(z)/z$ 展开成部分分式，然后将其结果都乘以 z，即得出 $X(z)$ 的展开式。

【例 7-11】已知 z 变换式 $X(z) = \dfrac{10z}{(z-1)(z-2)}$，求 $x(kT)$。

解 $\dfrac{X(z)}{z} = \dfrac{10}{(z-1)(z-2)} = \dfrac{-10}{z-1} + \dfrac{10}{z-2}$，所以 $X(z) = \dfrac{-10z}{z-1} + \dfrac{10z}{z-2}$。

查表 7-1，得 $Z^{-1}\left[\dfrac{z}{z-1}\right] = 1$；$Z^{-1}\left[\dfrac{z}{z-2}\right] = 2^k$，则 $x(kT) = -10 + 10 \cdot 2^k = 10(-1 + 2^k), k = 0, 1, 2, 3, \cdots$

【例 7-12】 已知 z 变换式 $X(z) = \dfrac{z}{(z-1)^2(z-2)}$，求 $x(kT)$。

解 将 $\dfrac{X(z)}{z}$ 展开为部分分式 $\dfrac{X(z)}{z} = \dfrac{A}{(z-1)^2} + \dfrac{B}{z-1} + \dfrac{C}{z-2}$。

本题 $X(z)$ 含有重极点，系数的求法与拉普拉斯反变换相同。

$$A = \left.\frac{1}{(z-1)^2(z-2)}(z-1)^2\right|_{z=1} = -1$$

$$B = \left.\frac{\mathrm{d}}{\mathrm{d}z}\left[\frac{1}{(z-1)^2(z-2)}(z-1)^2\right]\right|_{z=1} = -1$$

$$C = \left.\frac{1}{(z-1)^2(z-2)}(z-2)\right|_{z=2} = 1$$

所以

$$X(z) = -\frac{z}{(z-1)^2} - \frac{z}{z-1} + \frac{z}{z-2}$$

查表 7-1 得

$$Z^{-1}\left[\frac{z}{(z-1)^2}\right] = kT; \quad Z^{-1}\left[\frac{z}{z-1}\right] = 1(kT); \quad Z^{-1}\left[\frac{z}{z-2}\right] = 2^k$$

所以

$$x(kT) = -kT - 1(kT) + 2^{kT}$$

7.4 脉冲传递函数

在连续系统中，当初始状态为零时，系统输出信号的拉普拉斯变换与输入信号的拉普拉斯变换之比为传递函数，它是基于复频域的数学模型。在离散系统中，在 z 变换的基础上也有类似的定义，其分析思路与连续系统基本一致，这种模型称为脉冲传递函数。

7.4.1 脉冲传递函数的定义及求法

设开环离散系统如图 7-15 所示，如果系统的初始状态为零时，输入信号为 $r(t)$，采样后 $r^*(t)$ 的 z 变换为 $R(z)$，系统连续部分输出为 $c(t)$，采样后 $c^*(t)$ 的 z 变换为 $C(z)$，则线性离散系统的脉冲传递函数定义为系统离散输出信号的 z 变换 $C(z)$ 与输入采样信号的 z 变换 $R(z)$ 之比，并用 $G(z)$ 表示，即

$$G(z) = \frac{C(z)}{R(z)} \tag{7-30}$$

所谓初始状态为零，是指在 $t<0$ 时，输入信号的各采样值 $r(-T), r(-2T), r(-3T)\cdots$ 以及输出信号的各采样值 $c(-T), c(-2T), c(-3T)\cdots$ 都为零。

由式（7-30）可求得线性离散系统的输出采样信号为

$$c^*(t) = Z^{-1}[C(z)] = Z^{-1}[G(z)R(z)] \tag{7-31}$$

实际上，许多采样系统的输出往往是连续信号 $c(t)$，而不是采样信号 $c^*(t)$，如图 7-16

所示。在这种情况下，可以在系统的输出端虚设一个理想采样开关，如图 7-16 的虚线所示，它与输入采样开关同步动作，而且采样周期相同。如果系统的实际输出 $c(t)$ 比较平滑，而且采样频率较高，则可以用 $c^*(t)$ 近似描述 $c(t)$。必须指出，虚设的采样开关是不存在的，它只表明了脉冲传递函数所能描述的只是输出连续信号 $c(t)$ 在采样时刻上的离散值 $c^*(t)$。

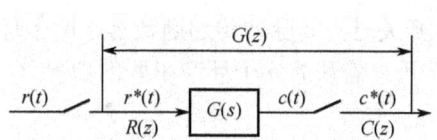

图 7-15 开环离散系统的方块图

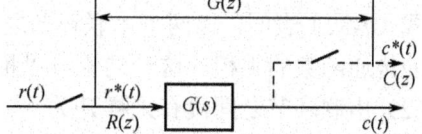

图 7-16 实际开环离散系统（虚设输出采样开关）

连续系统或元件的脉冲传递函数 $G(z)$ 可以通过其传递函数 $G(s)$ 来求取。具体步骤如下：首先对连续传递函数 $G(s)$ 进行拉普拉斯反变换，求出其单位脉冲响应 $g(t)$；然后对 $g(t)$ 进行采样，求出离散脉冲响应 $g^*(t)$；最后对 $g^*(t)$ 进行 z 变换，即可得到该系统的脉冲传递函数 $G(z)$。

【例 7-13】 设如图 7-15 所示开环系统中 $G(s) = \dfrac{a}{s(s+a)}$，试求相应的脉冲传递函数 $G(z)$。

解 （1）对连续传递函数 $G(s)$ 进行拉普拉斯反变换，求得单位脉冲响应 $g(t)$ 为

$$g(t) = L^{-1}\left[\frac{a}{s(s+a)}\right] = L^{-1}\left[\frac{1}{s} - \frac{1}{s+a}\right] = 1(t) - e^{-at}$$

（2）对 $g(t)$ 进行采样，求出离散脉冲响应 $g^*(t)$ 为

$$g^*(t) = 1(kT) - e^{-akT}$$

（3）对 $g^*(t)$ 进行 z 变换，即可得到该系统的脉冲传递函数 $G(z)$

$$G(Z) = \frac{z}{z-1} - \frac{z}{z-e^{-aT}} = \frac{z(1-e^{-aT})}{(z-1)(z-e^{-aT})}$$

本例也可由部分分式法求得，即 $G(s) = \dfrac{1}{s} - \dfrac{1}{s+a}$，从表 7-1 查得，$z$ 变换得到同样的结果。

7.4.2 开环离散系统的脉冲传递函数

当开环离散系统由多个环节串联组成时，其脉冲传递函数将根据采样开关的数目和位置不同而得到不同的结果。下面将根据几种典型情况进行讨论。

1．串联环节的脉冲传递函数

在连续系统中，串联环节的传递函数等于各个环节传递函数之积。但是，对离散系统而言，串联环节的脉冲传递函数就不一定是这样，需要根据各环节之间有无采样开关做不同的处理。

（1）串联环节之间有采样开关

两个串联环节之间有采样开关分隔的情况如图 7-17 所示。

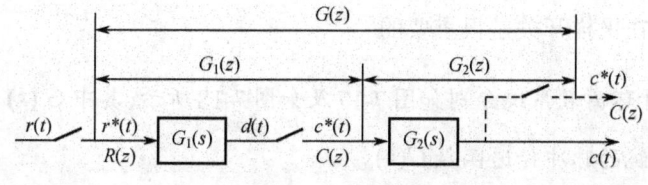

图 7-17 串联环节之间有采样开关

在两个串联环节 $G_1(s)$ 和 $G_2(s)$ 之间有采样开关时，根据脉冲传递函数的定义，有 $D(z) = G_1(z)R(z)$ 和 $C(z) = G_2(z)D(z)$。其中 $G_1(z)$ 和 $G_2(z)$ 分别为 $G_1(s)$ 和 $G_2(s)$ 的脉冲传递函数。于是就有 $C(z) = G_1(z)G_2(z)R(z)$，所以该系统的脉冲传递函数为

$$G(z) = \frac{C(z)}{R(z)} = G_1(z)G_2(z) \tag{7-32}$$

式（7-32）表明，当两个串联环节之间有采样开关时，其脉冲传递函数等于两个环节各自脉冲传递函数的乘积。这一结论可以推广到采样开关隔开的 n 个环节串联的情况。

(2) 串联环节之间没有采样开关

两个串联环节之间没有采样开关分隔的情况如图 7-18 所示。

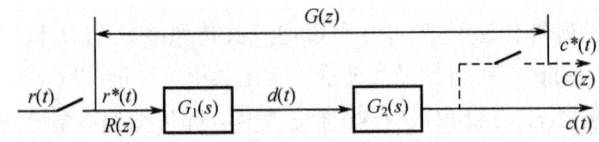

图 7-18　串联环节之间没有采样开关

两个串联连续环节 $G_1(s)$ 和 $G_2(s)$ 之间没有采样开关隔开时，系统输出信号的拉普拉斯变换为

$$C(s) = G_1(s)G_2(s)R^*(s) \tag{7-33}$$

式（7-33）中，$R^*(s)$ 为输入采样信号 $r^*(t)$ 的拉普拉斯变换。

要想对输出 $C(s)$ 进行离散化，需要首先了解一个采样拉普拉斯变换的性质，其内容如下：若采样信号的拉普拉斯变换 $E^*(s)$ 与连续信号的拉普拉斯变换 $G(s)$ 相乘后再离散化，则 $E^*(s)$ 可以从离散信号中分离出来，即

$$[E^*(s)G(s)]^* = E^*(s)G^*(s) \tag{7-34}$$

根据式（7-34）对 $C(s)$ 进行离散化，

$$C^*(s) = [G_1(s)G_2(s)R^*(s)]^* = [G_1(s)G_2(s)]^*R^*(s) = G_1G_2^*(s)R^*(s) \tag{7-35}$$

式（7-35）中，$G_1G_2^*(s) = [G_1(s)G_2(s)]^*$，通常情况下，$G_1G_2^*(s) \neq G_1^*(s)G_2^*(s)$。

对式（7-35）两边取 z 变换，得

$$C(z) = G_1G_2(z)R(z) \tag{7-36}$$

式（7-36）中，$G_1G_2(z)$ 表示 $G_1(s)$ 和 $G_2(s)$ 乘积的 z 变换。于是，该系统的脉冲传递函数为

$$G(z) = \frac{C(z)}{R(z)} = G_1G_2(z) \tag{7-37}$$

式（7-37）表明，两个串联环节之间没有采样开关隔开时，系统的脉冲传递函数等于两环节传递函数乘积后再进行的 z 变换。同理，此结论适用于 n 个环节串联而没有采样开关隔开的情形。

通常情况下，$G_1G_2(z) \neq G_1(z)G_2(z)$，从这个意义上说，$z$ 变换无串联性。所以看看在串联元件之间是否存在采样开关是很重要的。

【例 7-14】设开环离散系统分别如图 7-17 及如图 7-18 所示，其中 $G_1(s) = \dfrac{1}{s}$，$G_2(s) = \dfrac{a}{s+a}$。试分别求出两个系统的脉冲传递函数 $G(z)$。

解　(1) 对于如图 7-17 所示系统

$$G_1(z) = Z\left[\frac{1}{s}\right] = \frac{z}{z-1}, \quad G_2(z) = Z\left[\frac{a}{s+a}\right] = \frac{az}{z-\mathrm{e}^{-aT}}$$

由于 $G_1(s)$ 和 $G_2(s)$ 之间有采样开关，因此根据式（7-32）可得

$$G(z) = G_1(z)G_2(z) = \frac{z}{z-1} \cdot \frac{az}{z-\mathrm{e}^{-aT}} = \frac{az^2}{(z-1)(z-\mathrm{e}^{-aT})}$$

（2）对于如图 7-18 所示系统

$$G_1(s)G_2(s) = \frac{a}{s(s+a)}$$

$G_1(s)$ 和 $G_2(s)$ 之间没有采样开关，根据式（7-37）可得

$$G(z) = G_1G_2(z) = Z\left[\frac{a}{s(s+a)}\right] = Z\left[\frac{1}{s} - \frac{1}{s+a}\right] = \frac{z}{z-1} - \frac{z}{z-\mathrm{e}^{-aT}} = \frac{z(1-\mathrm{e}^{-aT})}{(z-1)(z-\mathrm{e}^{-aT})}$$

显然，针对串联环节之间同步采样开关的有无，其总的脉冲传递函数是不同的。但是，不同之处仅仅表现在其零点不同，极点仍然一样，即脉冲传递函数的分母是一样的，这也是离散系统特有的现象。

2. 零阶保持器的开环脉冲传递函数

设包含零阶保持器的开环离散系统如图 7-19 所示，其中零阶保持器的传递函数 $G_h(s) = \frac{1-\mathrm{e}^{-Ts}}{s}$，$G_p(s)$ 为系统其他连续部分的传递函数，两个串联环节之间没有同步采样开关。

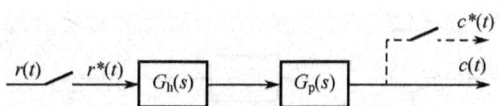

图 7-19 有零阶保持器的开环离散系统

系统的脉冲传递函数

$$G(z) = Z[G_h(s)G_p(s)] = Z\left[\frac{1-\mathrm{e}^{-Ts}}{s}G_p(s)\right]$$

根据 z 变换的线性性质有

$$G(z) = Z\left[\frac{1}{s}G_p(s)\right] - Z\left[\frac{1}{s}G_p(s)\mathrm{e}^{-Ts}\right] \tag{7-38}$$

由 z 变换的时移滞后性质，式（7-38）的第二项可以写为

$$Z\left[\frac{1}{s}G_p(s)\mathrm{e}^{-Ts}\right] = z^{-1}Z\left[\frac{1}{s}G_p(s)\right] \tag{7-39}$$

将式（7-39）代入式（7-38），得到系统的脉冲传递函数为

$$G(z) = Z\left[\frac{1}{s}G_p(s)\right] - z^{-1}Z\left[\frac{1}{s}G_p(s)\right] = (1-z^{-1})Z\left[\frac{1}{s}G_p(s)\right] \tag{7-40}$$

【例 7-15】 设离散系统如图 7-19 所示，已知 $G_p(s) = \frac{a}{s(s+a)}$，试求其脉冲传递函数 $G(z)$。

解 因为 $\frac{G_p(s)}{s} = \frac{a}{s^2(s+a)} = \frac{1}{s^2} - \frac{1}{a}\left(\frac{1}{s} - \frac{1}{s+a}\right)$，查 z 变换表 7-1，有

$$Z\left[\frac{1}{s}G_p(s)\right] = \frac{Tz}{(z-1)^2} - \frac{1}{a}\left(\frac{z}{z-1} - \frac{z}{z-e^{-aT}}\right)$$

$$= \frac{\frac{1}{a}z[(e^{-aT}+aT-1)z+(1-aTe^{-aT}-e^{-aT})]}{(z-1)^2(z-e^{-aT})}$$

因此，由式（7-40）得到零阶保持器的开环脉冲传递函数

$$G(z) = (1-z^{-1})Z\left[\frac{1}{s}G_p(s)\right] = \frac{\frac{1}{a}[(e^{-aT}+aT-1)z+(1-aTe^{-aT}-e^{-aT})]}{(z-1)(z-e^{-aT})}$$

现在，把上述结果与例 7-13 所得结果比较一下。在例 7-13 中，连续部分的传递函数与本例相同，但是没有零阶保持器。比较两例的开环系统脉冲传递函数可知，两者极点完全相同，仅零点不同。所以，零阶保持器不影响离散系统脉冲传递函数的极点。

7.4.3 闭环离散系统的脉冲传递函数

在连续系统中闭环传递函数可根据系统结构进行变换，各结构有自己固有的规律和变换方法，但在离散系统中，由于采样开关位置的不同，因此闭环系统的脉冲传递函数也各不相同，下面对几种常见的闭环离散系统进行分析和讨论。

系统方块图如图 7-20 所示，图中的虚线采样开关是为了分析方便而虚设的，且它们均以周期 T 同步工作。系统输入信号 $r(t)$ 和输出信号 $c(t)$ 均为连续量，推导如下：

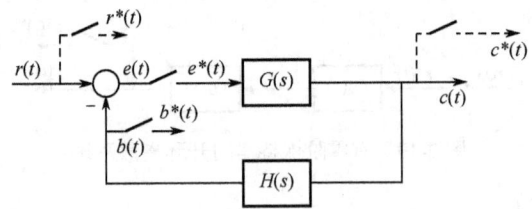

图 7-20 闭环采样系统方块图

由方块图可知

$$E(s) = R(s) - B(s) \tag{7-41}$$

离散后，$E^*(s) = R^*(s) - B^*(s)$，z 变换后得

$$E(z) = R(z) - B(z) \tag{7-42}$$

由反馈通道 $B(s) = E^*(s)G(s)H(s)$，离散后，$B^*(s) = E^*(s)[G(s)H(s)]^*$，$z$ 变换后得

$$B(z) = E(z)GH(z) \tag{7-43}$$

由正向通道 $C(s) = E^*(s)G(s)$，z 变换后，得

$$C(z) = E(z)G(z) \tag{7-44}$$

将式（7-41）和式（7-43）代入式（7-44）中，则

$$C(z) = \frac{G(z)}{1+GH(z)}R(z)$$

$$\Phi(z) = \frac{C(z)}{R(z)} = \frac{G(z)}{1+GH(z)} \tag{7-45}$$

$\Phi(z)$ 称为输出对输入的闭环脉冲传递函数。

同理，把式（7-43）代入式（7-42）可以得到

$$E(z) = \frac{R(z)}{1+GH(z)}$$

$$\Phi_e(z) = \frac{E(z)}{R(z)} = \frac{1}{1+GH(z)} \tag{7-46}$$

$\Phi_e(z)$ 称为误差对输入的闭环脉冲传递函数。

$\Phi(z)$ 和 $\Phi_e(z)$ 是研究闭环离散系统时常用的两个闭环脉冲传递函数。和连续系统类似，令 $\Phi(z)$ 或 $\Phi_e(z)$ 的分母多项式为零，便可得到闭环离散系统的特征方程

$$D(z) = 1 + GH(z) = 0 \tag{7-47}$$

式（7-47）中，$GH(z)$ 为离散系统的开环脉冲传递函数。

以上这种分析方法虽然能够求得系统的闭环脉冲传递函数，但是计算起来比较麻烦。为使计算简化，可参照线性系统的分析方法和借鉴开环离散系统串联的方法，对系统进行计算分析。现在介绍一种较简便的求闭环系统脉冲传递函数的方法，其步骤如下。

（1）先求出线性闭环传递函数 $\Phi(s)$

$$\Phi(s) = \frac{C(s)}{R(s)} = \frac{G(s)}{1+G(s)H(s)}$$

（2）写出系统响应的拉普拉斯变换 $C(s)$ 的表达式

$$C(s) = \frac{G(s)}{1+G(s)H(s)} R(s)$$

（3）参照采样开关的位置，按环节与环节之间有无采样开关，根据环节串联时开环脉冲传递函数的写法，逐项写出脉冲传递函数表达式，写出相应的脉冲传递函数，进而写出 $C(z)$。

（4）如果 $R(z)$ 能分离出来，则可以写出闭环脉冲传递函数 $\Phi(z)$，否则只能写出 $C(z)$。

【例 7-16】 离散系统结构如图 7-20 所示，求闭环脉冲传递函数 $\Phi(z)$。

解 （1）先写出线性系统传递函数 $\Phi(s)$

$$\Phi(s) = \frac{C(s)}{R(s)} = \frac{G(s)}{1+G(s)H(s)}$$

（2）写出系统响应的拉普拉斯变换 $C(s)$ 的表达式

$$C(s) = \frac{G(s)}{1+G(s)H(s)} R(s)$$

（3）因为 $r(t)$ 与 $G(s)$ 之间有采样开关，所以前向通道写成 $R(z)G(z)$。因前向通道中 $G(s)$ 与反馈通道 $H(s)$ 之间无采样开关，所以系统开环脉冲传递函数为 $GH(z)$。

（4）闭环传递函数为 $\Phi(z) = \dfrac{C(z)}{R(z)} = \dfrac{G(z)}{1+GH(z)}$。

【例 7-17】 离散系统结构如图 7-21 所示，求闭环脉冲传递函数 $\Phi(z)$。

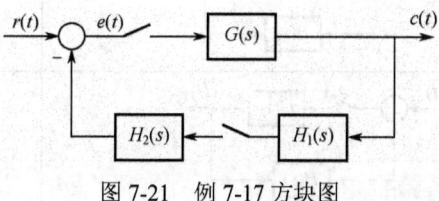

图 7-21 例 7-17 方块图

解 （1）先求 $\dfrac{C(s)}{R(s)}$

$$\Phi(s) = \frac{C(s)}{R(s)} = \frac{G(s)}{1 + H_1(s)H_2(s)G(s)}$$

（2）考虑采样开关位置，因 $G(s)$ 与 $H_1(s)$ 之间无采样开关，则

$$C(z) = \frac{G(z)R(z)}{1 + H_2(z)GH_1(z)}$$

（3）系统的闭环脉冲传递函数为

$$\Phi(z) = \frac{G(z)}{1 + H_2(z)GH_1(z)}$$

【例 7-18】 系统结构如图 7-22 所示，求系统的 $C(z)$。

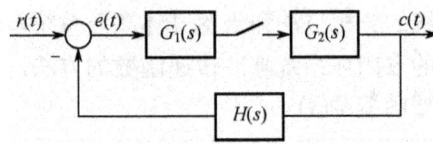

图 7-22　例 7-18 方块图

解 在这个系统中，由于 $r(t)$ 不经采样开关，直接进入连续环节 $G_1(s)$，这种情况下只能写出输出信号的 z 变换的表达式 $C(z)$。

（1）首先不考虑采样开关

$$C(s) = \frac{G_1(s)G_2(s)R(s)}{1 + G_1(s)G_2(s)H(s)}$$

（2）考虑采样开关的设置，参照线性传递函数，则

$$C(z) = \frac{G_2(z)RG_1(z)}{1 + G_1G_2H(z)}$$

从例 7-18 可以看出，并不是所有的离散系统闭环脉冲传递函数都能写出，有些系统的输入信号的 z 变换 $R(z)$ 不能从 $C(z)$ 中分离出来。其中的规律是，只要误差 $e(t)$ 处没有采样开关，输入信号 $r^*(t)$（包括虚设的 $r^*(t)$）便不存在，此时不可能求出闭环系统对于输入量的脉冲传递函数，而只能求出输出离散信号的 z 变换 $C(z)$。

通过上面类似的方法，还可以推出采样开关为不同配置形式的其他闭环系统的脉冲传递函数或输出离散信号的 z 变换 $C(z)$，这里不一一推导，请参见表 7-2。

表 7-2　闭环离散系统的方块图及输出的 z 变换

序号	结构图	$C(z)$
1		$C(z) = \dfrac{G(z)R(z)}{1 + C(z)H(z)}$
2		$C(z) = \dfrac{G(z)R(z)}{1 + GH(z)}$

(续表)

序 号	结 构 图	$C(z)$
3	r(t) → ⊖ → ∕ → G(s) → c(t); H(s) ← ∕	$C(z) = \dfrac{G(z)R(z)}{1+G(z)H(z)}$
4	r(t) → ⊖ → G(s) → c(t); H(s) ← ∕	$C(z) = \dfrac{GR(z)}{1+GH(z)}$
5	r(t) → ⊖ → ∕ → $G_1(s)$ → ∕ → $G_1(s)$ → c(t); H(s)	$C(z) = \dfrac{G_1(z)G_2(z)R(z)}{1+G_1(z)G_2H(z)}$
6	r(t) → ⊖ → $G_1(s)$ → ∕ → $G_2(s)$ → c(t); H(s)	$C(z) = \dfrac{G_1R(z)G_2(z)}{1+G_1G_2H(z)}$
7	r(t) → ⊖ → $G_1(s)$ → ∕ → $G_2(s)$ → c(t); H(s) ← ∕	$C(z) = \dfrac{G_1R(z)G_2(z)}{1+G_2(z)G_1H(z)}$
8	r(t) → ⊖ → ∕ → $G_1(s)$ → ∕ → $G_2(s)$ → ∕ → $G_3(s)$ → c(t); H(s)	$C(z) = \dfrac{G_1R(z)G_2(z)G_3(z)}{1+G_2(z)G_1G_3H(z)}$

下面举两个已知具体传递函数来求解系统闭环脉冲传递函数的例题。

【例 7-19】 已知离散系统如图 7-23 所示，试求系统的闭环脉冲传递函数。

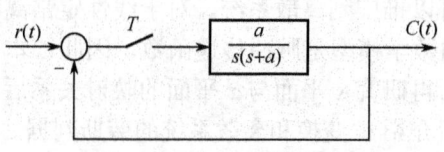

图 7-23 例 7-19 方块图

解 系统的开环脉冲传递函数为 $G(z) = Z\left[\dfrac{a}{s(s+a)}\right] = \dfrac{(1-\mathrm{e}^{-aT})z}{z^2-(1+\mathrm{e}^{-aT})z+\mathrm{e}^{-aT}}$，其反馈环节为单位反馈，所以闭环脉冲传递函数 $\Phi(z)$ 为

$$\Phi(z) = \frac{C(z)}{R(z)} = \frac{G(z)}{1+GH(z)} = \frac{G(z)}{1+G(z)} = \frac{\dfrac{(1-\mathrm{e}^{-aT})z}{z^2-(1+\mathrm{e}^{-aT})z+\mathrm{e}^{-aT}}}{1+\dfrac{(1-\mathrm{e}^{-aT})z}{z^2-(1+\mathrm{e}^{-aT})z+\mathrm{e}^{-aT}}} = \frac{(1-\mathrm{e}^{-aT})z}{z^2-2\mathrm{e}^{-aT}z+\mathrm{e}^{-aT}}$$

【例 7-20】 离散系统如图 7-24 所示，采样周期 $T=1\mathrm{~s}$，求系统的闭环脉冲传递函数。

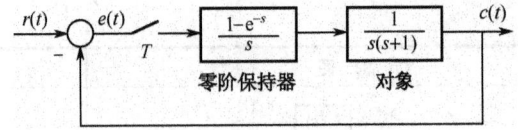

图 7-24 例 7-20 方块图

解 由例 7-19 已经知道本系统闭环脉冲传递函数为

$$\Phi(z) = \frac{C(z)}{R(z)} = \frac{G(z)}{1+G(z)} \tag{7-48}$$

先求开环脉冲传递函数，并代入采样周期值

$$G(s) = \frac{1-\mathrm{e}^{-s}}{s^2(s+1)} = (1-\mathrm{e}^{-s})\left(\frac{1}{s^2} - \frac{1}{s} + \frac{1}{s+1}\right) = \left(\frac{1}{s^2} - \frac{1}{s} + \frac{1}{s+1}\right) - \mathrm{e}^{-s}\left(\frac{1}{s^2} - \frac{1}{s} + \frac{1}{s+1}\right)$$

$$G(z) = \frac{z}{(z-1)^2} - \frac{z}{z-1} + \frac{z}{z-\mathrm{e}^{-1}} - z^{-1}\left[\frac{z}{(z-1)^2} - \frac{z}{z-1} + \frac{z}{z-\mathrm{e}^{-1}}\right] = \frac{\mathrm{e}^{-1}z + 1 - 2\mathrm{e}^{-1}}{(z-1)(z-\mathrm{e}^{-1})}$$

整理后，得到开环脉冲传递函数为

$$G(z) = Z\left[\frac{1-\mathrm{e}^{-s}}{s^2(s+1)}\right] = \frac{0.368z + 0.264}{z^2 - 1.368z + 0.368}$$

闭环脉冲传递函数 $\Phi(z)$ 为

$$\Phi(z) = \frac{C(z)}{R(z)} = \frac{G(z)}{1+G(z)} = \frac{0.368z + 0.264}{z^2 - z + 0.632}$$

7.5 离散系统的稳定性分析

众所周知，在线性定常连续系统中，系统稳定的充分必要条件是，系统的特征方程式的根均具有负实部，或者传递函数的极点均位于左半 s 平面。连续系统的这种在时域或 s 域描述系统稳定性的方法同样可以推广到离散系统。对于线性定常离散系统，时域中的数学模型是线性差分方程，z 域中的数学模型是脉冲传递函数，因此，本节先讨论离散系统在时域的稳定性充分必要条件，然后再研究 s 平面与 z 平面的映射关系后，再讨论离散系统在 z 域稳定性的充分必要条件，最后介绍 w 变换和离散系统的劳斯判据。

7.5.1 时域中的离散系统稳定的充分必要条件

设线性定常离散系统由如下差分方程描述

$$c(k) + a_1 c(k-1) + a_2 c(k-2) + \cdots + a_n c(k-n) = b_0 r(k) + b_1 r(k-1) + \cdots + b_m r(k-m)$$

上式也可以表示为

$$c(k) + \sum_{i=1}^{n} a_i c(k-i) = \sum_{j=1}^{m} b_j c(k-j) \tag{7-49}$$

其齐次差分方程为

$$c(k) + \sum_{i=1}^{n} a_i c(k-i) = 0 \tag{7-50}$$

设通解为 $A\alpha^l$，代入式（7-50）得

$$A\alpha^l + a_1 A\alpha^{l-1} + a_2 A\alpha^{l-2} + \cdots + a_n A\alpha^{l-n} = 0$$

或

$$A\alpha^l(\alpha^0 + a_1\alpha^{-1} + a_2\alpha^{-2} + \cdots + a_n\alpha^{-n}) = 0$$

因 $A\alpha^l \neq 0$，故必有

$$\alpha^0 + a_1\alpha^{-1} + a_2\alpha^{-2} + \cdots + a_n\alpha^{-n} = 0$$

以 α^n 乘以上式，得差分方程的特征方程如下

$$\alpha^n + a_1\alpha^{n-1} + a_2\alpha^{n-2} + \cdots + a_n = 0 \tag{7-51}$$

不失一般性，设特征方程式（7-51）有各不相同的特征根 $\alpha_1, \alpha_2, \cdots, \alpha_n$，则差分方程式（7-49）的通解为

$$c(k) = A_1\alpha_1^k + A_2\alpha_2^k + \cdots + A_n\alpha_n^k = \sum_i^n A_i\alpha_i^k, \quad k = 0,1,2,\cdots \tag{7-52}$$

式（7-52）中，系数 A_i 可由给定的 n 个初始条件决定。

当特征方程式（7-51）的根 $|\alpha_i| < 1$ 时，$i = 1,2,\cdots,n$，必有 $\lim\limits_{k \to \infty} c(k) = 0$，故系统稳定的充分必要条件是：

当且仅当差分方程式（7-49）所有特征根的模 $|\alpha_i| < 1$，$i = 1,2,\cdots,n$，则相应的线性定常离散系统是稳定的。

【例 7-21】 设一离散系统可用下列差分方程描述

$$c(k) - ac(k-1) = br(k), \quad c(0) \neq 0$$

试分析系统稳定的充分必要条件。

解 给定系统相应的齐次方程为

$$c(k) - ac(k-1) = 0$$

齐次方程的特征根为 a，按照离散系统时域稳定的充分必要条件，该系统稳定的充分必要条件是 $|a| < 1$。

7.5.2 s 平面与 z 平面的映射关系

在前面定义 z 变换时，有下式成立

$$z = e^{sT} \quad （T \text{为采样周期}） \tag{7-53}$$

式（7-53）给出了 s 平面和 z 平面的映射关系，现令

$$s = \sigma + j\omega \tag{7-54}$$

将式（7-54）代入式（7-53），得

$$z = e^{(\sigma + j\omega)T} = e^{\sigma T} \cdot e^{j\omega T}$$

z 的模和幅角分别为 $|z| = e^{\sigma T}$，$\arctan z = \omega T$。s 平面上的虚轴（$\sigma = 0, s = j\omega$）在 z 平面上为

$$|z| = e^{T\sigma} = 1, \quad \theta = \omega T \tag{7-55}$$

式（7-55）表明，s 平面上的虚轴映射到 z 平面以圆心为原点的单位圆，且当 ω 从 $-\infty \to \infty$ 变化时，z 平面上的轨迹已经沿着单位圆转过了无穷多圈。因为

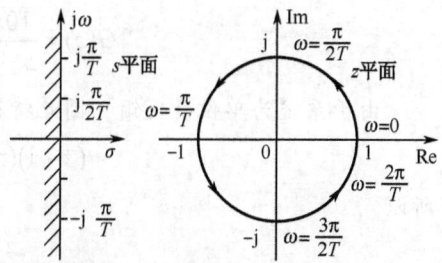

图 7-25 s 平面上的虚轴在 z 平面上的映射

当 ω 从 $0 \to \pi/2T$ 变化时，对应的 z 平面上 θ 将从 $0 \to \pi/2$，即 z 平面上的轨迹在第一象限将沿着单位圆变化到 $z = j$；ω 从 $\pi/2T \to \pi/T$ 变化时，对应的 z 平面上 θ 将从 $\pi/2 \to \pi$，也即 z 平面上的轨迹在第二象限将从 $z = j$ 变化到 $z = -1$。依次类推，如图 7-25 所示。

而在 s 平面的左半平面上的点，因为 $\sigma < 0$，所以有 $|z| = e^{\sigma T} < 1$，即映射到 z 平面上是在以原点为圆心的单位圆内；反之，在 s 平面右半平面上的点，因为 $\sigma > 0$，所以有 $|z| = e^{\sigma T} > 1$，即映射到 z 平面上是在以原点为圆心的单位圆外。

7.5.3 z 域中离散系统稳定的充分必要条件

设典型离散系统方块图如图 7-26 所示，其闭环传递函数 $\Phi(z)$ 为

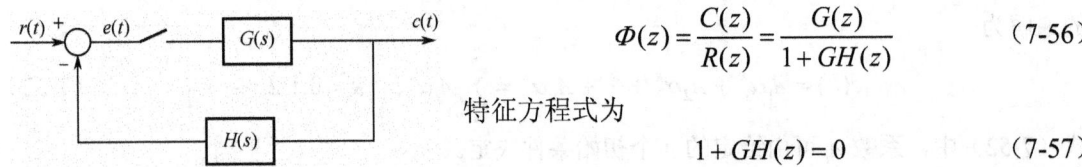

$$\Phi(z) = \frac{C(z)}{R(z)} = \frac{G(z)}{1 + GH(z)} \quad (7\text{-}56)$$

特征方程式为

$$1 + GH(z) = 0 \quad (7\text{-}57)$$

图 7-26 典型离散系统方块图

设上述特征方程式（7-57）的根或闭环传递函数式（7-56）的极点 $z_1, z_2, \cdots, z_n$ 各不相同。由 s 域到 z 域的映射关系可知：s 左半平面映射为 z 平面上单位圆内的区域，对应稳定区域；s 右半平面映射为 z 平面上单位圆外的区域，对应不稳定区域；s 平面上的虚轴映射为 z 平面上的单位圆圆周，对应临界稳定情况。因此，在 z 域中，线性定常离散系统稳定的充分必要条件是：当且仅当离散系统特征方程式（7-57）的全部特征根均分布在 z 平面上的单位圆内，或者所有特征根的模均小于 1，即 $|z_i| < 1 \ (i = 1, 2, \cdots, n)$，相应的线性定常离散系统是稳定的。

应当指出，上述稳定条件虽然是从特征方程无重特征根情况下推导出来的，但是对于有重根的情况，也是正确的。此外，在实际系统中，不存在临界稳定的情况，即 $|z_i| = 1$ 或 $|a_i| = 1$，在经典理论中，系统临界稳定也属于不稳定范畴。

【例 7-22】 判别如图 7-26 所示离散系统的稳定性，其中 $G(s) = \dfrac{10}{s(s+1)}$，$H(s) = 1$，采样周期 $T = 1$ s。

解 对系统的开环传递函数进行部分分式展开有

$$G(s) = \frac{10}{s(s+1)} = \frac{10}{s} - \frac{10}{s+1}$$

求开环脉冲传递函数并代入采样周期，有

$$G(z) = \frac{10z}{z-1} - \frac{10z}{z - e^{-1}} = \frac{10(1 - e^{-1})z}{(z-1)(z - e^{-1})}$$

由于系统为单位负反馈，因此特征方程 $1 + G(z) = 0$，即

$$(z-1)(z - e^{-1}) + 10(1 - e^{-1})z = 0$$

所以

$$z^2 + 4.952z + 0.368 = 0$$

解上面的方程得 $z_1 = -0.076, z_2 = -4.876$，因为 $|z_2| > 1$，所以系统不稳定。

7.5.4 离散系统的劳斯稳定判据

连续系统的劳斯-赫尔维茨判据，是通过系统特征方程的系数及其符号来判别系统稳定性的。这种对特征方程系数和符号以及系数之间满足某种关系的判据，实质是判断特征方程的根是否都在左半 s 平面。但是，在离散系统中需要判断系统的特征根是否都在 z 平面的单位圆内。因此，连续系统的劳斯判据不能直接套用，而需要寻找一种新的变换，以使 z 平面上的单位圆的圆周映射为新坐标的虚轴，而圆内部分映射为新坐标的左半平面，圆外部分映射为新坐标的右半平面。这种坐标变换称为双线性变换，又称为 w 变换，设

$$z = \frac{w+1}{w-1}$$

映射过程无须加以证明，由图 7-27 可以清楚地看出：双线性变换把 z 平面上以原点为圆心的单位圆内的区域，映射为 w 平面的左半平面，把 z 平面上以原点为圆心的单位圆外的区域，映射为 w 平面的右半平面，把 z 平面上以原点为圆心的单位圆圆周，映射为 w 平面上的虚轴。

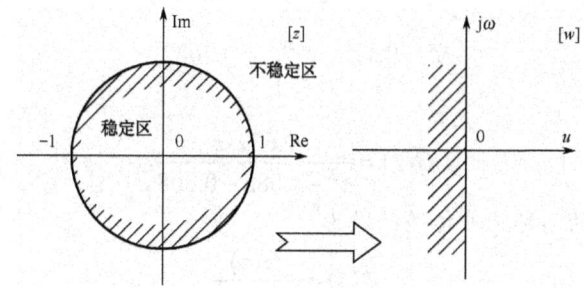

图 7-27 z 平面与 w 平面的映射关系

由此可见，离散系统在 z 平面上的稳定条件经过 w 变换后变成为：特征方程在 w 平面上所有特征根均位于 w 平面的左半平面。这种情况正好与在 s 平面上应用的劳斯稳定判据的情况一样，可以根据 w 域中特征方程系数，直接应用劳斯稳定判据分析采样系统，然后再进行判别。

【例 7-23】 已知一个离散系统的特征方程为 $z^3 - 1.001z^2 + 0.3356z + 0.00535 = 0$，试判断其稳定性。

解 将 $z = \dfrac{w+1}{w-1}$ 代入上述特征方程有

$$\left(\frac{w+1}{w-1}\right)^3 - 1.001\left(\frac{w+1}{w-1}\right)^2 + 0.3356\left(\frac{w+1}{w-1}\right) + 0.00535 = 0$$

整理得

$$2.33w^3 + 3.68w^2 + 1.65w + 0.34 = 0$$

列写劳斯表

$$\begin{array}{lll} w^3 & 2.33 & 1.65 \\ w^2 & 3.68 & 0.34 \\ w^1 & 1.43 & \\ w^0 & 0.34 & \end{array}$$

由劳斯判据得知,劳斯表第一列数字都大于零,所以系统稳定。

【例 7-24】 已知离散系统的方块图如图 7-28 所示,采样周期 $T=0.1\,s$,试求系统稳定时 k 的取值范围。

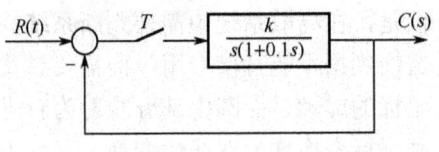

图 7-28 例 7-24 系统方块图

解 系统的开环传递函数为

$$G(s) = \frac{k}{s(1+0.1s)} = k\left(\frac{1}{s} - \frac{1}{s+10}\right)$$

相应的 z 变换查表 7-1 得

$$G(z) = k\left(\frac{z}{z-1} - \frac{z}{z-e^{-10T}}\right)$$

$$T = 0.1, \quad e^{-10T} = 0.368$$

开环脉冲传递函数为

$$G(z) = \frac{0.632kz}{z^2 - 1.68z + 0.368}$$

由于单位负反馈系统的闭环脉冲传递函数为

$$\Phi(z) = \frac{G(z)}{1+G(z)}$$

则特征方程为

$$D(z) = z^2 + (0.632k - 1.368)z + 0.368 = 0$$

做双线性变换,将 $z = \dfrac{w+1}{w-1}$ 代入上述特征方程并化简后得

$$0.632kw^2 + 1.264w + (2.736 - 0.632k) = 0$$

则劳斯表为

w^2	$0.632k$	$2.736 - 0.632k$
w^1	1.264	0
w^0	$2.736 - 0.632k$	0

由劳斯表,系统稳定时,K 值应满足 $k>0$ 且 $2.736-0.632k>0$,故系统稳定时 k 的取值范围是 $0<k<4.33$。

分析得知,对于 $G(s) = \dfrac{k}{s(1+0.1s)}$ 的单位负反馈连续系统来说,只要 $k>0$,系统总是稳定的,而由上例的结论来看,加入采样开关后,当 k 超过一定值时,将使系统变得不稳定,因此采样周期一定时,加大开环增益会使离散系统的稳定性变差。那么,若开环增益不变,改变采样周期又会对离散系统稳定性有何影响呢?下面继续讨论。

7.5.5 采样周期与开环增益对离散系统稳定性的影响

众所周知，连续系统的稳定性取决于系统的开环增益 K、系统的零极点分布和传输延迟等因素。但是，影响离散系统稳定性的因素，除了与连续系统的上述因素相同外，还有采样周期 T 的取值。先看下面的例题。

【**例 7-25**】 设带有零阶保持器的离散系统如图 7-29 所示，试求：

（1）当采样周期 T 分别为 1 s 和 0.5 s 时，系统的临界稳定开环增益 k_c；

（2）当 $r(t)=1(t)$，$k=1$，T 分别为 0.1 s、1 s、2 s 和 4 s 时，系统的输出 $c(kT)$。

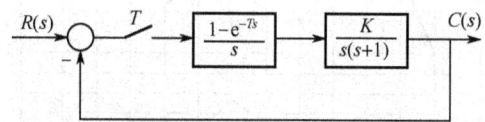

图 7-29 例 7-25 系统方块图

解 （1）不难求出系统的开环脉冲传递函数为

$$G(z) = Z\left[\frac{K(1-e^{-Ts})}{s^2(s+1)}\right] = (1-z^{-1})Z\left[\frac{K}{s^2(s+1)}\right] = K\frac{(e^{-T}+T-1)z+(1-e^{-T}-Te^{-T})}{(z-1)(z-e^{-T})}$$

相应的闭环特征方程为

$$D(z) = 1 + G(z) = 0$$

当 $T=1$ s 时，有

$$D(z) = z^2 + (0.368K - 1.368)z + (0.264K + 0.368) = 0$$

令 $z = \dfrac{w+1}{w-1}$，得 w 域特征方程

$$D(w) = 0.632Kw^2 + (1.264 - 0.528K)w + (2.736 - 0.104K) = 0$$

根据劳斯判据可以算出系统临界稳定的开环增益 $k_c = 2.4$。

当 $T=0.5$ s 时，w 域特征方程为

$$D(w) = 0.197Kw^2 + (0.786 - 0.18K)w + (3.214 - 0.017K) = 0$$

根据劳斯判据可以算出系统临界稳定的开环增益 $k_c = 4.37$。

（2）由于闭环系统脉冲传递函数为

$$\Phi(z) = \frac{C(z)}{R(z)} = \frac{G(z)}{1+G(z)} = \frac{K(e^{-T}+T-1)z+(1-e^{-T}-Te^{-T})}{z^2+[K(e^{-T}+T-1)-(1+e^{-T})]z+[K(1-e^{-T}-Te^{-T})+e^{-T}]}$$

且有 $R(z) = z/(z-1)$，因此不难求出 $C(z)$ 的表达式。

令 $k=1$，T 分别为 0.1 s、1 s、2 s 和 4 s 时，可由 $C(z)$ 的反变换求出 $c(kT)$，分别画于图 7-30 之中。

由上例可见，开环增益 k 与采样周期 T 对离散系统稳定性有如下影响：

（1）当采样周期一定时，加大开环增益会使离散系统的稳定性变差，甚至变得不稳定；

（2）当开环增益一定时，采样周期越长，丢失的信息越多，对离散系统的稳定性及动态性能均不利，甚至可能导致使系统失去稳定性。

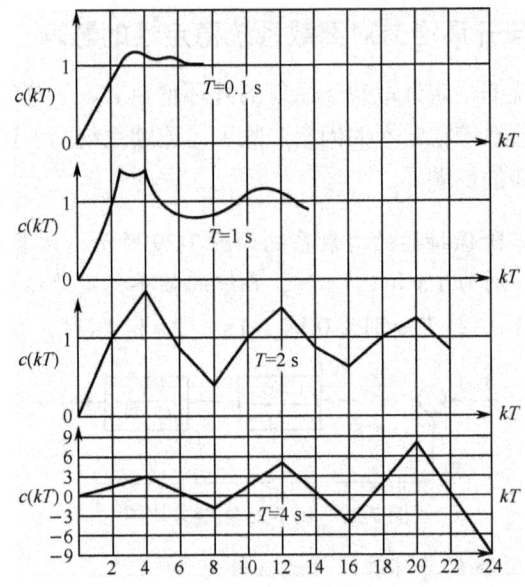

图 7-30 离散系统在不同采样周期下的阶跃响应

7.6 离散系统的稳态误差

在连续系统中,稳态误差可以利用拉普拉斯变换中的终值定理来计算。而离散系统与线性连续系统不同,由于离散系统没有唯一的典型结构形式,所以无法给出误差传递函数的一般计算公式。离散系统的误差需要针对不同形式的离散系统求取。下面介绍利用 z 变换的终值定理求取离散系统稳态误差的方法。

设单位反馈误差离散系统的方块图如图 7-31 所示,其中 $G(s)$ 为连续部分的传递函数,$e(t)$ 为系统连续误差信号,$e^*(t)$ 为系统内采样误差信号。其 z 变换为

$$E(z) = R(z) - C(z) = \Phi_e(z)R(z) = \frac{1}{1+G(z)}R(z) \tag{7-58}$$

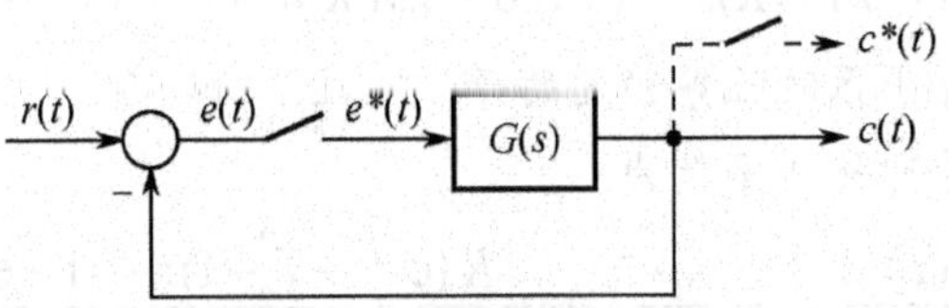

图 7-31 单位反馈离散系统

若离散系统是稳定的,即 $\Phi_e(z)$ 的全部极点应在 z 平面上以原点为圆心的单位圆内。在此条件下,可用 z 变换的终值定理求出在输入信号作用下离散系统的稳态误差终值

$$e(\infty) = \lim_{t \to \infty} e(t) = \lim_{z \to 1}(z-1)\frac{1}{1+G(z)}R(z) \tag{7-59}$$

式 (7-59) 说明,离散系统的稳态误差不仅与系统本身的结构和参数有关,而且与输入信号的形式有关。除此之外,还与离散系统的采样周期选取有关。因此,类似于连续系统,在不同的典型输入信号作用下,对开环脉冲传递函数的 0, I, II,… 型系统分别进行讨论。

下面分别讨论三种典型输入信号下的稳态误差。

1. 单位阶跃信号输入时的稳态误差

输入信号为单位阶跃信号,即 $r(t)=1(t)$,因为 $R(z)=\dfrac{z}{z-1}$,将其代入式(7-59)得

$$e(\infty)=\lim_{z\to 1}\left((z-1)\dfrac{1}{1+G(z)}\cdot\dfrac{z}{z-1}\right)=\dfrac{1}{1+\lim\limits_{z\to 1}G(z)}=\dfrac{1}{1+K_p} \quad (7\text{-}60)$$

在式(7-60)中,$K_p=\lim\limits_{z\to 1}G(z)$ 称为离散系统的静态位置误差系数。

对于 0 型系统,有

$$K_p=\dfrac{K\prod\limits_{i=1}^{m}(1+z_i)}{\prod\limits_{i=1}^{n}(1+p_i)}=\text{常数},\quad e(\infty)=\dfrac{1}{1+K_p}$$

对于 I 型或 I 型以上的系统,有

$$K_p=\infty,\quad e(\infty)=0$$

2. 单位斜坡信号输入的稳态误差

输入信号为单位斜坡信号,即 $r(t)=t$,因为 $R(z)=\dfrac{Tz}{(z-1)^2}$,将其代入式(7-59)得

$$e(\infty)=\lim_{z\to 1}\left[(z-1)\cdot\dfrac{1}{1+G(z)}\cdot\dfrac{Tz}{(z-1)^2}\right]=T\lim_{z\to 1}\dfrac{z}{(z-1)(1+G(z))}=\dfrac{T}{\lim\limits_{z\to 1}(z-1)G(z)}=\dfrac{T}{K_v} \quad (7\text{-}61)$$

式中,$K_v=\lim\limits_{z\to 1}[(z-1)G(z)]$ 称为离散系统的静态速度误差系数。

对于 0 型系统,有

$$K_v=0,\quad e(\infty)=\dfrac{T}{K_v}=\infty$$

对于 I 型系统,有

$$K_v=\lim_{z\to 1}\left[(z-1)\dfrac{K\prod\limits_{i=1}^{m}(z+z_i)}{(z-1)\prod\limits_{i=1}^{n-1}(z+p_i)}\right]=\dfrac{K\prod\limits_{i=1}^{m}(1+z_i)}{\prod\limits_{i=1}^{n-1}(1+p_i)}=\text{常数},\quad e(\infty)=\dfrac{T}{K_v}$$

对于 II 型或 II 型以上的系统,有
$K_v=\infty,\quad e(\infty)=0$

3. 单位抛物线信号输入的稳态误差

输入信号为单位抛物线信号,即 $r(t)=\dfrac{1}{2}t^2$,因为 $R(z)=\dfrac{T^2z(z+1)}{2(z-1)^3}$,代入式(7-59)得

$$e(\infty)=\lim_{z\to 1}\left[\dfrac{1}{1+G(z)}\dfrac{T^2(z+1)}{2(z-1)^2}\right]=\dfrac{T^2}{\lim\limits_{z\to 1}(z-1)^2G(z)}=\dfrac{T^2}{K_a} \quad (7\text{-}62)$$

式中，$K_a = \lim\limits_{z \to 1}[(z-1)^2 G(z)]$ 称为离散系统的静态加速度误差系数。

对于 0 型或 I 型系统，有
$$K_a = 0, \quad e(\infty) = \frac{T^2}{K_a} = \infty$$

对于 II 型系统，有
$$K_a = \lim\limits_{z \to 1}\left[(z-1)^2 \frac{K\prod\limits_{i=1}^{m}(z+z_i)}{(z-1)^2 \prod\limits_{i=1}^{n-2}(z+p_i)}\right] = \frac{K\prod\limits_{i=1}^{m}(1+z_i)}{\prod\limits_{i=1}^{n-2}(1+p_i)} = 常数, \quad e(\infty) = \frac{T^2}{K_a}$$

对于 III 型或 III 型以上的系统，有
$$K_a = \infty, \quad e(\infty) = 0$$

综上所述，将离散系统的静态误差系数、稳态误差与典型输入、系统类型之间的关系汇总于表 7-3。

表 7-3 单位反馈离散系统的稳态误差

系统类型	阶跃信号输入 $r(t) = 1(t)$	斜坡信号输入 $r(t) = t$	抛物线信号输入 $r(t) = \frac{1}{2}t^2$
0 型	$1/(1+K_p)$	∞	∞
I 型	0	T/K_v	∞
II 型	0	0	T^2/K_a
III 型	0	0	0

由表 7-3 可知，能够无稳态误差跟踪阶跃信号，需要 I 型及以上的系统；无稳态误差跟踪斜坡信号，需要 II 型及以上的系统；无稳态误差跟踪加速度信号，需要 III 型及以上的系统。

【例 7-26】 离散系统结构如图 7-32 所示，采样周期 $T = 0.2\,\text{s}$，输入信号 $r(t) = 1 + t + \frac{1}{2}t^2$，试计算系统的稳态误差。

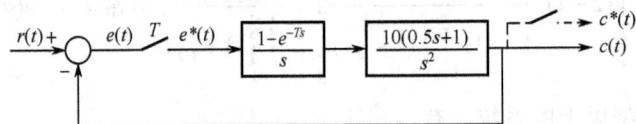

图 7-32 例 7-26 系统方块图

解 由图 7-32 可知，该系统为单位负反馈离散系统，且连续环节包含零阶保持器，在求其稳态误差时，可利用表 7-3 中的结果。为了求 $e(\infty)$，可以分为三步进行。

（1）求 $G(z)$

系统中有零阶保持器，由式（7-24）得
$$G(z) = (1-z^{-1})Z\left[\frac{10(0.5s+1)}{s^3}\right] = (1-z^{-1})Z\left[\frac{10}{s^3} + \frac{5}{s^2}\right]$$

查表 7-1 可得

$$G(z) = (1-z^{-1})\left[\frac{5T^2 z(z+1)}{(z-1)^3} + \frac{5Tz}{(z-1)^2}\right]$$

将采样周期 $T = 0.2$ s 代入并化简得

$$G(z) = \frac{1.2z - 0.8}{(z-1)^2}$$

（2）判别系统的闭环稳定性

由 $G(z)$ 可以得到闭环特征方程为

$$D(z) = 1 + G(z) = 0$$

展开得

$$(z-1)^2 + 1.2z + 0.8 = 0, \quad z^2 - 0.8z + 0.2 = 0$$

其特征根分别为 $z_{1,2} = 0.4 \pm j0.2$，均分布在 $z = 1$ 单位圆内，因此系统闭环稳定。

（3）求 $e(\infty)$

先求静态误差系数，由上面算出的 $G(z)$ 可以看出系统为 II 型系统，所以

$$K_p = \infty, \quad K_v = \infty, \quad K_a = \lim_{z \to 1}(z-1)^2 G(z) = 0.4$$

由表 7-3 可知，对于 $r(t) = 1 + t + \frac{1}{2}t^2$ 作用下的稳态误差

$$e(\infty) = \frac{1}{K_p} + \frac{T}{K_v} + \frac{T^2}{K_a} = 0 + 0 + \frac{0.04}{0.4} = 0.1$$

注意：如果题中不需要求静态误差系数，也可以直接用式（7-59）求 $e(\infty)$。

7.7 离散系统的动态性能分析

前面讲述了离散系统稳定的充分必要条件及稳态误差的计算，但工程上不仅要求系统是稳定的，而且还希望它具有良好的动态品质。通常，如果已知离散控制系统的数学模型（差分方程、脉冲传递函数等），通过 z 变换法不难求出典型输入作用下的系统输出的脉冲序列 $c(nT)$，从而可能方便地分析系统的动态性能。

【例 7-27】 在例 7-20 的基础上，求该系统的单位阶跃响应，并分析动态性能。

解 在例 7-20 中已求得离散系统闭环脉冲传递函数为

$$\Phi(z) = \frac{G(z)}{1 + G(z)} = \frac{0.368z + 0.264}{z^2 - z + 0.632}$$

将 $R(z) = \frac{z}{z-1}$ 代入上式，求出单位阶跃序列响应的 z 变换，并用长除法将 $C(z)$ 展开成无穷幂级数形式

$$C(z) = R(z)\Phi(z) = \frac{(0.368z + 0.264)z}{(z^2 - z + 0.632)(z-1)} = \frac{0.368z^2 + 0.264z}{z^3 - 2z^2 + 1.632z - 0.632}$$

$$= 0.368z^{-1} + z^{-2} + 1.4z^{-3} + 1.4z^{-4} + 1.147z^{-5} + 0.895z^{-6} + 0.802z^{-7} + \cdots$$

得到 $C(z)$ 的 z 反变换即该系统的响应：$c(0)=0$，$c(1)=0.386$，$c(2)=1$，$c(3)=1.4$，$c(4)=1.4$，$c(5)=1.147$，$c(6)=0.895$，$c(7)=0.802$，。

根据 $c(nT)$ 的值，可以绘出阶跃响应曲线，如图 7-33 所示。由图 7-33 求得系统近似的性能指标：上升时间 $t_r=2\,\mathrm{s}$，峰值时间 $t_p=4\,\mathrm{s}$，超调量 $\sigma\% \approx 40\%$。

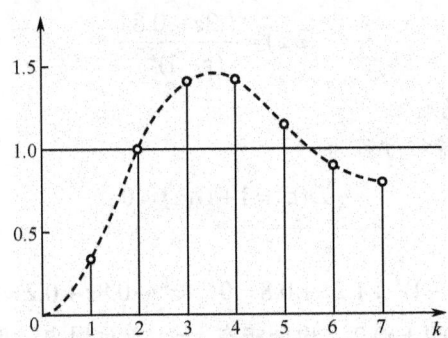

图 7-33　例 7-27 阶跃信号输入的响应波形

由上例可见，通过求解系统输出信号的脉冲序列 $c(nT)$，可以定量地分析离散系统的动态性能；但有时需要对离散系统动态性能做定性分析，此时就需要考察离散系统的闭环极点在 z 平面上的分布与动态性能的关系。

设闭环脉冲传递函数

$$\Phi(z)=\frac{M(z)}{D(z)}=\frac{b_0z^m+b_1z^{m-1}+\cdots+b_{m-1}z+b_m}{a_0z^n+a_1z^{n-1}+\cdots+a_{n-1}z+a_n}=\frac{b_0z^m+b_1z^{m-1}+\cdots+b_{m-1}z+b_m}{a_0\sum_{i=1}^{n}(z+p_i)} \quad (m\leqslant n) \quad (7\text{-}63)$$

式（7-63）中，$-p_i(i=1,2,\cdots,n)$ 表示 $\Phi(z)$ 的极点，它们既可以是实数，也可以是共轭复数。如果离散系统稳定，则所有闭环极点应严格位于 z 平面上的单位圆内，即 $|p_i|<1(i=1,2,\cdots,n)$，为了便于讨论，假设 $\Phi(z)$ 无重极点，且系统的输入为单位阶跃信号。此时设 $r(t)=1(t)$，则 $R(z)=\dfrac{z}{z-1}$，系统输出的 z 变换为 $C(z)=\Phi(z)R(z)=\Phi(z)\dfrac{z}{z-1}$。将 $\dfrac{C(z)}{z}$ 展开成分式，则有

$$\frac{C(z)}{z}=C_0\frac{1}{z-1}+\sum_{i=1}^{n}\frac{C_i}{z+p_i} \tag{7-64}$$

式（7-64）中，C_i 为 $C(z)$ 在各个部分分式的系数，由上式得

$$C(z)=C_0\frac{z}{z-1}+\sum_{i=1}^{n}\frac{C_iz}{z+p_i} \tag{7-65}$$

对式（7-65）取反变换得

$$c(k)=C_0 1(k)+\sum_{i=1}^{n}C_i(z_i)^k \tag{7-66}$$

式（7-66）式中，等式右边第一项为输出脉冲序列的稳态分量，第二项为瞬态分量，根据极点 p_i 在 z 平面上的分布的不同，其对应的动态性能也不相同，下面分几种情况加以讨论。

1. 闭环极点为实轴上的单极点

如果极点 z_i 位于实轴上，其对应的瞬态响应分量为 $c_i(k) = C_i(z_i)^k$。因此，当 p_i 位于实轴上的不同位置时，其对应的脉冲响应序列也不相同。如图 7-34 所示，其中：

（1）$B_1:z_i>1$，极点在单位圆外，$c_i(k)$ 为单位发散过程；

（2）$B_2:z_i=1$，极点位于单位圆上，$c_i(k)$ 为常值的脉冲序列；

（3）$B_3:0<z_i<1$，极点位于单位圆内，$c_i(k)$ 为单调衰减过程；

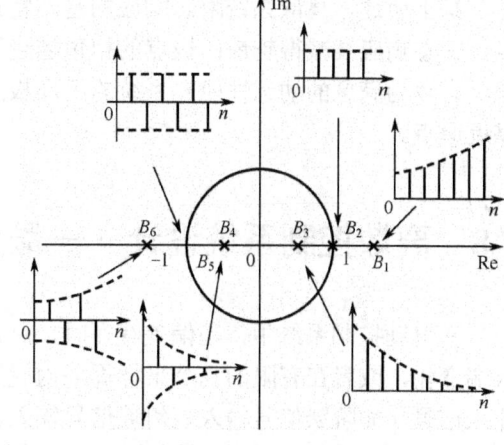

（4）$B_4:-1>z_i>0$，极点在单位圆内负实轴上，$c_i(k)$ 为正负交替的衰减振荡过程；

图 7-34　p_i 为实轴上单极点所对应的脉冲响应序列

（5）$B_5:z_i=-1$，极点在单位圆边界-1 处，$c_i(k)$ 为一个幅值不衰减的正负交替的振荡过程；

（6）$B_6:z_i<-1$，极点位于单位圆外负实轴上，$c_i(k)$ 为一个正负交替的发散振荡过程。

2. 闭环极点为共轭复数极点

设 p_i 和 $\bar{p}_i$ 为一对共轭复数极点，它们可分别表示为 $p_i=|p_i|\mathrm{e}^{\mathrm{j}\theta_i}$，$\bar{p}_i=|p_i|\mathrm{e}^{-\mathrm{j}\theta_i}$，其中，$\theta_i$ 为共轭复数极点 p_i 的相角，对应的瞬态响应分量为 $c_{ii}(k)=c_i(p_i)^k+\bar{c}_i(\bar{p}_i)^k$。

由复变函数理论可知，共轭复数极点所对应的留数 c_i 及 $\bar{c}_i$ 也是共轭复数对。设 $c_i,\bar{c}_i=|c_i|\mathrm{e}^{\pm\mathrm{j}\varphi_i}$，则

$$c_{ii}(k)=|c_i||p_i|^k\mathrm{e}^{\mathrm{j}(k\theta_i+\varphi_i)}+|c_i||p_i|^k\mathrm{e}^{-\mathrm{j}(k\theta_i+\varphi_i)}=2|c_i||p_i|^k\cos(k\theta_i+\varphi_i) \tag{7-67}$$

由式（7-67）可见，一对共轭复数极点所对应的瞬态分量 $c_{ii}(k)$ 按振荡规律变化，其振荡的角频率与 θ_i 有关，θ_i 越大，振荡的角频率也就越高。

当 p_i 处于不同位置时，其对应的脉冲响应序列如下。其对应关系如图 7-35 所示。

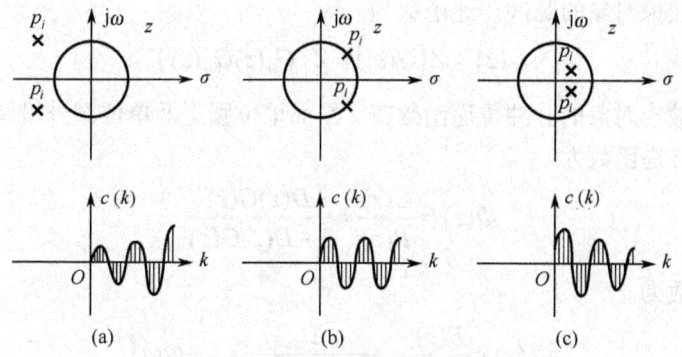

图 7-35　p_i 为共轭复数极点所对应的脉冲响应序列

图 7-35(a)中，$|p_i|>1$，$c(k)$ 为发散振荡脉冲序列。

图 7-35(b)中，$|p_i|=1$，$c(k)$ 为等幅振荡脉冲序列。

图 7-35(c)中，$|p_i|<1$，$c(k)$ 为衰减振荡脉冲序列。

综上所述，离散系统瞬态响应的基本特点取决于极点在 z 平面上的分布，极点越靠近原点，瞬态响应衰减得越快；极点的相角越趋于零，瞬态响应振荡的频率就越低。因此为使系统具有较为满意的动态性能，系统的闭环极点最好分布在 z 平面单位圆内的右半部，且尽量靠近原点。

7.8 离散控制系统设计——最少拍控制系统

在自动控制系统中，当偏差存在时，总是希望系统能够尽快地消除偏差，使输出跟随输入端变化，或者在有限的几个采样周期内就达到稳定。最少拍控制系统设计是指系统在典型输入信号（如阶跃信号输入、斜坡信号输入、抛物线信号输入信号等）作用下，经过有限个采样周期，使系统输出的稳态误差为零，又称为最小拍控制，或者有限拍控制。最少拍控制实质上是时间最优控制系统，要求系统的调节时间最短或者尽可能短。可以看出，这种系统对闭环脉冲传递函数的要求是快速性和准确性。最少拍控制系统的设计与被控对象的零极点位置有很密切的关系。下面就按照稳定、不含纯滞后环节的广义对象的最少拍控制器设计、任意广义对象的最少拍控制器设计以及最少拍无纹波控制器设计三个部分进行介绍。

7.8.1 稳定、不含纯滞后环节的广义对象的最少拍控制器设计

如图 7-36 所示为最少拍控制系统结构图，其中 $H_0(s)$ 为零阶保持器，$G_p(s)$ 为被控对象，$D(z)$ 即为待设计的最少拍控制器。

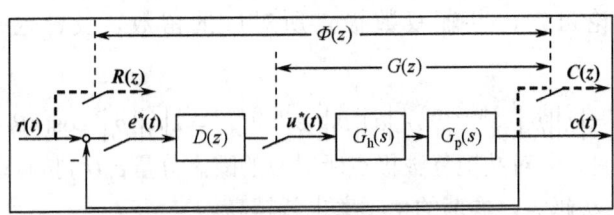

图 7-36 最少拍控制系统结构图

定义广义的被控对象的脉冲传递函数为

$$G(z) = Z[G(s)] = Z[G_h(s)G_p(s)]$$

这里，广义被控对象的脉冲传递函数在 z 平面单位圆上及单位圆外没有极点，且不含纯滞后环节。闭环传递函数为

$$\Phi(z) = \frac{C(z)}{R(z)} = \frac{D(z)G(z)}{1+D(z)G(z)} \tag{7-68}$$

误差脉冲传递函数为

$$\Phi_e(z) = \frac{E(z)}{R(z)} = \frac{1}{1+D(z)G(z)} = 1-\Phi(z) \tag{7-69}$$

则有

$$D(z) = \frac{1-\Phi_e(z)}{\Phi_e(z)G(z)} = \frac{\Phi(z)}{\Phi_e(z)G(z)} \tag{7-70}$$

根据式（7-68）可知

$$E(z) = \Phi_e(z)R(z) \tag{7-71}$$

将其展开成如下形式

$$E(z) = \sum_{i=0}^{\infty} e(iT)z^{-i} = e(0) + e(1)z^{-1} + e(2)z^{-2} + \cdots \tag{7-72}$$

根据最少拍控制器的设计原则，系统输出应在有限拍(N拍)内跟踪上系统输入，即 $i \geq N$ 之后，$e(i) = 0$，也就是说，$E(z)$ 只有有限项。

由式（7-71）可知，$E(z)$ 与系统特性及输入信号 $R(z)$ 有关。因此，在不同输入信号 $R(z)$ 作用下，以使 $E(z)$ 项数最少的原则，选择合适的 $\Phi_e(z)$，即可设计出最少拍无差系统控制器。

常见的典型输入信号有：

阶跃信号输入

$$r(t) = 1, \quad R(z) = \frac{1}{1-z^{-1}}$$

斜坡信号输入

$$r(t) = t, \quad R(z) = \frac{Tz^{-1}}{(1-z^{-1})^2}$$

抛物线信号输入

$$r(t) = \frac{1}{2}t^2, \quad R(z) = \frac{T^2 z^{-1}(1+z^{-1})}{2(1-z^{-1})^3}$$

…

一般地，典型输入信号的 z 变换具有如下形式

$$R(z) = \frac{A(z^{-1})}{(1-z^{-1})^m} \tag{7-73}$$

式中：m 为整数，$A(z^{-1})$ 为不包含 $(1-z^{-1})$ 因式的 z^{-1} 的多项式。因此，对于不同的输入信号，只是 m 不同而已。在上述几种典型输入中，m 分别取 1、2、3。

将式（7-73）代入式（7-71），得到

$$E(z) = \Phi_e(z)R(z) = \Phi_e(z)\frac{A(z^{-1})}{(1-z^{-1})^m} \tag{7-74}$$

根据零稳态误差要求，由 z 变换的终值定理可得

$$\lim_{k \to \infty} E(kT) = \lim_{z \to 1}(z-1)E(z) = \lim_{z \to 1}(z-1)R(z)\Phi_e(z) = \lim_{z \to 1}(z-1)\frac{A(z^{-1})[1-\Phi(z)]}{(z-1)^m}$$

由于 $A(z^{-1})$ 不含 $(1-z^{-1})$ 因式，若使上式趋于 0，必须消去分母因式 $(1-z^{-1})^m$，因此，必须有

$$1-\Phi(z) = \Phi_e(z) = (1-z^{-1})^M \cdot A(z^{-1}), \quad M \geq m \tag{7-75}$$

式中：$A(z^{-1})$ 是不含 $(1-z^{-1})$ 因式的 z^{-1} 的多项式。

当选择 $M = m$ 时，且 $A(z^{-1}) = 1$ 时，不仅可使数字控制器结构简单，阶数降低，而且还可以使项数最小，即 $E(z)$ 的项数最少，因而调节时间 t_s 最短，可使系统在采样点的输出在最

少拍内达到稳态，即最少拍控制。据此，对于不同的输入信号，可以选择不同的误差 z 传递函数，具体见表 7-4。

表 7-4 三种典型输入的最小拍控制器设计一览表

$r(t)$	$r(kT)$	$\Phi_e(z)$	$\Phi(z)$	$D(z)$	t_s
$1(t)$	$1(kT)$	$1-z^{-1}$	z^{-1}	$\dfrac{z^{-1}}{(1-z^{-1})G(z)}$	T
t	kT	$(1-z^{-1})^2$	$2z^{-1}-z^{-2}$	$\dfrac{2z^{-1}-z^{-2}}{(1-z^{-1})^2 G(z)}$	$2T$
$\dfrac{t^2}{2}$	$\dfrac{(kT)^2}{2}$	$(1-z^{-1})^3$	$3z^{-1}-3z^{-2}+z^{-1}$	$\dfrac{3z^{-1}-3z^{-2}+z^{-1}}{(1-z^{-1})^3 G(z)}$	$3T$

从上述分析可以得出设计最少拍控制系统控制器的步骤如下。
（1）根据被控对象的数学模型求出广义对象的脉冲传递函数 $G(z)$。
（2）根据输入信号类型，查表 7-4 确定误差脉冲传递函数 $\Phi_e(z)$。
（3）将 $G(z)$、$\Phi_e(z)$ 代入式（7-70），即可求出数字控制的脉冲传递函数 $D(z)$。
（4）根据结果求出输出序列 $C(kT)$、调节时间 t_s，并画出响应曲线等。

下面结合例题介绍数字控制器 $D(z)$ 的设计过程。

【例 7-28】 假设最少拍计算机控制系统，如图 7-36 所示。被控对象的传递函数

$$G_p(s)=\frac{2}{s(1+0.5s)}$$

采样周期 $T=0.5\,s$，采用零阶保持器，试设计在斜坡信号输入时的最少拍数字控制器 $D(z)$。

解 由图 7-36 的结构，按照拉普拉斯变换和 z 变换的知识可以得到该系统的广义对象脉冲传递函数

$$G(z)=Z\left[\frac{1-e^{-Ts}}{s}\cdot\frac{2}{s(1+0.5s)}\right]=Z\left[(1-e^{-Ts})\frac{4}{s^2(s+2)}\right]=Z\left[\frac{4}{s^2(s+2)}\right]-Z\left[\frac{4e^{-Ts}}{s^2(s+2)}\right]$$

$$=Z\left[\frac{2}{s^2}-\frac{1}{s}+\frac{1}{s+2}\right]-Z\left[e^{-Ts}\left(\frac{2}{s^2}-\frac{1}{s}+\frac{1}{s+2}\right)\right]$$

$$=\left[\frac{2Tz^{-1}}{(1-z^{-1})^2}-\frac{1}{1-z^{-1}}+\frac{1}{1-e^{2T}z^{-1}}\right]-z^{-1}\left[\frac{2Tz^{-1}}{(1-z^{-1})^2}-\frac{1}{1-z^{-1}}+\frac{1}{1-e^{2T}z^{-1}}\right]$$

$$=(1-z^{-1})\left[\frac{2Tz^{-1}}{(1-z^{-1})^2}-\frac{1}{1-z^{-1}}+\frac{1}{1-e^{2T}z^{-1}}\right]$$

$$\stackrel{代入T值}{=}\frac{0.368z^{-1}(1+0.718z^{-1})}{(1-z^{-1})(1-0.368z^{-1})}$$

输入信号为单位斜坡信号，即 $r(t)=t$，由表 7-4 查得

$$\Phi_e(z)=(1-z^{-1})^2$$

再由（式 7-70），即可求出数字控制的脉冲传递函数

$$D(z)=\frac{1-\Phi_e(z)}{G(z)\Phi_e(z)}=\frac{5.435(1-0.5z^{-1})(1-0.368z^{-1})}{(1-z^{-1})(1+0.718z^{-1})}$$

下面计算系统的输出序列 $C(kT)$ 和调节时间 t_s，并分析数字控制器对系统的控制效果。由表 7-4 可以查出系统的闭环脉冲传递函数

$$\Phi(z) = 2z^{-1} - z^{-2}$$

当输入为斜坡信号时，系统输出序列的 z 变换

$$C(z) = \Phi(z)R(z) = (2z^{-1} - z^{-2})\frac{Tz^{-1}}{(1-z^{-1})^2} = 2Tz^{-2} + 3Tz^{-3} + 4Tz^{-4} + 5Tz^{-5} + \cdots$$

上式中各项系数即为系统响应的序列，其中 $C(0) = 0$，$C(T) = 0$，$C(2T) = 2T$，$C(3T) = 3T$，$C(4T) = 4T\cdots$。输出响应曲线如图 7-37 所示。

从图 7-37 可以看出，当系统输入为斜坡信号时，经过两拍以后，输出量完全等于输入信号的采样值，即 $C(kT) = r(kT)$。但在各采样点之间还存在着一定的误差，即存在着一定的纹波。

上例为阶跃信号输入，下面把输入信号变成其他函数，在所设计的数字控制不变的前提下观察系统输出情况。

设输入为阶跃信号时，系统输出的 z 变换

$$C(z) = \Phi(z)R(z) = (2z^{-1} - z^{-2})\frac{1}{1-z^{-1}} = 2z^{-1} + z^{-2} + z^{-3} + z^{-4} + \cdots$$

输出序列为 $C(0) = 0$，$C(T) = 2$，$C(3T) = 1$，$C(4T) = 1\cdots$。其输出响应曲线如图 7-38 所示。

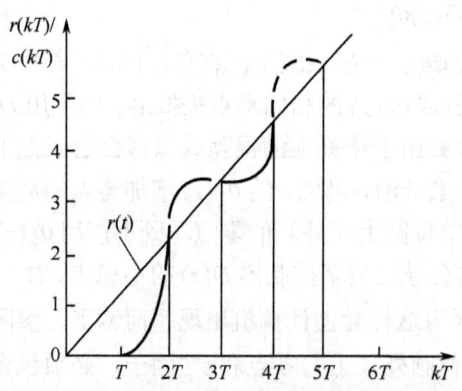

图 7-37 斜坡信号输入时系统的响应曲线

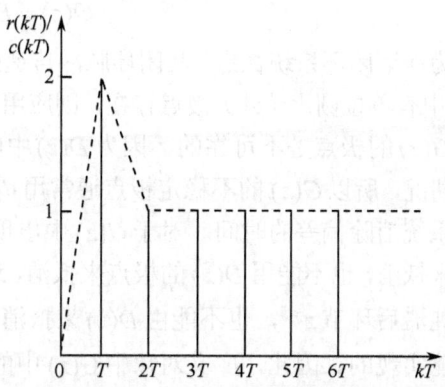

图 7-38 阶跃信号输入时系统的响应曲线

由图 7-38 可以看出，按照斜坡信号输入设计的最少拍系统，当阶跃信号输入时，经过两个采样周期，达到 $C(kT) = r(kT)$。但当 $k = T$ 时有 100%的超调量。

若输入为抛物线信号时，系统响应的 z 变换

$$C(z) = \Phi(z)R(z) = (2z^{-1} - z^{-2})\frac{T^2z^{-1}(1+z^{-1})}{2(1-z^{-1})^3} = T^2z^{-2} + 3.5T^2z^{-3} + 7T^2z^{-4} + 11.5T^2z^{-5} + \cdots$$

输出序列为 $C(0) = 0$，$C(T) = 0$，$C(2T) = T^2$，$C(3T) = 3.5T^2$，$C(4T) = 7T^2\cdots$，而输入序列 $r(0) = 0$，$r(T) = 0$，$r(2T) = 2T^2$，$r(3T) = 4.5T^2$，$r(4T) = 8T^2\cdots$。可见，输出与输入之间始终存在着一定的偏差，其输出响应曲线如图 7-39 所示。

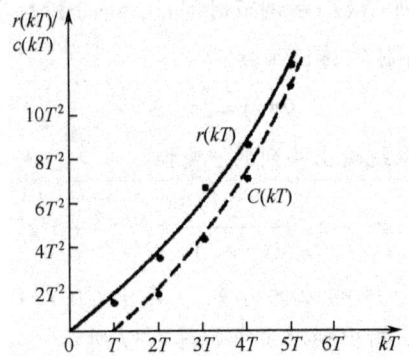

图 7-39 抛物线信号输入时系统的响应曲线

由上述分析可以知道，按某种典型输入设计的最少拍控制系统，当输入信号改变时，系统的性能会变坏，输出不一定理想。这说明最小拍系统对输入信号的变化适应性较差。

7.8.2 任意广义对象的最少拍控制器设计

前面所说的最小拍系统的数字控制器 $D(z)$ 的设计过程中，对被控对象 $G_p(s)$ 并未提出具体限制。实际上，只有当广义对象的脉冲传递函数 $G(z)$ 是稳定的，即 $G(z)$ 在单位圆上或圆外没有零、极点，且不含有纯滞后环节 z^{-1} 时，所设计的最小拍系统才是正确的。

如果上述条件不能满足，则应对上述设计原则做相应的限制。由式（7-70）可以导出系统闭环脉冲传递函数

$$\Phi(z) = D(z)G(z)\Phi_e(z) \tag{7-76}$$

为保证闭环系统稳定，其闭环脉冲传递函数 $\Phi(z)$ 的极点应全部在单位圆内。若广义对象 $G(z)$ 中有单位圆上（外）极点存在，则应用 $D(z)$ 或 $\Phi_e(z)$ 的相同零点来抵消。但是用 $D(z)$ 来抵消 $G(z)$ 的极点是不可靠的，因为 $D(z)$ 中的参数由于计算上的误差或漂移会造成抵消不完全的情况，所以 $G(z)$ 的不稳定极点通常用 $\Phi_e(z)$ 来抵消，当然，给 $\Phi_e(z)$ 增加零点的后果是延长了系统消除偏差的时间。对于 $G(z)$ 中出现的单位圆上（外）的零点，既不能用 $\Phi_e(z)$ 中的极点来抵消，也不能用 $D(z)$ 的极点来抵消，这样会导致数字控制器 $D(z)$ 的不稳定。对于 $G(z)$ 中的纯滞后环节 z^{-1}，也不能由 $D(z)$ 来抵消，因为这样会使计算机出现超前输出，实际上这是不能实现的。因此，广义对象中 $G(z)$ 中的单位圆外（上）零点和 z^{-1} 因子，必须包含在所设计的闭环传递函数 $\Phi(z)$ 中，尽管这将会导致系统的调整时间延长。

综上所述，在设计最小拍系统的数字控制器 $D(z)$ 的过程中，必须对闭环脉冲传递函数 $\Phi(z)$ 和误差传递函数 $\Phi_e(z)$ 进行如下的限制。

（1）数字控制器 $D(z)$ 在物理上应是可以实现的有理多项式

$$D(z) = \frac{b_0 + b_1 z^{-1} + b_2 z^{-2} + \cdots + b_m z^{-m}}{1 + a_1 z^{-1} + a_2 z^{-2} + \cdots + a_n z^{-n}} \tag{7-77}$$

式中：$a_i(i=1,2,3,\cdots,n)$ 和 $b_j(j=1,2,3,\cdots,m)$ 为常数，且 $n > m$。

（2）$G(z)$ 中单位圆上（外）的极点由 $\Phi_e(z)$ 的零点来抵消。

（3）$G(z)$ 中单位圆上（$z_i = 1$ 除外）或单位圆外的零点以及纯滞后环节包含在 $\Phi(z)$ 中。

（4）根据 $\Phi(z) = 1 - \Phi_e(z)$ 的平衡式，$\Phi(z)$ 应为 z^{-1} 的展开式，且其方次应与 $\Phi_e(z)$ 中 z^{-1} 因

子的方次相等。

【例 7-29】假设某单位反馈离散系统如图 7-36 所示，被控对象的传递函数 $G_p(s) = \dfrac{10}{s(1+s)(1+0.1s)}$，设采样周期 $T = 0.5\,s$。试设计阶跃信号输入时的最少拍数字控制器 $D(z)$。

解 该系统广义对象的脉冲传递函数

$$G(z) = Z\left[\dfrac{1-e^{-sT}}{s} \cdot \dfrac{10}{s(1+s)(1+0.1s)}\right]$$

$$= Z\left[\dfrac{1-e^{-sT}}{s}\left(\dfrac{10}{s^2} - \dfrac{11}{s} + \dfrac{100/9}{1+s} - \dfrac{1/9}{10+s}\right)\right]$$

$$= \dfrac{1-z^{-1}}{9}\left[\dfrac{90Tz^{-1}}{(1-z^{-1})^2} - \dfrac{99}{1-z^{-1}} + \dfrac{100}{1-e^{-T}z^{-1}} - \dfrac{1}{1-e^{-10T}z^{-1}}\right]$$

$$= \dfrac{0.7385z^{-1}(1+1.4815z^{-1})(1+0.05355z^{-1})}{(1-z^{-1})(1-0.6065z^{-1})(1-0.0067z^{-1})}$$

上式中包含有 z^{-1} 和单位圆外零点 $z = -1.4815$，为了满足限制条件（3）、限制条件（4），要求闭环脉冲传递函数 $\Phi(z)$ 中包含 $(1+1.4815z^{-1})$ 项及 z^{-1} 因子。又因为式中包含一个极点 $(z = 1)$ 在单位圆上，因此，根据限制条件（2），$\Phi_e(z)$ 必须有一个 $z = 1$ 的零点。故可得

$$\begin{cases} \Phi(z) = 1 - \Phi_e(z) = az^{-1}(1+1.4815z^{-1}) \\ \Phi_e(z) = (1-z^{-1})(1+bz^{-1}) \end{cases}$$

式中：a、b 为待定系数。

由上述方程组可得 $(1-b)z^{-1} + bz^{-2} = az^{-1} + 1.4815az^{-2}$

比较等式两边的系数，可得

$$\begin{cases} 1-b = a \\ b = 1.4815a \end{cases}$$

由此可解得待定系数 $a = 0.403$，$b = 0.597$。

代入方程组，则

$$\begin{cases} \Phi(z) = 0.403z^{-1}(1+1.4815z^{-1}) \\ \Phi_e(z) = (1-z^{-1})(1+0.597z^{-1}) \end{cases}$$

于是，由式（7-70）可求出数字控制器的脉冲传递函数

$$D(z) = \dfrac{\Phi(z)}{\Phi_e(z)G(z)} = \dfrac{0.5457(1-0.6065z^{-1})(1-0.0067z^{-1})}{(1+0.597z^{-1})(1+0.05355z^{-1})}$$

上述控制器在物理上是可实现的。

离散系统经过数字校正后，在阶跃信号输入作用下，系统输出响应的 z 变换为

$$C(z) = \Phi(z)R(z) = 0.403z^{-1}\left(1 + 1.481\,5z^{-1}\right)\frac{1}{1-z^{-1}} = 0.403z^{-1} + z^{-2} + z^{-3} + \cdots$$

由此可得，$C(0) = 0, C(T) = 0.403, C(2T) = C(3T) = \cdots = 1$。其输出响应特性曲线，如图 7-40 所示。

由于闭环 z 传递函数包含了单位圆外零点，所以系统的调节时间延长到两拍 $(1\,s)$。

保持按照这样输入设计的 $D(z)$ 不变，改变输入形式时，系统响应的情况与 7.8.1 中所述类似。

一般来说，尽管最小拍系统具有结构简单、设计方便和易于用计算机实现等优点，但也存在着一些缺点。例如，对输入信号类型的适应性较差；对系统参数变化很敏感，出现随机扰动时系统性能变坏；只能保证采样点的误差为零或保持恒定值，不能确保采样点之间的误差为零或保持恒定值等。

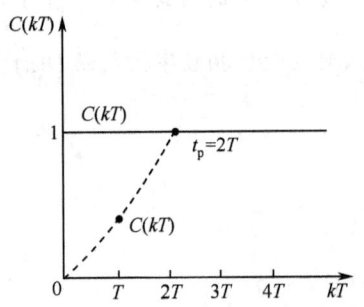

图 7-40　随动系统输出响应特性曲线

7.8.3　最少拍无纹波控制器设计

最少拍控制器设计是采用 z 变换进行的，仅在采样点处是闭环反馈控制，在采样点间实际上是开环运行的。因此，在采样点处的误差为零，并不能保证采样点间的误差也为零。事实上，按照前面方法设计的最少拍控制器的输出响应在采样点间存在波纹。

下面在【例 7-29】基础上继续计算数字控制器的输出 $u(kT)$。

由图 7-36 可以看出

$$U(z) = D(z)E(z) = D(z)\Phi_e(z)R(z)$$

将 $\Phi_e(z)$、$R(z)$ 代入得

$$U(z) = \frac{0.545\,7(1-0.606\,5z^{-1})(1-0.006\,7z^{-1})}{(1+0.053\,55z^{-1})}$$

$$= 0.545\,7 - 0.626\,9z^{-1} + 0.337\,9z^{-2} - 0.180\,9z^{-3} + 0.096\,9z^{-4}\cdots$$

如【例 7-29】所示，经过 2 拍后，在采样时刻系统误差为零，输出跟踪上了输入的变化，但在非采样时刻，输出有波纹存在，原因在于数字控制器的输出 $u(kT)$ 经过 2 拍后不为零或常值，而是振荡收敛。

波纹不仅造成误差，同时也消耗功率、浪费能量，增加机械磨损。因此，设计时应考虑加以消除。下面介绍最小拍无波纹控制器的设计方法。

（1）最小拍无波纹控制器实现的必要条件

很明显，为使被控对象在稳态时的输出与输入同步，要求被控对象必须具有相应的能力。例如，若输入为单位斜坡输入函数，被控对象 $G_p(s)$ 的稳态输出也应为等速函数，要求 $G_p(s)$ 中至少有一个积分环节。再如，若输入为等加速输入函数，被控对象 $G_p(s)$ 的稳态输出也应为等加速函数，要求 $G_p(s)$ 中至少有两个积分环节。所以最少拍无波纹控制器能够实现的必要条件是被控对象 $G_p(s)$ 中含有与输入信号相对应的积分环节数。

（2）最小拍无波纹控制器设计要求

为使 $u(kT)$ 为有限拍，应使 $D(z)\Phi_e(z)$ 为 z^{-1} 的有限多项式，由式 7-70 可得

$$D(z)\Phi_e(z) = \frac{1-\Phi_e(z)}{G(z)} = \frac{\Phi(z)}{G(z)} \tag{7-78}$$

由式（7-78）可以看出，$G(z)$的极点不会影响$D(z)\Phi_e(z)$成为z^{-1}的有限多项式，而$G(z)$的零点却可能使$D(z)\Phi_e(z)$成为z^{-1}的无限多项式，因此，要使$\Phi(z)$的零点包含$G(z)$的全部非零零点，而在最小拍计算机控制系统中，则只要求$\Phi(z)$包含$G(z)$的单位圆上（$z_i=1$除外）和单位圆外的零点，这是最小拍无波纹系统与最小拍有波纹系统设计之间的根本区别。

【例 7-30】 系统结构如图 7-36 所示，被控对象$G_p(s) = 2.1/[s^2(s+1.252)]$，已知采样周期$T = 1 \text{ s}$。试针对阶跃信号输入设计无波纹最少拍控制器，画出数字控制器输出和系统响应的波形图。

解 按照前面例题的方法求得被控对象广义脉冲传递函数

$$G(z) = Z[H_0(z)G_p(z)] = \frac{0.265z^{-1}(1+2.78z^{-1})(1+0.2z^{-1})}{(1-z^{-1})^{-2}(1-0.286z^{-1})}$$

可以看出，无不稳定极点，但有一个单位圆外零点-2.78和一个单位圆内零点0.2。按照无波纹最少拍的要求，对于阶跃信号输入，选择

$$\Phi(z) = az^{-1}(1+2.78z^{-1})(1+0.2z^{-1})$$

使$\Phi_e(z)$与之平衡，考虑输入信号和$G(z)$在单位圆上的极点，选择

$$\Phi_e(z) = (1-z^{-1})(1+bz^{-1}+cz^{-2})$$

联立上述二式得

$$a = 0.22, b = 0.78, c = 0.122\,6$$

于是得到无波纹最少拍数字控制器的脉冲传递函数为

$$D(z) = \frac{\Phi(z)}{1-\Phi(z)}\frac{1}{G(z)} = \frac{0.83(1-z^{-1})(1-0.286z^{-1})}{1+0.78z^{-1}+0.122\,6z^{-2}}$$

控制器输出的z变换为

$$U(z) = \frac{\Phi(z)}{G(z)}R(z) = \frac{0.22z^{-1}(1+2.78z^{-1})(1+0.2z^{-1})}{\dfrac{0.265z^{-1}(1+2.78z^{-1})(1+0.2z^{-1})}{(1-z^{-1})^2(1-0.286z^{-1})}} \cdot \frac{1}{1-z^{-1}} = 0.83(1-z^{-1})(1-0.286z^{-1})$$

$$= 0.83 - 1.067z^{-1} + 0.237\,4z^{-2}$$

控制器输出为

$$U(0) = 0.83, U(T) = -1.067\,6, U(2T) = 0.237\,4, U(3T) = U(4T) = \cdots = 0$$

闭环系统的输出序列的z变换为

$$C(z) = \Phi(z)R(z) = \frac{0.22z^{-1}(1+2.78z^{-1})(1+0.2z^{-1})}{1-z^{-1}}$$

$$= 0.22z^{-1} + 0.875\,4z^{-2} + z^{-3} + z^{-4} + \cdots$$

系统输出序列为

$$C(0) = 0, C(T) = 0.22, C(2T) = 0.8754, C(3T) = C(4T) = \cdots = 1$$

无波纹系统数字控制器和系统的输出序列波形图分别如图 7-41（a）和（b）所示。

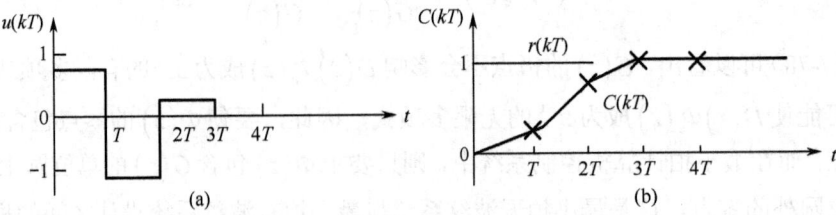

图 7-41　例 7-31 的数字控制器和系统的输出序列波形

从图中可以看出，无波纹控制系统调整时间为 $2T$，经 $2T$ 后，$u(t)$ 为恒值，系统输出在采样点间不存在波纹。另外要说明的一点是，针对某一典型输入设计的无波纹控制系统，在其他类型典型输入下，输出也无波纹，但通常控制系统的动态性能变坏。

7.9　MATLAB 在离散控制系统中的应用

MATLAB 在离散控制系统的分析和设计中起着重要作用，无论是连续系统的离散化、离散系统的分析等，都可以借助 MATLAB 软件来实现。本节简要介绍 MATLAB 在离散控制系统的分析中的应用。

7.9.1　MATLAB 用于连续系统的离散化

在 MATLAB 软件中，对连续系统的离散化是应用 c2dm() 函数来实现的，c2dm() 函数的一般格式为

```
[NUMd, DENd] = C2DM(NUM, DEN, Ts, 'method')
```

其中

```
NUM         连续系统传递函数分子多项式系数
DEN         连续系统传递函数分母多项式系数
NUMd        离散系统传递函数分子多项式系数
DENd        离散系统传递函数分母多项式系数
Ts          采样周期
'method'    离散化所采用的方法，有下列五种方法可以选用
'zoh'       零阶保持器法，即在输入端带有零阶保持器，此为默认值
'foh'       一阶保持器法，即在输入端带有一阶保持器
'tustin'    双线性变换法
'prewarp'   带有频率畸变补偿的双线性变换法
'matched'   匹配零点法
```

【例 7-31】 设连续控制系统的传递函数 $G(s)=\dfrac{2}{s(s+1)}$，试采用加入零阶保持器的方法将此系统进行离散化，设采样周期为 1 s。

解　输入以下 MATLAB 命令：

```
% 例 7-31 程序
num=[2];                              %连续部分传递函数分子多项式系数
den=[1 1 0];                          %连续部分传递函数分母多项式系数
T=0.1;                                %采样周期
[numd,dend]=c2dm(num, den, T, 'zoh'); %离散化
Printsys(numd, dend, 'z')             %输出结果
```

在 MATLAB 环境下运行上述程序，输出的结果为
```
num / den =
    0.0096 748 z + 0.0093 577
    -------------------------------
    z^2 - 1.9048 z + 0.9048 4
```

7.9.2 MATLAB 用于求离散系统的响应

在 MATLAB 软件中，求离散系统的响应可运用 dstep()、dimpulse()、dlsim() 函数实现。它们分别用于求离散系统的阶跃响应、脉冲及任意输入时的响应。其一般格式为

[Y, X]=DSTEP(NUM, DEN, N)   或   DSTEP(NUM, DEN, N)
[Y, X]=DIMPULSE(NUM, DEN, N)   或   DIMPULSE(NUM, DEN, N)
[Y, X]=DLSIM(NUM, DEN, U, X_0)   或   DLSIM(NUM, DEN, U, X_0)

其中
  NUM 离散系统传递函数分子多项式系数
  DEN 离散系统传递函数分母多项式系数
  N 采样点数
  X_0 初始状态
  Y 系统输出
  X 系统状态

当采样不带输出参数的格式（后一种）时，将直接在屏幕上画出系统的响应曲线。

【例 7-32】 已知离散系统的闭环传递函数为 $\Phi(z) = \dfrac{0.368z + 0.264}{z^2 - z + 0.632}$，设采样周期 $T = 1$ s，试求系统的阶跃响应。

解 输入以下 MATLAB 命令：
```
% 例 7-32 程序
num=[0.368 0.264];          %离散系统传递函数分子多项式系数
den=[1 -1 0.632];           %离散系统传递函数分母多项式系数
g=tf(num,den, 1);           %闭环传递函数
dstep(g.num, g.den)         %求离散系统阶跃信号输入响应并绘制响应曲线
```

运行后得到阶跃响应曲线，如图 7-42 所示。由曲线便能清楚地看出系统的上升时间、峰值时间、超调量以及调节时间等动态性能指标。

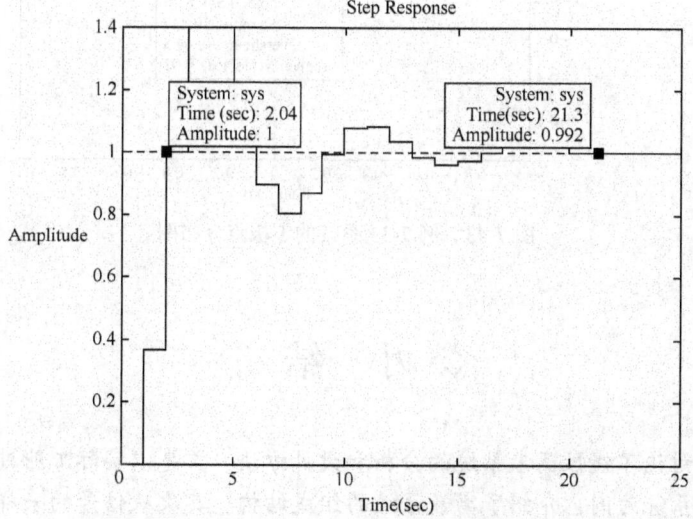

图 7-42 例 7-32 阶跃信号输入响应曲线

7.9.3 MATLAB 用于离散系统的稳定性分析

当闭环线性离散系统所有特征根的模都小于 1 时，该线性离散系统就是稳定的；只要有一个根的模值大于或等于 1，该离散系统就是不稳定的。

上述结论反映在 z 平面上就是，如果闭环脉冲传递函数的全部极点位于 z 平面上以原点为圆心的单位圆内，则此闭环系统就是稳定的。

【例 7-33】 判断如图 7-31 所示系统的稳定性，其中采样周期 $T = 1$ s，$K = 1$。

解 首先求出系统的闭环脉冲传递函数，然后利用求解闭环特征根的方法判断闭环系统稳定性。

输入以下 MATLAB 命令：

```
% 例 7-33 程序
num=[1];                    %连续系统传递函数分子多项式系数
den=[1 1 0];                %连续系统传递函数分母多项式系数
w=tf(num, den);             %连续系统开环传递函数
wk=c2d(w, 1, 'zoh');        %离散化
syms z;                     %定义符号向量 z
r=solve('1+wk');            %求离散系统特征根
wb=feedback(wk, 1, -1);     %求离散系统闭环脉冲传递函数
pzmap(wb)                   %绘制离散系统零极点分布图
```

通过绘制离散系统零极点分布图的方式判断此系统的稳定性，运行结果如图 7-43 所示，由图可知，闭环脉冲传递函数的所有极点都在单位圆内，因此可以判断该系统是稳定的。

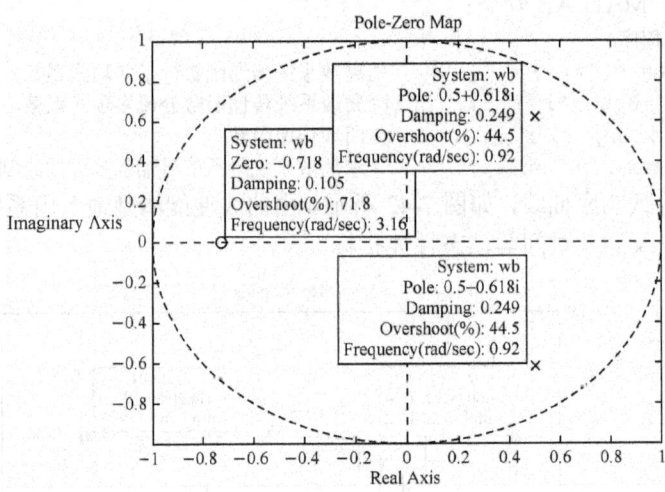

图 7-43 例 7-33 系统的零极点分布图

◈ 小 结 ◈

本章系统地讨论了线性离散系统的分析和设计方法。首先以实际工业过程中的采样控制系统和数字控制系统为例，介绍了离散系统的组成结构。其次从信号的采样和保持入手，引入（香农）采样定理，即为了保证信号的恢复，其采样频率必须大于等于原连续信号所含最

高频率的两倍。

为了建立线性离散系统的数学模型,根据拉普拉斯变换与 z 变换的关系,引入了 z 变换理论。z 变换在线性离散控制系统中所起的作用与拉普拉斯变换在线性连续控制系统中的作用十分类似,对离散系统的建模及性能分析起着十分重要的作用。

与连续控制系统的传递函数相对应,引入离散系统的脉冲传递函数。由于离散系统采样开关位置不同,离散系统的脉冲传递函数没有统一的形式。在离散控制系统中,由于采样开关所处的位置可能求不出闭环系统的脉冲传递函数,但可以根据输入信号得到输出信号的 z 变换表达式。

离散系统的稳定性除了与系统的结构、参数有关外,还与系统的采样周期有关,这是与连续系统不同的。判断离散系统的稳定性分别有时域和 z 域两个充分必要条件,可以通过离散系统的特征根情况或者极点分布来判断离散系统的稳定性。与连续系统的劳斯判据类似,离散系统经过 w 变换后再用劳斯判据来分析系统的稳定性。

离散系统的误差需要针对不同形式,利用 z 变换的终值定理来求取。离散系统的稳态误差不仅与系统本身的结构和参数有关,而且与输入信号的形式有关。除此之外,还与离散系统的采样周期选取有关。

根据控制系统的数学模型(差分方程、脉冲传递函数等),通过 z 变换法可以求出典型输入信号作用下的系统输出序列,进而方便地分析系统的动态性能。根据极点在 z 平面上的分布的不同,其对应的动态性能也不相同。

基于 z 变换的理论,离散系统设计采用的是最少拍控制,这是一种时间上最优控制系统,即系统的性能指标是调节时间最短或者尽可能短。这种设计方法无论最终系统输出信号是有波纹的还是无波纹的,数字控制器都是按照被控对象及输入信号进行设计的。

借助 MATLAB 软件,对连续系统的离散化、求离散系统响应以及离散系统稳定性分析等进行仿真,进一步加强对本章内容的理解。

对本章内容的学习要与第3章相对照,并以其为基础,将会有事半功倍的效果。

◈ 习 题 ◈

7-1 试求下列函数的 z 变换。

(1) $e(t) = a^{\frac{t}{T}}$ 　　　　　　　　　　　　　　(2) $e(t) = t^2 e^{-3t}$

(3) $E(s) = \dfrac{s+1}{s^2}$ 　　　　　　　　　　　　(4) $E(s) = \dfrac{1 - e^{-s}}{s^2(s+1)}$

7-2 试分别用部分分式法、幂级数法求下列函数的 z 反变换。

(1) $E(z) = \dfrac{10z}{(z-1)(z-2)}$ 　　　　　　　(2) $E(z) = \dfrac{-3 + z^{-1}}{1 - 2z^{-1} + z^{-2}}$

7-3 试确定下列函数的终值 $e(\infty)$。

(1) $E(z) = \dfrac{z^3}{(z-1)(z^2 + 7z + 5)}$ 　　　(2) $E(z) = \dfrac{Tz^{-1}}{(1 - z^{-1})^2}$

7-4 设开环离散系统分别如图 T7-1(a)和(b)所示,试求开环脉冲传递函数 $G(z)$,其中 $T = 1$ s。

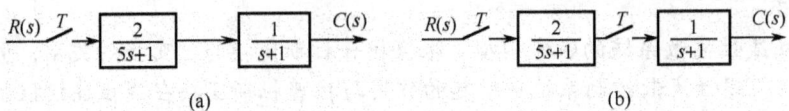

图 T7-1 习题 7-4 图

7-5 设开环离散系统如图 T7-2 所示，试求开环脉冲传递函数 $G(z)$。

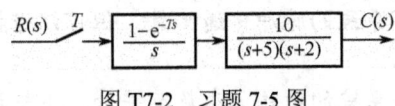

图 T7-2 习题 7-5 图

7-6 试求如图 T7-3 所示各闭环离散系统的脉冲传递函数 $\Phi(z)$ 或输出 z 变换 $C(z)$。

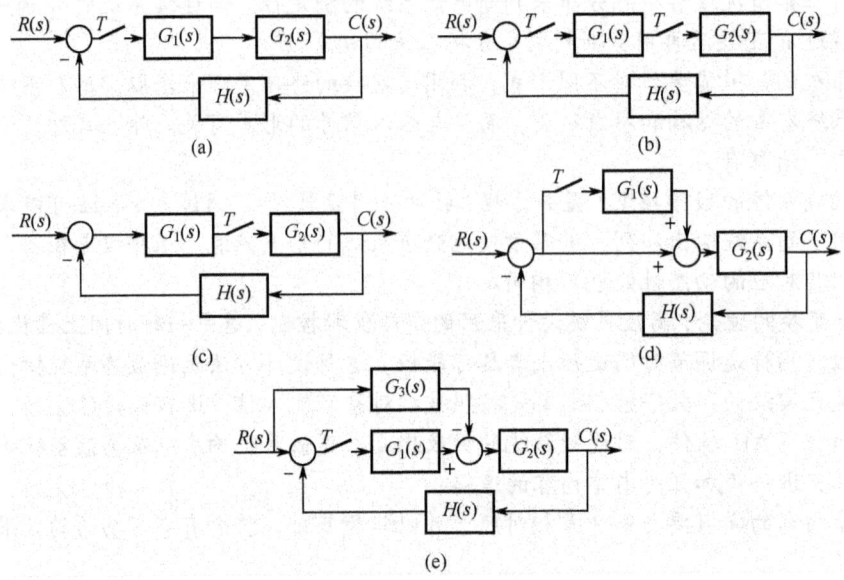

图 T7-3 习题 7-6 图

7-7 试判断下列系统的稳定性。

（1）已知系统 z 域的闭环特征方程为
$$3z^3 + 3z^2 + 2z + 1 = 0$$

（2）已知系统 z 域的闭环特征方程为
$$(z+1)(z+0.5)(z+2) = 0$$

7-8 试用 z 变换法求解下列差分方程。

（1） $c(k+2) - 6c(k+1) + 8c(k) = r(k)$
$r(k) = 1(k)，\ c(k) = 0 \quad (k \leqslant 0)$

（2） $c(k+2) + 2c(k+1) + c(k) = r(k)$
$c(0) = c(T) = 0，\quad r(k) = k \quad (k=0,1,2,\cdots)$

（3） $c(k+3) + 6c(k+2) + 11c(k+1) + 6c(k) = 0$
$c(0) = c(1) = 1，\quad c(2) = 0$

7-9 试由以下差分方程确定脉冲传递函数。
$$c(k+2) - (1+e^{-0.5T}) \cdot c(k+1) + e^{-0.5T} c(k) = (1-e^{-0.5T}) \cdot r(k+1)$$

7-10 设有单位反馈误差采样的离散系统，如图 T7-4 所示。连续部分传递函数

$$G(s) = \frac{1}{s^2(s+5)}$$

输入 $r(t) = 1(t)$，采样周期 $T = 1\text{s}$。试求：

（1）输出 z 变换 $C(z)$；

（2）采样瞬时的输出响应 $c^*(t)$；

（3）输出响应的终值 $c^*(\infty)$。

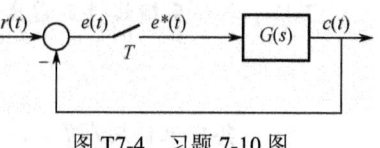

图 T7-4 习题 7-10 图

7-11 试用 w 域下的劳斯稳定判据确定如图 T7-5 所示系统在采样周期分别为 0.1 s 和 0.2 s 时稳定的 K 值范围。

7-12 设离散系统如图 T7-6 所示，采样周期 $T = 1\text{s}$，$G_h(s)$ 为零阶保持器，而

$$G(s) = \frac{K}{s(0.2s+1)}$$

要求：

（1）当 $K = 5$ 时，分别在 w 域和 z 域中分析系统的稳定性；

（2）确定使系统稳定的 K 值范围。

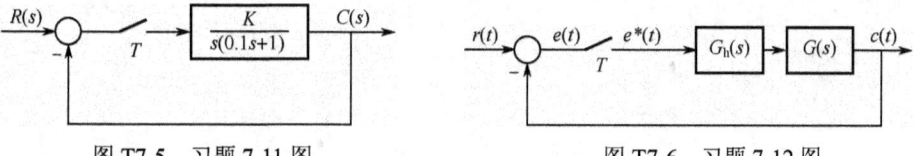

图 T7-5 习题 7-11 图　　　　　图 T7-6 习题 7-12 图

7-13 利用劳斯判据分析如图 T7-5 所示二阶离散系统的 K 和采样周期 T 对稳定性的影响。

7-14 计算如图 T7-7 所示线性离散系统的静态误差系数 K_p、K_v、K_a 以及在输入 $r(t) = 1(t)$、t、t^2 时的稳态误差。设采样周期 $T = 1\text{s}$。

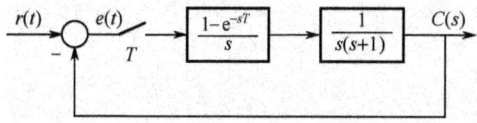

图 T7-7 习题 7-14 图

7-15 试求如图 T7-8 所示离散控制系统的阶跃响应脉冲序列（$T = 20\text{s}$）。

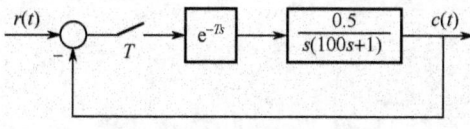

图 T7-8 习题 7-15 图

7-16 某离散系统方框图如图 7-38 所示，被控对象的传递函数

$$G(s) = \frac{1}{s(s+1)}$$

其中采样周期 $T = 1\text{s}$，采用零阶保持器，试设计在阶跃信号输入时的最少拍数字控制器的脉冲传递函数 $D(z)$，并进行验证。

7-17 单位反馈线性定常离散系统的连续被控对象和零阶保持器的传递函数分别为

$$G(s) = \frac{10}{s(s+1)}, \quad G(s) = \frac{1-e}{s}$$

其中采样周期 $T=1s$。若要求在单位斜坡输入时实现无波纹最少拍控制，试求数字控制器的脉冲传递函数 $D(z)$，并进行验证。

MATLAB 习题

7-18 已知离散控制系统的闭环脉冲传递函数为

$$\Phi(z) = \frac{0.117z^2 + 0.468z + 0.059}{z^3 - 0.353z^2 - 0.392z + 0.389}$$

试应用 MATLAB 命令绘制该系统的阶跃信号输入下的脉冲响应特性。

7-19 给定系统闭环脉冲传递函数为

$$\Phi(z) = \frac{z^3 - 1.3z^2 + 1.22z + 0.51}{z^4 + 0.522z^3 + 0.4z^2 + 0.0086z - 0.3915}$$

利用 MATLAB 绘制其零极点图，并判断系统的稳定性。

第8章 非线性系统分析

在前几章，主要研究了线性系统的分析和设计。严格地讲，许多实际的物理系统总是有不同程度的非线性，如铁心线圈的电流与磁通之间的非线性关系、放大元件具有的饱和特性、测量元件具有的死区特性、齿轮传动中具有的间隙特性等。为了数学上的分析方便，对于非线性不严重的系统，在一定工作范围内，可用线性化的方法近似为线性系统，然后就可以用线性系统的分析和设计方法，去分析与设计相应的系统。如果由此所得结论与实验的结果相符合，说明这种线性化方法是可行的。

对于非线性程度比较严重、输入信号变化范围较大、元件明显工作在非线性范围的系统，要考虑非线性的影响。在研究非线性系统的特征，以及应用非线性特性改善系统性能时，要研究非线性问题。因此，学习非线性系统分析很重要。

含非线性特性的系统称为非线性系统。非线性系统有许多特殊性能，非线性系统的分析和设计方法正处于发展阶段，尚不存在通用的方法。主要方法如下。

第一种方法是相平面法。这是分析系统性能的图解方法，适用于一、二阶系统。

第二种方法是描述函数法。这是线性部件频率特性法在非线性特性中的推广，主要用于分析系统的稳定性和自振荡。

第三种方法是李雅普诺夫稳定性分析法。用能量的观点，分析非线性系统的稳定性。

第四种方法是计算机数值技术分析法。用计算机求解非线性微分方程，得出系统的响应及特性。

本章将介绍研究分析非线性系统的描述函数法和相平面法。

8.1 非线性系统的一般概念

8.1.1 非线性系统的特点

非线性系统有其自身的特点，其特点不同于线性系统，这也是区别两类系统的重要标志。

1. 系统输出动态响应曲线形状与输入信号大小和系统初始条件有关

在线性系统中，系统输出的动态响应曲线形状与输入信号大小无关，也与初始条件无关。例如在如图 8-1 所示线性系统中，阶跃输入不同幅值 $R_1=1, R_2=2$ 时，对应线性系统输出响应曲线如图 8-2 和图 8-3 所示，响应曲线形状相似。

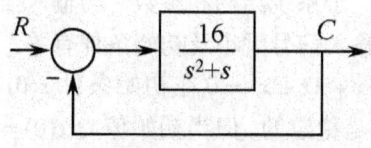

图 8-1 线性系统

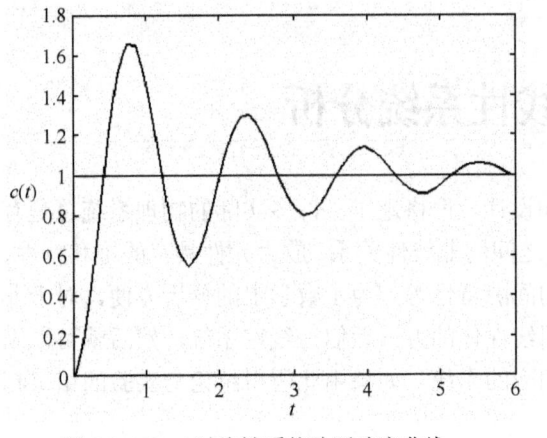
图 8-2　$R_1=1$ 时线性系统阶跃响应曲线

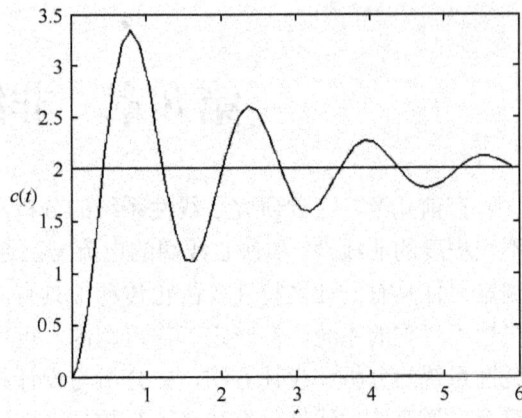
图 8-3　$R_2=2$ 时线性系统阶跃响应曲线

而在如图 8-4 所示含死区非线性的系统中,死区 $\Delta=0.8$,阶跃输入不同幅值 $R_1=1,R_2=2$ 时,对应非线性系统输出响应曲线如图 8-5 和图 8-6 所示,响应曲线形状完全不同,一条曲线无超调,一条曲线有超调,稳态误差在 0~0.8 范围内。由此可见,非线性系统不适用叠加原理。

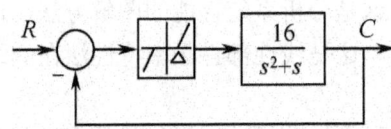

图 8-4　含死区非线性的系统

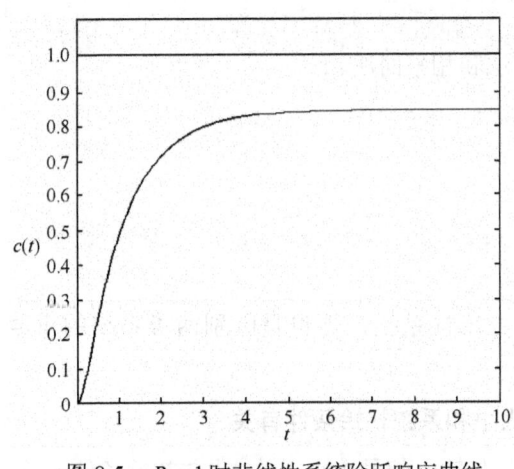
图 8-5　$R_1=1$ 时非线性系统阶跃响应曲线

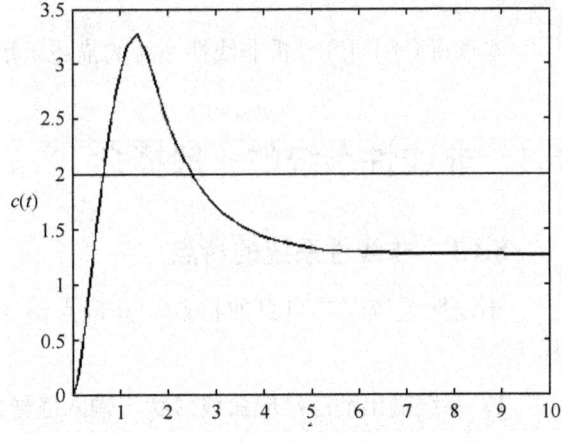
图 8-6　$R_2=2$ 时非线性系统阶跃响应曲线

2. 系统的稳定性与初始条件有关

对线性系统,其稳定性决定于系统结构和参数,与输入信号大小及初始条件无关。对非线性系统,其稳定性则可能与输入信号大小及初始条件有关。

例如,非线性系统 $\ddot{x}+0.5\dot{x}+2x+x^2=0$ 在初始条件 $x(0)=-2,\dot{x}(0)=2$ 作用下的响应如图 8-7(a)所示,从图可见,系统是稳定的。但当初始值为 $x(0)=2,\dot{x}(0)=3$ 时的响应如图 8-7(b) 所示,系统变成不稳定的。可见,系统的稳定性与输入信号大小和初始条件有关。

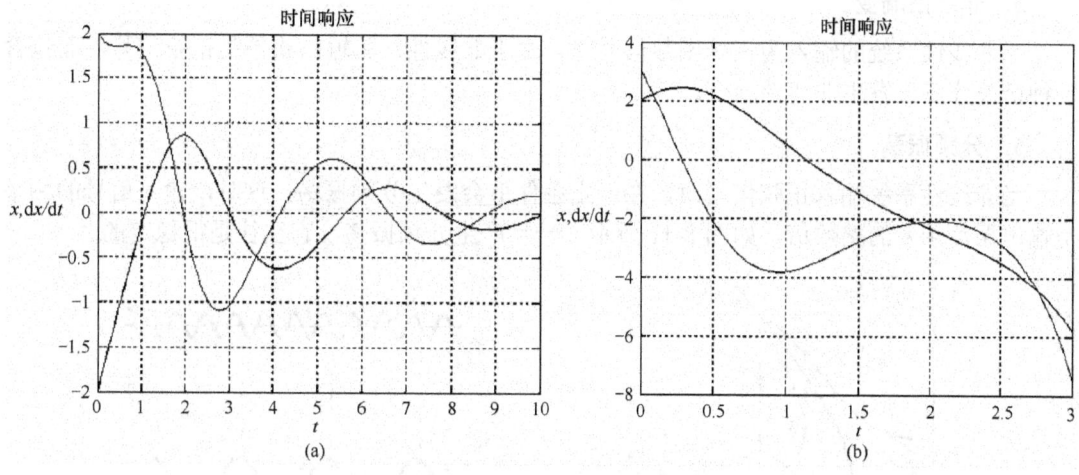

图 8-7　不同初始条件时系统运动曲线

3．自振荡

对于线性系统来说，存在稳定、不稳定、临界不稳定三种情况，但是临界不稳定情况不能持久，只要系统参数发生变化，立即会遭到破坏而变成发散或收敛。而某些非线性系统，即使没有外界作用存在，系统本身也会产生具有一定频率和振幅的振荡。而且，这种振荡具有一定的稳定性，一般称为自振荡。改变系统结构和参数，能够改变这种自振荡的振幅和频率。

例如在如图 8-8 所示含间隙非线性的系统中，间隙 $a = 0.4$，间隙非线性环节的初始输出为 0.1，输入 $R = 0$，对应非线性系统输出响应曲线如图 8-9 所示。输出响应曲线稳定振荡，即自振荡。

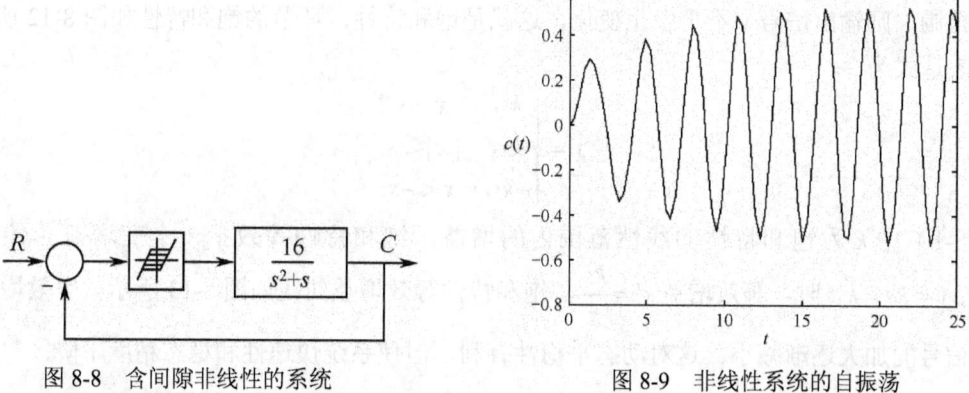

图 8-8　含间隙非线性的系统　　　　图 8-9　非线性系统的自振荡

4．跳跃谐振

跳跃谐振是某些非线性系统中存在的特有现象，跳跃谐振曲线如图 8-10 所示。外作用从低频开始，当 ω 增加时，振幅 x 也增加。直到点 2 为止。若 ω 继续增加将引起从点 2 到点 3 的跳跃，并伴有振幅和相位改变。此现象称为跳跃谐振。当 ω 再增加时，振幅 x 沿着曲线从点 3 到点 4。若从高频开始，当 ω 减小，x 通过点 3 到点 5 为止，当 ω 再减小，将产生从点 5 到点 6 的另一个跳跃。当 ω 再减小时，则 x 沿着曲线从点 6 趋于点 1。

5. 非线性畸变

当非线性系统的输入为正弦函数信号时,由于非线性,其输出将不是正弦信号,而包含各种谐波分量,发生非线性畸变。

6. 分频振荡

当非线性系统输入正弦信号时,在一定条件下会发生分频振荡,这时,输入信号的频率是输出振荡频率的整数倍,如图 8-11 所示。一旦产生分频振荡,它往往是很稳定的。

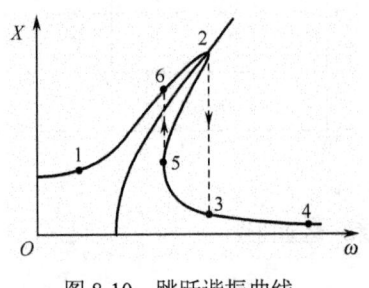

图 8-10 跳跃谐振曲线

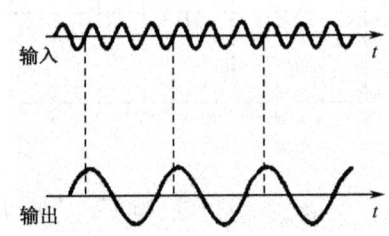

图 8-11 分频振荡时输入、输出

以上只列举了非线性系统的一些特殊现象,在非线性系统中还有一些与线性系统不同的特殊现象。从这里已看出,非线性系统要比线性系统复杂得多。以上列举的现象均不能用线性理论进行解释或处理,必须应用非线性理论来研究他们。

8.1.2 典型非线性及对系统性能的影响

1. 饱和特性

许多元件具有饱和特性,例如,晶体管放大器在大信号输入时进入饱和,运算放大器在大信号输入时,由于其输出值不会超出其电源电压,也进入饱和。

当输入信号 x 在一定范围内变化时,输入/输出呈线性关系;当输入信号 x 的绝对值超出一定范围,则输出信号 y 不再发生变化,这就是饱和特性,环节的饱和特性如图 8-12 所示。数学表达式为

$$y = \begin{cases} ks, & x > s \\ kx, & |x| \le s \\ -ks, & x < -s \end{cases} \tag{8-1}$$

式(8-1)中 k 为饱和特性的线性范围内的增益。饱和特性等效于一个变增益元件,在 $x > s$, $y = ks = k'x$ 时,等效增益 $k' = \dfrac{ks}{x}$,饱和特性等效增益曲线如图 8-13 所示。等效增益随输入信号的加大逐渐减小,这对动态平稳性有利,但使系统快速性和稳态精度下降。

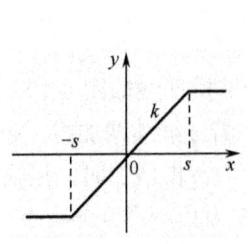

图 8-12 饱和特性

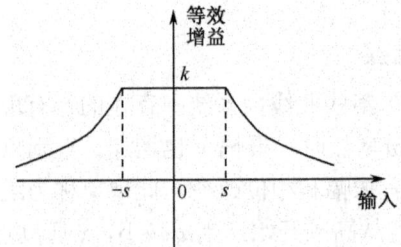

图 8-13 饱和特性等效增益曲线

2. 死区特性

死区特性一般是由测量元件、执行机构的不灵敏区造成的，在输入信号很小时元件是没有输出的，当输入信号增加到某个值以上时，该元件才有输出。例如，作为执行机构的电动机，当输入电压小于启动电压时，电动机仍处于静止状态。当输入电压大于启动电压时，电动机开始运转。

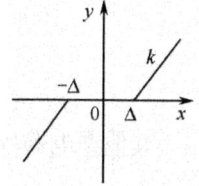

图 8-14 死区特性

死区特性如图 8-14 所示。数学表达式为

$$y = \begin{cases} 0, & |x| \leq \Delta \\ k(x-\Delta), & x > \Delta \\ k(x+\Delta), & x < -\Delta \end{cases} \quad (8-2)$$

系统前向通道串有死区特性元件时，死区特性元件等效于一个变增益元件，$x > \Delta, y = k(x-\Delta) = k'x$，等效增益 $k' = \dfrac{k(x-\Delta)}{x}$，可见 $k' < k$ 且 $x \to \infty$ 时 $k' \to k$，等效于减小了系统开环增益，故可提高系统平稳性，但会增大系统的稳态误差。

3. 继电器特性

如图 8-15(a)所示的继电器控制电动机正反转，其输入输出特性如图 8-15(b)和(c)所示，I_{b1} 为继电器吸合电流，I_{b2} 为释放电流。

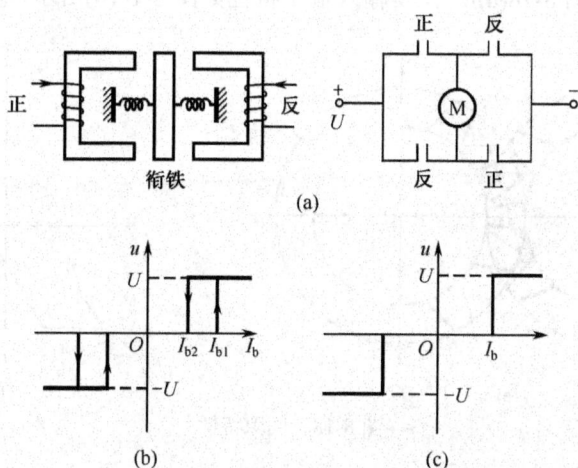

图 8-15 电磁继电器的工作原理和输入/输出特性

一般地，具有死区的继电器特性如图 8-16 所示。

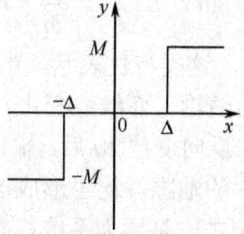

图 8-16 具有死区的继电器特性

数学表达式为

$$y = \begin{cases} M, & x > \Delta \\ 0, & |x| < \Delta \\ -M, & x < -\Delta \end{cases} \tag{8-3}$$

其他继电器特性如图 8-17 所示。

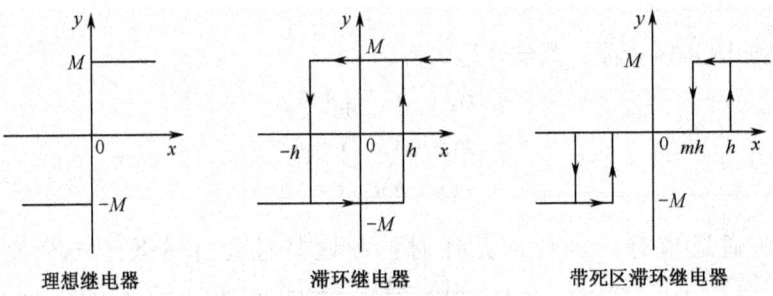

理想继电器　　　　　滞环继电器　　　　带死区滞环继电器

图 8-17　其他继电器特性

理想继电器能够使被控的执行电机在最大电压下工作，所以有可能利用继电器控制实现快速跟踪。带死区的继电器会增大系统稳态误差。

4. 间隙特性

间隙特性表现为正向与反向特性不是重叠在一起，而是其输入/输出特性为闭合环路。如齿轮传动的间隙如图 8-18(a) 所示，其输入输出特性如图 8-18(b) 所示，其中 b 值不固定。

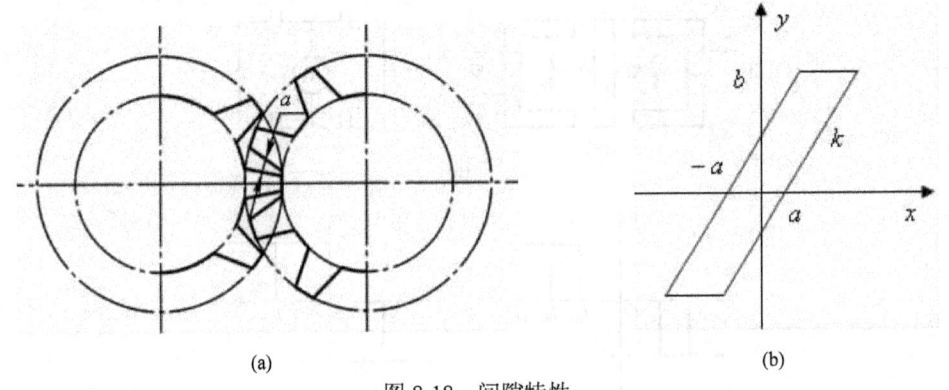

图 8-18　间隙特性

其数学表达式为

$$y = \begin{cases} k(x - a\mathrm{sgn}\,\dot{x}), & \dfrac{dy}{dt} \neq 0 \\ b\,\mathrm{sgn}\,\dot{x}, & \dfrac{dy}{dt} = 0 \end{cases} \tag{8-4}$$

设初始状态如图 8-18（a）所示，这类特性表示，当输入信号变化 Δx 小于间隙 a 时，输出保持不变。只有当 $\Delta x > a$ 后，输出随输入而线性变化。当输入反向时，其输出则保持在方向发生变化时的输出值上，直到输入反向变化 $2a$ 后，输出才线性变化。例如，铁磁元件的磁滞、齿轮传动中的齿隙、液压传动中的油隙等均可形成这类特性。

若系统中包含间隙特性，其影响之一是增大系统稳态误差，影响之二是系统振荡加剧，动态特性变差，稳定性变差。

8.2 描述函数法

非线性特性的描述函数表示法，是线性环节频率特性法在非线性特性中的推广。其基本思想是在一定的假设条件下，将非线性环节在正弦信号作用下的输出用一次谐波分量来近似表示，由此得出与非线性环节近似等效的线性环节频率特性。这说明描述函数是非线性特性的一种近似描述。

描述函数法主要用来分析在无外部作用的情况下，非线性系统的稳定性和自振荡问题。这种方法不受系统阶次的限制，应用于对系统的初步分析和设计。

8.2.1 非线性特性的描述函数

1．描述函数

设非线性元件输入/输出描述为

$$y = f(x) \tag{8-5}$$

非线性元件的输入正弦变化的函数为

$$x = X\sin\omega t \tag{8-6}$$

设输出为非正弦周期函数，它与输入同周期，且在输出量 $y(t)$ 中基波占主要成分，基波为

$$y_1 = Y_1 \sin(\omega t + \phi_1) \tag{8-7}$$

描述函数定义为

$$N = \frac{Y_1}{X} \angle \phi_1 \tag{8-8}$$

式中，N 为描述函数，X 为正弦输入的振幅，Y_1 为输出一次谐波分量的振幅，ϕ_1 为输出一次谐波分量和正弦输入的相角差。

如果在非线性元件中不包括储能元件，那么 N 只是输入振幅的函数；若包含储能元件，那么 N 便是输入正弦的振幅和频率二者的函数。

输入为 $x = X\sin\omega t$ 时，输出 $y(t)$ 展开成傅里叶级数

$$\begin{aligned} y(t) &= \frac{A_0}{2} + \sum_{n=1}^{\infty}(A_n \cos n\omega t + B_n \sin n\omega t) \\ &= \frac{A_0}{2} + \sum_{n=1}^{\infty} Y_n \sin(n\omega t + \phi_n) \end{aligned} \tag{8-9}$$

式中：$A_0/2$ 为 $y(t)$ 的直流分量。若非线性特性是奇函数，则 $A_0 = 0$。

$$A_n = \frac{1}{\pi}\int_0^{2\pi} y(t)\cos n\omega t\, \mathrm{d}(\omega t)$$

$$B_n = \frac{1}{\pi}\int_0^{2\pi} y(t)\sin n\omega t\, \mathrm{d}(\omega t)$$

$$Y_n = \sqrt{A_n^2 + B_n^2}$$

$$\phi_n = \arctan\left(\frac{A_n}{B_n}\right)$$

$y(t)$的一次谐波分量为

$$y_1(t) = A_1 \cos\omega t + B_1 \sin\omega t = Y_1 \sin(\omega t + \phi_1)$$

所以描述函数

$$N = \frac{Y_1}{X} \angle \phi_1 = \frac{\sqrt{A_1^2 + B_1^2}}{X} \angle \arctan \frac{A_1}{B_1} \tag{8-10}$$

若$\phi_1 = 0$，则N为实数；若$\phi_1 \neq 0$，则N为复数。

2．典型非线性的描述函数

（1）理想继电器非线性

理想继电器元件的输入/输出特性、输入/输出波形如图8-19所示。可见，输出是方波。由于继电器非线性特性奇对称，故$y(t)$是奇函数，$A_n = 0$（$n = 0,1,2,\cdots$），所以

$$y(t) = \sum_{n=1}^{\infty} B_n \sin n\omega t$$

$y(t)$的一次谐波分量

$$y_1(t) = B_1 \sin\omega t$$

式中

$$B_1 = \frac{1}{\pi}\int_0^{2\pi} y(t)\sin\omega t \mathrm{d}(\omega t) = \frac{2}{\pi}\int_0^{\pi} y(t)\sin\omega t \mathrm{d}(\omega t)$$
$$= \frac{2}{\pi}\int_0^{\pi} M\sin\omega t \mathrm{d}(\omega t) = \frac{4M}{\pi}$$

所以

$$y_1(t) = \frac{4M}{\pi}\sin\omega t$$

故描述函数为

$$N = \frac{Y_1}{X} \angle \phi_1 = \frac{4M}{\pi X} \tag{8-11}$$

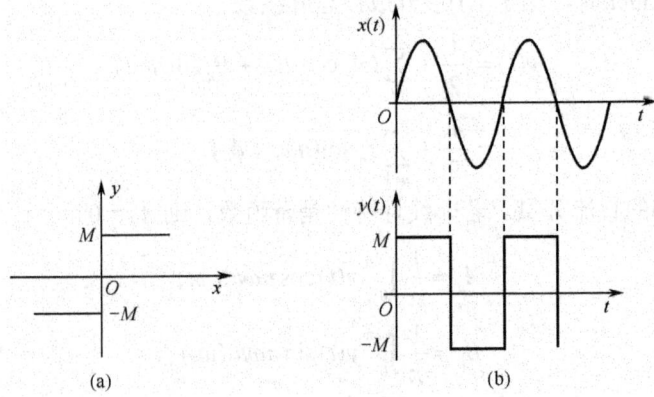

图8-19 继电器特性和输入/输出波形

（2）具有滞环的继电器非线性

具有滞环的继电器非线性的输入/输出特性曲线和输入/输出波形如图8-20所示。可见，

输出仍是方波,描述函数的振幅比与上述理想继电器非线性一样,但有一个滞后角 $\phi_1 = -\omega t_1$。
由图可知

$$h = X\sin\omega t_1, \phi_1 = -\omega t_1 = -\arcsin\frac{h}{X}$$

描述函数为

$$N = \frac{4M}{\pi X}\angle -\arcsin\frac{h}{X} = \frac{4M}{\pi X}\sqrt{1-\left(\frac{h}{X}\right)^2} - j\frac{4Mh}{\pi X^2}, X \geqslant h \qquad (8\text{-}12)$$

具有滞环的继电器非线性元件的描述函数是输入振幅 X 的函数,但不是一个实函数。

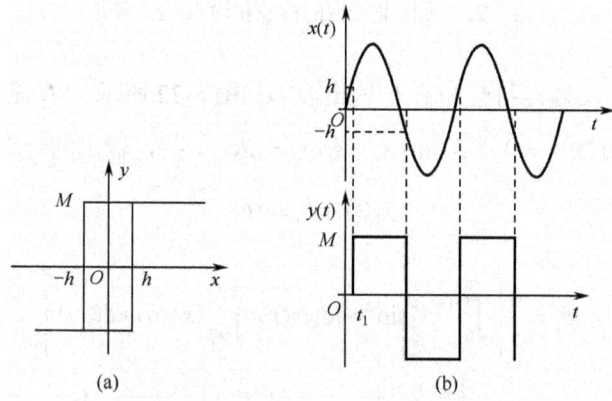

图 8-20 滞环继电器特性和输入/输出波形

(3) 死区非线性

死区非线性的输入/输出特性和输入/输出波形如图 8-21 所示。$y(t)$ 是奇函数,所以 $A_n = 0$ ($n=0,1,2,\cdots$)。由图可知 $\phi_1 = 0$,$X\sin\omega t_1 = \Delta, \omega t_1 = \arcsin\frac{\Delta}{X}$,输出的一次谐波分量为

$$y_1(t) = B_1 \sin\omega t$$

式中

$$B_1 = \frac{1}{\pi}\int_0^{2\pi} y(t)\sin\omega t\,\mathrm{d}(\omega t) = \frac{4}{\pi}\int_0^{\frac{\pi}{2}} y(t)\sin\omega t\,\mathrm{d}(\omega t)$$

$$= \frac{4k}{\pi}\int_{\omega t_1}^{\frac{\pi}{2}}(X\sin\omega t - \Delta)\sin\omega t\,\mathrm{d}(\omega t) = \frac{4k}{\pi}\left[\int_{\omega t_1}^{\frac{\pi}{2}} X\sin^2\omega t\,\mathrm{d}(\omega t) - \Delta\int_{\omega t_1}^{\frac{\pi}{2}}\sin\omega t\,\mathrm{d}(\omega t)\right]$$

$$= \frac{2Xk}{\pi}\left[\frac{\pi}{2} - \arcsin\left(\frac{\Delta}{X}\right) - \frac{\Delta}{X}\sqrt{1-\left(\frac{\Delta}{X}\right)^2}\right], X \geqslant \Delta$$

描述函数为

$$N = \frac{B_1}{X}\angle 0° = \frac{2k}{\pi}\left[\frac{\pi}{2} - \arcsin\left(\frac{\Delta}{X}\right) - \frac{\Delta}{X}\sqrt{1-\left(\frac{\Delta}{X}\right)^2}\right], X \geqslant \Delta \qquad (8\text{-}13)$$

这个描述函数是输入振幅 X 的实函数。注意,当 $\frac{\Delta}{X} > 1$ 时,输出为零,从而描述函数的值也为零。

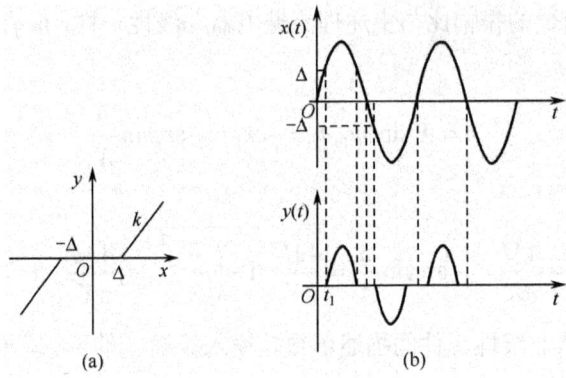

图 8-21 死区非线性的特性和输入/输出波形

（4）饱和非线性

饱和非线性的输入/输出特性和输入/输出波形如图 8-22 所示。$y(t)$是奇函数，所以 $A_n = 0$ ($n=0,1,2,\cdots$)。由图可知 $\phi_1 = 0$，$X\sin\omega t_1 = s$，$\omega t_1 = \arcsin\dfrac{s}{X}$，输出的一次谐波分量为

$$y_1(t) = B_1 \sin\omega t$$

式中

$$B_1 = \dfrac{4}{\pi}\left[\int_0^{\omega t_1} kX\sin^2\omega t\, d(\omega t) + \int_{\omega t_1}^{\frac{\pi}{2}} ks\sin\omega t\, d(\omega t)\right]$$

$$= \dfrac{4kX}{\pi}\left\{\left[\dfrac{\omega t}{2} - \dfrac{1}{4}\sin 2\omega t\right]\Big|_0^{\omega t_1} + \dfrac{s}{X}[-\cos\omega t]\Big|_{\omega t_1}^{\frac{\pi}{2}}\right\}$$

$$= \dfrac{2kX}{\pi}\left[\arcsin\dfrac{s}{X} + \dfrac{s}{X}\sqrt{1-\left(\dfrac{s}{X}\right)^2}\right], X \geqslant s$$

描述函数为

$$N = \dfrac{B_1}{X}\angle 0^0 = \dfrac{2k}{\pi}\left[\arcsin\dfrac{s}{X} + \dfrac{s}{X}\sqrt{1-\left(\dfrac{s}{X}\right)^2}\right], X \geqslant s \tag{8-14}$$

饱和元件的描述函数是输入振幅 X 的实函数。$X < s$ 时，$N = 1$。
常见的非线性特性及描述函数见表 8-1。

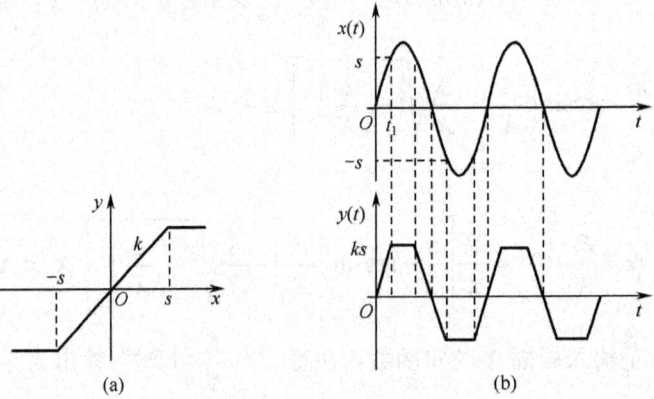

图 8-22 饱和非线性的特性和输入/输出波形

表 8-1 非线性特性及描述函数对照

非线性特性	描述函数
理想继电器特性、库仑摩擦特性	$\dfrac{4M}{\pi X}$
有死区继电器特性	$\dfrac{4M}{\pi X}\sqrt{1-(\dfrac{h}{X})^2}, X \geqslant h$
带滞环继电器特性	$\dfrac{4M}{\pi X}\sqrt{1-(\dfrac{h}{X})^2} - j\dfrac{4Mh}{\pi X^2}, X \geqslant h$
死区特性	$\dfrac{2k}{\pi}[\dfrac{\pi}{2} - \arcsin(\dfrac{\Delta}{X}) - \dfrac{\Delta}{X}\sqrt{1-(\dfrac{\Delta}{X})^2}], X \geqslant \Delta$
饱和特性	$\dfrac{2k}{\pi}[\arcsin\dfrac{s}{X} + \dfrac{s}{X}\sqrt{1-(\dfrac{s}{X})^2}], X \geqslant s$
间隙特性	$\dfrac{k}{\pi}[\dfrac{\pi}{2} + \arcsin(1-\dfrac{2a}{X}) + 2(1-\dfrac{2a}{X})\sqrt{\dfrac{a}{X}(1-\dfrac{a}{X})}] + j\dfrac{4ka}{\pi X}(\dfrac{a}{X}-1), X \geqslant a$
库仑摩擦加黏性摩擦特性	$k + \dfrac{4M}{\pi X}$

8.2.2 非线性控制系统的描述函数分析

非线性系统通过适当变换和化简,可以表示为线性部分 $G(s)$ 和非线性部分 N(描述函数)串联而成的系统。设线性部分传递函数 $G(s)$ 有低通滤波效应,通过 $G(s)$ 的高次谐波可以被充分的衰减,因此,非线性部分和线性部分输入/输出均为同频正弦信号,在这种条件下,非线性部分可以用描述函数来等效。设非线性控制系统如图 8-23 所示,则闭环频率特性为

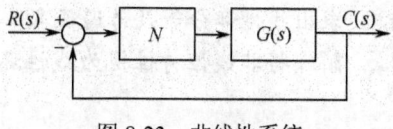

图 8-23 非线性系统

$$\frac{C(j\omega)}{R(j\omega)} = \frac{NG(j\omega)}{1+NG(j\omega)}$$

特征方程为

$$1 + NG(j\omega) = 0$$

$$G(j\omega) = -\frac{1}{N} \tag{8-15}$$

在线性系统中,用开环频率特性 $G(j\omega)$ 曲线与 $(-1,j0)$ 的相对位置来判断系统的稳定性。在描述函数法中,则用系统的线性部分频率特性 $G(j\omega)$ 与 $-\frac{1}{N}$ 曲线的相对位置判断非线性系统的稳定性。

设系统的线性部分是最小相位环节,如果 $-\frac{1}{N}$ 曲线未被 $G(j\omega)$ 曲线包围,则系统是稳定的。因为系统中周期信号的幅值 X 将不断减小最后趋于零。

如果 $-\frac{1}{N}$ 曲线被 $G(j\omega)$ 曲线包围,则系统是不稳定的。因为系统中周期信号的幅值 X 将不断增大。

如果 $-\frac{1}{N}$ 曲线与 $G(j\omega)$ 曲线相交,则系统处于临界状态,系统可能出现持续振荡,即极限环。振荡近似于正弦,其振幅和频率等于交点处 $-\frac{1}{N}$ 曲线的 X 值和 $G(j\omega)$ 曲线的 ω 值。

自振荡(极限环)的稳定性可以从 X 变化时, $-\frac{1}{N}$ 曲线的移动方向来判断。设非线性系统 $-\frac{1}{N}$ 曲线与 $G(j\omega)$ 曲线如图 8-24 所示。

A 点的自振荡是不稳定的。因为如扰动使振幅略有减小,则工作点沿 $-\frac{1}{N}$ 曲线移动到 D 点, D 点未被 $G(j\omega)$ 包围,系统是稳定的,振幅将继续减小,工作点将进一步偏离 A 点。如扰动使振幅略有增加,则工作点沿 $-\frac{1}{N}$ 曲线移

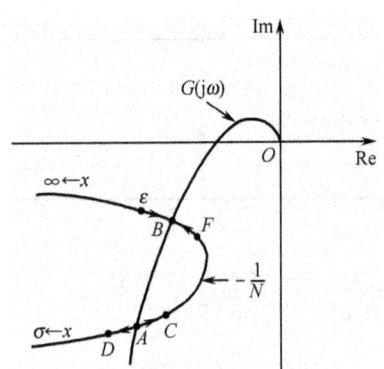

图 8-24　$G(j\omega)$ 曲线与 $-1/N$ 曲线

到 C 点, C 点被 $G(j\omega)$ 曲线包围。系统不稳定,振幅将继续增大,工作点将进一步偏离 A 点,因此 A 点的极限环是不稳定的。

B 点的自振荡是稳定的。因为在扰动作用下,若振幅减小,工作点移到 F 点,而 F 点被 $G(j\omega)$ 曲线包围,系统不稳定,振幅将增大,工作点将趋于 B 点。若振幅增大,工作点移到 E 点,而 E 点未被 $G(j\omega)$ 曲线包围,系统是稳定的,振幅将减小,工作点也趋向于 B 点。因此 B 点的极限环是稳定的。

【例 8-1】 将图 8-25 化简为线性部分 $G(s)$ 和非线性部分 N(描述函数)串联而成的系统,求出线性部分等效传递函数。

解 将非线性特性视为线性环节来对待,则由梅逊公式可得特征方程为

$$1 + N\frac{K}{Js} + \frac{K}{Js^2} = 0$$

整理为
$$1 + N\frac{Ks}{Js^2 + K} = 0$$
所以线性部分等效传递函数为
$$G(s) = \frac{Ks}{Js^2 + K}$$

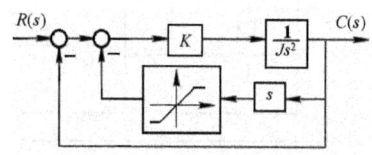

图 8-25 非线性系统

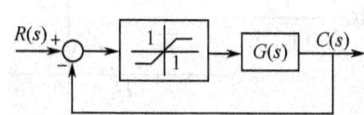

图 8-26 具有饱和非线性的控制系统

【例 8-2】 如图 8-26 所示表示一个具有饱和非线性的控制系统。饱和非线性参数 $s=1$, $k=1$。设 $G(s) = \dfrac{K}{s(0.1s+1)(0.2s+1)}$。

（1）确定 $K=30$ 时自振荡的频率和振幅；
（2）确定 K 的范围使系统不出现自振荡。

解 （1）饱和非线性描述函数 N 是振幅 X 的函数
$$N = \frac{2k}{\pi}\left[\arcsin\frac{s}{X} + \frac{s}{X}\sqrt{1-\left(\frac{s}{X}\right)^2}\right], X \geq s$$

因为 $\dfrac{-1}{N(1)} = -1, \dfrac{-1}{N(\infty)} = -\infty$，所以 $-\dfrac{1}{N}$ 轨迹从负实轴上的 -1 点出发延伸至 $-\infty$。如图 8-27 所示表示了 $-\dfrac{1}{N}$ 轨迹和 $G(j\omega)$ 曲线的图形。

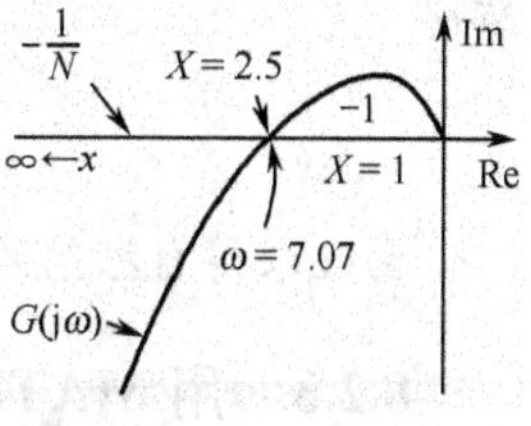

由线性部分的传递函数 $G(s)$ 可得
$$G(j\omega) = \frac{K}{j\omega(0.1j\omega+1)(0.2j\omega+1)} = \frac{K}{j(\omega - 0.02\omega^3) - 0.3\omega^2}$$
令 $\mathrm{Im}\,G(j\omega) = 0$ 得 $\omega - 0.02\omega^3 = 0, \omega = \sqrt{50} = 7.07$。

图 8-27 例 8-2 曲线

将 $K=30$，$\omega=7.07$ 代入 $G(j\omega)$ 得到 $G(j\omega)$ 与负实轴的交点
$$\frac{K}{-0.3\omega^2} = \frac{30}{-0.3 \times 50} = -2$$

由此可知 $G(j\omega)$ 曲线与 $-\dfrac{1}{N}$ 曲线相交，其交点是一个稳定极限环，极限环的振幅是由 $-\dfrac{1}{N}$ 曲线来确定的。由 $-\dfrac{1}{N} = -2$ 得 $X = 2.5$。由此求得自振荡的幅值为 $X = 2.5$，而自振荡频率为 $\omega = 7.07\ \mathrm{rad/s}$。

（2）为使系统不出现自振荡，应调整 K 使 $G(j\omega)$ 曲线与 $-\dfrac{1}{N}$ 曲线不相交，即 $G(j\omega)$ 与负实轴的交点满足
$$\frac{K}{-0.3\omega^2} = \frac{K}{-0.3 \times 50} > -1$$

由上式得 K 的范围为
$$K < 15$$

【例 8-3】 具有理想继电器特性的非线性系统如图 8-28 所示，确定其自振荡的幅值和频率。

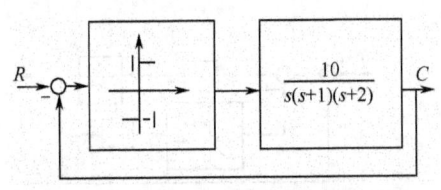

图 8-28 具有继电器特性的非线性系统

解 理想继电器特性的描述函数为

$$N(X) = \frac{4M}{\pi X} = \frac{4}{\pi X}$$

所以

$$-\frac{1}{N(X)} = -\frac{\pi X}{4}$$

当 $X = 0$ 时,$-\frac{1}{N(X)} = 0$;当 $X = \infty$ 时,$-\frac{1}{N(X)} = -\infty$,因此 $-\frac{1}{N(X)}$ 曲线就是整个负实轴。又由线性部分的传递函数 $G(s)$ 可得

$$G(j\omega) = \frac{10}{j\omega(1+j\omega)(2+j\omega)} = -\frac{30}{\omega^4 + 5\omega^2 + 4} - j\frac{10(2-\omega^2)}{\omega(\omega^4 + 5\omega^2 + 4)}$$

由此可以画出 $-\frac{1}{N(X)}$ 和 $G(j\omega)$ 曲线,如图 8-29 所示。由图可知,

图 8-29 例 8-3 曲线

两曲线有一个交点且对应于该点的自振荡是稳定的。

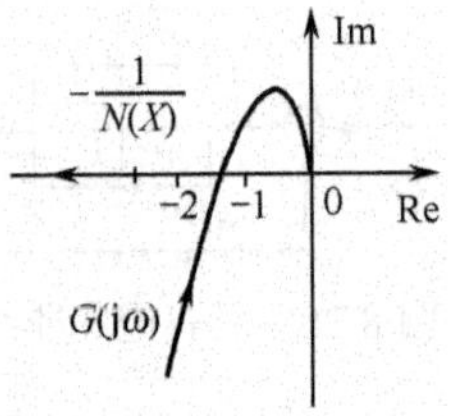

再求 $G(j\omega)$ 与 $-\frac{1}{N(X)}$ 曲线的交点。令 $\text{Im}\, G(j\omega) = 0$,得 $2 - \omega^2 = 0$,故交点处的 $\omega = \sqrt{2}$。

将 $\omega = \sqrt{2}$ 代入 $G(j\omega)$ 的实部,得

$$[\text{Re}\, G(j\omega)]_{\omega = \sqrt{2}} = -1.66$$

所以

$$-\frac{1}{N(X)} = -\frac{\pi X}{4} = -1.66$$

由此求得自振荡的幅值为 $X = 2.1$,而振荡频率为 $\omega = \sqrt{2}$ rad/s。

8.2.3 用 MATLAB 的 Simulink 仿真分析非线性控制系统

【例 8-4】 如图 8-26 所示表示一个具有饱和非线性的控制系统。饱和非线性参数为 $s = 1$,$k = 1$。设 $G(s) = \dfrac{K}{s(0.1s+1)(0.2s+1)}$,用 Simulink 仿真分析下列情况时系统的响应:

(1)$K = 30$,阶跃输入幅值为 0.001;

(2)$K = 15.1$,阶跃输入幅值为 0.01;

(3)$K = 5$,阶跃输入幅值为 1。

解 启动 MATLAB 后,单击 MATLAB 主窗口的 Simulink 按钮可启动 Simulink。使用 Simulink 建立非线性控制系统,仿真模型如图 8-30 所示。

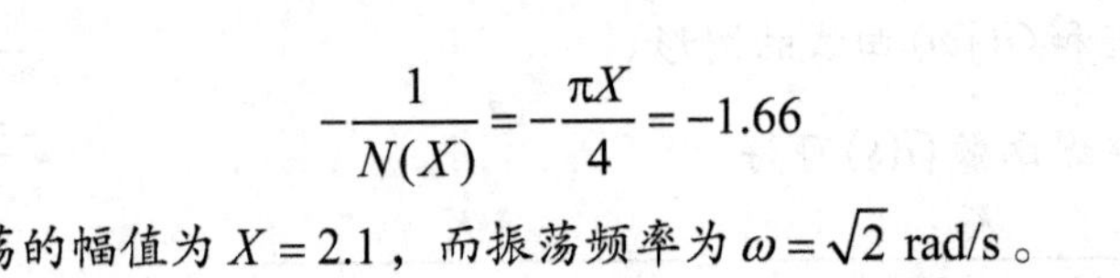

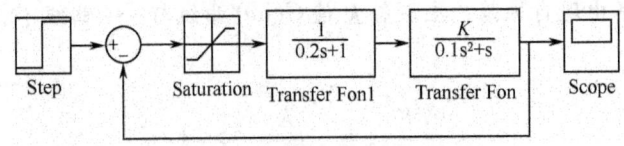

图 8-30 非线性系统仿真模型

(1)$K = 30$,阶跃输入幅值为 0.001 时系统的响应如图 8-31 所示。系统自振荡。振荡周期为 0.888,振幅为 2.5。这与例 8-2 的理论分析完全相符。

(2)$K = 15.1$,阶跃输入幅值为 0.01。按例 8-2 的理论分析,这是刚可以产生自振荡的情况。系统的响应如图 8-32 所示。从系统的响应曲线可求出自振荡的幅值为 $X \approx 1$,而振荡

频率为 $\omega = 7.07 \text{ rad/s}$。

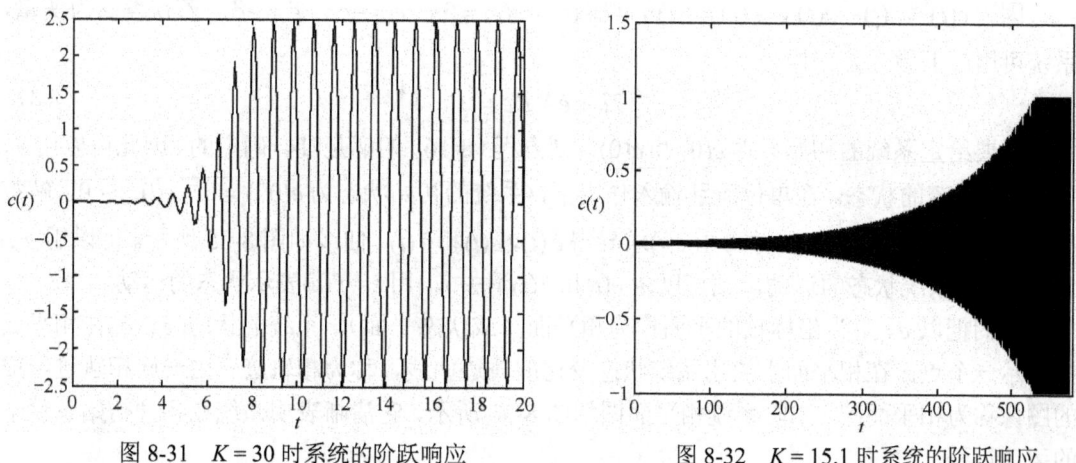

图 8-31　$K = 30$ 时系统的阶跃响应

图 8-32　$K = 15.1$ 时系统的阶跃响应

（3）$K = 5$，阶跃输入幅值为 1。系统的响应如图 8-33 所示。系统不产生自振荡。系统的阶跃响应超调量 $\sigma\% = 39\%$，调整时间 $t_s = 3.5 \text{ s}$。

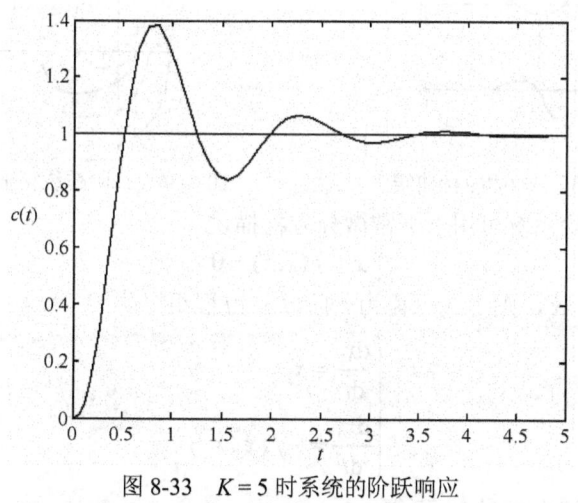

图 8-33　$K = 5$ 时系统的阶跃响应

8.3　相平面法

相平面法是庞加莱（Poincare）首先提出来的一种求解一、二阶常微分方程的图解方法，是时域分析法在非线性系统中的应用。这一节将介绍分析二阶系统的相平面法。

8.3.1　相轨迹特征及性质

1．相轨迹的基本概念

（1）相平面和相轨迹

我们先以二阶线性系统为例说明什么是相平面图，什么是相轨迹。设二阶线性系统如图 8-34 所示，$r(t) = 1(t)$，系统可用以下微分方程描述

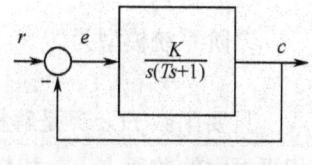

图 8-34　二阶线性系统

$$T\ddot{c}(t) + \dot{c}(t) + Kc = Kr(t)$$

因为 $e(t) = r(t) - c(t)$，$r(t) = 1(t)$，则 $\ddot{r}(t) = \dot{r}(t) = 0$，$\dot{e} = -\dot{c}$，$\ddot{e} = -\ddot{c}$。若误差 e 为变量，系统可用以下微分方程描述

$$T\ddot{e} + \dot{e} + Ke = 0 \tag{8-16}$$

只要给定系统的初始条件 $e(0)$ 和 $\dot{e}(0)$，则方程（8-16）的解是唯一确定的。因此可以用 e、$\dot{e}$ 来描述系统的状态。在单位阶跃输入作用下，系统的初始状态为 $e(0^+) = 1$，$\dot{e}(0^+) = 0$，解方程可得误差相应曲线 $e(t)$，并可由 $e(t)$ 求导得 $\dot{e}(t)$，$e(t)$ 和 $\dot{e}(t)$ 曲线如图 8-35 所示。可以用 $e(t)$ 和 $\dot{e}(t)$ 表示系统状态的运动，也可以由 $e(t)$ 和 $\dot{e}(t)$ 消去 t，用 $\dot{e} = f(e)$ 表示状态的运动。

我们把以 e、$\dot{e}$ 为坐标轴的平面称为相平面（或状态平面）。系统的状态 $(e, \dot{e})$ 在相平面中表示一个点。在相平面上绘出系统状态变化的轨迹曲线，称为相轨迹。由一族相轨迹组成的图像称为相平面图。二阶系统相平面图如图 8-36 所示，它清晰表明系统在各种初始条件下的运动过程。

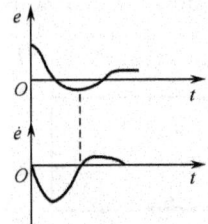

图 8-35 $e(t)$ 和 $\dot{e}(t)$ 曲线

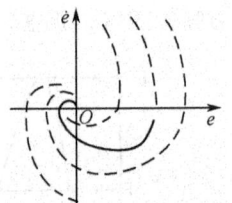

图 8-36 二阶系统相平面图

一般情况下，二阶系统可用以下常微分方程描述

$$\ddot{x} + f(x, \dot{x}) = 0 \tag{8-17}$$

若令 $x_1 = x$，$x_2 = \dot{x}$，则上式可化为一阶联立方程组

$$\begin{cases} \dfrac{dx_1}{dt} = x_2 \\ \dfrac{dx_2}{dt} = -f(x_1, x_2) \end{cases} \tag{8-18}$$

由上面的方程组消去变量 t，可得

$$\frac{dx_2}{dx_1} = -\frac{f(x_1, x_2)}{x_2} \quad \text{或} \quad \frac{d\dot{x}}{dx} = -\frac{f(x, \dot{x})}{\dot{x}} \tag{8-19}$$

若系统是线性的，则 $f(x, \dot{x})$ 是 x、$\dot{x}$ 的线性函数。若系统是非线性的，则 $f(x, \dot{x})$ 是 x、$\dot{x}$ 的非线性函数。但只要 $f(x, \dot{x})$ 是解析的，那么在给定初始条件下，式（8-17）的解也是唯一确定的。式（8-19）是相轨迹斜率方程，该方程给出了相轨迹上通过点 $(x, \dot{x})$ 的切线的斜率。线性系统的相轨迹曲线是相似成比例的，而非线性系统的相轨迹则没有这种规律，曲线形状的差异取决于函数 $f(x, \dot{x})$ 的非线性特性。

（2）奇点

二阶系统模型为

$$\ddot{x} + f(x, \dot{x}) = 0 \tag{8-20}$$

只要函数 $f(x, \dot{x})$ 是解析的，给定初始条件，则式（8-20）的解是唯一确定的，也就是说相平面中的普通点上，相轨迹的斜率是唯一确定的，并可表示为

$$\frac{d\dot{x}}{dx} = -\frac{f(x,\dot{x})}{\dot{x}}$$

但是在某些特殊点上，会同时满足下式

$$\begin{cases} \dot{x} = 0 \\ f(x,\dot{x}) = 0 \end{cases} \quad (8\text{-}21)$$

因此，该点 $d\dot{x}/dx = 0/0$，相轨迹的斜率是不确定的，在图形上则表现为多条相轨迹以不同的斜率通过或逼近该点。这种特殊点称为奇点。

由式（8-20）和式（8-21）可知，奇点处 $\dot{x}=0, \ddot{x}=0$，即速度、加速度都为零，系统不再运动，因此奇点即平衡点。奇点及其邻近的相轨迹反映系统的稳定性。

不论 $f(x,\dot{x})$ 是线性函数还是非线性函数，只要它在奇点是解析的，则在奇点附近总可以线性化，非线性系统在奇点邻近线性化后可用以下二阶微分方程表示

$$\ddot{x} + 2\zeta\omega_n x + \omega_n^2 x = 0 \quad (8\text{-}22)$$

该方程的性质，取决于下列其特征方程的特征根 λ_1 和 λ_2

$$\lambda^2 + 2\zeta\omega_n \lambda + \omega_n^2 = 0 \quad (8\text{-}23)$$

特征根 λ_1 和 λ_2 在复平面的位置决定了奇点的特性。奇点名称、特征根分布、奇点附近相平面图如图8-37所示。

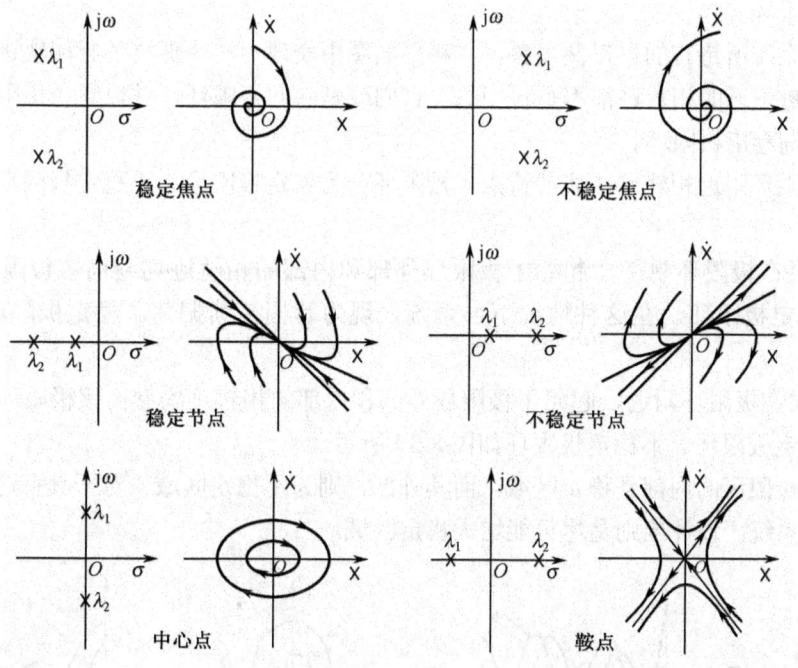

图 8-37 奇点名称、特征根分布、相平面图

【**例 8-5**】 已知非线性系统微分方程

$$\ddot{x} - 0.5\dot{x} + x + x^2 = 0$$

求系统的奇点及类型。

解 由原方程可得

$$\frac{d\dot{x}}{dx} = \frac{0.5\dot{x} - x - x^2}{\dot{x}}$$

令 $\ddot{x} = \dot{x} = 0$，得 $x + x^2 = 0$，从而解得 $x = 0$ 和 $x = -1$。因此，可得奇点为 $(0,0)$, $(-1,0)$。为了判断奇点类型，需要将系统的微分方程在奇点附近线性化。原方程 $f(x,\dot{x})$ 为

$$f(x,\dot{x}) = -0.5\dot{x} + x + x^2$$

在奇点 $(0,0)$ 附近用泰勒级数展开，并保留一次项，得方程

$$\ddot{x} + \frac{\partial f}{\partial \dot{x}}\bigg|_{\substack{x=0 \\ \dot{x}=0}} \dot{x} + \frac{\partial f}{\partial x}\bigg|_{\substack{x=0 \\ \dot{x}=0}} x = \ddot{x} - 0.5\dot{x} + x = 0$$

其特征方程为

$$\lambda^2 - 0.5\lambda + 1 = 0$$

解得特征根为 $\lambda_{1,2} = 0.25 \pm j0.97$，可见特征根为具有正实部的共轭复根，奇点 $(0,0)$ 为不稳定焦点。同样，在奇点 $(-1,0)$ 附近有

$$\ddot{x} + \frac{\partial f}{\partial \dot{x}}\bigg|_{\substack{x=-1 \\ \dot{x}=0}} \dot{x} + \frac{\partial f}{\partial x}\bigg|_{\substack{x=-1 \\ \dot{x}=0}} x = \ddot{x} - 0.5\dot{x} - x = 0$$

其特征方程为

$$\lambda^2 - 0.5\lambda - 1 = 0$$

解得特征根为 $\lambda_1 = 1.28$，$\lambda_2 = -0.78$，为一正、一负，奇点 $(-1,0)$ 为鞍点。

（3）极限环

非线性系统所特有的自振荡现象，在相平面图中表现为一个孤立的封闭轨迹，称为极限环。封闭轨迹附近的相轨迹都不是封闭的，它们或是卷向极限环，并以它为极限，或由极限环开始，逐渐卷出极限环。

根据极限环附近相轨迹曲线的特点，极限环分为稳定极限环、不稳定极限环、半稳定极限环。

① 如果在极限环附近，起始于极限环外部和内部的相轨迹均卷向该极限环，则该极限环称为稳定极限环。在这种情况下，系统表现为等幅持续振荡。稳定极限环如图 8-38 所示。

② 如果在极限环附近，起始于极限环外部和内部的相轨迹均卷出该极限环，则该极限环称为不稳定极限环。不稳定极限环如图 8-39 所示。

不稳定极限环的内部是稳定区域，而其外部，则为不稳定区域。对于具有这种不稳定极限环的控制系统，设计准则是尽可能增大稳定区域。

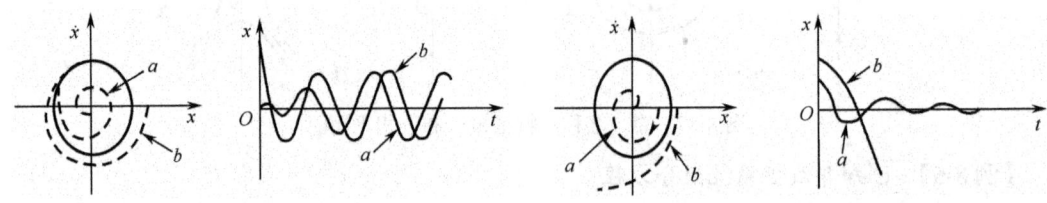

图 8-38 稳定极限环　　　　　　　　图 8-39 不稳定极限环

③ 半稳定极限环有两种情况。一种是起始于极限环外部的相轨迹卷出该极限环，起始于极限环内部的相轨迹卷向该极限环；另一种是起始于极限环外部的相轨迹收敛于该极限环，起始于极限环内部的相轨迹卷出该极限环。半稳定极限环两种情况如图 8-40 和图 8-41 所示。

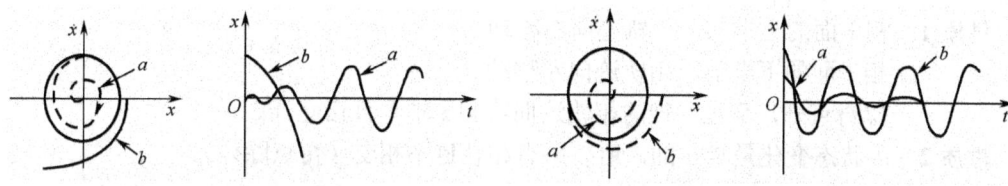

图 8-40 半稳定极限环情况一　　　　图 8-41 半稳定极限环情况二

具有半稳定极限环的系统不会产生稳定的自振荡现象。

一般情况下，极限环使系统性能变坏，稳定极限环使系统产生自振荡，不稳定极限环使系统稳定范围减小。系统设计中应避免产生极限环。若极限环不可避免，则应尽可能使稳定极限环缩小，使自振荡的幅度在允许范围之内，应尽可能使不稳定极限环加大，以扩大系统稳定范围。

在某些特殊情况下，可利用系统的自振荡产生周期性的运动，例如某些信号发生器就是具有稳定极限环的非线性系统。

2．相轨迹的性质

相平面图表明了各种初始条件下系统状态运动的全过程。因此只要绘出相平面图，从相平面图的分析就可以确定系统的响应性能，如系统的稳定性、稳态、瞬态响应指标等，而相轨迹的性质可帮助我们确定相轨迹的运动趋势。下面通过几个例题引出相轨迹的性质。

【例 8-6】 已知微分方程

$$\frac{d^2x}{dt^2} = a$$

绘制 $\dot{x}$–x 平面的相轨迹。

解 由原方程可得

$$\frac{d^2x}{dt^2} = \frac{d(\frac{dx}{dt})}{dt} = \frac{d\dot{x}}{dt} = \frac{d\dot{x}}{dt} \cdot \frac{dx}{dx} = \dot{x}\frac{d\dot{x}}{dx} = a$$

整理后为

$$\dot{x}d\dot{x} = adx$$

对上式两边积分得

$$\dot{x}^2 = 2ax + c$$

可见，该方程为抛物线方程，c 取不同值，就有一族相轨迹，相轨迹如图 8-42 所示。在上半平面 $\dot{x} > 0$，所以 x 是增加的，故方向向右。在下半平面 $\dot{x} < 0$，所以 x 是减小的，故方向向左。

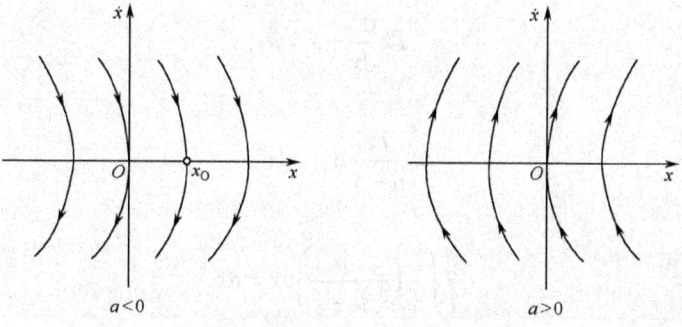

图 8-42 例 8-6 的相轨迹

性质1 相平面的上半部,相轨迹向右移动。
相平面的下半部,相轨迹向左移动。
除奇点外,穿过 x 轴的相轨迹曲线和 x 轴垂直相交。

性质2 因状态变化是唯一的,所以所有相轨迹不相交(奇点除外)。

【例 8-7】 已知微分方程

$$T^2 \frac{d^2 x}{dt^2} + x = 0$$

试绘制相轨迹。

解 由原方程导出

$$T^2 \dot{x} d\dot{x} + x dx = 0$$

对上式两边积分得

$$T^2 \dot{x}^2 + x^2 = c$$

可见,该方程为一个椭圆方程,当 c 取不同值时,就有一族椭圆,相轨迹如图 8-43 所示。

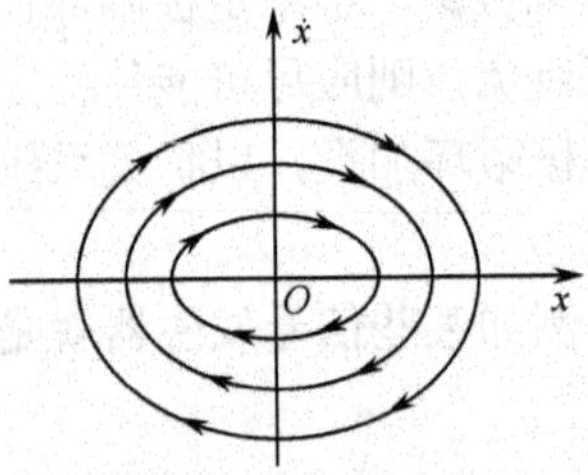

图 8-43 例 8-7 的相轨迹

性质3 若系统存在自振荡,则系统的相轨迹一定是一个封闭曲线。

【例 8-8】 已知微分方程

$$-T^2 \frac{d^2 x}{dt^2} + x = 0$$

试绘制相轨迹。

解 由原方程导出

$$-T^2 \dot{x} d\dot{x} + x dx = 0$$

对上式两边积分得

$$-T^2 \dot{x}^2 + x^2 = c$$

可见,该方程为一个双曲线方程。c 取不同值,就得到一族双曲线,相轨迹如图 8-44 所示。微分方程的奇点为原点,该奇点为鞍点。

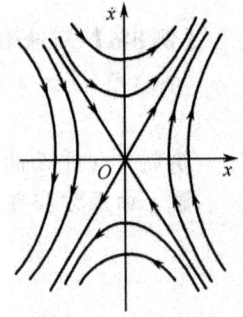

图 8-44 例 8-8 的相轨迹

【例 8-9】 已知微分方程

$$T \frac{d^2 x}{dt^2} + \frac{dx}{dt} = u$$

试绘制相轨迹。

解 由原方程

$$T\dot{x} \frac{d\dot{x}}{dx} + \dot{x} = u$$

整理后得

$$\frac{T\dot{x}}{u - \dot{x}} d\dot{x} = dx$$

或

$$T\left(-1 + \frac{u}{u - \dot{x}}\right) d\dot{x} = dx$$

对上式两边积分得

$$T(-\dot{x}-u\ln|u-\dot{x}|) = x + C_1$$

改写

$$T\left(-\dot{x}-u\ln\left|\frac{u-\dot{x}}{u}\right|\right) = x + C_2$$

或

$$T\left[-\dot{x}-u\ln\left(\left|1-\frac{\dot{x}}{u}\right|\right)\right] = x + C_2$$

当 $\dot{x} < u$ 时

$$x = -T\left[\dot{x}+u\ln\left(1-\frac{\dot{x}}{u}\right)\right] + C_2$$

当 $\dot{x} > u$ 时

$$x = -T\left[\dot{x}+u\ln\left(\frac{\dot{x}}{u}-1\right)\right] + C_2$$

由上两式绘制的相轨迹如图 8-45 所示，实线为 $u=1$ 的相轨迹，虚线为 $u=-1$ 的相轨迹。

当 $u=0$ 时，有

$$T\frac{\mathrm{d}^2 x}{\mathrm{d}t^2} + \frac{\mathrm{d}x}{\mathrm{d}t} = 0$$

变换为

$$\dot{x}\left(T\frac{\mathrm{d}\dot{x}}{\mathrm{d}x} + 1\right) = 0$$

可得

$$\dot{x} = 0, \quad T\frac{\mathrm{d}\dot{x}}{\mathrm{d}x} + 1 = 0$$

导出

$$\begin{cases} T\dot{x} + x = c \\ \dot{x} = 0 \end{cases}$$

由上两式绘制的相轨迹如图 8-46 所示。$\dot{x}=0$ 为奇线。

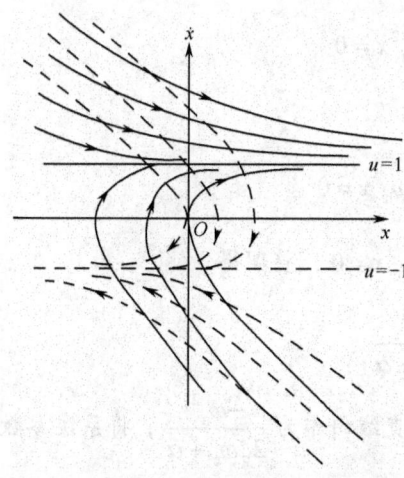

图 8-45　例 8-9 的相轨迹一

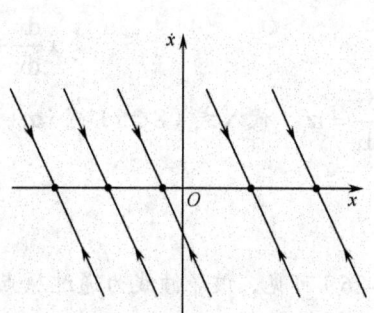

图 8-46　例 8-9 的相轨迹二

性质 4 若相轨迹斜穿 x 轴，则一定停在 x 轴上。

8.3.2 相轨迹的绘制

1. 解析法

上述相轨迹的性质举例中求相轨迹用的都是解析法。

2. 等倾线法

若系统的微分方程较复杂，用解析法求相轨迹方程就很困难，甚至不可能，这时可采用图解法绘制相平面图。

常用的图解法有等倾线法和 δ 法，这里仅介绍等倾线法。

设微分方程一般形式为

$$\ddot{x} = -f(x, \dot{x})$$

$f(x, \dot{x})$ 为解析函数，相轨迹的斜率方程为

$$\frac{d\dot{x}}{dx} = -\frac{f(x, \dot{x})}{\dot{x}}$$

令 $\dfrac{d\dot{x}}{dx} = \alpha$，所以

$$-\frac{f(x, \dot{x})}{\dot{x}} = \alpha \tag{8-24}$$

对于给定斜率 α，由式（8-24）在相平面可画出一条曲线，构成了等斜率线，称为等倾线。式（8-24）为等倾线方程。给定不同的 α 值，则可在相平面上画出相应的等倾线。如在这些等倾线的各点上画出斜率等于等倾线所对应的斜率 α 值的短线段，则这些短线段便在整个相平面上构成了相轨迹切线的方向场，这时，只需要从由初始条件确定的点出发，沿着切线场方向将这些短线段用光滑曲线连续连接起来，便得到系统的相轨迹。等倾线及相轨迹的斜率如图 8-47 所示。

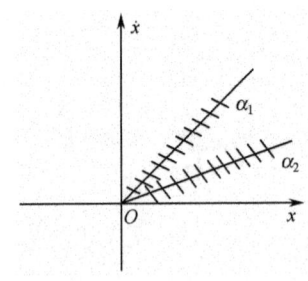

图 8-47 等倾线及相轨迹的斜率

【**例 8-10**】 设系统方程为

$$\ddot{x} + 2\zeta\omega_n \dot{x} + \omega_n^2 x = 0$$

式中 $\zeta = 0.5$，$\omega_n = 1$，用等倾线法绘制其相轨迹。

解 由原方程导出

$$\dot{x}\frac{d\dot{x}}{dx} + 2\zeta\omega_n \dot{x} + \omega_n^2 x = 0 \tag{8-25}$$

令 $\dfrac{d\dot{x}}{dx} = \alpha$，代入式（8-25）得 $\dot{x}\alpha + 2\zeta\omega_n \dot{x} + \omega_n^2 x = 0$，整理得

$$\frac{\dot{x}}{x} = \frac{-\omega_n^2}{2\zeta\omega_n + \alpha} \tag{8-26}$$

从式（8-26）可见，该等倾线为通过原点的直线，直线斜率为 $\dfrac{-\omega_n^2}{2\zeta\omega_n + \alpha}$，将系统参数 $\zeta = 0.5$，$\omega_n = 1$ 代入式（8-26）得

$$\frac{\dot{x}}{x} = \frac{-1}{1+\alpha}$$

设 $\dfrac{\dot{x}}{x} = \dfrac{-1}{1+\alpha} = \tan\theta$，其中 θ 为等倾线的角度，经过等倾线上相轨迹的斜率 α 为

$$\alpha = -1 - \frac{1}{\tan\theta}$$

设 $\alpha = \dfrac{\mathrm{d}\dot{x}}{\mathrm{d}x} = \tan\gamma$，可得等倾线上相轨迹斜率 α 对应的角度为

$$\gamma = \arctan\alpha$$

选取不同的 θ 值，可得等倾线上相轨迹斜率 α 和对应的角度 γ 的计算值见表 8-2，初始点为 A 的相轨迹如图 8-48 所示。

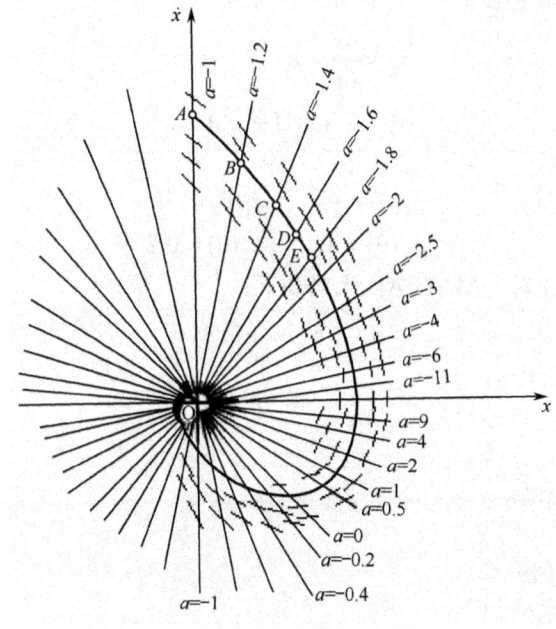

图 8-48　例 8-10 的相轨迹

表 8-2　等倾线的斜率及线上相轨迹斜率计算

θ	α	γ	θ	α	γ
15°	−4.73	−78.1°	−15°	2.73	69.9°
30°	−2.73	−69.9°	−30°	0.73	36.2°
45°	−2	−63.44°	−45°	0	0°
60°	−1.58	−57.6°	−60°	−0.42	−22.9°
75°	−1.27	−51.7°	−75°	−0.73	−36.2°
90°	−1	−45°	−90°	−1	−45°

8.3.3　利用 MATLAB 绘制相轨迹图

手工绘制相轨迹图精度低，可利用 MATLAB 绘制相轨迹图。绘制相轨迹图的实质是求微分方程的解，MATLAB 提供了求解微分方程的函数组，常用的有 ode45，它采用变步长龙格-库塔 4/5 阶算法。

ode45 调用格式如下：

    [t, y]=ode45(odefun, tspan, y0)

式中：odefun 给出系统模型文件名，tspan 给出初始时间、终止时间构成向量，y0 为状态变量初始值，t，y 为时间向量和状态变量。

【例 8-11】 二阶非线性系统微分方程

$$\ddot{x} + (x^2 - 1)\dot{x} + x = 0$$

用 MATLAB 函数绘制下列初始条件下的系统相轨迹图，并绘制 $x(0) = -2, \dot{x}(0) = 4$ 时系统的时间响应曲线。

（1） $x(0) = -2, \dot{x}(0) = 4$

（2） $x(0) = -1, \dot{x}(0) = 0.2$

解 取状态变量 $x_1 = x, x_2 = \dot{x}$，得系统状态方程

$$\dot{x}_1 = \frac{\mathrm{d}x}{\mathrm{d}t} = x_2$$

$$\dot{x}_2 = \ddot{x} = x_2(1 - x_1^2) - x_1$$

初始状态为

$$x_1(0) = -2 \qquad x_1(0) = -1$$
$$x_2(0) = 4 \qquad x_2(0) = 0.2$$

当 $x(0) = -2, \dot{x}(0) = 4$ 时，MATLAB 代码如下：

```
[t, x]=ode45('exp_8_2', [0,15], [-2,4])
Plot(x(:, 1),x(:, 2))
Axis([-6,6, -6, 6])
Xlabel('x')
Ylabel('dx/dt')
grid
title('相轨迹图')
```

子函数 MATLAB 代码如下：

```
function xdot=test_8_2(t, x)
xdot=[ x(2); x(2)*(1-x(1)^2)-x(1)]
```

其相轨迹图如图 8-49、如图 8-50 所示。

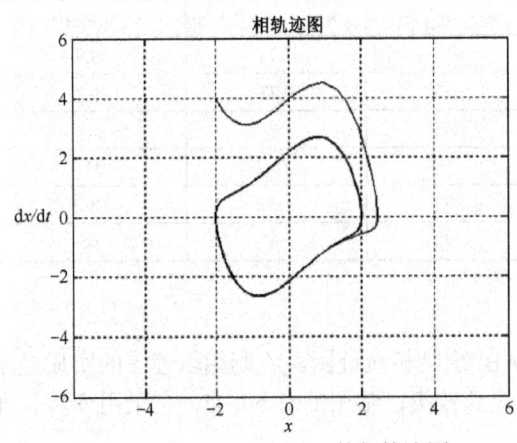

图 8-49　$x(0) = -2, \dot{x}(0) = 4$ 的相轨迹图

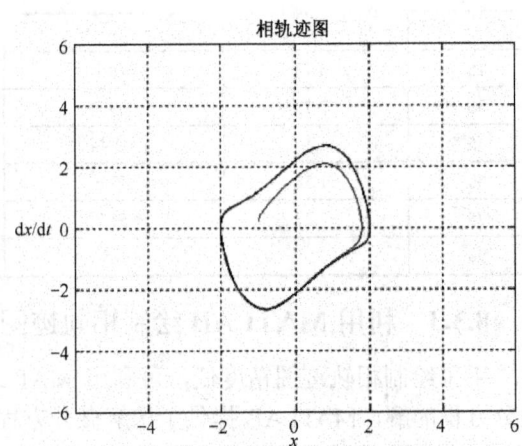

图 8-50　$x(0) = -1, \dot{x}(0) = 0.2$ 的相轨迹图

输入并运行如下的 MATLAB 代码可绘制系统时间响应曲线。

```
Plot(t, x)
Xlabel('t')
Ylabel('x,dx/dt')
grid
title('时间响应')
```

系统时间响应曲线如图 8-51 所示。从图可看出系统响应是等幅振荡。

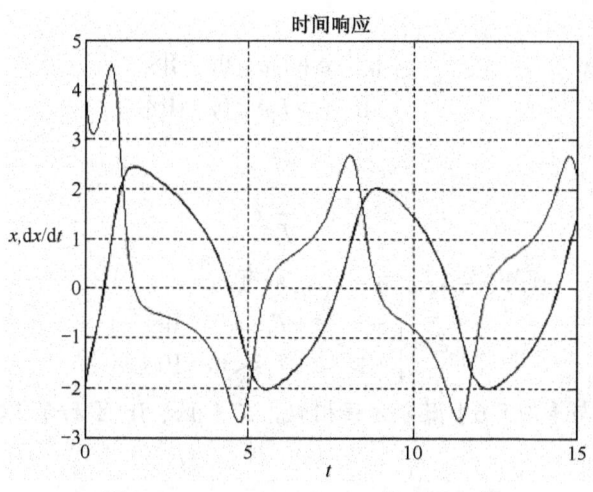

图 8-51　$x(0)=-2,\dot{x}(0)=4$ 的时间响应

8.4　非线性系统的相平面分析

8.4.1　用相平面法分析非线性系统

用相平面法分析非线性系统，常用分段线性化的方法。具体的步骤如下。

（1）在相平面上选择合适的坐标变量，如 $e-\dot{e}$ 或 $c-\dot{c}$。

（2）非线性环节多数可以用分段直线来表示，对于含这类环节的非线性系统的相平面分析，首先根据非线性的分段情况，用几条分界线把相平面分成几个区域，这些分界线称为开关线。

（3）确定每个区域的奇点。对应于每个区域的微分方程，可能无奇点，可能有奇点，奇点可能位于该区域以内，可能位于该区域之外，如果奇点位于相应区域以内，则称该奇点为实奇点；如果奇点位于相应区域以外，则称该奇点为虚奇点。

（4）在各区域内用各自的微分方程描述，并绘制各区域相轨迹图。

（5）根据系统的状态变化的连续性，将相邻区的相轨迹彼此衔接成连续曲线，从而得到非线性系统相轨迹图。

（6）根据系统相轨迹图，分析非线性系统的稳定性、稳态特性及动态特性，确定系统是否存在自振荡等相关信息。

下面举例说明这种方法的应用。

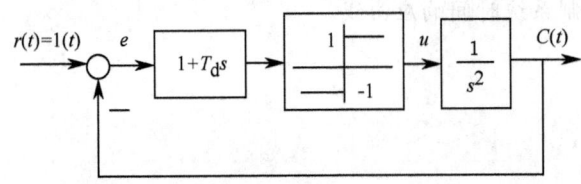

图 8-52 具有继电器特性的非线性系统（$r(t)=1(t)$）

【例8-12】 已知具有理想继电器的非线性系统如图8-52所示。在 $e-\dot{e}$ 平面用解析法绘制下列两种参数相轨迹：

（1） $T_d = 0$ 时系统的相轨迹；

（2） $T_d = 0.5$ 时系统的相轨迹，并说明比例微分控制对改善系统性能的作用。

解 线性部分的微分方程为

$$\ddot{c} = u$$

$$u = \begin{cases} 1, & e + T_d\dot{e} > 0, \quad \text{I区} \\ -1, & e + T_d\dot{e} < 0, \quad \text{II区} \end{cases}$$

开关线方程为

$$\dot{e} = \frac{-1}{T_d}e$$

由 $c = r - e = 1 - e$，可得 $\dot{c} = -\dot{e}$，$\ddot{c} = -\ddot{e}$，则有

$$\ddot{e} = \begin{cases} -1, & e + T_d\dot{e} > 0, \quad \text{I区} \\ +1, & e + T_d\dot{e} < 0, \quad \text{II区} \end{cases}$$

由此可见，两个方程与【例 8-6】微分方程相似。在 I 区、II 区无奇点。

在 I 区

$$\ddot{e} = -1$$

求解上式得相轨迹方程

$$\dot{e}^2 = -2e + C, \quad (e + T_d\dot{e}) > 0$$

其中C为常数。同理在 II 区可得相轨迹方程

$$\dot{e}^2 = 2e + C, \quad (e + T_d\dot{e}) < 0$$

$T_d = 0$ 时，开关线方程为

$$e = 0$$

在 I 区，由 $e(0) = 1, \dot{e}(0) = 0$，得 $C = 2$，即相轨迹方程

$$\dot{e}^2 = -2e + 2, \quad e > 0$$

出发于 I 区的抛物线与开关线交点为 $(0, -1.414)$，代入在 II 区的相轨迹方程可得 $C = 2$，即

$$\dot{e}^2 = 2e + 2, \quad e < 0$$

由上两式可绘制 $T_d = 0$ 时系统的相轨迹如图8-53所示。

$T_d = 0.5$ 时，开关线方程为

$$\dot{e} = -2e$$

在 I 区，相轨迹方程

$$\dot{e}^2 = -2e + 2, \quad (e + 0.5\dot{e}) > 0$$

它与开关线交点为 $(0.5, -1)$，代入在 II 区的相轨迹方程可得 $C = 0$，即

$$\dot{e}^2 = 2e, \quad (e + 0.5\dot{e}) < 0$$

由上两式可绘制 $T_d = 0.5$ 时系统的相轨迹如图8-54所示。

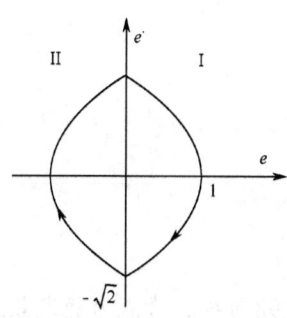
图 8-53 【例 8-12】相轨迹 1

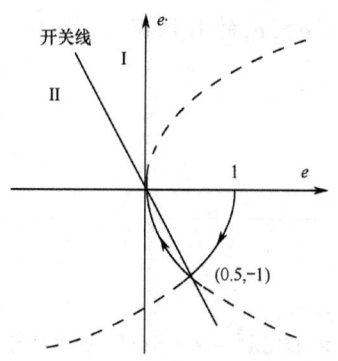
图 8-54 【例 8-12】相轨迹 2

由相平面图可见，$T_d = 0$ 时系统输出等幅震荡，$T_d = 0.5$ 时系统稳定且稳态误差为零，加入比例微分控制可以改善系统的稳定性。

【**例 8-13**】 一个饱和非线性系统如图 8-55 所示。设系统开始处于静止状态，$r(t) = 1(t)$，$K = 8, T = 2$，$a = e = 0.3$，在 $e - \dot{e}$ 平面绘制相轨迹。

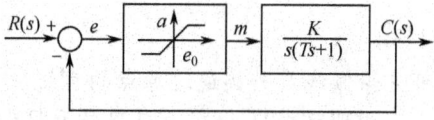
图 8-55 饱和非线性系统

解 由图可得系统线性部分的运动方程为

$$T\ddot{c}(t) + \dot{c}(t) = Km(t) \tag{8-27}$$

非线性部分的输出为

$$m(t) = \begin{cases} +a, & e > e_0 \\ e(t), & -e_0 \leqslant e \leqslant e_0 \\ -a, & e < -e_0 \end{cases}$$

这里

$$e(t) = r(t) - c(t)$$

因 $r(t) = 1(t)$，则 $\ddot{r}(t) = \dot{r}(t) = 0$，所以 $\dot{e} = -\dot{c}$，$\ddot{e} = -\ddot{c}$，可将式（8-27）变换成以误差 e 为变量，并分段列写系统的微分方程式如下

$$\begin{aligned} e > e_0, & \quad T\ddot{e} + \dot{e} = -Ka, & \text{I 区} \\ -e_0 \leqslant e \leqslant e_0, & \quad T\ddot{e} + \dot{e} = -Ke, & \text{II 区} \\ e < -e_0, & \quad T\ddot{e} + \dot{e} = Ka, & \text{III 区} \end{aligned} \tag{8-28}$$

式（8-28）就是一个分段微分方程组，在相平面上 $e = \pm e_0$ 的两条直线把相平面划分为三个区域，如图 8-56 所示。下面按微分方程的分区绘制相轨迹。

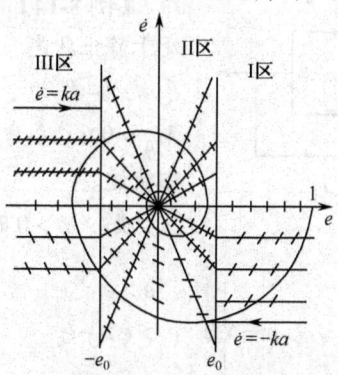
图 8-56 例 8-13 的相轨迹

在 $-e_0 \leqslant e \leqslant e_0$ 的 II 区有

$$\frac{d\dot{e}}{de} = \frac{-\dot{e} - Ke}{T\dot{e}}$$

令

$$\frac{d\dot{e}}{de} = \frac{0}{0}$$

求得奇点为

$$e = 0, \quad \dot{e} = 0$$

由特征方程 $2\lambda^2 + \lambda + 8 = 0$ 的特征根 $\lambda_{1,2} = -0.25 \pm j1.98$ 可知，奇点为稳定焦点。

再令

$$\frac{d\dot{e}}{de} = \alpha$$

得等倾线方程为

$$\dot{e} = -\frac{K}{1 + \alpha T} e$$

可见等倾线是一族通过原点的直线。

同理可求得 $e > e_0$ 的 I 区饱和区和 $e < -e_0$ 的 III 区饱和区的等倾线方程分别为

$$\alpha = \frac{d\dot{e}}{de} = \frac{-\dot{e} - Ka}{T\dot{e}} \quad \text{或} \quad \dot{e} = \frac{-Ka}{1 + \alpha T}, \quad e > e_0$$

$$\alpha = \frac{d\dot{e}}{de} = \frac{-\dot{e} + Ka}{T\dot{e}} \quad \text{或} \quad \dot{e} = \frac{Ka}{1 + \alpha T}, \quad e < e_0$$

由以上两式可见，这两个区域没有奇点，等倾线是一族平行于横轴的直线。在 $e > e_0$ 区域内，相轨迹均渐近于 $\alpha = 0, \dot{e} = -Ka$ 的直线。若等倾线自身的斜率与等倾线上各点相轨迹的斜率相等，则该等倾线又称为渐近线，所以 $\dot{e} = -Ka$ 的直线是渐近线。在 $e < -e_0$ 区域，相轨迹均渐进于 $\alpha = 0, \dot{e} = -Ka$ 的直线。用等倾线法绘制整个相平面上相轨迹切线的方向场。

因 $r(t) = 1(t)$，则 $r(0^+) = 1$，$\dot{r}(0^+) = 0$，又已知系统开始处于零初始状态，即 $c(0) = \dot{c}(0) = 0$，故偏差信号的初始条件为 $e(0^+) = 1$，$\dot{e}(0^+) = 0$。

在如图 8-56 中绘出了这一条相轨迹。由图可见相轨迹最终趋于坐标原点，系统稳定，系统的稳态误差 $e_{ss} = 0$。相轨迹还表明，由于饱和特性的存在，减小了系统的振荡性。

【例 8-14】 设系统如图 8-57 所示。系统开始处于静止状态，在阶跃函数 $r(t) = 1(t)$ 的作用下，系统参数为：$K = 5, T = 0.8, e_0 = 0.15, e_1 = 0.3, M_0 = 0.6$，参考例 8-9 的结果在 $e - \dot{e}$ 平面绘制其相轨迹。

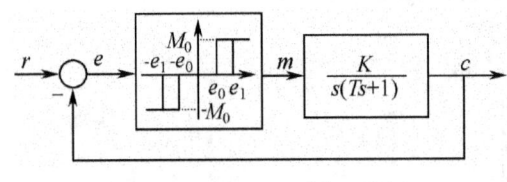

图 8-57 例 8-14 系统方块图

解 $\dot{e} > 0$ 时非线性部分的输出为

$$m = \begin{cases} M_0, & e > e_1 \\ 0, & e_1 > e > -e_0 \\ -M_0, & e < -e_0 \end{cases}$$

因 $r(t)=1(t)$，则 $\ddot{r}(t)=\dot{r}(t)=0$，所以 $\dot{e}=-\dot{c}$，$\ddot{e}=-\ddot{c}$，由图可得系统线性部分的运动方程为
$$T\ddot{C}+\dot{C}=Km \rightarrow T\ddot{e}+\dot{e}=-Km$$

$e>e_1$，$m=M_0$ 时方程为
$$T\ddot{e}+\dot{e}=-KM_0$$

$e_1>e>-e_0$，$m=0$ 时方程为
$$T\ddot{e}+\dot{e}=0$$

$e<-e_0$，$m=-M_0$ 时方程为
$$T\ddot{e}+\dot{e}=KM_0$$

$\dot{e}<0$ 时非线性部分的输出为
$$m=\begin{cases} M_0, & e>e_0 \\ 0, & e_0>e>-e_1 \\ -M_0, & e<-e_1 \end{cases}$$

可得系统线性部分的运动方程为

$e>e_0$，$m=M_0$ 时方程为
$$T\ddot{e}+\dot{e}=-KM_0$$

$e_0>e>-e_1$，$m=0$ 时方程为
$$T\ddot{e}+\dot{e}=0$$

$e<-e_1$，$m=-M_0$ 时方程为
$$T\ddot{e}+\dot{e}=KM_0$$

由微分方程 $T\ddot{e}+\dot{e}=0$ 导出
$$\frac{d\dot{e}}{de}=-\frac{\frac{1}{T}\dot{e}}{\dot{e}}=-\frac{1}{T}$$

由上式可知 $\dot{e}=0$ 为奇线，相轨迹斜率恒为 $-1/T$。

由微分方程 $T\ddot{e}+\dot{e}=-KM_0$ 导出
$$\frac{d\dot{e}}{de}=-\frac{\dot{e}+KM_0}{T\dot{e}}$$

由上式可知方程无奇点，相轨迹斜率由上面的斜率方程确定。

同理，由微分方程 $T\ddot{e}+\dot{e}=KM_0$ 导出
$$\frac{d\dot{e}}{de}=-\frac{\dot{e}-KM_0}{T\dot{e}}$$

由上式可知方程无奇点，相轨迹斜率由上面的斜率方程确定。

如图 8-58 所示是该系统的相平面图。表明相轨迹趋向于一个极限环。在稳态时，存在一个极限环。因此，系统的输出振荡将无限地继续下去。

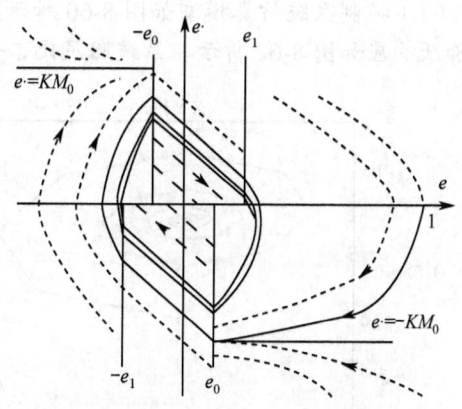

图 8-58 例 8-14 系统相平面图

【**例 8-15**】 例 8-14 中的参数改为 $K=1.5$，其他参数不变，在 e-$\dot{e}$ 平面绘制系统的相轨迹。

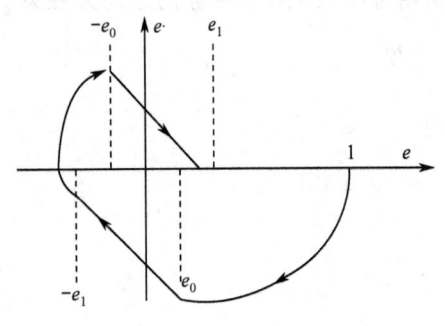

图 8-59 例 8-15 系统相平面图

解 按上例方法可绘制该系统相轨迹图如图 8-59 所示,相轨迹终止于 $\dot{e}=0$ 奇线上的点 $e=0.24$,即系统稳定,稳态误差为 $e=0.24$。

从以上两例可看出 K 减小,系统从不稳定变为稳定。用 Matlab 仿真该系统,得到系统临界稳定的 $K=2.064$。

从相轨迹图可看出,系统稳态误差范围为 $[-0.3, 0.3]$,用 Matlab 仿真该系统,得到系统稳态误差为零的增益 $K=0.32$,$K>0.32$ 或者 $K<0.32$ 时系统稳态误差都不为零。这也是非线性系统的一个特点。

8.4.2 用非线性特性改善系统性能

非线性特性会给系统带来许多不利影响,但若利用适当,则可改善系统性能。下例是利用死区非线性特性改善系统性能。

【例 8-16】 用 Simulink 仿真分析下列系统的阶跃响应:
(1)线性控制系统,系统如图 8-60 所示;
(2)带速度反馈的线性控制系统,如图 8-63 所示,速度反馈系数 $\tau=0.4375$;
(3)含死区非线性的非线性速度反馈控制系统,如图 8-66 所示,死区非线性的死区 $\Delta=0.6$。

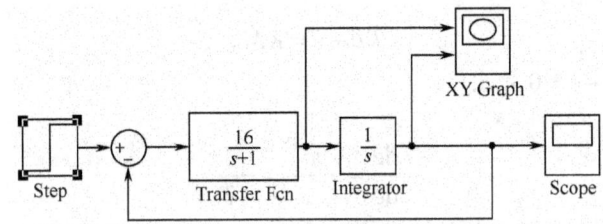

图 8-60 例 8-16 线性系统(1)

解 启动 MATLAB 后,单击 MATLAB 主窗口的 Simulink 按钮可启动 Simulink。使用 Simulink 建立控制系统。

(1)控制系统仿真模型如图 8-60 所示。系统输出 c 和 $\dot{c}$ 的相平面图如图 8-61 所示,系统的阶跃响应如图 8-62 所示。系统阻尼比 $\zeta=0.125$,超调量很大,达到 67%。

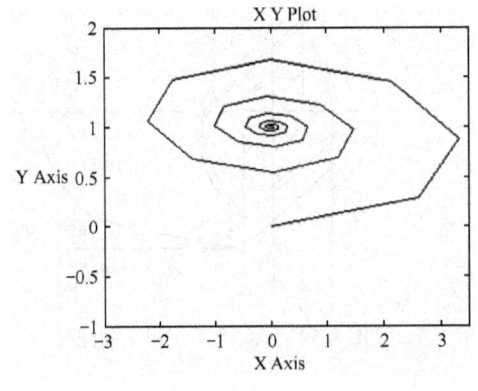

图 8-61 例 8-16 系统(1)相平面图

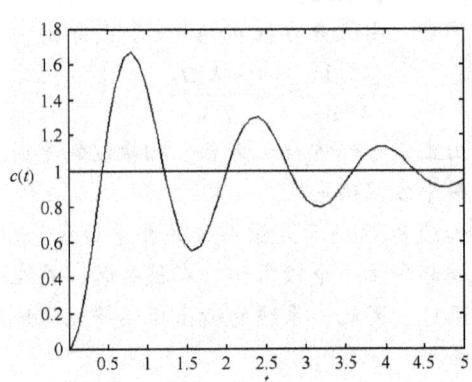

图 8-62 例 8-16 系统(1)阶跃响应

（2）仿真模型如图 8-63 所示。

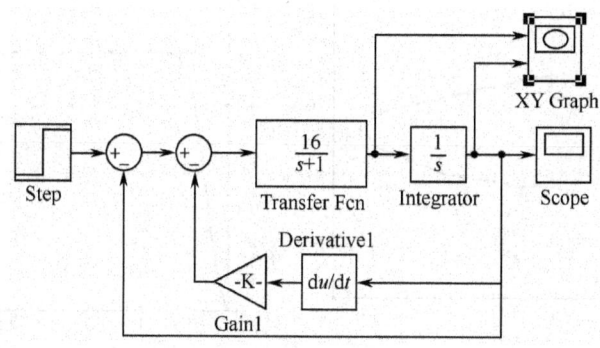

图 8-63　例 8-16 线性系统（2）

系统输出 c 和 $\dot{c}$ 的相平面图如图 8-64 所示。系统的阶跃响应如图 8-65 所示，微分反馈系数 $\tau = 0.4375$，系统阻尼比 $\zeta = 1$，阶跃响应无超调，调整时间 $t_s = 1.8\,\text{s}$。

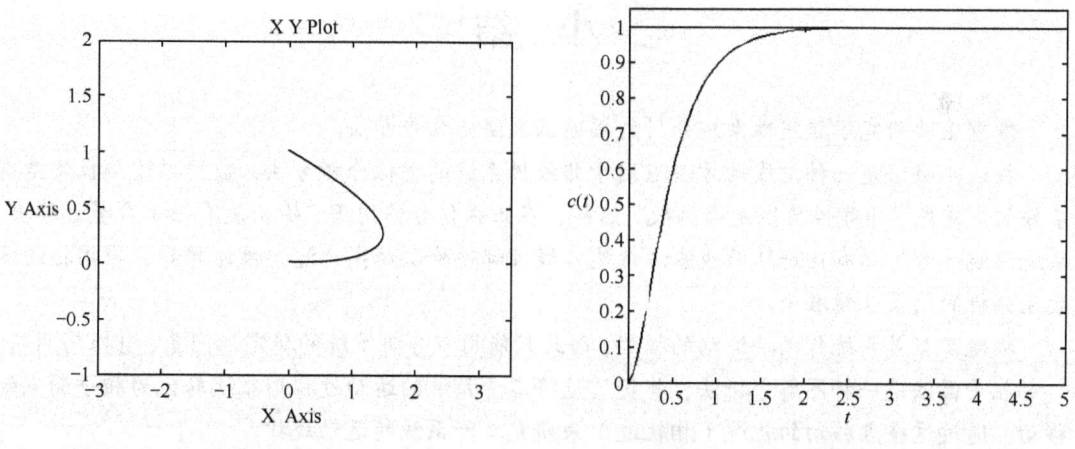

图 8-64　例 8-16 系统（2）相平面图　　　图 8-65　例 8-16 系统（2）阶跃响应

（3）仿真模型如图 8-66 所示。微分反馈系数 $\tau = 0.4375$，死区非线性特性死区 $\Delta = 0.6$。系统输出 c 和 $\dot{c}$ 的相平面图如图 8-67 所示。系统的阶跃响应如图 8-68 所示，响应基本无超调，调整时间 $t_s = 0.5\,\text{s}$。

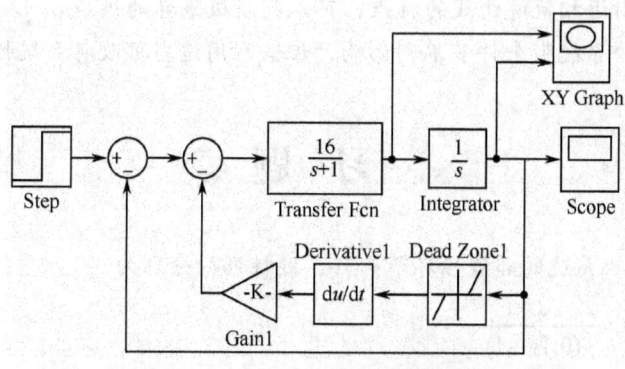

图 8-66　例 8-16 非线性系统（3）

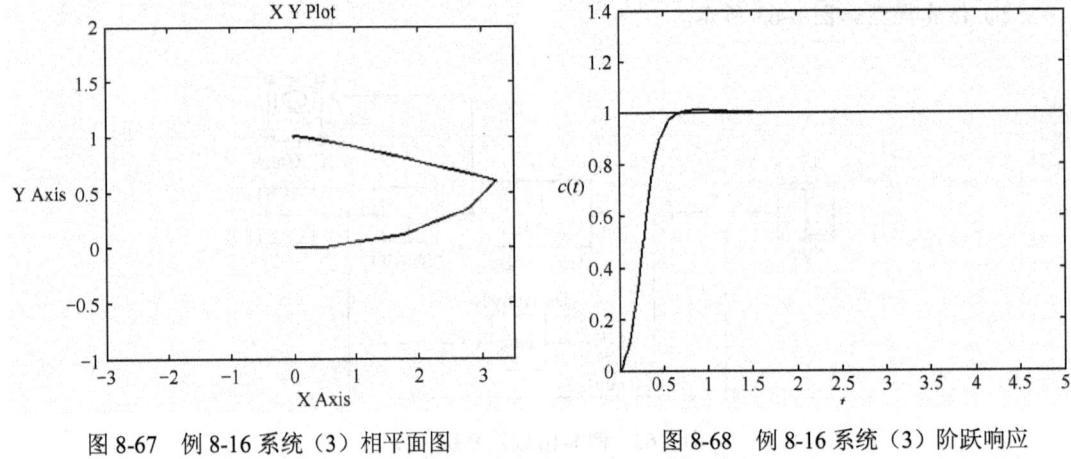

图 8-67　例 8-16 系统（3）相平面图　　　　图 8-68　例 8-16 系统（3）阶跃响应

从上例可见，采用含死区非线性的非线性速度反馈控制系统可改善系统性能。

◇ 小　结 ◇

本章主要研究了非线性系统分析的描述函数法和相平面法。

描述函数法是一种把线性方法应用于非线性系统的近似分析方法，应用描述函数法是有条件的。首先，非线性特性是奇函数，这样，在正弦信号作用下，输出没有恒定分量；其次，系统的线性部件具有良好的低通滤波性能，线性部件阶次越高，滤波性能越好，应用描述函数法分析的结果也越准确。

描述函数是系统作周期运动的描述，因此只能用以分析系统的稳定性问题、自振荡问题。

相平面法是一种图解分析法，其实质是将二阶系统的运动过程形象地转化为相平面点的移动，通过这个点移动的轨迹（相轨迹）来研究二阶系统的运动规律。

相平面图具有一些重要性质，掌握了这些性质，有利于正确画出相轨迹。

多条相轨迹以不同的斜率离开或逼近的特殊点称为奇点，奇点的类型决定了相轨迹的走向，也决定了二阶系统的特性。

非线性系统所特有的自振荡现象，在相平面图中则表现为一个孤立的封闭轨迹，称为极限环。分析极限环附近相轨迹曲线的特点，可以判断极限环的性质。

非线性特性会给系统带来许多不利影响，但若利用适当可改善系统性能。

◇ 习　题 ◇

8-1　三个非线性系统的非线性环节一样，线性部分分别为

（1）$G(s) = \dfrac{1}{s(0.1s+1)}$

（2）$G(s) = \dfrac{2}{s(s+1)}$

（3） $G(s) = \dfrac{2(1.5s+1)}{s(s+1)(0.1s+1)}$

试问用描述函数法分析时，哪个系统分析的准确度高？

8-2 判断图 T8-1 中各系统是否稳定？$-1/N(X)$ 与 $G(j\omega)$ 两曲线交点是否为自振荡点？

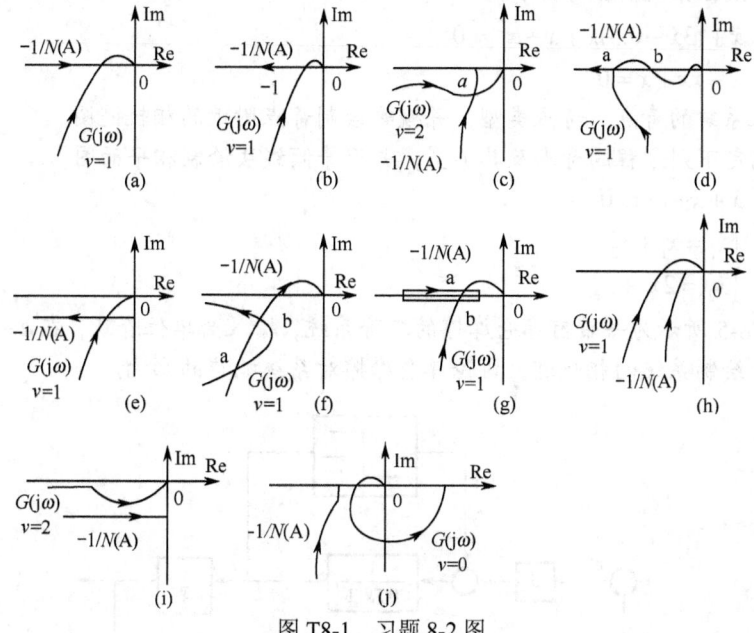

图 T8-1 习题 8-2 图

8-3 将图 T8-2 化简为线性部分和非线性部分 N（描述函数）串联而成的系统。求出线性部分等效传递函数。

8-4 已知非线性系统的结构图如图 T8-3 所示

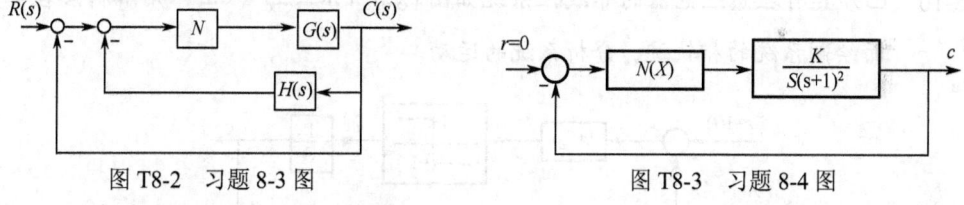

图 T8-2 习题 8-3 图　　　　图 T8-3 习题 8-4 图

图中非线性环节的描述函数为

$$N(X) = \dfrac{X+6}{X+2}, \quad X > 0$$

试用描述函数法确定：
（1）使该非线性系统稳定、不稳定以及产生周期运动时，线性部分的 K 值范围；
（2）判断周期运动的稳定性，并计算稳定周期运动的振幅和频率。

8-5 试用描述函数法说明图 T8-4 所示的非线性系统必然存在自振，并确定输出信号 C 的自振振幅和频率，分别画出信号 c、x、y 的稳态波形。

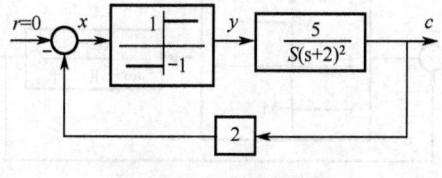

图 T8-4 习题 8-5 图

8-6 设一阶非线性系统的微分方程为

$$\dot{x} = -x + x^3$$

试确定系统有几个平衡状态，分析平衡状态的稳定性，并画出系统的相轨迹。

8-7 若非线性系统的微分方程为

（1）$\ddot{x} + (3\dot{x} - 0.5)\dot{x} + x + x^2 = 0$

（2）$\ddot{x} + x\dot{x} + x = 0$

试求系统的奇点、奇点类型，并概略绘制奇点附近的相轨迹图。

8-8 试确定下列方程的奇点及其类型，并用等倾线法绘制相平面图。

（1）$\ddot{x} + \dot{x} + |x| = 0$

（2）$\begin{cases} \dot{x}_1 = x_1 + x_2 \\ \dot{x}_2 = 2x_1 + x_2 \end{cases}$

8-9 图 T8-5 所示为一带有库仑摩擦的二阶系统，输入为单位阶跃，在 $e - \dot{e}$ 平面用等倾线法绘制系统的相轨迹，讨论库仑摩擦对系统响应的影响。

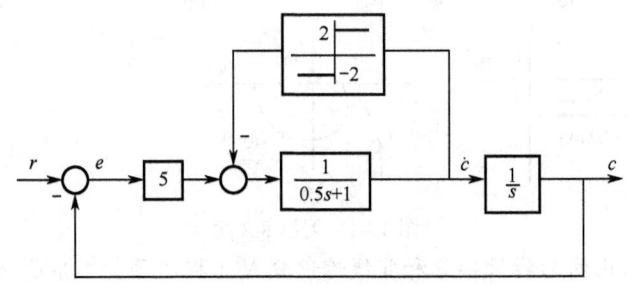

图 T8-5　习题 8-9 图

8-10 已知具有理想继电器的非线性系统如图 T8-6 所示。$T_d = 0.2$，用解析法在 $e - \dot{e}$ 平面绘制系统的相轨迹，分析系统的运动。

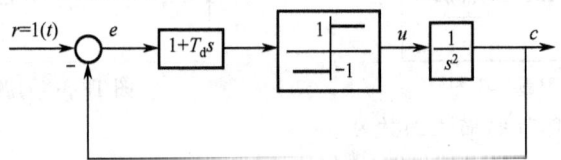

图 T8-6　习题 8-10 图

8-11 试推导非线性特性 $y = x^3$ 的描述函数。

8-12 非线性系统如图 T8-7 所示，$M = 1$，要求要产生一个自振荡的幅值为 $X = 4$，而振荡频率为 $\omega = 1$ 的周期信号，求系统参数 K, τ。

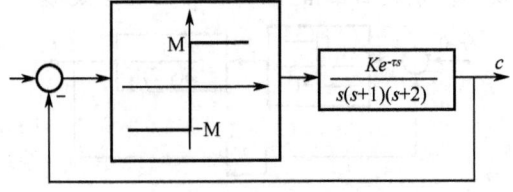

图 T8-7　习题 8-12 图

8-13 非线性系统如图 T8-8 所示，其中 $K>0, J>0$，用描述函数法分析系统的稳定性。

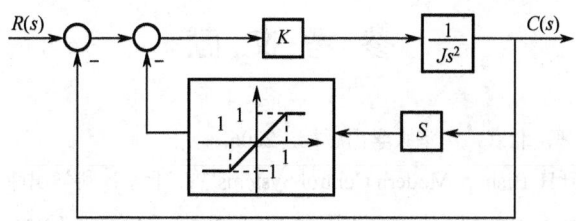

图 T8-8　习题 8-13 图

8-14 已知系统运动方程为 $\ddot{x}+\sin x=0$，试确定奇点及其类型，并用等倾线法绘制相平面图。

8-15 系统运动方程：$\ddot{x}+x+sgn x=0$，试绘制相轨迹。

Matlab 习题

8-16 具有饱和非线性特性的控制系统如图 T8-9 所示，试用相平面法分析系统的阶跃响应。

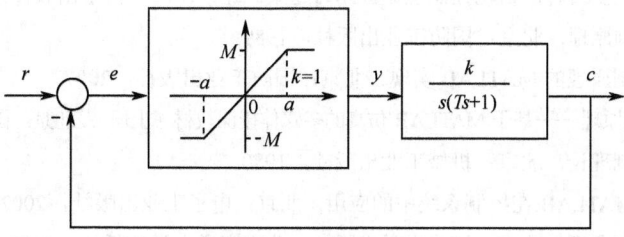

图 T8-9　习题 8-16 图

参 考 文 献

［1］张爱民．自动控制原理．北京：清华大学出版社，2006．
［2］Richard C. Dorf, Robert H. Bishop. Modern Control Systems, 9e. 北京：科学出版社，2002．
［3］Norman S. Nise. Control Systems Engineering. Redwood City: the Benjamin/Cummings Publishing, Inc., 2011.
［4］胡寿松．自动控制原理（第五版）．北京：科学出版社，2007．
［5］王建辉．自动控制原理．北京：清华大学出版社，2007．
［6］田作华，陈学中，翁正新．工程控制基础．北京：清华大学出版社，2007．
［7］Katsuhiko Ogata，卢伯英，于海勋，等译．现代控制工程（第三版）．北京：电子工业出版社，2000．
［8］王孝武，方敏，等．自动控制理论．北京：机械工业出版社，2009．
［9］吴麒，王诗宓．自动控制原理（第 2 版）．北京：清华大学出版社，2006．
［10］王诗宓，杜继宏，窦日轩．自动控制理论例题习题集．北京：清华大学出版社，2002．
［11］李友善．自动控制原理．北京：国防工业出版社，1989．
［12］黄忠霖．自动控制原理的 MATLAB 实现．北京：国防工业出版社，2007．
［13］师宇杰．自动控制原理——基于 MATLAB 仿真的多媒体授课教材（上册）．北京：国防工业出版社，2007．
［14］蔡尚峰．自动控制理论．北京：机械工业出版社，1980．
［15］张静，马俊丽．MATLAB 在控制系统中的应用．北京：电子工业出版社，2007．
［16］蒋大明．自动控制原理．北京：清华大学出版社、北方交通大学出版社，2003．
［17］林青云．自动控制原理．北京：中国水利出版社，2005．
［18］陈后金，胡健，薛健．信号与系统（第二版）．北京：清华大学出版社、北方交通大学出版社，2005．
［19］张秀玲，等．自动控制原理．北京：清华大学出版社，2007．
［20］施仁，刘文江，郑辑光．自动化仪表与过程控制（第三版）．北京：电子工业出版社，2003．

反侵权盗版声明

电子工业出版社依法对本作品享有专有出版权。任何未经权利人书面许可，复制、销售或通过信息网络传播本作品的行为；歪曲、篡改、剽窃本作品的行为，均违反《中华人民共和国著作权法》，其行为人应承担相应的民事责任和行政责任，构成犯罪的，将被依法追究刑事责任。

为了维护市场秩序，保护权利人的合法权益，我社将依法查处和打击侵权盗版的单位和个人。欢迎社会各界人士积极举报侵权盗版行为，本社将奖励举报有功人员，并保证举报人的信息不被泄露。

举报电话：（010）88254396；（010）88258888
传　　真：（010）88254397
E-mail：dbqq@phei.com.cn
通信地址：北京市万寿路 173 信箱
　　　　　电子工业出版社总编办公室
邮　　编：100036